载人航天译丛

太空出舱

[英]戴维·J·谢勒 著
金勇 潘腾 等 译

中国宇航出版社
·北京·

Translation from the English language edition:
Walking in Space. Edited by David Shayler

著作权合同登记号：图字：01－2006－3940 号

图书在版编目（CIP）数据

太空出舱/［英］谢勒（Shayler，David J.）著；金勇，潘腾等译. —北京：中国宇航出版社，2007.5

书名原文：Walking in Space

ISBN 978－7－80218－214－1

Ⅰ.太…　Ⅱ.①谢…　②金…　③潘…　Ⅲ.载人航天飞行－基本知识　Ⅳ.V529

中国版本图书馆 CIP 数据核字（2007）第 022377 号

策划编辑　邓宁丰　　**封面设计**　03 工舍
责任编辑　张艳艳　　**责任校对**　祝延萍

出　版
发　行　中国宇航出版社
社　址　北京市阜成路 8 号　　**邮　编**　100830
（010）68768548
网　址　www.caphbook.com/www.caphbook.com.cn
经　销　新华书店
发行部　（010）68371900　　（010）88530478（传真）
（010）68768541　　（010）68767294（传真）
零售店　读者服务部　　北京宇航文苑
（010）68371105　　（010）62529336
承　印　北京智力达印刷有限公司
版　次　2007 年 5 月第 1 版　　2007 年 5 月第 1 次印刷
规　格　880×1230　　**开　本**　1/32
印　张　17.75　　**字　数**　509 千字
书　号　ISBN 978－7－80218－214－1
定　价　68.00 元

本书如有印装质量问题，可与发行部联系调换

仅以此书献给那些敢于梦想并为之奋斗的人

献给那些勇于迈入太空的人，真正的宇宙探索者——

太空行走者

献给那些在航天器上支持他们的同事，

那些在地面为他们建造设备、帮助他们做准备和监控

他们一举一动的人

献给他们那些只能屏住呼吸坐着、看着、等着……的家人们

译　序

神舟五号、六号载人飞船的成功发射和圆满回收，标志着我国已掌握了载人航天的基本技术，具备将人送入太空并安全返回地面的能力。进一步掌握太空出舱活动技术、空间交会对接技术，建立长期在轨运行的空间试验平台和空间站，开展有人参与的空间开发与应用，将使我国逐步具备太空开发能力，可以更好地为未来国民经济的发展服务。此是我国载人航天持续发展的最终目标。

实现太空出舱，可以更好地发挥人在太空中的作用。空间平台、空间站等空间设施的建设与维护，失效卫星的修理，事故航天员的救援等都离不开太空出舱活动。由于太空环境的特殊性，出舱活动是一项非常复杂的太空任务。气闸舱、舱外航天服、出舱活动、地面试验验证与模拟训练等都是必须解决的技术难题。除技术层面因素外，任务的安全性、故障对策、地面支持手段的应用与安排等系统层面的因素也都是必须认真考虑的。最早的太空出舱由苏联宇航员列昂诺夫于1965年完成。经过40余年的努力，太空出舱活动技术有了很大的发展，并在目前的航天飞机任务、国际空间站建造任务中广泛应用，积累了丰富的经验。本书系统地介绍了太空出舱活动各方面的内容，对我们是很好的借鉴。

本书可作为从事太空出舱活动技术研究的工程技术人员和高等院校教师及研究生的参考书。

戚发轫

〇七年三月十五日

译者的话

从1965年3月18日，阿里克谢·列昂诺夫走出上升2号飞船，成为第一位完成太空行走的宇航员至今，已过去40多年。太空出舱已经成为太空作业不可或缺的组成部分，而且在人类重返月球和实现登陆火星的梦想之旅中，出舱活动也将是必不可少的。我国载人航天进一步发展也将包含出舱活动内容，我们希望通过本书的出版，让更多的人了解太空出舱，同时也能为航天科技工作者提供借鉴，为我国载人航天事业的发展起到积极的作用。

参与本书翻译工作的均为我国从事载人航天工作的一线技术人员，前言部分及第1～6章由金勇翻译，第7～9章及附录部分由潘腾翻译。中国宇航出版社邓宁丰社长及张铁钧副社长等同志亲自完成了全部译稿的统一审校、定稿及编辑加工。由于时间紧促，书中不妥之处，敬请读者批评、指正。

谨以此书的出版向所有关心我国载人航天事业发展的同事、朋友们表示最深切的感谢！

译者

2007年1月

序

身着航天服，在飞船之外行走，可以“在太空”获得最密切、最直接的经历。透过航天飞机舷窗所看到的景色已经是非比寻常，但同你在航天服头盔内所看到的景色相比，则显得微不足道，就像透过玻璃船底向下看和身着潜水服探索海底大不相同一样。太空像海洋一样，不是友好的环境，容不得半点儿机械故障或人为失误。如果没有航天服，人类在真空中具有可用意识的时间只能以秒计算。许多危险都能够使人失去能力或者丧失生命：缺乏氧气，缺乏压力，从向阳面到阴影区数百度的热变极限。在太空行走的开拓中，阿里克谢·列昂诺夫和埃德·怀特所面临的最初挑战是进入太空，活下去，并且再次返回航天器。但是，航天服的功能最终必须比仅仅使人生存下去要多得多，必须同时保证穿着者能够完成有用的工作。航天服工程师设计的服装关节接缝，即使在增压条件下，仍然保持合理的灵活度，已经创造了奇迹。但是，航天员仍然需要大量训练，学习以同航天服的灵活性相符的方式移动身体。

我非常幸运，曾经4次在航天飞机之外冒险，在太空真空中工作的总时间超过24小时。1985年4月，在我的首次航天飞行中，我进行了美国国家航空航天局（NASA）历史上的首次计划外太空行走，试图营救一颗多功能卫星。我将永远记住太空日落的壮观景象，当我打开发现号的气闸舱舱门、漂入有效载荷舱时，这景象使我震惊。我感觉到宇宙碰撞我的脸！意识到我的脸和手之间除了空间，什么都没有，我感到很奇异。所有成功的太空行走者必须尽快学会的一课，毫无疑问，就是不会被新感觉的巨大冲击所淹没，因为去外面的目的是在问题区域附近使用眼睛、手，还有大脑，完成有用的工作。但是，当我意识到我将拥有这样一个特殊的机会时，我保留了一小部分意识来感觉这种经历。

1990年春，哈勃太空望远镜发射升空，随后发现其主镜发生光学偏差，使维修望远镜成为NASA需要优先考虑的事，我被选为出舱活动航天员之一，协助维修望远镜。我以前是天体物理学家，后来成为航天员，对我个人而言，真正看到和触摸到最伟大的、处于太空自然环境的天文望远镜时的那种兴奋，是我终生难忘的经历。关于哈勃太空望远镜的故障及其维修过程——从灾难到胜利的旅程，已经讲过许多次了。但我要加上一条个人经验——既要与大家分享作为参加行动的幸运者所观察到的，又要说明人类在太空开展复杂活动的价值。

维修哈勃太空望远镜时，几次遇到意外，迫使我们采取的措施同任务前所计划的或任务中地面飞行控制中心所建议的完全不同：例如，为了关闭缠绕住的舱门（如果开着的话，会损坏望远镜），我花了将近半个小时的时间摆弄舱门，确定问题所在。需要从不同的角度观察，感觉不同的门插销如何衔接，以尽量多的不同方式摆动门，还有——很难精确表达——能够后退，通过多年的训练和经验，还有某种灵感的期望，欣赏整个局面的完全形态。我的出舱活动同事和我做出计划，以非传统方式使用标准出舱活动工具锁住门。我们向地面飞行控制中心口头描述了问题和建议解决方案，发送了大量电视图像；但是地面人员对问题的理解看起来跟我们的并不一样。他们建议的几种方法我们认为不起作用——其中一种方法，我们认为甚至可能会损坏望远镜。另一方面，他们也担心我们会损坏望远镜。我想即使是最好的虚拟现实工具也无法使我们能够真正无障碍地相互沟通。如果我们是等待改编程序的机器人，我担心我们会很不走运。幸运的是，经过大量讨论，任务指挥做出命令决定，既然NASA花费巨大精力训练我们，将我们送往太空，我们在那里，并且能够比地面人员更好地理解形势，他们最终应该信任我们的判断力，让我们按照我们的计划行动——我们最终取得了成功。在意外危急关头，人类的效率和灵活性还是要远高于最好的机器人。

哈勃太空望远镜恢复了完全功能，并且出舱活动航天员完成复杂、艰巨任务的能力也得到证明，不再受到怀疑。对于让更多的人相信我们能够成功组建国际空间站来说，这一点非常重要，因为成功组建国际空间站的任务所要进行的出舱活动，比整个太空计划历史上所有曾经完成的太空行走的活动时间还要多。

我写下这些时，国际空间站的建设到目前为止一直顺利进行，除了在哥伦比亚号航天飞机失事后暂时中止外。在飞行营救的准备过程中，设计了新的出舱活动能力，一旦发现轨道中的航天飞机损坏，航天员可以维修隔热瓦。同时，航天员同新开发的机器人一起，在水下进行出舱活动训练。将来，机器人将作为身穿航天服的航天员的助手（或者甚至是搭档）。我们期望，将来总有一天能将航天员送到月球、火星或者其他地方。毫无疑问，他们将同机器人密切合作，探索我们的太阳系。希望他们使用的航天服将来变得更先进，就像现代化的水中呼吸器装置取代旧式的“硬帽子”潜水服一样。但是，所有的改进都将建立在丰富的出舱活动经验的基础上，关于人类如何学习在太空生存及完成有用工作的历史，值得记录，本书正是作了这样的记录。

杰弗里·A·霍夫曼

2003年8月

NASA 航天员杰弗里·A·霍夫曼(Jeffery A. Hoffman)1978 年被选为任务专家,在 1985—1996 年之间执行了 5 次航天飞机飞行任务,并在其中的 2 次任务中进行了 4 次出舱活动,总计出舱活动时间超过 25 小时。其中 2 次出舱活动分别为 1985 年的第一次航天飞机计划外出舱活动和 1993 年的首次哈勃太空望远镜服务任务

作者的话

当苏联航天员尤里·A·加加林成为人类绕地球轨道飞行第一人时,太空时代的到来还不足4年。又是仅仅4年之后,阿里克谢·列昂诺夫打开了上升2号飞船的舱门,漂出飞船,进入太空,成为太空行走第一人。旅行很短,只有几分钟,列昂诺夫发现很难再次进入飞船,这次旅行几乎以灾难结束。那次大胆尝试所开创的出舱活动,现在已成为几乎每次载人航天飞行的标准内容。

公认的出舱活动(航天器之外的活动),也就是人们通常所熟悉的太空行走,涉及各种不同的活动,包括在太空身着压力服进行航天器内的操作,直立出舱活动(只有头部和肩部在航天器之外),地球轨道内或从月球返回途中的深空中系索和不系索的出舱活动,跨过月球表面的行走或驾驶,以及首次火星表面旅行的最初计划。

最初大约40年的航天飞行中,只进行了不到250次出舱活动,参与活动的航天员仅有125名,但是有了国际空间站的建立和操作,我们希望接下来15年出舱活动的数量及人员会增加1倍。在国际空间站,预计将有约1 500小时的出舱活动操作,平均每次出舱活动持续6小时。随着我们即将作出重返月球或将人类送往火星的决定,出舱活动将再次以天体表面探索为中心,任务计划者将回顾阿波罗时期,重温从那些历史上的月球旅行中所学到的东西。像航天飞行的绝大多数方面一样,新的进步倚赖于过去经验和成就的学习曲线。俄罗斯在空间站之外进行的广泛的出舱活动操作,对于当前和未来的国际空间站操作都是有价值的资源,出舱活动的每项计划都结合了以前工作所研发的新技术和新程序。

本书没有回顾已完成的每次出舱活动，而是考察了为实现特定目标和完成任务而开发的技术。这些目标已分为开拓旅行、探索月球表面、空间站外工作和维修卫星。人们在20世纪早期，就提出了在太空离开航天器进行有效工作的理论；50年之后，将首颗人造卫星发送到地球轨道。但是直到20世纪60年代中期，理论才最终应用于实践，结果很有价值，令人惊讶。

任何太空探索者到航天器外去冒险之前，必须遵循一定的步骤，以确保太空行走者的安全和出舱活动的成功。这包括旅行的计划、完成目标所需工具和设备的提供，以及为高效、安全、有价值地执行任务而对航天员所进行的训练。几十年来，程序、设备和训练从过去的经验不断发展进化，已经建立了广泛的数据库，使雄心勃勃的太空行走向前推进。最大的挑战之一是，研发在地球上模拟微重力和真空环境的技术和程序，以进行出舱活动训练。

展望出舱活动的未来，过去的经验值得回顾。表面探索的出舱活动是阿波罗的主要任务，也将是人类任何重返月球和探索火星任务的组成部分。借助阿波罗的经验和最近以地球为基地的验证，能够确定未来表面探索的前景。

另一种类型的出舱活动，只从美国航天飞机执行，是卫星的修理和维护，从而延长其轨道使用寿命，最突出的是哈勃太空望远镜。本书回顾了到达、捕获、维修、回收或者重新部署轨道中处于困境的卫星的技术。

出舱活动的另外一种类型是大型空间站方面的操作，包括长时期对空间站的支持、扩展、修理和维护。虽然空间站的大多数工作以航天器内进行的科学研究为主，但出舱活动还是成为了运行操作的组成部分，涉及空间的航天员、地面的支持工程师和操作者的团队。

有许多结论要靠进一步的出舱活动去获得，要取决于在今后的40年内，太空行走者所能进行的火星或更加遥远太空的冒险。人类能否安全地探索遥远行星的卫星，机器人必须取代手工工作吗？只有地球、我们的月球和火星上会留下人类的足迹吗，太阳系里还有最初的一小步可以带来空间探索巨大跨跃的其他地方吗？只有时间和充足资金支持的连续空间计划才能揭晓这些问题的答案。

本书考察了太空行走需要的技术，从最初的太空旅行到最近的国际空间站的操作，回顾了开拓阶段的经验、教训。本书说明了如何为空间活动进行地面准备工作，地面的许多同事在每次活动的计划、训练和支持工作中如何为完成太空行走的出舱活动团队提供支持。很幸运，我们生活在这个时代，能够回忆、见证在大气层外完成首次太空行走的最初活动。本书记录了太阳系真正的探索者——太空行走者为我们留下的东西。

2004年1月14日(本书正在制作中)，布什总统宣布了美国载人空间计划的方向，到2015年重返月球，进而到2030年可能飞向火星。这将极大地依赖于政治和公众的不断支持以及持续的预算承诺，同时对于当前的计划和未来的出舱活动计划产生直接效应。航天飞机将在2012年国际空间站建成之后停飞。将为国际空间站支持和重返月球任务开发新的载人探索飞行器。而哈勃太空望远镜将被遗留在轨道中，不再执行进一步的服务任务(虽然本书写作时这个问题仍在激烈的讨论之中)。

这份报告与国际空间站上的国际冒险和新月球计划中提议的国际合作有很大关系。出舱活动计划的最新进展已写入本书，新出舱活动的全面发展等待着更详细的计划。

航天飞机未完成的国际空间站操作计划也于2004年1月开始制订，有新闻称，将减少每次航天飞机组装任务的出舱活动次数，与此相反，将增加航天飞机的飞行次数来完成组装任务。显然，人们已注意到，每次飞行完成艰巨出舱活动计划的医学要求和操作要求常常趋于极限。出舱活动之间需要休息，而不是支持另外的出舱活动或准备装置，在出舱活动操作密集的几天中将突破安全极限。

对今后几十年的出舱活动操作的观察将同过去整个 40 年的观察同样有趣而多样。

戴维·J·谢勒

2004 年 2 月

致　谢

许多个人和组织为我提供了30多年来出舱活动的硬件、操作以及训练的信息，我要感谢下面提到的这些个人和组织，感谢他们的友谊、帮助、鼓励和支持，感谢他们为我提供使用文件和资料的机会。

得克萨斯州约翰逊航天中心的公共事务和历史办公室、亚拉巴马州马歇尔航天飞行中心、佛罗里达州肯尼迪航天中心，还有华盛顿NASA总部的工作人员；波音公司、汉密尔顿标准公司、美国太空联合公司和罗克韦尔公司公共事务部门的工作人员；休斯敦的赖斯(Rice)大学和明湖(Clear Lake)大学的工作人员，以及沃斯堡(Fort Worth)的美国国家档案馆(NARA)；NASA的约翰·查尔斯(John Charles)、乔·科斯莫(Joe Kosmo)、吉姆·麦克巴朗(Jim McBarron)、约翰·尤里(John Uri)、格伦达·劳斯(Glenda Laws)、查克·肖(Chuck Shaw)、加里·基特梅切尔(Garry Kitmacher)和格伦·斯旺森(Glen Swanson)；欧洲航天局(ESA)的安德鲁·威尔森(Andrew Wilson)；还有莫斯科航天员训练中心的工作人员，以及莫斯科的星星公司(Zvezda)。

在个人方面，阿波罗时代BBC和ITV的精彩电视节目激起了我对出舱活动操作的兴趣——尤其是帕特里克·穆尔(Patrick Moore)、詹姆斯·伯克(James Burke)和后来的彼得·费尔利(Peter Fairley)报道的节目。伦敦的英国星际协会的工作人员以极大的兴趣和友谊一直支持着我的工作；我必须——我一直以来都是那样做的——感谢我的朋友和同事雷克斯·霍尔(Rex Hall)、伯特·维斯(Bert Vis)、菲尔·克拉克(Phil Clark)、安迪·萨蒙(Andy Salmon)、迈克尔·卡萨特

(Michael Cassult)、巴特·亨德里克斯(Bart Hendricks)、科林·伯吉斯(Colin Burgess)、安德·汉森(Ander Hanson)、布赖恩·哈维(Brian Harvey)、内维尔·基杰(Neville Kidger)、戴维·波特里(David Portree)和基思·威尔森(Keith Wilson),他们多年来一直为我提供帮助、信息和建议。

我必须再次感谢我的兄弟迈克(Mike),感谢他将原始草案制作成提交文本的经验、技术和才能;感谢策划编辑鲍勃·马里奥特(Bob Marriott),感谢他长期以来在编辑和准备文本,控制一致性、真实性和准确性,扫描和处理插图方面所做的工作;感谢吉姆·威尔基(Jim Wilkie)的封面设计;感谢 BookEns 公司的阿瑟(Arthur)和蒂纳·福尔泽(Tina Foulser);感谢 Praxis 和 Springer 出版公司的支持团队,他们对本书的制作和促销所做的努力;当然,还要感谢 Praxis 公司总裁克莱夫·霍伍德(Clive Horwood)先生,感谢他在艰难的 2 年中给予我的理解和耐心。

我必须特别感谢我的母亲利恩·谢勒(Lean Shayler)女士,她在我们所有人都发生了改变之后,仍然一直为家庭提供支持和鼓励。本书也为我的姐姐卡伦(Karen)和她的家庭而作,在我的其他书中遗漏了他们。

没有这些特殊人们的帮助,我不可能完成这本书,因此我向他们致以最衷心的感谢,是他们能够将出舱活动技术列入一生成就的清单,愿意分享他们的经历。

前 言

你被紧紧地包裹在航天服里……只能从耳机里听到收音机噼噼啪啪的响声……从氧气管里深吸空气……你的鼻子离面窗只有几毫米远。你在压力服里漂浮,将要打开航天器舱门进入太空。你因过山车般的发射而兴奋,几分钟之后因经受微重力而微笑,出神地凝视着航天器窗外的景象。但是现在,穿着现代的盔甲装,你面临新的挑战:像宇宙中的卫星一样进入太空。

舱门打开一道缝隙,令人眼花缭乱的太阳光一涌而入,使你想起电焊机锐利的蓝光。随着舱门摇摆着打开,一片片细小的碎片不可思议地出现在你周围。你必须做的就是从舱门走出去,也可以称你为太空行走者。你向舱门外探出头,短暂的几秒钟,盯着几百公里之外的地球。但是你同航天器有脐带相连,你知道所能做的一切就是随它去,信任航天器的轨道结构相信自己不会跌到地球上去。

20 世纪早期,"苏联航天学之父"康斯坦丁·齐奥尔科夫斯基(Konstantin Tsiolkovsky)绘制了身着航天服的人使用气闸舱退出航天器,然后围绕航天器"跳舞"的图画。这些图画在他的作品《太空漫游》(*Album of Space Travels*)中公开发表。但是,直到大约40 年以后的1965 年3 月18 日,这一活动才得以实现。苏联航天员阿里克谢·列昂诺夫(Alexei Leonov)——太空行走第一人,也可称做艺术家——后来回忆了他进入太空的第一步:"无限广阔的太空在我面前展开,美得难以形容。我第一次从太空中遥望地球,它宏伟壮丽,看起来很平坦。只有曲线形的边缘提醒我,那是地球。虽然隔着厚厚的滤光镜,我还是能看到明亮的云、蔚蓝的黑海、绵延的海岸线和高加索山脉。离开飞船进入太空的时刻到来了,我们为这一时刻的到来准备已久,我们对这一时刻有太多想象。我从容地爬出舱门,轻轻将自己推离舱门,越移越远。我看到了宇宙的宏伟壮观。在地球旁边的天空渐渐地从深紫罗兰色变为深不可测的天鹅绒般的黑色,天空中的星星一闪也不闪。我认出了伏尔加河、乌拉尔山脉……然后我看到了鄂毕湾和叶尼塞河,就像是游过辽阔的彩色地图。"(节选自《月球上的人》(*Man on the Moon*),作者:彼得·费尔利(Peter Fairley),1969 出版)列昂诺夫只在航天器外待了几分钟,但是他为人类第一个"打开了太空之门"。就像尤里·加加林(Yuri Gagarin)成为所有的太空探索者的先驱一样,阿里克谢·列昂诺夫的开拓性成就开创了出舱活动的先河。

齐奥尔科夫斯基意识到,要探索其他行星,必须开发合适的航天服:让穿着者能够活动,在行星表面行走。49 年以后的 1969 年 7 月 20 日,两名美国航天员进行了另一个天体的首次旅行。尼尔·阿姆斯特朗(Neil Armstrong)向地球上着迷的电视观众和广播听众描述了人类首次踏上另一个世界的印象:"我在梯子的脚下,登月舱着陆支架只在月球表面嵌入 1 ~2 英寸……随着你的接近,月面看起来有细密的纹理,几乎像粉末一样……有时非常细。现在我要走下登月舱了。我的一小步,对人类来说是一大步。月面尘土很细,是粉末状的……我可以随意用足尖挑起。尘土像木炭粉一样薄薄地附着在靴子的底部和边缘上。我陷进去大约 1/8 英寸,但我可以看到靴子和行走的脚印。看来行走没有问题。"

从地球穿过太空到达月球,再到火星。列昂诺夫关于宇宙的精彩描述给我们留下了深刻的印象,我们带着敬畏聆听了阿姆斯特朗登上月球的讲话……但是此刻,登上火星的第一人会讲什么,我们只能猜测。毫无疑问,看到人类跨过火星平原的新奇迹将激励新一代探索者继续进行深入太空的旅行。

目　　录

第 1 章　理论接受检验

很久以来,在科幻小说和冒险故事中,太空探索者就经常在他们的航天器之外进行活动。但是这种想法是否切实可行,直到 20 世纪的前 50 年还没有人认真考虑过。在水星号和东方号项目中,所有航天员的活动都被限制在太空飞行器之内,即舱内活动(intravehicular activity,IVA)。进行这些项目是为了证明人类不仅能够实现太空旅行,而且能够活着从太空返回。如何在运行的航天器外生存,则对于之后的项目会是一种挑战。

早期的飞行实践表明,航天员在太空停留的时间可以从原来的几小时或者几天,增加到几周,乃至几个月或几年。为了使未来的航天员能够从他们更加漫长的飞行中取得最大的收获,他们也许会在航天器之外进行活动,即出舱活动(extravehicular activity,EVA),人们一般称之为“太空行走”,尽管更准确地说这种太空行走是“以 8 km/s 的速度漂浮”。1965 年,一种新型的航天器矗立在发射台上,准备将一组航天员送入轨道,他们将首次验证“太空行走”是否可行和对将来的行动是否有价值。尽管人们用了很长时间才将出舱活动纳入到任务目标中,但是从此以后,这一活动在某种程度上将成为大多数载人航天项目的主要内容。1965 年 3 月到 6 月,苏联航天员阿里克谢·列昂诺夫(Alexei Leonov)和美国航天员埃德·怀特(Ed White)通过 2 次太空行走的简单示范,将多年来的理论研究付诸实施。

1.1　梦想与渴望

人们一般认为,出舱活动是“太空时代”的新概念。但是,人类渴望探索地球以外的世界的想法早在人类开始对宇宙星辰的研究之时就已有之。人类要亲身探索太空的渴望也已有几百年的历史，并且同科学、发现、宗教、神话与迷信交织在一起。月球成为人类探索太空最早的目标。一旦宇宙的性质和规模开始被人们所认识，亲身探索太空的梦想就会自然而然地变得迫切起来。在大约公元前500年的古希腊时代，克勒芬(Colophon)的色诺芬尼(Xenophanes)对月食作出了解释，将月亮描述为"进入到天空和地球之间的地方"。这也正是对我们现在所称的"出舱活动"的另一种恰当的表述。

近1个世纪以后，萨马索塔(Samasota)的卢西恩(Lucian)写了一部小说，就是如今人们所说的"科幻小说"的早期作品之一。他描绘了在大西洋的一段航行中，旋风将帆船高高地卷到天空中，直到遇到一股强气流将他们的帆船托起，并将船和船上50名强壮的船员带到空中，经过了7天7夜的航行，来到月球，之后遇见了月球人的冒险经历。卢西恩和他的同伴们在月亮上度过了1周，然后经由金星返回地球，在金星上，他们还拜访了新的部落。不过他用《真实的故事》作为书名似乎不太恰当。

卢西恩在他的另一部有关月球的小说——《伊卡罗曼尼普斯》(*Icaromenippus*)中，也提到了飞向月球的行动，小说的主人公决定穿着人造翅膀飞向太空，这大大惹怒了奥林匹斯山的诸神，在飞行途中，诸神将他击落。其他许多神话传说也都涉及了人类探索太空的故事。其中最有名的就属伊卡罗斯(Icarus)的故事了。他飞到离太阳非常近的地方，太阳熔化了他那蜡制的翅膀，于是，他从天空中掉下来摔死了。这个故事大概是最早表明，充分的材料实验和热防护在太空活动中是很有必要的资料。

1.1.1 对探索的梦想

从14世纪到16世纪，人们对太阳系有了更多的了解。不过对于月球上是否存在生命的问题，仍然交织着科学和幻想的成分。德国理论天文学家约翰内斯·开普勒（Johannes Kepler）写了一部科幻小说——《梦想》。在小说中，冰岛航天员杜拉科图斯（Duracotus）利用他母亲菲奥勒克斯希尔达（Fiolxhilda）的巫术，到达了月球。当时恰逢月食，地球的影子落在月亮上，正好形成一座桥梁，恶魔们经常利用这种桥行走于星球之间。这部作品在开普勒去世 4 年之后的 1634 年出版。他写道："这段旅程非常危险，只有积极进取、不贪图享乐的人才能参加。我们只挑那些经常骑马或者经常到印度群岛航行的人，他们已经习惯靠硬面包或压缩饼干、大蒜、干鱼粉等这些难吃的东西生存。"也许，这就是人们对宇宙飞行和出舱活动挑选航天员的标准的早期认识吧。开普勒意识到月球周围没有大气层，他在故事中写道："旅途中将会非常冷，旅行者会感觉呼吸困难，不得不用湿海绵捂住鼻孔，这对于稀薄大气所带来的痛苦是一种很好的缓解。"这是关于"出舱活动装备"的最早描述之一。小说的主人公一到达月球表面，就开始了他的探索活动，考察月球表面和存在生命的情况。

1638 年，约翰·威尔金斯（John Wilkins）在他的《发现新世界》一书中描写了一次月球航行，其中对在低重力环境下探索月球表面进行了描述："他站在月球上，就像站在地面上一样稳；不仅如此，他还可以移动，而且速度比地球上的任何生物都要快。"

接下来的 2 个世纪，不断出现类似的人类探索太空的故事，但多半是对早期神话的复述。不过，许多故事仍然表明，人们相信在地球之外存在着有人居住的星球，并且人类有能力到达这些星球。从 17 世纪到 19 世纪，天文学有了重大进展，人们对宇宙也有了进一步的了解。17 世纪早期，伽利略发现有 4 颗卫星围绕木星运行；大约半个世纪后，牛顿对轨道力学以及万有引力对行星的影响进行了精确的数学描述。1781 年，威廉·赫舍尔（William Herschel）发现了天王星，在此之前人们只知道6颗行星(到土星)。1846年,亚当斯(J. C. Adams)和勒维烈(U. J. J. Leverrier)应用牛顿定律发现了第8颗行星——海王星;84年以后,在1930年,克莱德·汤博(Clyde Tombaugh)在研究洛厄尔(Lowell)天文台所拍的照片时,注意到一个斑点,这个斑点在7个晚上分别拍摄的照片中位置各不相同,就这样,他发现了第9颗行星——冥王星。(2006年8月,国际天文学联合会又将冥王星划定为矮行星,译者注。)

1.1.2 科学进入科幻小说

到18世纪末,对科学的新认识使许多科幻小说的作者在他们的作品中加入了科学成分,这在很大程度上归功于读者的需求,因为他们对身边奇妙科学的渴求与日剧增。对这些新的宇宙探索者来说,舒适性这时变得重要起来。1827年,约瑟夫·阿特莱(Joseph Atterlay)在他的《月球之行》中描述了一个由直径1.8 m的铜船构成的飞行器,装有双层面板,能保持内部空气,并且里面衬着棉布,比较舒服。值得注意的是,船上还有一个足以容纳人体的宽阔的开口,供出入船舱使用,即"进行出舱活动的舱门"。

1835年,埃德加·艾伦·波(Edgar Allen Poe)写了一部小说,小说的主人公汉斯·普法尔(Hans Pfaall)乘着自制的气球到月球旅行,气球上的空气供给装置——生命保障系统,使主人公在途中能够在稀薄的空气中呼吸。气球的下面有几桶火药,在上升过程中,火药意外爆炸,使航行受到影响,爆炸力使机器失去了控制,主人公被爆炸的冲击力抛出热气球外,悬挂在舱外一条约3 ft(91.4 cm)长的细绳上,经历了一次意外的"系留出舱活动"。

科学幻想会随着真理的发现而不断变化,同样,人们对空中旅行的理解也在不断改变。人们利用气球探索云层以外的区域,并且用它

来收集关于上部大气层的科学数据。同时,人们开始使用“潜水服”来探测海洋的深度。这 2 个科学分支在 20 世纪初会合,使人类在通向太空之路上迈出了重要的一步。第一批热气球模型在 18 世纪早期由古斯芒(Gusmão)制成,但直到 1783 年蒙戈尔菲耶(Montgolfier)兄弟完成了无故障飞行之后,气球才在真正意义上“起飞了”。但在接下来的 19 世纪,气球飞行一直被局限在相对较低的高度,直到 1898 年,法国人泰瑟朗·德博尔特(Teisserenc de Bort)使用无人驾驶气球携带一系列科学仪器上升到大约海拔 15 km 的高度,来收集这一高度上有关大气结构和成分的重要数据。至此,在没有人工保护和供氧的条件下,气球驾驶者已经达到了上升高度和生存能力的极限。在海拔 8.5 km的高度,只有很少的气球驾驶者能够生存。要飞得更高,就要依靠科学技术的新发展——当然,在科幻小说中可以除外。

19 世纪以前,月球上有生命存在的想法还仅仅出现在科幻小说中,但是到了 1865 年,朱尔斯·弗纳(Jules Verne)的小说《从地球到月球》一经出版,这种想法变得可信起来,不过它所描述的是人类在 19 世纪登上了月球。朱尔斯·弗纳和 H·G·韦尔斯(H. G. Wells)在小说中所描述的进行太空旅行所乘坐的推进器,成为今天增压航天器的起源,尽管他们的操作方法仅仅局限在科幻小说中。

在《从地球到月球》(1865 年出版)和《绕月旅行》(1870 年出版)中,弗纳用巨大的太空炮来向月球发射推进器;而在《月球第一人》(1901 年出版)中,韦尔斯则使用一种叫做“Cavorite”(以其发明者 Cavor 命名)的引力屏蔽物质摆脱地球引力,飞向月球。这些维多利亚女王时代的探索者戴着高高的帽子,穿着长长的外套和天鹅绒便服,在航天器里十分自由轻松。但是,弗纳至少在他小说中提到太空探索者需要压力服来获得保护。关于未来出舱活动,弗纳想到的另外一个方面是,利用陷波门(气闸舱)来减压和增压,使主航天器的空气泄漏被控制在最小范围内。他还提到,在太空中任何物体离开飞行器后,如果没有额外推力的话,会和它原来所乘的飞行器以相同的速度、朝相同的方向运动。小说中的情节是,一只狗在飞行中死去后,被从陷波门喷射到太空中"埋葬",之后与飞行器保持同步,也飞抵月球。

1.1.3 理论家的贡献

19 世纪末、20 世纪初,涌现出越来越多的太空探索理论家,他们逐渐认识到,已有 1 000 多年历史的火箭,也许会成为将人类带入太空去探索月球和行星的关键。这一理论的主要代表人物之一是一位俄罗斯教师——康斯坦丁·齐奥尔科夫斯基(Konstantin Tsiolkovsky),他不仅开创了在太空使用火箭、建立空间站的可行性研究,而且提出了身着防护衣(压力航天服)离开飞行器(气闸舱)及在真空中工作(即出舱活动)的方法和设想。

1.1.4 齐奥尔科夫斯基的舱外系留活动

在 20 世纪的前几十年,齐奥尔科夫斯基对于他所能预见的太空探索的未来,进行了长期的研究。他在俄罗斯被喻为"航天学之父"。他在《太空漫游》一书中,用简单线条描绘了身着航天服的航天员,使用气闸舱系统进行出舱活动的情景。以此为基本思路设计的上升 2 号飞船的气闸舱装置保证了航天员列昂诺夫完成了人类首次出舱活动。齐奥尔科夫斯基的图画是他作为电影顾问而创作的,他将电影中的人物系留在航天器上翻跟头,并称之为"航天器周围的系留游戏"[1]。

在《宇宙的召唤》[2]一书中,齐奥尔科夫斯基描述了他设计的航天服,这套服装可以把航天员整个包裹起来,柔韧性强、轻巧、气密性好,而且穿着起来行动自如。同时,这种航天服必须足够坚固,以承受内部气体的压力，并且可以收集尿液，还有专门的气泵，能够为航天员提供 8 小时以上的氧气供给，头盔上带有保护眼睛的独特太阳防护镜。

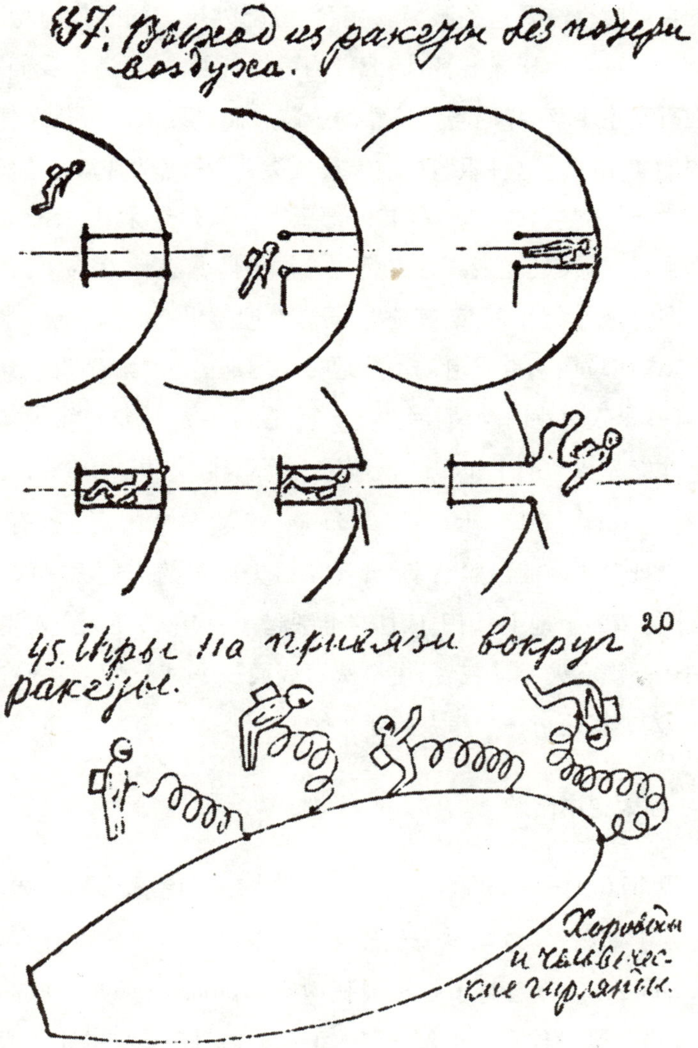

图 1.1　俄罗斯航天理论家康斯坦丁 · 齐奥尔科夫斯基绘制的一些最早的、极具预见性的出舱活动图解，他在 20 世纪初就预言了增压服、气闸舱和系索在出舱活动中的应用，这些都成为后来出舱活动中的标准配置物

在1920年出版的小说《飞离地球》中，齐奥尔科夫斯基对航天服的想象更加丰富了。航天员从空间站中出舱活动时使用这种服装，探索新的星球时也需要这种服装。“我们登陆外星球的时代即将到来，那儿的大气或者由于成分特殊，或者因为极其稀薄，不适合我们呼吸。为了在真空中生存，我们需要特殊的服装。而且要保证服装在任何情况下都能使用的。”这种服装把航天员从头到脚都密封起来，任何气体都进不去；也很坚固，能够承受其内部压力。头盔是保温的，有局部的透明面窗，使航天员能观察外界情况。尿液收集在储液器中，有一个“盒子”能不断地提供氧气，其他“盒子”处理排出的二氧化碳、水蒸气及“其他人体垃圾”，并且自动不停地循环内部的气体和蒸汽。穿着这种服装，一个人每小时会消耗掉1 kg氧气，航天员需要连续供氧8小时以上才能完成他的工作[3]。在地球上，那套服装重达10 kg；在月球上，重约1.66 kg；在火星上，重约3.33 kg；在太空中，则几乎没有重量。

对于现在所称的出舱活动，齐奥尔科夫斯基的描述极具鼓舞性，“踏在小行星的土地上；用手从月球上举起一块石头；在太空建造流动空间站……观察火星，（或者）着陆火星表面……对于太空的研究将更加深入，人类将迎来一个伟大的新时代。”

1.1.5 在太空中出舱

1929年6月——早在阿波罗11号航天员登上月球40年之前——第1期《科学奇闻》[4]杂志刊登了一篇赫尔曼·诺登东（Hermann Noordung）（真名赫尔曼·波托内克（Herman Potocnik））的署名文章（译自德语），他在文中叙述了航天员如何身着特别的防护服进入太空，并利用机动设备在太空中穿行。

同年，诺登东在《太空旅行的挑战》一书中主要讲述了在35 000 km高的地球同步轨道上建立有人操作的空间站。这一思想最初遭到不少批评，但是，后来人们认为，它对于空间站理论的创立具有重要的历史意义。在这本书中，诺登东几次提到了空间站的出舱活动，值得在这里记录下来[5]。

诺登东在他的书中写道，通过使用一种封闭座舱，以适当压力提供按适当比例混合的气体，可以保证航天器内人员在太空中生存。在这里，他引用了几位航天先驱者的作品和理论。他还指出，脱离航天器进入真空区，必须穿着密闭防护服，并通过“附加装置”进行增压和自动补给空气。他认为这与潜艇技术和深海潜水员使用的设备的工作原理是相似的，根据潜艇领域取得的经验，在真空区活动的问题是可以得到解决的。他把这种服装称为“航天服”。

诺登东的航天服与当时的潜水服和防化服的设计相似，也必须不透气，并且能够抵御外部环境的影响，还要柔韧灵活，尽量不限制身体的活动。航天服还得非常结实，保持内部压力为1个大气压，以保护航天员免受太空环境下的极度高温或低温，并且它在低温时不易破碎。所有这些参数都需要经过精心的设计、选材。诺登东认为，至少服装的一部分需要由高度抛光的金属制成（这样才坚硬），但是这样就限制了航天员的活动，因此他建议寻找一种新型材料，“经过适当的特殊处理，柔韧性强，对于超低温的敏感度低，表面镀发光的白色，且尽可能光滑”。

诺登东发现这种航天服在增压时，柔韧性不好，并且会限制活动自由，因此需要特制的关节，就像盔甲一样。航天服需要一种特殊的衬垫用以调节服装的温度，经过高度抛光的表面会反射多余的热量，而镜子会将热量反射到照不到阳光的部分。供应空气的方式与深海潜水员相同，在金属的背包里携带必要的氧气瓶和空气净化装置。因为无法通过像电话之类的有线通信设备进行交流和联系，所以每套航天服都应带有无线电通信装置，这些发送和接收设备由背包中的蓄电池供电。一根小金属棒或是服装的金属表面都可以用作天线。这些无线电系统可以使航天员互相之间,或与空间站上的其他工作人员交谈。这些想法显示出对真正出舱活动和航天服的非凡预见。

诺登东的作品还强调了"安全"问题,包括一直存在的漂入外层空间的危险。诺登东认为应该采用绳索系留的方法,并在空间站内分布安装专门的报警装置,以便能收到哪怕是最微弱的求救信号。每套航天服的无线电设备使用不同的应急通信频率,可以使用航天服内置的通信或遥测装置,以及小型手持推力器来控制航天员的运动,由航天员背包中的推进剂储箱提供动力。

诺登东还对空间站进行了描述,他说航天员穿着航天服,用在地球轨道上装配好的组件搭建结构框架。对如何从已建成的空间站进入太空,他描述道:"既然所有的空间都互相连接,并且充满空气,在空间站内的活动很容易实现。而航天员要进入太空就必须通过所谓的气闸舱,这个气闸舱同水下建筑相似,是一个有两扇气密门的小房间,其中一扇通向空间站的内部,另一扇通往外部。"

要操作气闸舱,航天员得躺在吊床上,等气闸舱与空间站的其余部分反向旋转达到零重力时,穿上航天服,抽空空气,打开外舱门,进入太空。要返回空间站,步骤相反。气闸舱的位置处于圆形空间站的中心,将它设计为随着建筑物的其余部分旋转,在空间站的边缘产生离心重力。当用作气闸舱时,它将独立运转,旋转产生微重力,以便更容易地进入太空或从太空返回。诺登东说,受过培训的航天员也可在气闸舱以较低速度反转时进出气闸舱。(但他并未探讨如何应对进出舱门时所产生的迷航的方法。实际上,必须设计出精密的系留系统,以防止系索缠绕到一起。)

1.1.6 20 世纪 50 年代:火星来客和科幻小说的影响

20 世纪 30 年代和 40 年代,出于科学和军事目的,人们对大气平流层进行了探索，在这个过程中的几项重大进展，成为将航天飞行理论转化为实践的发展过程中的里程碑。包括可以搭载航天员、压力服和生命保障系统的增压飞船，以及对在高空工作能力的深入研究。第二次世界大战促进了科技的迅速发展，1945 年战争结束后，那些研制战争武器及其运输方法的人们，对东西方国家的新兴航天计划产生了巨大的影响。也正是在这一时期，科幻小说同科学事实靠得更近了。

1953 年，胡戈·格恩斯贝克（Hugo Gernsbeck）与哈佛大学天文台主任唐纳德·H·门策尔（Donald H. Menzel）教授合作设计航天服，用于维修星际探索航天器。这件航天服（仅仅在出版物上出现过）是多层的，里面有提高穿着舒适度的填充物，还有可以使身体自由活动的“灵活的金属关节”。航天员先穿上宽松的内衣，然后钻进航天服，航天服由柔软的金属内层和外部特殊的塑料层制成，塑料表层涂有白色反光涂料。航天员可以通过头盔上的双层窗和可调节的后视镜观察到身后的活动和障碍。在航天服的胸部、背部和腿部还有自动温控器和 1 套可展开的金属风扇，帮助航天员散发身体热量，提供空气调节系统。在航天服背部与肩同高的地方装有氧气瓶和空气净化器，帮助氧气循环流通。还有便携式无线对讲机和天线，用以通信联络。这些航天服的特点在 20 世纪 60 年代被采纳到出舱活动航天服的设计之中。

这种航天服只适于在太空失重环境下使用，并不适用于对星球表面的探索。针对这个问题，格恩斯贝克提出了专门用于星球表面探索的轻巧、灵活的飞行器，可以为探索星球表面的人提供更好的保护，即所谓的“移动机器人”。它有乘员增压舱，能够前后倾斜；还有一对机器人抓臂，能够采集样本。它能够在一对坦克式履带上运动，并安装了类似于折叠遮阳伞的热防护设施。然而这并不是真正的航天服，而只是用于人类进行星球表面探测的漫游飞行器（后面的章节会讨论这种技术)。

1.1.7 《登陆月球》和《科利尔》杂志

1952 年,美国《科利尔》(*Colliers*)杂志出版了一部论文集,选载的均为太空研究领域权威人士所撰写的论文,并由一些当时的先锋艺术家配制插图。这个选集反映了西方关于大气层外的研究和几十年后开始探索太空的预测。此外,许多开发压力服的工程师和技术人员也为科幻故事片提供技术支持,《登陆月球》就是一个典型。在这部电影中,描述了一段去往月球的飞行,在这次飞行中,进行了一系列出舱活动和星球表面活动,以开展科学测量和试验。在进行出舱活动时,航天员在一个人工操作的基础单元内,用一个巨大的氧气瓶将气体排出,同时身着背上带有小氧气瓶的压力服,用系索把自己系留在太空飞行器上,以防止漂到太远的地方。

1.1.8 英国星际协会的作品

1937 年,英国星际协会(British Interplanetary Society,BIS)成立 4 年之后,其技术委员会发起了为期 2 年的有关载人月球登陆器的研究。结果于 1939 年公布,成为其后 20 年协会主要成员进行其他研究的焦点。

在巴克·罗杰斯(Buck Rogers)和弗拉什·戈登(Flash Gordon)时期的漫画书和故事片中,出现的英雄航天员的形象,常常是戴着玻璃鱼缸般的头盔,穿着闪闪发光的服装,在宇宙中与邪恶作斗争。但是,这里忽略了在太空或其他行星行走时的科学事实。英国星际协会的研究认为,增压服对于登陆月球来说是必不可少的。“增压服须由薄而有韧性的橡胶或皮革制成,有宽大的头盔,还包括加热装置和供氧系统。”[6]需要注意的是,航天服增压后会形成坚硬而稳定的气球,这样，航天服将同体积不变的肩、膝部球状关节相吻合，以保证其灵活性。穿上这种航天服，手难以灵巧活动，因此，有人建议让航天员带上非常薄的外科手术手套，配备小巧的套装维修工具。人们认为月球表面积满厚厚的尘埃，为了在月面行走，应给每位探月者提供雪鞋。

探索月球的任务是考察收集月球上的物质样本，为此探索者的工具套装中就需要包括地质锤、弹簧秤（称质量）、显微镜和重力摆，还要有摄影机和照相机，用来记录月球表面的活动。若在阴暗处着陆，还应该带上灯，以便照亮月球表面，进行工作。这种考察也许会引起英国广播公司（BBC）的关注，他们可能（通过无线电）对活动进行连续的实况报道。在这种短暂的探索结束时，可以将不必要的装备留在月球上。（这几乎是阿波罗任务的预演）

1.1.9 H · E · 罗斯和 R · A · 史密斯的作品

英国星际协会报告发表于 1939 年，接下来的 10 年里，H · E · 罗斯（H. E. Ross）对航天服设计进行了更深入的研究。1949 年，在英国星际协会组织召开的“航天医学问题研讨会”上，他提交了一篇名为《月球航天服》的论文[7]。这篇论文是对月球表面出舱活动装备最早的正式研究之一。

20 世纪 40 年代末，英国星际协会委员之一的拉尔夫 · 安德鲁 · 史密斯（Ralph Andrew Smith）创作了一系列生动且工艺精准的艺术作品，这些作品在 1950—1954 年间发表在多个刊物上。史密斯与阿瑟 · C · 克拉克（Arthur C. Clarke）共同合作完成了 3 本著作及英国星际协会探月宇宙飞船的研究[8]。

史密斯的作品还发表在 1953 年出版的《太空旅行》[9]中，向广大读者解释了太空探索各个方面的复杂性，也向新一代说明了压力服使人能够进入太空，“航天员甚至发现在宇宙飞船外冒险也是有可能的，

图 1.2　英国艺术家 R·A·史密斯于 20 世纪 50 年代绘制的空间站建造出舱活动示意图(图片提供:英国星际协会)

他们离开座舱,穿过气闸舱,然后穿着磁力靴来到宇宙飞船表面。这些程序实际上没有当初想象的那么危险,尽管其速度很大,但是一个人却能够在宇宙飞船外表面直立,因为没有空气阻力会把他拉下来!但他一定要牢记,他是没有重量的,除非用磁力靴紧紧吸住宇宙飞船的金属外壳,否则任何轻微的活动都将使他漂浮到太空中去。但是,如果一旦疏忽导致了这样的错误，他也不必害怕被落在后面。他将以相同的速度在飞行器旁边与之同行，虽然将逐渐离飞行器越来越远。”书中还叙述了有关空中轨道交会对接和组装大型结构的设想。那种航天器将由三四名航天员组成的团队进行组装。这本书的插图是由 J・W・伍德(J. W. Wood)和 R・A・史密斯提供的，这些图片向我们直观地展示了当时所取得的成就，如身着航天服的航天员用轻便的尼龙安全带系留在主航天器上；航天员穿着根据史密斯的设计改进的月球服，使用手持火箭筒进行机动。

在 1958 年 7 月出版的英国星际协会杂志《航天》中，J・C・吉格纳德(J. C. Guignard)回顾了航天员进入太空、进行太空建设工作时可能产生的生理方面的问题，修正了之前关于出舱活动和探索着装的某些错误想法。文章强调，将来，在太空建设大型目标的方案，主要是靠人工在太空装配预制件。目前正由出舱活动航天员团队支持的国际空间站建设正是如此，但他们同时利用航天飞机和空间站上的遥控操作装置进行工作。

在 20 世纪 50 年代，随着轨道器体积的不断增大，使得它不能在一次发射中全部同时升空。而由身着航天服的航天员在太空中用人工推动巨大的组件的情景，早已在文学作品中有所描述。这一切在纸上、在艺术作品中、在电影工作室里看起来是那么容易，但吉格纳德指出，有几个潜在的问题在等待着太空建设团队去解决。“即使最博学的艺术家，也经常将卫星建设描写为，航天员头带头盔，在以地球为背景的令人畏惧的环境中，搬运、锤打、焊接。但这种工作实际上真的有这么容易吗?”吉格纳德提醒人们注意在太空中工作可能遇到的以下几方面的问题[10]。

(1) 轨道动力学问题

尽管艺术家能够描述出不同大小和形状的组件，但却不能确定它们的质量和速度。意外遭到物体的碰撞，肯定会使航天员的职业生涯比原定计划大大缩短。这就要求航天员要心灵手巧、判断力强、团队精神好，尽管这之后才出现了用遥控操作系统（Remote Manipulator System，RMS）协助航天员工作的想法。在审查针对这种操作的出舱活动培训时，吉格纳德建议，接受训练的航天员得花一部分时间在大型车间练习作操作人员，在那里他能够真正体会到周围有许多大块头又不稳定的金属的“感觉”。

在开发用来在航天器周围进行机动的推进“枪”时，吉格纳德建议，最有用的可能是对这个机动装置策略定位，而不应采用手持的“手枪状的或灭火器状的装置”，这样才能使操作人员的手得到解放。方向、重心和转速都会是决定推进装置的因素。吉格纳德说，一个1.84 m高的航天员以80 r/min的转速旋转，他的头部就要承受 $-6\ g$ 的载荷，而脚部则要承受 $+6\ g$ 的载荷，这种状态他只能忍受几秒钟。即使在产生严重影响之前停止旋转，所造成的头脑混乱和方向感丧失也会持续数分钟，这将成为潜在的危险。他还建议，最有保障的“航天服”实际上应该是坚硬的座舱，操作人员在里面使用机械手。这一装置还将承担许多其他的扩展项目。

操纵这种座舱需要精确的附加系统、“黑匣子”式的控制系统和足够的安全逃逸系统，这使设计变得更加复杂。在这篇文章的写作年代，人们对太空行走者的普遍认识是——穿着磁力靴在飞船硬壳上行走，因为他失去了体重，似乎也同时失去了自我控制的能力。航天员好像只是在磁力靴内漂浮，但实际上，光是移动这些靴子就需要花费很大的能量。并且，如果航天器是由塑料和有色金属制成的，磁力靴就变得毫无用处了。

（2）生存问题

为了给航天员提供适当的环境，航天服或座舱生命保障系统必须为航天员提供长期的工作支持，包括氧气、空气净化、绝对压力至少为4.5 psi(31.0 kPa)的增压(这是避免出现减压病——高空病的最低压力值)，以及有效的内外温度调节系统。如果同时配置半自控系统，则驱动器、稳定装置、通信系统、机械操作装置、动力系统以及监控报警系统的总体质量和复杂性将大大增加。

图1.3　科幻小说中对穿越月球表面地形所使用的运输工具的描述与科学实际非常接近。在20世纪50年代末到60年代初，这几乎成为艺术家们描述人类首次登月后进行出舱活动所需的标准配备

座舱越小，则用以使座舱通风，让座舱的环境与较大场所环境匹配所需设备的质量越大。经过长时间的分类对比发现，小座舱的空气循环及通风系统必须比大座舱里的更加可靠，以便在有害物质浓度达到使人中毒的程度之前，将来自液压冷却剂和人体的有害废气排除出去。

还需要有充分的保护措施，以免遭受微流星体的伤害。尽管这种危险比起表面积更大的飞行器来说几率要小一些，但对于航天服或短途探索器等单人设备来讲具有潜在的毁灭性。与大型飞行器相比，在航天服或小型座舱中，如果产生相同大小的孔隙，其气压损失的速度会更快（就像 1997 年发生在和平号碰撞事故中的情况一样）。吉格纳德说，“气压完全损失之后，人的意识只能维持 5 ~ 7 秒，如果航天服或压力舱破裂，航天员将不可能生存。一些航天爱好者认为，人可以深吸一口气屏住呼吸达 1 分钟以上，所以经验丰富的航天员可以在紧急时刻保证安全，甚至可以在没有保护的情况下，依靠肺部和血管中的氧气到太空中做短暂旅行。这显然是错误的，因为一个人不可能在真空条件下维持胸部的气压。所有的气体将从他的肺部爆发出来，因为肺泡中的气体和血液中的氧气梯度成反比，所以能维持意识的时间接近血液从肺部流到大脑的时间。”

（3）辐射问题

在这篇文章发表的时候，宇宙辐射的生物效应还没有确定，关于大气层外辐射强度的研究必须等待新的卫星去完成。吉格纳德注意到，除非证明这些射线威胁生命，“在太空飞行器中不会采取任何形式的屏蔽措施。如果是这样，那么航天员穿航天服进行出舱活动所受到的辐射将不超过其在舱内受到的辐射。”在 20 世纪 50 年代，人们对于太阳辐射的理解是，在太空中物体受到太阳辐射的量取决于其向阳面的总面积，所以，旋转状态下的较小物体的受热量比较大物体的受热量相对要大一些。出舱活动无论是直接暴露在阳光下还是在阴影中，都将增加温度调节系统的负担。

（4）视觉问题

在太空中所戴的所有头盔都需要配置保护眼睛的滤光器。“要用精巧构思来设计一种透明护目镜，以防止一切有害射线。如果需要考察行星表面或研究彩色光，则应在可见光范围内保留适度、中等的透光度。”根据在寂静的高空以及单调的直线和水平飞行及夜间飞行的经验，吉格纳德发现：“一旦离开正常感觉的参考系，飞行员对周围的环境会感到无所适从，可能会产生丧失时间感和空间感的情况。航天员单独在太空中漂浮，可能也会遇到相同的麻烦。除了静止不变、布满星斗的深邃夜空之外，什么也看不到，他的感觉意识会变得很弱。在这种情况下，视觉的或前庭的刺激将减小，或者产生混淆的效果。对于太空旅行者来说，这也许意味着，如果月球突然出现在他脚下的某个地方，尽管处于失重状态，他也会产生一种可怕的倒挂感觉，因为地球上的生活已经使他习惯于将天体同头顶联系起来。高空飞行员就曾经出现过这种错觉，他们觉得星星好像在飞机下面。”人们希望，与其他同伴以及地面同事一起通过无线电通信进行合作，可以帮助出舱活动的航天员避免出现这种不测事件。确定不发光物体方位的“雷达”屏幕，将是未来太空工作的实用装置。吉格纳德说：“如果今天（1958 年）这些有电视瘾的儿童成为明天卫星的建设者，或许他们所受的教育比我们认为的更有用。”

1.2 适应太空

在 1957 年出版的《太空飞行与卫星设备》一书中，作者 R · B · 比尔德（R. B. Beard）和 A · C · 罗瑟拉姆（A. C. Rotherham）探讨了当时关于实现航天飞行和空间探索的方法，包括航天员从地球到火星的飞行。在两位作者看来，航天员所穿的航天服不仅要能够通过绝缘、加热和冷却等方式为航天员提供最大程度的保护和舒适性，还必须能提供氧气并配备收发双向通信无线电装置，还应尽可能多地提供食物和水。书中关于全世界发展中的高空平流层压力服的开发，有这样的文字记录：“即将开发出第一件真正的航天服。”[11]

1.2.1　首批航天服

当第一批航天员乘东方号和水星号飞船进入太空时，他们所穿的压力服只是作为航天器生命保障系统的备用设备而设计的。如果发生座舱失压，这些压力服会为航天员提供独立的生命保障和增压，直到着陆。对于离开飞行器进行太空行走来说，这些服装就不够理想了，因为它们都缺少能使航天员适应太阳的辐射、高温以及阴暗处的严寒的保护层。对于航天器之外的冒险活动，航天员的服装必须能够维持内部压力，有生命保障系统、适合的加热冷却系统、屏蔽头盔和用于移动的设备，还应有通信和监控服装参数的手段。太空探索者的压力服必须是真正适合太空的服装。

1.2.2　太空时代的科幻小说

1958 年，苏联第一颗人造地球卫星的发射开启了真正的太空时代，短短几个月之后，韦恩赫尔·冯布劳恩（Wernher von Braun）的《月球第一人》[12]首次出版，他描写了未来一次到月球的飞行。在升空、飞行和降落阶段，两位乘员穿着半压力服，这种压力服带有可摘除的头盔和氧气面罩。但是在进行月球探索时，必须在半压力服外面再穿上全压力服。像早期的英国星际协会月球航天服一样，它配备了附加装置和设备用来探索月球表面。

20 世纪 60～70 年代，随着空间技术的发展，这种技术被移入故事片当中。在《Marooned，2001：A Space Odyssey，Alien》及其他影片中，都有通过“出舱活动”进行太空探索，并发现陌生世界的情节。这些电影中所描写的出舱活动，开展起来非常容易，也很经常。但是，真正的太空计划中航天员离开航天器的活动与电影所反映的是不同的。从 20 世纪 50 年代末开始，科幻小说开始同真正的太空计划紧密地联系

图1.4 韦恩赫尔·冯·布劳恩在太空探索的早期,为制作一系列沃尔特·迪斯尼影片而讨论一个单人出舱活动服务舱

在一起。(这些科幻小说和真实的空间活动,激起了本书作者对出舱活动的兴趣,因此写下了这本书。)

参 考 文 献

[1] Feborov, A. S., 'Tsiolkovsky as a film consultant', *USSR Academy of Sciences*, No. 5, May 1970, 117 – 120; NASA Technical Translation (NASA TTF – 14,890, May 1973, Figs. 37 and 45), NASA JSC History Archive, Houston, Texas.

[2] Tsiolkovsky, K. E., *The Call of the Cosmaos*, *ed.* V. Dutt, Foreign Languages Printing House, 1960, p. 222.

[3] Abramov, Isaak P. and Skoog, Å. Ingemaar, *Russian Spacesuits*, Springer-Praxis, 2003, p. 100.

[4] Noordung, Herman, 'The Problems of Space Flying', *Science Wonder Stories*, 1, July 1929, 170 – 180; August 1929, 264 – 272; and September 1929, 361 – 368.

[5] NASA History Online: http://www.hq.nasa.gov/office/pao/History/SP – 4026.

[6] Parkinson, B., *High Road to The Moon: From Imagination to Reality*, British Interplanetary Society, 1979, p. 22.

[7] Ross, H. E., 'Lunar Spacesuit', *Journal of the British Interplanetary Society*, 9, No. 1, January 1950, 23 – 37.

[8] Clarke, A. C., *Interplanetary Flight*, 1950; *The Exploration of Space*, 1951; *Exploration of the Moon*, 1954; *and High Road to the Moon*, British Interplanetary Society, 1979.

[9] Gatland, Kenneth W. and Kunesch, Anthony M., *Space Travel: an Illustrated Survey of its Problems and Projects*, Wingate, London, 1953, p. 88.

[10] Guignard, J. C., 'Spaceman Overboard', *Spaceflight*, 1, No. 8, July 1958, 282 – 287.

[11] Beard, R. B. and Rotherham A. C., *Space Flight and Satellite Vehicles*, George Newnes, London, 1957, p. 59.

[12] Braun, Wernher von, *First Men on the Moon*, Frederick Muller Ltd., 1958.

第2章　发展技术

在经历了几个世纪的纸上谈兵和长期的太空计划后，人类迈出了进入太空的第一步。首先是进入地球轨道，以检验所设计的航天器是否合格，证实火箭是否可用作发射运载器，验证人类经过正规训练后是否能够适应发射、在轨、出舱和着陆等过程。苏联东方号和美国水星号飞船，最初的设计指标均为容纳1人、完成几个小时至几天的短期任务。

1961年4月12日，苏联航天员尤里·加加林成为乘坐火箭离开地球表面、环地球飞行的第一人。随后，美国进行了2次环地球不满1周的飞行。同年，一名苏联航天员成功地在太空度过了1整天，为这一年画上了圆满的句号。1962年2月20日，航天员约翰·H·格林(John H. Glenn)成为第一个环地球飞行1周的美国人。1963年5月，戈登·库珀(Gordon Cooper)紧随其后，并创下了在太空停留32小时的纪录。一个月之后，苏联航天员瓦列里·贝科夫斯基(Valeri Bykovsky)又创下了在太空停留116个小时的个人纪录，这一纪录保持了大约40年之久。首名女航天员瓦莲京娜·捷列什科娃(Valentina Tereshkova)参与了他的这次飞行任务并进行了为期3天的飞行。1964年10月，苏联发射了一艘由东方号改进而成的飞船，被称为上升号，它可以容纳3名航天员，但是所能携带的消耗品仅够使用24小时。这一进步表明，这种新型航天器具备更长的飞行时间和完成各种使命的能力，将帮助人们扩展对航天飞行的理解。

后来又对正在制造中的东方号飞船进行了改进，以完成一部分计划由上升号完成的任务，与此同时，美国人也在探索改进水星号的途径，使其能够容纳 2 名航天员，以拓宽任务范围，以及开拓空间交会和对接。这艘飞船起初被命名为水星 Mark 2 号，但在 1961 年又被改称为双子星座号，并且广为人知。在美国不断发展这些新式航天器的同时，苏联也在进行联盟号飞船的设计工作，准备搭载 3 名航天员，完成一系列的任务目标，包括飞往月球的计划，这与美国的 3 人航天器阿波罗号的任务是一致的。

2.1 进步的阶梯

在水星号和东方号（包括上升号）的计划中，既不具备能力也没有必要让单独执行轨道飞行任务的航天员进行出舱活动。执行这些任务的目的是“生存”的问题，就是为了清楚地表明人类不仅能够在太空生存数天，并且还能操作设备以及进行基本的科学研究。但对于这两个欲将航天员送上月球的国家而言，他们必须学习新的技术，其中就包括空间交会和对接。为了进行真正的月球探索，航天员必须走出航天器，在月球上行走。在这两个国家不断发展漫步月球所需的技术和技能的同时，证实航天员能够身着航天服进行出舱活动的计划也在进行着。

媒体对于航天员打开舱门以 28 100 km/h 的速度进入太空的阐释，使“太空行走”一词在公众中广为流传，而不是通过书籍或是电影的方式传播的。在 20 世纪 60 年代的冷战时期，美国太空计划中一般的、公开的部分都公之于众，双子星座号的飞行任务，包括太空行走等也一度为人们所熟知。相反，苏联大部分的早期计划都严格保密，除非他们在太空探索方面有惊人的成就，占据报纸头条。然而，据推测，苏联也一直在为太空出舱进行装备和程序方面的研制，或许比美国还要早。现在，资料表明苏联设计者们确实进行过这方面的研究工作。

2.1.1　火星航天员

苏联宇航科学家们在20世纪大部分时期内不懈追求的目标就是火星。早在齐奥尔科夫斯基时代,他们就制订了名为“红色行星”的火星开发计划,并于1960年6月23日提交苏共中央委员会和苏联政府内阁签署了其中的重要法令。而且这一计划成为苏联20世纪60年代的规划蓝图和长远计划。它拥有一个宏大的标题:关于1960—1967年间制造大载荷运载火箭、卫星、宇宙飞船和掌握宇宙空间的计划。由于苏联宇航局当时的领导人科罗廖夫(Korolyov)本人对于将苏联的探测器(最终是航天员)运送到火星比到月球上似乎更有兴趣。于是,格列布·马克西莫夫(Gleb Maksimov)带领一组科学家自1959年开始在OKB-1设计局的第9部门研究大型星际航天器。根据科罗廖夫1960年制订的计划,KMV计划本预计将航天员送入火星轨道(不着陆),然后返回地球。1960年4月30日,OKB-1设计局的主任设计师康斯坦丁·费奥克季斯托夫(Konstantin Feoktistov)(后来作为航天员参与执行了上升号的首次飞行任务)提出一个名为TMK的大规模星际航天器计划,由一个10人航天小组进行为期3年的火星之旅。它的着陆器是一个可移动的、能对火星进行为期1年考察的交通工具,它利用的是随车携带的驱动装置,还有可能在返回地球之前在火星表面上进行多次出舱行走。尽管这个计划在开始阶段就夭折了,但这种对火星的关注也影响到了苏联其他的项目,如:无人驾驶的行星探测器和更大动力的火箭。

2.1.2　后东方号时代

由于1957—1961年间,苏联在航天领域取得一次又一次的胜利,所以苏联航天员将在20世纪70年代踏上火星表面似乎已经不容置疑。尽管月球距地球较近，但是却被认为是更适合用机器人去探索，或是作为人类探索火星的跳板。苏联发展大推力运载工具的目的就是为了登陆火星，而不是月球。1961 年美国总统肯尼迪向 NASA 下达进军月球的命令时，苏联人才逐渐意识到美国人的的确确要赶在苏联人登上火星之前登上月球了，因此，他们也把竞赛的重点转移到进军月球上[1]。

从 1958 年以后，OKB-1 设计局就计划继东方号之后制造一个小型飞行器。设计这一小型飞行器的目的是为掌握包括飞往火星等长期探索宇宙的行动所需的 2 项关键技术——环月球飞行以及空间交会和对接。掌握这些技术，将会在更广泛的技术领域内为实现登陆火星这一远大目标提供有益的经验。因此，在 20 世纪 60 年代初期，苏联开始着手制造多功能的、能实现这两个目标的航天器。尽管在 1959 年至 1963 年间，又对这些计划进行了修改，但这些计划的最基础部分最终促成了联盟号项目[2]。

2.1.3 NASA 先进的载人航天项目

1959 年 4 月 2 日到 5 日在弗吉尼亚州威廉斯堡举行的为期 4 天的 NASA 会议上，讨论了先进的水星号的后续项目。这一项目的目的是逐步实现“人类星际航行”计划，延长环球飞行时间，以及辅助实现空间军事目标[3]。许多目标表明，需要把多个飞行器在轨道上对接起来，因此，在苏联和美国的计划中，轨道交会就成了未来航天器规划的关键，就像 20 世纪 50 年代的艺术作品里所展现的那样，身着航天服的航天员要走出船舱，建造一些新的空间设施。

1960 年 7 月，新的空间项目被命名为阿波罗计划，其任务是在 1970 年前实现载人地球轨道飞行和环月球飞行，继而实施人类登陆月球和建造空间站的计划。1 年以后，进一步的研究也证明了阿波罗有可能成为登陆月球计划的前期部分,1961 年肯尼迪总统的演讲同样确认了这一点。到 1961 年 11 月,阿波罗号飞船(指令舱和服务舱)的初样工作说明书显示,航天器将携带增压服,用于执行某些舱外冒险活动。

2.1.4 水星 Mark 2 号变更为双子星座号

改进水星号设计的各种研究也在进行之中。在 1959 年至 1961 年间,这些研究主要集中于水星 Mark 2 号项目上,即建造一个可容纳 2 人的多功能航天器,以提高今后人类进行轨道飞行和深空飞行的技能。1961 年 3 月,在新航天器设计工作进行之中,有人建议,既然发展的是两人计划,那么在轨期间,其中一人就应该打开舱门,出舱活动。从那时起,出舱活动就成为水星 Mark 2 号项目中不可或缺的部分。既然有 2 个人同时在太空中,安全装置就被纳入到设计之中,以确保美国航天员的首次出舱活动万无一失。这些是受航天器设计的启发而得的,水星 Mark 2 号的设计中采用了弹射座椅,一旦在发射或着陆过程中发生危险,他们可以迅速逃逸。尽管考虑了进入太空时航天器所承受的总体压力、结构强度以及抗热性,这种弹射座椅提供了航天员直接从座舱内逃逸出来的一种捷径。一个身着航天服的测试假人,被挂在绳索上进行零重力模拟试验,用来测试航天员如何打开舱门脱离航天器。

1961 年 12 月,水星 Mark 2 号被更名为双子星座号,它将被用来检验长期空间飞行、空间交会和对接、定点着陆以及出舱活动等技术。对于阿波罗计划而言,这些也被视为实施登月计划的里程碑。双子星座号飞船关于适当的出舱活动的早期研究,是为了确定进行 15 分钟的出舱活动所需要满足的条件,这些研究包括:航天员的安全防护和生命保障系统,航天员在穿着航天服的情况下开关舱门所必需的机械设备和技巧,以及与航天器上操作系统有关的问题。(根据最终确定的双子星座号出舱活动的方式:只能有1名航天员出舱活动,一次只允许开一个舱门。舱门可被打开的次数、航天器的生命保障系统在补充气体方面的限制和乘员舱的布局等因素。)然而,一些早期的艺术作品,包括1964年3月出版的《国家地理》杂志封面,在描述双子星座号的出舱活动时所表现的都是舱内指令配合航天员。

1963年2月,NASA载人飞船中心(Manned Spacecraft Center, MSC)主管航天员系统的部门制定了一个指导方针,指导制定了双子星座号10次载人飞行计划中出舱活动的基本方案。最初,这一方案是为双子星座3号航天员组设计的,用来测试航天员从处于飞行姿态的密封舱中的座椅上站立起来的程序;之后,双子星座4号航天员完成直立出舱,及双子星座5号航天员完全走出舱外(即出舱行走)都采用了这一方案[4]。

2.1.5 苏联出舱活动计划

在搭乘1人的东方号飞船之后,科罗廖夫制定了一系列飞行计划,其中一些计划包括出舱活动技术试验。最初的设想是把一只穿着航天服的狗放到可减压的东方号船舱里,然后把这只狗暴露在真空中(至于是在船舱里还是打开舱盖我们不清楚)。这样,在人类尝试进行出舱活动之前,可以从生物出舱活动中获得有价值的经验,以及适宜的材料和系统。这相当于狗先于人类成为了东方号的航天员。

尽管这次任务被取消了,但在东方号进行出舱活动的想法却一直被保留着,东方号被批准在1964—1965年执行更多的飞行任务,包括由航天员进行出舱活动测试。使得这一计划在1963年春又得到进一步的发展。在决定航天员如何走出增压舱并安全返回时,问题出现了。同双子星座号一样,东方号上的航天员逃逸系统也是由弹射座椅构成的,尽管它的舱门不是靠铰链转动的,而是在弹射系统启动时被掀走,这是它与双子星座号的不同之处。双子星座号的再入热防护系统中主要负荷位于不锋利的航天器的尾部、远离舱口的地方,这样使得航天员周围热防护系统不必十分严密,就可以确保他们在打开舱门的同时保持了航天器内足够的热量和整体压力。东方号为了保温而把整个航天器都封闭了,因此如何设置出舱口和增压系统成了设计上的主要难点。尽管没有得到官方认可,但 OKB-1 设计局的成员增加制订了一些任务计划,包括:运载不止 1 名航天员,延长飞行时间,进行出舱活动(模仿双子星座号计划)。为达到这些目标,仅供 1 人乘坐的弹射座椅必须取消,因为对三名身着压力服的航天员来说,座舱空间不够大。对于出舱活动而言,这当然非常重要,因此只有 1~2 名航天员可以参与东方号的出舱活动任务。

当 NASA 宣布,将在 1965 年 2 月发射的双子星座 4 号航天器上,让航天员打开舱门,从座位上站起来时,科罗廖夫受到刺激,他想确保第一个进行出舱活动的是苏联人,而不是美国人。1964 年 3 月,由改造的航天器(现在被称做上升号)进行出舱活动的计划又重新恢复,在克里姆林宫的压力下,飞船将于 1964 年 11 月执行飞行任务,比美国的双子星座号早 3 个月。空军总参谋长尼古拉·卡曼宁(Nikolai Kamanin)负责空军的载人航天项目,包括选拔和训练空军航天员部队(后来他成为航天员训练主管)。卡曼宁曾经提出一个方案,即由 1 名航天员在环轨道飞行中独立完成出舱活动装置和过程的试验,但是这一方案几乎立即遭到了科罗廖夫的否决,原因并非像人们通常所想的那样,是出于技术或是安全问题的考虑,而是由于这样一次飞行缺乏政治效应。1 人 1 天的飞行,如果没有进行出舱活动的话,根本不能被看做是载人航天方面的重大进步,并且科罗廖夫还坚持认为,每一次新的飞行都应该比前一次有所进步[5]。因为搭载 3 人的东方号的准备工作造成延误，使得出舱活动计划不得不落在东方2号上。科罗廖夫催促他的工作人员在年底前完成发射计划，卡曼宁写道："如同他往日的作风一样，科罗廖夫又操之过急了。在攻克'太空堡垒'（美国）方面，他宁愿精锐部队去冲锋陷阵，也不愿意做深思熟虑、精心安排的进攻。"

1964年4月13日，政府决议批准了上升号的出舱活动计划。同月下旬，在科罗廖夫与来自OKB－1设计局以及星星科研生产联合体（以下简称星星公司）的专家参加的会议上，通过了在此次任务中应用气闸舱的方案。历经2个月的概念设计，以及对航天服、背包、出舱口和气闸舱的评估，1964年6月9日，制定了具体文件并经政府批准，1个月之后，即在1964年7月8日进行发射，星星公司被指定为总承包商[6]。

就像对克里姆林宫许诺的一样，科罗廖夫最初计划在11月完成上升号的第二次飞行，作为向"十月革命"的献礼。但1964年10月，在上升号执行第一次任务期间，苏联发生了政治变革，赫鲁晓夫政府被推翻。最后期限的压力没有了，上升2号和出舱活动试验改在1965年上半年——即美国的双子星座号进行出舱活动之前——进行，苏联仍然相信他们的航天员将成为第一个离开航天器进行出舱活动的人。

2.2 早期设备

1961年，当人类乘坐航天器完成首次太空飞行时，并未计划进行出舱活动，无论是美国的水星号还是苏联的东方号，在最初设计时都不具备在飞行中打开舱门的能力。

发射时，东方号上唯一的一名航天员被固定在航天器弹射座椅上，这一座椅的用途是在着陆的最后阶段，确保航天员靠降落伞着陆。由于在航天器上，舱门位于航天员顶部或顶部靠后的位置，因此航天员不可能从座位上够到舱门。更重要的是，这个舱门只是一个用于弹射时的爆炸型舱门，安装了弹射座椅后，飞船座舱内只有极小的空间供航天员走动。实际上，在飞行期间，他只能在座位上空极小的范围内漂浮。还有，航天服是由高空飞行机组的压力服改制而成的，并不适合在真空中进行长时间的出舱活动。而且，对于一名航天员来讲，离开飞船或地面遥控监测器的监控，而单独进行出舱活动，也确实存在安全问题。科罗廖夫和他的研究团队等不及研制出联盟号飞船，便匆忙地把原来只能容纳 1 人的东方号飞船改装成可以容纳多人的飞行器，它的功能虽有所增加，但仍无法进行出舱活动。

美国的水星号飞船也不具备进行出舱活动的能力，因为飞船实在太小了（可以说，航天员不是走进飞船，而是钻到里面去！）。舱门同样不是为在轨道中可开启而专门设计的，航天服也是从美国军用飞机上使用的压力服改制而成的。由于已经有了阿波罗号的设想，他们决定中止水星号计划，转而研究新的具备出舱活动能力、能够进行长时间飞行，以及空间交会和对接的双子星座号飞船。

除了舱门和压力服以外，另一个问题也必须引起重视，即：一旦航天器发生泄漏，造成空气流失和内部压力降低，生命保障系统应能够提供空气、维持安全压力，以确保航天员能够身着航天服继续作业，以及应付在此情形下逐步增高的温度和湿度。生命保障系统还应该在航天员进行出舱活动之后向舱内补充空气，如果可能的话，还应能够保障航天员进行多次出舱活动。

2.2.1　出舱方式：用气闸舱还是舱门

由于搭载 3 名航天员而增加的质量和容积，给改进东方号、设计上升号的设计者带来了一些难题。他们发现，如果座椅能够向舱口方向旋转 90°，且中间座椅能够稍微向前移动一点儿，把弹射座椅和压力服也都拆除的情况下，座舱可供3名航天员进行为期24小时的飞行。当然，这一方法没有考虑在发射或着陆过程中遇到意外事故，以及飞行中舱压降低时，航天员应该采取的逃逸与保护措施。有些人对这一冒险措施持反对态度，但很快就被否决了，理由是在东方号飞行过程中并未发生过类似的不安全事故。然而，考虑到进行出舱活动需要压力服，上升2号只能搭载2名航天员进行24小时的短期飞行了。

对于双子星座号而言，搭载2人的航天器中已经包含了在发射和返回时逃逸用的弹射座椅，对其加以改进就可在进行出舱活动时开关舱门。在座舱内，只有一个乘员区，航天员们必须并排而坐，但是这个小航天器有2个进出舱门。整个乘员区的空气都必须被抽空，这就使得2名航天员都处在宇宙真空中（由于航天器的容积有限，因此航天飞行常被比作在大众汽车的前排座上待了2周）。据史料记载，在双子星座号从1965年3月到1966年11月间完成的10次载人飞行中，有6次计划由1名航天员完成出舱活动。结果，只有5次圆满完成了出舱活动计划，完成这5次出舱活动任务的航天员被称做是第一批在太空行走的美国人。而与他们一起执行任务的其他航天员却经常被忽略，实际上，即使是待在舱门紧闭的指令舱内，他们也同样是暴露在真空中的。

对于苏联人来说，由于东方号上缺乏足够可靠的生命保障系统，航天器看起来不够坚固，无法进行减压和增压操作。东方号的设计也不允许机舱设备长时间暴露在真空中。实际上，有些设备在真空中根本无法操作。因此，OKB－1设计局提出一系列关于出舱活动的要求，其中包括乘员舱不能被减压。鉴于此，很有必要设计一个具有内外舱门的隔离舱，这样可以使航天员从乘员舱通过气闸舱门进入隔离舱。只要有可能，就要保留使用现有设备，而且对航天器的改变必须要有一个限度。即使是体积和质量均很小的部件要想安装到已经很紧凑的航天器上也只能是见缝插针。这些对出舱活动的预定持续时间都有一定的影响。航天员只能在舱外待几分钟,系统和航天服的性能也很有限,因此他们只能通过拍摄照片或口头描述自己的活动及环境状况,进行更加冒险的出舱活动只能等到在更大的联盟号飞船上进行了。

2.2.2　伏尔加气闸舱

苏联为完成第一次出舱活动,决定建造一个名为伏尔加(Volga)的气闸舱系统,以使航天员在不给主机舱减压的情况下,离开航天器进行出舱活动。气闸舱长度必须大于 2 m,以便身着航天服的航天员能够进入,并关上舱门来调节气闸舱的压力。把气闸舱安装在外侧显然是不可行的,因为在航天器发射升空的过程中,空气动力会将其吹掉,所以决定制造一个可折叠的气闸舱,将它安装在航天器的舱门上,在空中轨道上再将它展开,在出舱活动结束后可以丢弃,以便清理舱门重新进舱。

气闸舱是由坚硬的环状部件构成的,里面是一个向内打开的舱门。气闸舱的外壳主要由 40 个沿结构长度方向排列的软质橡胶制成的可充气圆柱体构成,内部是一个气压囊,外表面是软质拉伸度很高的纤维。在气闸舱的底部是一个装配环,将气闸舱固定在航天器进出口上,开口向内。装配环内是展开装置,由 4 只球形罐体构成气压操作系统、控制板、备份系统及脐带。整个装置被叠放在一起,紧贴在准备发射的航天器的侧壁上,上面有特制的覆盖装置。在脱离顶级火箭、进入轨道后不久,航天员便完全展开气闸舱[7]。

完全折叠状态的可膨胀圆柱体只有 73.9 cm 长,但完全展开后,气闸舱长度有 159.7 cm。与舱门连在一起后的,展开结构有 2.49 m 长,其内径为 0.97 m,外径为 1.18 m,展开过程需要 7 分钟,展开后的容积为 2.5 m^3。苏联总共生产了 7 个气闸舱,5 个用于地面测试,2 个被安装在航天器上。第 1 个于 1965 年 2 月在宇宙 57 号(Cosmos 57)无人飞船上进行了飞行测试,伏尔加舱门第一次进入地球轨道进行了自动展开测试,并用随机携带的电视摄像头进行了监控[8]。第 2 个则是为上升 2 号飞船准备的。

2.2.3 双子星座号出舱活动舱门

在双子星座号的改进过程中,它曾一度被设计成有 2 个舱门——2 名航天员每人 1 个——作为进出船舱的第一选择。设计成 2 个舱门的最初目的,是为在发射架上或者在上升或下降到 60 000 ft (18 275 m)高度时进行紧急弹射之用。在 50 000 ft(15 230 m)的高度时,降落伞的展开系统才能启动,假如降落伞没能展开,航天员可以启动弹射系统。在发射时,大力神Ⅱ型火箭的性能监控主要集中在 2 个故障探测系统(具备冗余能力)上,以便在故障发生时,航天员能够有时间打开舱门,启动弹射系统。据测试,大力神火箭的非爆炸性的推进器有可能会燃烧,但是不会剧烈爆炸,航天员可以在飞行器遭到破坏之前迅速作出反应,启动逃逸系统。舱门要能够在发射时动力最大的情况下打开,并在航天员被弹离座位时保持打开状态。在一次无人乘坐的地面测试中,航天员约翰·扬(John Young)就曾亲眼目睹了舱门打开系统与弹射逃逸系统未能联动工作的情景,弹射座椅撞过舱门直冲出来,扬说,这会让航天员经历"强烈而短暂的头疼"。

在出舱活动时,这个舱门要手动进行开关,并且与弹射系统相分离,直到航天员重新回到船舱。在双子星座 3 号之后,在弹射控制系统中又加入了一个安全栓,以避免意外操作[9]。1964 年上半年,在 KC-135飞机零重力飞行过程中进行的模拟试验表明,舱门最后 10~15 cm的空隙必须手动关闭。因此,又增加了一个系索系统,其目的是便于任何一个航天员在身着航天服的情况下进行操作。覆盖弹射座椅的D形环尺寸被缩小了，目的是为了使它与座位齐平，以免对出舱活动操作造成障碍。舱门操作机构控制杆的尺寸也缩小了，因为测试表明，它有可能在航天员进入船舱时破坏航天员面窗。

舱门设计必须保证在完成每次出舱活动、关闭舱门之后，船舱具有良好的密闭性，这样才能保证航天员在后面的飞行及再入返回和着陆阶段得到压力和热防护方面的安全保证。舱门两侧的框梁均为1.9 cm宽，深1.27 cm的沟槽，它们是在严格监测之下生产出来的，以确保其具有良好的密封性，并能够经受多次开关操作。

2.2.4 第一件出舱活动航天服

由于上升号和双子星座号的乘员舱空间都很有限，航天员不只是在出舱活动时，而是在执行任务的全过程中都要身着压力服，这就产生了对航天服要求的第1个标准。对航天服的要求还有，在船舱出现意外减压时能够保护航天员。本章没有囊括所有航天服的发展细节，只是记述了1965年美国和苏联实施太空计划时最早的2套航天服，因为它们具有非常的历史意义。

2.2.5 金鹰航天服

为苏联第一次进入太空而设计的第一款航天服名为金鹰(Berkut)。它是由在高空飞行的航空飞行员和东方号上的第一名航天员所穿的SK－1完全压力服，以及20世纪50年代后期星星公司所开发的实验用S－10完全压力服发展而来的[10]。由SK－1发展而来的特征包括，贴身层为一层束身层，臂部和手套连为一体；腿的保护层和内部通风系统是从S－10发展而来的。航天服被设计为4层，最内层的束身层是由尼龙纤维构成的，具有很强的拉伸性。裹在束身层外面的是原始囊和备份囊，其特征是一层橡胶内部有一条尼龙线，它和内部的通风系统连在一起。由于在航天器外部需要进行温度控制，又增加了一个新的特殊构造层，即最外层为多层复合结构，能够隔绝真空中多变的温度。航天服还增加了单独的压力手套和长靴子，此外还有不旋转的金属头盔，头盔上装有可转动的面窗以及光过滤装置，这是在 GSH－8 飞行员压力头盔的基础上发展而来的。

在上升号上，氮氧混合物的压力相对较高，在基本状态为 400 hPa，在备份状态为 270 hPa，因此压力的降低可以使航天服更容易有柔韧性。由于对原来东方号上生命保障系统的改变受到限制，因此只能对它进行最小的改动，以改成 2 个座位的航天器，生命保障系统的部件是安装在每个航天员座位旁边的 2 个模块组件。由于设计了气闸舱，在没有对通过舱门供给航天服氧气作很大改动的情况下，限制了在出舱活动中脐带的使用。因此设计了一个供航天员在出舱活动时使用的背包。这个背包被称为 KP－55，它是由位于奥列克霍夫苏耶沃(Orekhovo-Zuyevo)市的 SKB－KS 设计署生产的。航天员在进入气闸舱之前，先在乘员舱内背上背包，并确认已经捆扎牢靠。背包内有 2 L 瓶装的氧气，其压力为 22 MPa，可直接向头盔中送氧，同时进入航天服，并使航天服增压，它可向航天员提供 45 分钟的呼吸用氧，同时排除二氧化碳。流动的氧气还可以带走多余的热量和湿气。这个背包有 3 种工作模式，它的正常氧气流量为 16～20 L/min；在气闸舱中，流量增加到 25～30 L/min(550 hPa)；当舱内压力下降到240 hPa 以下时，自动转入应急模式，流量为 30 L/min。作为备份，还有 1 个位于气闸舱装配环内的小氧气瓶，可通过 7 m 长的安全索向航天员供氧，这个安全索还配有减振装置和医疗数据、技术参数及语音通信传输电缆，保持航天员与乘员舱的联系。

对于上升 2 号而言，指令长一直留在乘员舱内，对航天器系统和出舱活动情况进行监控。他也穿着相同的服装，理论上，他能在出现意外情况时，向进行出舱活动的同事提供援助。

2.2.6 G4C 航天服

用于出舱活动的双子星座号 G4C 压力服是从 G3C 座舱航天服发展而来的，这种航天服由马萨诸塞州伍斯特市的戴维·克拉克（David Clark）公司生产。它由多层构成，最内层是直接接触皮肤的内衣层和舒适层，第 2 层是气压囊和网状束体层，再外面是 2 层可吸收由微流星体引起的振动的高温尼龙，然后是 7 层铝制的聚酯薄膜和高绝缘材料的涤纶织物。最外层是由防止微流星体的高温尼龙（HT－1）构成的。出舱活动覆盖层由 2 部分组成，覆盖躯干的连裤服和覆盖臂膀的马甲，在完成出舱活动后，这两部分可以脱下来。

头盔上有可拆卸的出舱活动面窗，它包括 2 层：第 1 层是遮阳面窗，由灰色的有机玻璃构成，外面附着一层薄薄的金箔。这是一个防护层，能减少 88% 的直射进面窗的太阳光的热量。第 2 层是用聚碳酸酯材料制成的，其作用是控制温度，抑制紫外线，对头盔内壳进行冲击保护。双子星座 4 号航天员戴着很长的手套，来保护手掌，因此，航天员可用手掌直接接触从 250～－150 °F（121～－101℃）的物体，且持续时间可达 2 分钟之久。

为了保持航天服内的通风，维持 202 mmHg（26.93 kPa）的压力，G4C 航天服用紧固皮带把通风控制模块（Ventilation Control Module，VCM）固定在胸部，这条紧固皮带系在降落伞绳索上，模块由维可牢尼龙搭扣固定在航天服的前面。出现紧急状态时，航天员可以通过头盔上的进食口，利用通风控制模块供应氧气，这些氧气能够维持 9 分钟。金鹰航天服设计需要一个背包，但是由于双子星座号航天员是直接从乘员舱出舱，因此可以通过脐带直接从航天器向正在进行出舱活动的航天员供氧。在双子星座4号上，脐带长度为7.62 m，其中的氧气管长度为8.22 m，安全带长度为7.22 m。之所以这样设计，是为了避免拉伸负荷为44.99 kg的安全带对氧气管造成拉伸。与苏联人设计的安全带一样，它也可以避免航天员在太空中漂离航天器，并使他们能够充分检验手持喷射枪，而在喷射枪能量完全耗尽的情况下，仍能顺利返回航天器。为了防止脐带受太阳光的灼射，确保正常的能量供给，在其上面覆盖了一层薄薄的金质薄膜。

这2次出舱活动所取得的经验和结果，将会对以后的出舱活动设备和程序设计产生影响。

2.3 进入太空的第一步

1965年3月18日，在双子星座号首次载人飞行前1周，苏联航天员阿里克谢·列昂诺夫走出了上升2号飞船，实现了人类第一次在太空的出舱活动。1965年6月3日，美国航天员埃德·怀特走出双子星座4号，实现了美国人的第一次太空出舱活动。这两次太空出舱活动使理论付诸实践，从此真正打开了太空的大门。尽管在这两次活动中，出舱技术得到了验证，但是，新技术的发展还有很长的路要走，还有很多东西需要学习，1965年和1966年标志着这个学习过程的开始。

2.3.1 第一次出舱活动

为列昂诺夫出舱所做的准备几乎是在航天器刚刚入轨、气闸舱从座舱的一侧一展开就开始了。东方号飞船是只为1名航天员而设计的，现在被改造成了能容纳2人的上升号飞船，空间狭小得航天员都无法脱掉压力服。列昂诺夫所穿的金鹰出舱压力服在发射前就穿上了，一直到着陆后才能脱下来。指令长帕维尔·别列亚耶夫(Pavel Belyayev)在狭小的航天器中穿着笨重的航天服，尽最大的可能帮助同事把生命保障系统背在身上，并帮他控制过于激动的情绪[11]。

列昂诺夫以头前脚后的方式，迫不及待地从航天器舱门漂进更加狭小的气闸舱，别列亚耶夫在后面帮他关紧舱门。在对系统进行检查和对气闸舱进行减压后，列昂诺夫打开舱门进入太空的时刻到来了。这时距离发射升空只有90分钟，航天器进入轨道将近1圈，列昂诺夫即将书写新的历史。

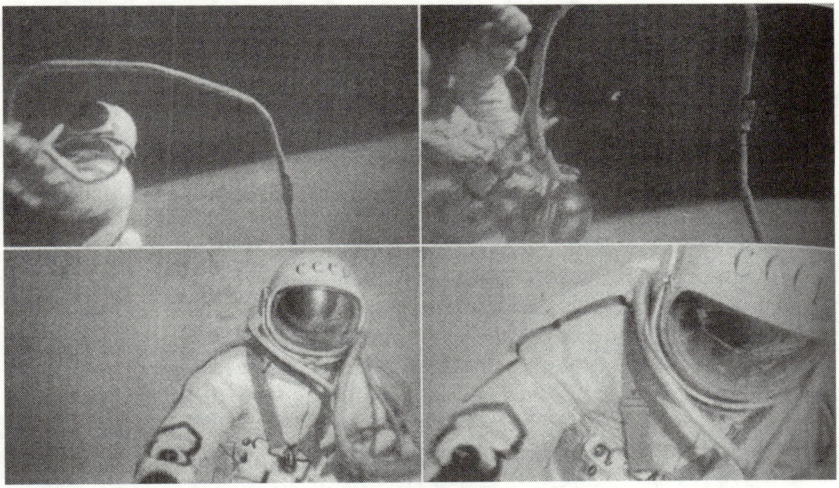

图2.1　1965年3月18日，阿里克谢·列昂诺夫成为第一个进行太空行走的航天员

由于气闸舱内的空气已经被排放，列昂诺夫的航天服变得十分僵硬。周围一片宁静，接着他听见别列亚耶夫告诉他气闸舱内已达到真空状态，他可以打开舱门了。

后来列昂诺夫在回忆这段经历时写道："首先舱门锁被打开了，然后舱门开启装置开始转动，舱门颤动着缓缓地打开。展现在我面前的是太空中的天空。这是我第一次通过头盔面窗而不是通过航天器的观察窗看到它，那里有无数的星星，舱门慢慢向上移动，窗口变得越来越宽了。我屏住呼吸，看着满是星星的黑色天空发生着急剧的变化。

舱门停住了，现在出舱活动的一切准备工作就绪。我向舱门漂浮过去，探出头，看到了一望无际的夜空和点点繁星……那些星星远比在地球上看到的要多得多……而且它们更为明亮，也不闪烁。‘如果你想成为太空行者，那就到太空中去吧！’我对自己说。”[12]

当列昂诺夫漂向外面的时候，他抓住了扶手。“太安静了，以至于我都能听见自己的心跳和呼吸”，他回忆道。他回头看了看阳光照耀下的上升号，它看起来像科幻小说中的东西一样。当他经过黑海和伏尔加河时，他看到的地球景象美妙极了，他极力搜寻自己童年中生活过的地方和冬日冰雪覆盖下的祖国。地球就像“铺开的天鹅绒地毯，多么美的画面啊！我惊叹于它的广袤”。当列昂诺夫通过耳机听到别列亚耶夫和他说话时，才想起自己手头还有工作要做。他集中注意力安装好电影摄影机，拍摄了航天器。他取下相机上的镜头盖，意识到没有地方放，就把它扔到太空中，当它消失的时候就像“星星一样闪烁”。

列昂诺夫回忆道，他离开航天器 7 m 远，在脐带的另一端边扭边转。他的航天服鼓了起来，限制了他的行动，以致无法按动绑在腿部的相机快门。四肢活动越来越困难，他不得不努力控制它们，他的活动也对由别列亚耶夫控制的航天器产生了影响。后来，列昂诺夫在对出舱活动的记述中写道，通过耳机，他听到莫斯科广播电台在报道有一名航天员正在太空中自由活动，他还在想这个人是谁，后来他才意识到这个人就是他自己！他意识到自己成就的伟大，他感到这件事情的重要意义一定和 4 年前加加林第一次进入太空时一样伟大。

苏联的宣传机器又一次大肆行动起来，宣扬苏联技术以及太空探索的又一次伟大进步。在飞行结束后的记者招待会上，列昂诺夫作报告时说：“在太空中，你可以随心所欲地漂动。比如，我张开双臂和双腿，然后就腾空而起了……这远比在地球上要方便得多，移动的空间也很广阔。你可以轻松地呼吸,甚至比在地球上还省劲。当然,我的航天服还不够服帖,想要舒展四肢还要稍稍费点力气。”这段话给人们一种印象,出舱活动是相当简单而又舒适的,世界媒体的焦点都集中在了描述列昂诺夫如何轻松地完成简单的任务,进行明智的观察,以及在不利的真空环境中进行活动上。但是在月球上行走也是如此简单吗? 几年之后,有关列昂诺夫进行舱外短暂行走的详细资料才公诸于世。

2.3.2　要克服的障碍

完成飞行任务后不久,《生活》杂志 1965 年 5 月 14 日的一篇报道原引列昂诺夫的话说,穿着航天服长时间行走使他感到很疲惫,因为每个动作都需要付出比在地球上多的努力。抵抗航天服的内压需要付出努力,并引起疲劳,只在太空中待了 10 分钟,他就感到很累了。

在这次飞行之后,NASA 的航天员系统中心收集了关于苏联航天服所有可能的数据,并把它与美国已经完成和正在研制的航天服相比较[13]。有报道说“很显然,关于精确装备的描述,类似于美国的公开文献中可以查到的关于航天服的描述,在苏联的文献中是查不到的。为了进行分析,他们听取了公认的研究苏联压力服的专家 C · L · 威尔森(C. L. Wilson)少校的意见。他观看了 8 ~ 10 分钟长的有关列昂诺夫出舱活动的动画图片和 2 部电视纪录片,这些影片看起来是用训练镜头和飞行镜头剪接起来的,因而更加难以分析他身穿航天服时的动作了。尽管试图确定航天服的各个组成部分和系统很困难,威尔森还是大体总结了以下几点。

1) 列昂诺夫所做的比较明显的手臂动作包括肩和肘的运动,没有回复到原来的位置,这点不是很令人满意(这可能是由于航天服的内部压力或连接件不够灵活造成的)。

2）观察发现，带了僵硬的手套的手，以及为用手拿取物品和让手指灵活而用的手掌和腕部的皮带，灵活度只有40%。这一观察表明，如果戴这样的手套长时间手持工具会感到非常疲劳。

3）长长的脐带连在航天器上，正如文献里所说的，可以在紧急情况下由别列亚耶夫来救援列昂诺夫，或许是“自动地把列昂诺夫拉进舱门”。

4）报道作者们的总体印象是，“航天员身穿航天服时的灵活性很一般”。但是综合所有可以得到的资料，“可以推测，在做这两个动作（臂和腿的运动）时，并不需要付出很大的努力，如果生命保障系统一应俱全的话，或许航天员可以在舱外进行航天飞行器的组装或者其他工作，并且可以长达1～2小时。”很多迹象表明，苏联在关节灵活性和压力服设计的其他很多方面，其技术水平与美国持平。

苏联人刚刚创造的“太空奇迹”、可靠信息的缺乏，以及苏联的航天服技术不亚于美国的估计，这些都没能改变NASA双子星座号出舱活动的整体计划。事实上，还促进了GT－4计划的改变，即从在舱门内站起来进行简单的直立出舱活动发展到走出舱门进行完全的出舱活动，并使用助力枪（Zip-gun）来控制出舱活动。

当然，列昂诺夫在出舱活动中所遇困难的具体细节，在后来也公诸于众了。他自己写道，他在一个点上一连转了好几圈，而且由于缺乏可以利用的操纵装置，他无法使自己停下来，旋转使得脐带“像章鱼一样”缠在他身上。由于意识到在太空中这种意外的转动不是一个好兆头，因此他努力解脱自己。但他很快发现，没有东西支撑，要保持一个状态需要付出很大努力。“航天服里变得越来越热，我感觉背上开始出汗，手变湿了，心跳也加快了。”他挣扎着返回舱门，用一只手稳定身体，另一只手努力把相机推进气闸舱，这时，汗水流进了他的双眼。他的航天服膨胀得很大，以至于他无法进入舱门，于是他不得不降低航天服内的压力，以保证自己的灵活活动，并缩小航天服的体积，把自己塞进气闸舱。此时，他必须关闭气闸舱的外舱门了，但是由于他是先将头伸进去的，因此他费了很大的力气才转过身来关上了舱门，把自己封在了气闸舱里面了。整个出舱活动历时23分41秒，而他真正在舱外活动的时间只有12分9秒。他是一个民族英雄，一位宇宙探索的先行者，但他也被汗水浸透，差点因为心脏病发作而晕厥，并且筋疲力尽。他迈出了人类进入太空的第一步，并且活了下来——仅此而已。

在上升2号时期，还设计了一系列其他飞行任务，有些也包括出舱活动。在列昂诺夫出舱之前，这些计划还只是纸上谈兵，如：让1组

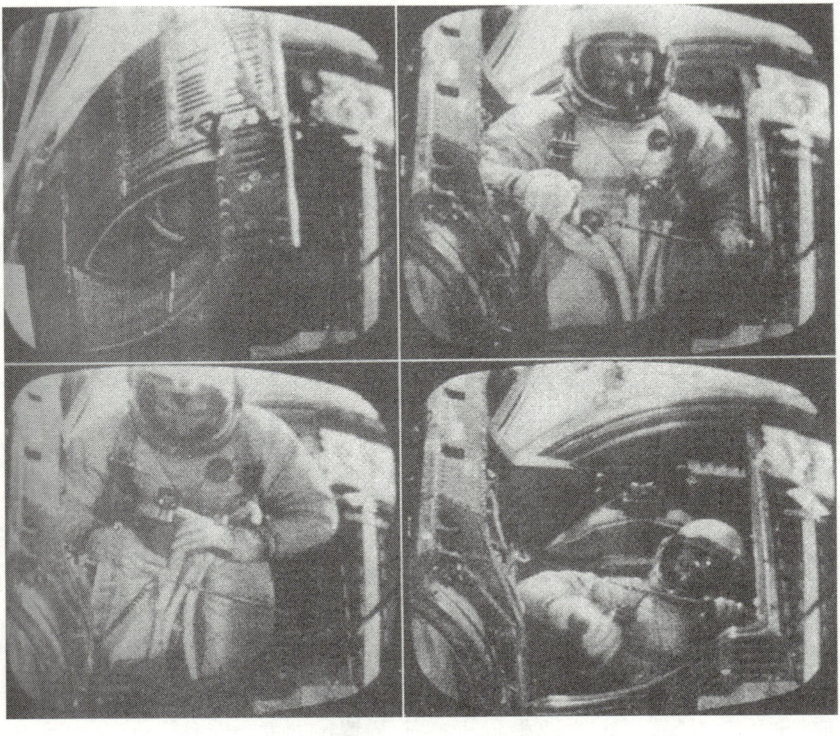

图2.2 双子星座号出舱活动前，在压力室进行开关舱门和站立的出舱活动演练

航天员在1次任务中完成2～3次离航天器100 m以上的出舱活动。他们还曾经计划让1名女航天员在上升5号的飞行任务中进行出舱活动，在上升6号的出舱活动中演示航天员移动和机动单元(UPMK)。结果，由于急于结束上升号系列的飞行任务，将研制工作重心转向新的联盟号飞船计划，上升2号飞行任务成为该系列飞船执行的最后一次飞行。然而，上升号的目标并没有完全被取消，有些将被重新安排到联盟号飞船的任务计划中，包括出舱活动计划。但是联盟号要到1967年才能准备好，到那时美国已生产出双子星座号飞船并进行了数次出舱活动。因此，尽管苏联利用上升2号飞船在出舱活动方面取得了领先地位，但是直到4年之后苏联航天员才再次走入太空。

2.3.3 助力枪

列昂诺夫进行的出舱活动清楚地表明，在无法控制的脐带的末端，需要一个稳定航天员方向的系统。双子星座号航天员很快把列昂诺夫对被脐带缠绕所作的比喻修改成“像蛇一样缠绕着”。航天员埃德·怀特受命为美国尝试使用一种新型手持机动装置，该装置名为手持机动单元(Hand Hold Manoeuvring Unit，HHMU)，常常被通俗地称为“助力枪”。在这个装置的研制过程中，载人飞船中心的工程师们用充满空气的底层来仔细检验一系列应用排气系统的试验型手持机动装置，通过检验，确定了GT4号手持机动单元的最终设计方案。试验表明，在转换过程中，拉拽模式的枪是当时最稳定的，也是最容易控制的。试验还表明，把两个排气喷嘴相对平行地放置在长臂的两端，比将它们并排放置且开口向外倾斜，所损失的冲力要小得多。由于在出舱手套的压力下，手指的灵活性减弱，因此推拉扳机就由整个手来完成，把手持机动单元的把手置于整个装置的顶部，也有助于减少不必要的臂和手的运动。为保证冲力都朝向重心方向，每一个推力器都被放置在方便操作者瞄准的特定角度。适应姿态控制的冲力大小，将通过均衡冲力系统来改变，而不是通过开关装置进行。

2.4 双子星座号出舱活动计划

双子星座号出舱活动计划于1964年1月公布，列出了双子星座号出舱活动的目标：

1）评估人类在太空环境下完成任务的能力；

2）通过出舱活动增强双子星座号航天器的基本性能；

3）评估先进的出舱活动装置对载人航天飞行和美国其他太空计划的支持能力。

为达到上述目标，航天员操作理事会为航天员制定了出舱活动进度表，如下：

1）GT－4 机舱减压，打开舱门，直立出舱；

2）GT－5 完成完全出舱及返回操作；

3）GT－6 出舱并进入装置适配器内部，找回数据包；

4）GT－7/ GT－8 评估在航天器外部使用绳索和手持装置的操作能力；

5）GT－9 评估航天员机动单元（防卫部14C试验）；

6）GT－10～GT－12 评估其他先进的出舱活动设备和程序。

在列昂诺夫进行太空行走1周后，双子星座3号也获得了成功，载人飞船中心主管罗伯特·吉尔鲁思（Robert Gilruth）提议，让埃德·怀特进行一次完全意义上的出舱活动。NASA的各个部门对此提议各持己见，但这一提议最终在1965年5月25日被通过了。仅仅9天之后，美国人第一次在双子星座4号外完成了长达21分钟的太空之旅。

走出舱外，进行活动

双子星座号第一次出舱活动比原计划延迟了一个轨道周期，原因是航天员在完成出舱之前的检查任务中遇到了困难，这使得他在乘员舱狭小的空间里感到很热，大汗淋漓；但是接下来的轨道运行又使他得到了一些放松和平静。埃德·怀特利用手持机动枪走出舱门，他发现枪并不难使用，他可以维持方位，转身面向航天器，并能按要求接近或远离航天器。他在控制自己的行动方面比列昂诺夫容易得多。接着，怀特发现单靠通过拖拽脐带的方式掌握运动要困难得多，脐带总是把他置于航天器尾部适配器部件之后，这样，座舱里的指令长吉姆·麦克迪维特（Jim McDivitt）就看不到他了[14]。

当怀特在吉姆·麦克迪维特的监控范围之内时，麦克迪维特可以利用特殊的推进器调整航天器的方向，以保证怀特远离推进器口。怀特也发现利用航天器做参照物可以轻松地为自己定位，但是一旦手持机动单元的燃料用尽，他的控制和定位能力就会消失，他再次发现单独使用脐带来控制方向很困难。在给航天器拍完照片以后，怀特在与地面失去联系之前返回舱门位置。在回到座位上使自己身体低下去以关闭舱门时，怀特又遇到了困难。麦克迪维特帮他尽量坐得低一些，以关闭并密封舱门。尽管如此，像苏联人一样，美国人第一次进入太空也取得了成功。

2.5 学习曲线

随着双子星座 4 号的成功，任务计划者们想用特定的航天器完成长时间飞行、空间交会和对接等更重要的任务，因此出舱活动就被从双子星座 5 号、6 号和 7 号项目中取消了。双子星座 8 号上的推进器系统在飞行中发生故障，使得这一任务中的出舱活动化为泡影。在这次任务中，由于出现紧急情况，飞船在发射 10 小时后就返回着陆。双子星座 9 号、10 号、11 号和 12 号均完成了一定的出舱活动，取得了不同程度的成功 。（双子星座号出舱活动的细节描述见作者撰写的《双子星座号:迈向月球的步伐》一书,此处略作概述。)

(1) 双子星座9号

由于航天员塞尔南(Cernan)的头盔过热,导致观察窗结雾,使得使用航天员机动单元(Astronaul Manoeuvring Unit,AMU)的尝试中止了。航天员成功地连接了航天员机动单元,但是没有将这个单元从双子星座号适配器模块插座上拆分出来。尽管他们声称自己取得了成功,但是出舱活动并没有完成对航天员机动单元(这个单元在双子星座12号中被取消了)拴系效果进行评价的目标。不过,它暴露了在太空中通过简单地固定位置的方式来完成既定计划所存在的问题,这是一次昂贵但有价值的教训。

(2) 双子星座10号

这次任务较为成功,尽管在两名航天员(科林斯和扬)进行直立出舱活动的一段时间里,他们的面窗都被神奇地蒙上了一层雾,给他们的眼睛造成了刺激,并且阻碍了他们的视线(这是一个易导致危险的情形)。在第二次拴系脐带进行出舱活动时,科林斯再次发现,由于缺少身体约束措施和手扶装置,当他试图从阿金纳目标飞行器(Agena)上取回试验包时发生了困难。他还感到出舱活动前后进行准备、装载,以及记录着130多个项目的清单带给他困难。这些工作在打开舱门出舱活动之前,还需要耗费很多时间和精力。

(3) 双子星座11号

这次任务是由航天员戈登(Gordon)在交会的阿金纳目标飞行器上系一条绳索,为以后在两航天器之间进行拴系旋转训练时,产生一个小的人工引力做准备。这个尝试取得成功,但是,戈登发现,为了系牢绳索而长时间地靠近阿金纳目标飞行器很困难。他不停地漂走,直到他把腿伸进交会适配器,抓住双子星座号的前部,他才最终完成了任务。在进行出舱活动的准备过程中,他和指令长康拉德(Conrad)又一次发现，完成出舱前的全部准备工作非常困难，这些工作使得他们在开始进行出舱活动之前，航天服内的温度就已经升高了。尽管非常疲惫，戈登还是在阿金纳目标飞行器上面竭尽了全力。事实再一次证明，在一个地方执行任务时，为避免使航天员过度劳累，必须要有合适的扶手和落脚点。

图 2.3　迈克·科林斯在双子星座 10 号飞行前检查他的出舱活动装备

(4) 双子星座 12 号

此次出舱活动获得了圆满成功，这是与双子星座号以前进行出舱活动的航天员们的努力，以及从他们所遇困难中吸取的经验、教训分不开的。到GT－12任务的(洛弗尔(Lovell)和奥尔德林(Aldrin))出舱活动准备工作结束时,作为理想的失重模拟训练,水下出舱活动训练已经得到应用,尽管这一技术对GT－9 ～GT－11任务的航天员而言已经来不及使用了。奥尔德林在水箱里为完成他的任务而接受训练,塞尔南在水池里进行他在双子星座9号进行的出舱活动的重现,同时作为GT－12任务的预备航天员参加了训练。航天员机动单元被取消了,取而代之的是包括试验绳索、手足约束装置以及简单的手工作业在内的试验项目,以检验这些出舱活动装置和支持程序的改进效果,它们将被应用于阿波罗号和阿波罗空间站项目之中[15]。

2.6 双子星座号出舱活动的成果

随着1966年11月15日第10次载人航天任务(GT－12)的完成,双子星座号画上了句号。1967年2月初,在休斯敦的载人飞船中心举行了项目总结大会,会议给出了21份技术文件,突出介绍了10次载人航天任务,着重评价了双子星座号出舱活动的成果[16]。

报告高度评价了双子星座号出舱活动取得的成就,称这些活动"达到甚至超过了预定目标",同时也指出了存在的一些局限性。11次打开舱门和超过12小时的出舱活动(其中8个时间段是在夜间进行操作),清晰地证明了出舱活动的可行性。其他的研究主要包括以下几项。

1）在生命保障系统和航天员能力范围内,控制出舱活动工作量的能力得以证明,但是出舱活动时放在胸部的设备包是一个障碍,用气态氧作冷却剂在排热方面受到局限。工作质量和新陈代谢速度在执行任务期间无法记录,尽管双子星座12号之前的出舱活动经验,已经明显地暴露了航天员在应付额外任务时在航天服设计方面的缺陷。

2）展现了对于用来机动的手持装置的需求,几种类型的手持装置和手扶栏杆证明了执行复杂出舱活动的能力,而且令人满意。(至少在双子星座 12 号上是如此。由于缺少手持装置和约束装置,影响了双子星座 10 号和 11 号的出舱活动。只有在双子星座 12 号上,足够的足部约束装置和扶手,使得出舱活动变为可能,也避免了所设计的航天服出现过热现象。)

3)执行不同复杂程度任务的能力也得到证明,某些任务的极限也得到确认。飞行器之间的转移有几种不同的方式:对接时通过表面转移;在 2 个近距离未对接的飞行器之间进行自由漂浮;飞行器之间实行自我推进;通过系索或脐带拉动实现在对接的飞行器间的转移。这些操作都是在 2 个距离不超过 5 m 远的飞行器之间进行的。从航天器之外取回物体被 4 次任务所验证,包括 1 次不稳定的被动目标(在双子星座 10 号中通过脐带进行出舱活动取回阿金纳 8 号上的目标)。

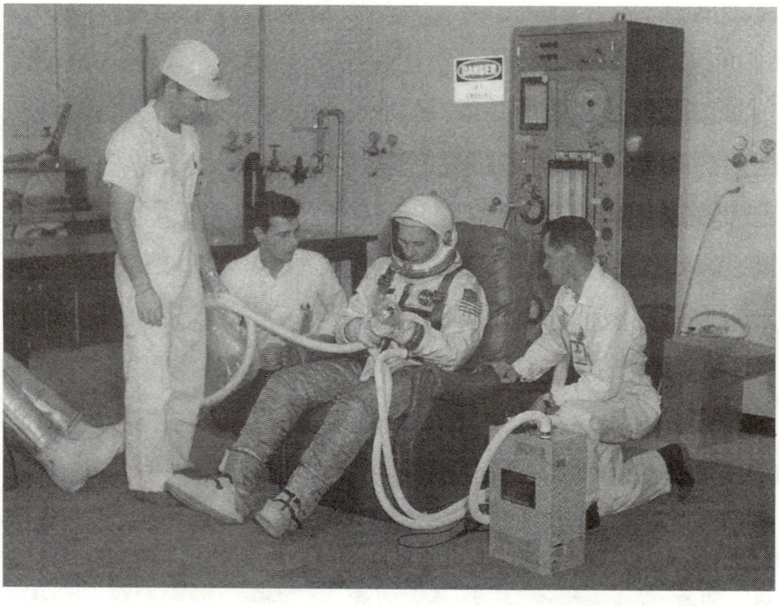

图 2.4　在进行双子星座号出舱活动设备检查时短暂休息,并在进入太空舱之前穿好航天服

4）在2次任务中，只对手持机动单元进行了粗略的评估，还根本未对航天员机动单元进行分析。使用手持机动单元，航天员能够很容易地按照要求对自己进行定位和对运动进行控制。在2次短距装置演示任务中，短绳索的动力学特性得到了确认。为了通过实地飞行验证一系列解决方案，双子星座12号的飞行试验有了一定的结果，即设立了对约束装置的严格要求，足部和腕部约束装置也得到了评估和改进。

5）在1 g 和0 g 状态下的飞行器上进行飞行训练，其局限性很大，这一点已被双子星座11号证实。但是应用水下模拟器进行训练得到了认可，其效果在实际飞行任务中得到证实，它在双子星座12号任务中对出舱活动技术进行精确模拟的作用，也在飞行后的评估中被证实。

6）在双子星座10号上，在近距离飞行的飞行器之间进行的精细调整也得到了验证，这种调整可以保证航天员能够安全而容易地到达不稳定目标，并避免危险的羽状推进器的冲击。对双子星座号而言，航天员在工作中进行协调非常必要，在出舱航天员进行拍摄时，指令长对航天器的控制也很重要。

7）在航天服设计的局限性不是很大的情况下，大多数双子星座号活动都进行得很顺利。尽管航天员的身体非常棒，但更艰巨的任务一方面使得航天员筋疲力尽，另一方面也给航天服和生命保障系统带来了相当大的压力。航天服的设计早在出舱活动之前就已经定型了，因此它不可能跟随节奏如此快的飞行计划而作较大的改动（20个月内完成了10次载人飞行，5个月内完成了4次出舱活动）。

8）出舱活动日程安排的顺序也是一个因素。在航天员首先进行直立出舱活动后，他们似乎更习惯于接下来进行脐带出舱活动，这表明一段时间的适应是必要的，它胜过在第一次出舱时就尝试复杂而又棘手的任务。双子星座号的出舱活动过程还证明了一点，即，留在舱口打开的船舱内的设备(如双子星座4号上备用的手套,双子星座10号上的相机)或者随身携带的器械,如果不系牢或绑紧的话,将会出现严重问题。在双子星座11号和12号上大量使用绳索,有效地减少了器械的流失。

2.7 从先驱者身上得出的结论

双子星座号的成果(也部分适用于上升号出舱活动)使人们得出了适用于未来轨道飞行操作,甚至于进行登月活动的结论。飞行后的总结如下。

1) 在自由空间中进行出舱活动是可行的,并且对于生产性的任务也是有用的。但是,如果能做到以下几点就更加完美了:提供身体约束装置,仔细计划好每项任务,控制每位航天员的工作量,安排合理有效的训练计划,并进行现实的模拟。**未来计划**:在执行未来任务、进行出舱活动决策时应当考虑的是,"当有特殊需要,当出舱活动能为科学或者载人航天飞行事业做出重大贡献时进行出舱活动。"

2) 由于压力服缺乏灵活性,使得完成双子星座号出舱活动目标,包括列昂诺夫在人类首次出舱活动中迅速安全地返回船舱,都受到很大局限。**未来计划**:应该把改进航天服的灵活性摆在重要位置,尤其是臂部和手套部位,为适应未来登月计划,还应增加腿部的灵活性。

3) 双子星座号附在胸部的生命保障系统,其作用令人满意,但是给航天员带来了不便。脐带提供了另外一个选择,但是也有局限性。**未来计划**:气体冷却剂满足不了增加的工作量,应该开发可替代产品(液体冷却剂),以用于未来的出舱活动。除此之外,生命保障系统的背包装置,如果能按要求安装必要的系索,会扩展航天员出舱活动的范围。

4) 水下模拟提供了一个非常类似于出舱活动的环境,它对于程序开发和航天员训练很有效,同时也证明了,在水下完成的任务在太空轨道中也能轻而易举地完成。**未来计划**:对于未来出舱活动的目标,水下模拟可被用在程序开发和人员训练上。

5) 非固定装置自始至终都必须束紧,以避免丢失,在以后的出舱活动任务和工作站中,对身体约束装置也提出了要求。**未来计划**:必须制造一系列约束和辅助工具及装置,以帮助出舱活动特殊任务的完成。足部和腕部约束装置也应该纳入到未来出舱活动计划之中。

6) 手持机动单元对于个人舱外机动是一种很有用的模式,但是在评估中,对这一装置的能力和局限性都定义得太笼统。脐带定位(在双子星座号和上升号上均如此)不是一个适用于航天员定位的模式。**未来计划**:在轨道飞行中,应该进一步对轨道机动和转移装置进行评估。

7) 双子星座号(从某种程度上讲,上升号也是如此)在技术和操作经验方面打下了基础,在此基础上,未来的出舱活动才能进行。

显而易见,上升号和双子星座号完成的出舱活动,证明了出舱活动是可能的。同时也表明,进行出舱活动并非像科幻小说所描述的那样简单。在地球轨道上运行,还需要做更多的工作来掌握这项技术,但是美国和苏联下一阶段的任务不是在太空中,而是在月球上进行。月球引力只有地球引力的 1/6,这将有助于减少在上升号和双子星座号上所遭遇的某些困难,但也会面临其他困难。学习的道路变得更加险峻。

参考文献

[1] Siddiqi, Asif, *Challenge to Apollo*, NASA SP – 4408(2000), p. 333 – 337.

[2] Shayler, David J. and Hall, Rex D. , *Soyuz: A Universal Spacecraft*, Springer – Praxis, 2003.

[3] Ertel, Ivan, and Morse, Mary, *The Apollo Spacecraft: A Chronology*, Vol. 1, NASA SP – 4009, 1969, p. 19.

[4] Shayler, David J. , *Gemini: Steps to the Moon*, Springer – Praxis, 2001, pp. 269 – 273.

[5] Siddiqi, Asif, *Challenge to Apoolo*, NASA SP – 4408 (2000), p. 446 – 447.

[6] Abramov, Isaak P. and Skoog, Å. Ingemaar, *Russian Spacesuits*, Springer – Praxis, 2003, pp. 59 – 74. A detailed evolution of the development of Volga and its systems.

[7] Shayler, David J. and Hall, Rex D. , *The Rocket Men*, Springer – Praxis, 2001, pp. 236 – 251.

[8] *Ibid.* , p. 243.

[9] Gemini Program Mission Report, Gemini IV(U) MSC – G – R – 65 – 3, June 1965, pp. 3 – 6.

[10] Abramov, Isaak P. and Skoog, Å. Ingemaar. *Russian Spacesuits*, Springer – Praxis, 2003, pp. 67 – 69.

[11] Shayler, David J. and Hall, Rex D. , *The Rocket Men*, Springer – Praxis, 2001, pp. 236 – 251. A detailed description of Voskhod 2 EVA activities.

[12] Leonov, Alexei, *I Walk in Space*, Malysh Publishers, Moscow, 1980.

[13] Spacesuit Technological Developments, NASA General Working Paper No. 10058, (Copy No. 11), 31 January 1966, prepared by Crew Systems Division, MSC, Houston, Texas.

[14] Gemini IV Mission Report, MSC – G – R – 65 – 3, June 1965. 7. 1

Flight Crew Activities, EVA, pp. 7 – 7 – 7 – 8.

[15] Several Gemini astronauts wrote their own accounts of EVA. These accounts were used as refernce sources in *Gemini: Steps to the Moon*, and are here listed in the Bibliography.

[16] Gemini Summary Conference, 1 – 2 February 1967, NASA SP – 138, MSC, Houston, Texas; also, Summary of Gemini EVA, NASA SP – 149, MSC, 1967.

第 3 章　专业工具

在整个出舱活动的历史中，航天员使用了各种各样的工具和特殊装置。任务工具箱也随计划要求的改变而不断改装和发展。在早期，基本工具是航天服和生命保障系统，但有许多辅助装置，它们是专门为帮助航天员在飞行器外完成任务而设计的。

20 世纪 60 年代初期，在双子星座号和阿波罗号的发展过程中，曾经为航天员在轨期间，包括在出舱活动过程中维修航天器设计了一整套工具。由于航天飞行领域不断开创出令人激动的新事物，NASA 也创造了描绘装置和程序的新语言——有的是首字母缩略词，有的是陌生的新词汇。于是，太空锤“space hammer”成为了“spammer”，钳子“pliers”和扳手“wrench”合并成了“plench”，零反应工具“zero-reaction tool”成了“zert”。为了防止航天员在用力扳动扳手时自身发生旋转，开发了一种特殊工具：“nab 扳手”（即，螺帽和螺钉“nut and bolt”），它可以保证航天员在自身不动的情况下扳动螺丝[1]。许多这样的工具发展到今天仍然在用（幸运的是，有了更加合适的名字），而这些为航天员在轨工作而开发的技术，已经成为 DIY 商店和家庭的民用工具，遍布世界各地。

到双子星座号计划结束时，已设计出了不少机动和定位装置，用于帮助出舱活动的航天员，这些装置近年来不断得到改进。照相机也是出舱活动的有用工具，任务设备包括静止照相机、电影摄影机、电视和专门的照相设备。20 世纪 80 年代以来，各种机械手和起重机被用来转移出舱活动的航天员和工作场地周围的设备。所有这些设备都成为发射载荷的组成部分。随着空间站时代的到来,不断增加的出舱活动工具和设备被留传下来,供后来的航天员使用。

前面2章追溯了从早期航天理论到首次出舱活动的发展过程,回顾了早期出舱活动给航天员、教官、任务计划制订者和硬件设计师带来的胜利和挑战。20世纪60年代中期,人类证实了其在太空工作的能力,同时也见证了在缺乏足够控制、机动性、训练、支持设备和计划等的帮助下,完成太空工作的困难。本章回顾了后期出舱活动的选择性,随着太空计划经验的积累和要求的改变,逐渐掌握了太空行走的能力。这算不上是全面的回顾,但它表明了这些给出舱活动的航天员带来很大帮助的工具所达到的深度和广度,而这些工具的作用常常受到忽视。它还说明为了减轻航天员的工作负荷,让出舱活动的航天员能够"用合适的工具从事适当工作",还要不断地改进与创新。

3.1 扩展能力

有些设备是为了在双子星座号上进行验证试验而设计的(在某种程度上,上升号也是如此),真正把出舱活动工具用于探索月球表面的,是阿波罗号。早期工具受到压力服压力、出舱活动时间短和缺乏表面活动灵活性等因素的限制。后来,阿波罗14号有了模块化设备运输装置(Modularised Equipment Transporter, MET)的支持,从阿波罗15号起,月球车(Lunar Roving Vehicle, LRV)在任务计划和表面活动方面,提供了更大的活动范围和更强的功能。

1973年,随着天空实验室的研制,迎来了出舱活动的新阶段,并启动了长期支持出舱活动的空间站计划,从俄罗斯的礼炮号、和平号,一直延续到现在的国际空间站。这些出舱活动用来增强空间站的功能,并通过维修、保养及扩展出舱活动来延长轨道基地的寿命。

航天飞机的出现开发了出舱活动的第3个功能——空间飞行器

的在轨服务与维修。航天飞机具有捕获、支持和重新部署有效载荷的能力，这进一步扩展了出舱活动任务的范围。航天员对空间在轨的大型有效载荷成功地进行过回收、维修、重新部署以及提供服务等工作，并将其中的部分载荷送回了地球。

出舱活动的这3个专业领域要求无数具备独创能力的工程师、设计师、试验者，寻找到最好的办法，从工作效率、灵活性，当然还有安全性等方面来支持航天员。虽然许多项目确实非常有用，但是设计在实践中常常并不像广告宣传的那样起作用，这就要求用人类的随机应变能力来解决问题。也许进行出舱活动的航天员拥有的最好工具就是他自己的眼睛、大脑、一双巧手，以及凭借以往的飞行经验进行应对的能力。

3.2　出舱方式

走出舱门、进行太空行走的方式有2种。一种是通过舱门系统（双子星座号和阿波罗号）直接出舱，在这个过程中，航天器的整个乘员舱都要为出舱活动而减压；另一种是通过气闸舱系统（上升号、联盟号、天空实验室、礼炮号、和平号和国际空间站）出舱，在这个过程中，舱门位于一个很小的减压区域，以便于航天员出舱，同时航天器的其他部分仍保持其原有的压力环境。

3.2.1　舱门

第一批想离开在轨飞行器的美国航天员，通过双子星座号的右舱门实现了他们的想法，2名航天员进入了太空。尽管只有双子星座号的航天员完成了真正的出舱活动，但是每个指令长都在航天器的生命保障系统中经历着技术上的内部的出舱活动。

紧接着在阿波罗号飞船上进行了一次直接出舱、进入太空的活动。指令舱舱门首次在阿波罗 9 号中用于出舱活动，当时指令舱航天员站立起来，将上身探出舱门，来拍摄登月舱航天员从登月舱前舱门出舱的镜头。指令长没有出舱，但是再次暴露在真空中。登月舱前舱门是往返月球表面的唯一通道，从这把梯子搭在下面登月舱的前支架上。登月舱的上舱门在一次出舱活动中只用一次。在阿波罗 15 号上，着陆后不久，指令长即站起来观察着陆地点周围的全景，而登月舱航天员仍然待在登月舱里（但是再次完成内部的出舱活动）。在最后 3 次阿波罗号任务中，指令舱航天员完成了首次深空出舱活动，重新从服务舱的科学仪器舱（SIM-bay）实验区域取回了胶片盒。在这些旅途当中，登月舱航天员留在舱门区域进行直立出舱活动，而指令长则在航天器内监控航天器系统，再次暴露在真空中，完成内部的出舱活动。

空间站的首次出舱活动（也是最后一次的直接出舱活动）是在天空实验室 2 号上完成的，航天员在指令舱舱门处站起来，试图释放空间站上卡住的太阳翼。在指令长调整指令舱和服务舱的定位时，负责科学实验的航天员在指令舱内拽着他的腿，使其保持在指令舱之内。

所有其后的出舱活动都通过气密设备或气闸舱进行的，但即使如此，出舱时仍然需要使用外部舱门。天空实验室，继承了双子星座号的出舱方式，而对于俄罗斯的联盟号，轨道舱的侧舱门（用于在发射塔上进入航天器）扩大了 1 倍，成为出舱活动舱门，尽管这种舱门只在 1969 年的出舱活动中使用过一次。

随着礼炮号空间站的出现，出舱活动舱门被纳入到空间站的设计之中，但直到从 1977 年开始研制的礼炮 6 号上才投入使用。然而，最初用于检查损坏情况的出舱活动，实际上是通过前部的对接口，而不是通过专门建造的出舱活动舱门完成的。1986 年和平号空间站发射升空后，早期出舱活动是通过前部的节点完成的，但是 1989 年增加的量子 2 号实验舱，有专门设计的气密装置，带有扩大了的外部出舱舱门，供苏联载人机动单元使用。

在操作气闸舱的舱门之前，要确保舱内气压在安全操作范围之内，以保证舱门安全打开，而不是被排出的气体弹开，这一点很重要。这样的问题在1990年和平号的出舱活动中发生过，舱门遭到了损坏。在稍后的一次出舱活动中，打开舱门时压力过大，导致闭锁工具损坏，出舱活动也因此取消。

航天飞机有非常可靠的气闸舱设备，但是在执行一次任务中（STS·－80），不明物体把舱门黏住了。使舱门无法打开，因此出舱活动不得不取消。此后，未出现过有关国际空间站上Pirs对接舱或探索号（Quest）气闸舱舱门系统故障的报道。

3.2.2 气闸舱

为了保持航天器中主要居住部分的内部气压，气闸舱将出舱活动的航天员与其他航天员分开，其他航天员则在增压舱内继续飞行，通过电视或航天器窗口监控舱外航天员的活动。航天员阿里克谢·列昂诺夫按照这种程序，在上升2号上使用可充气的气闸舱设备，完成了世界上首次出舱活动。

在美国天空实验室空间站计划中，出舱活动通过气闸舱完成，气闸舱可以同航天器其他部分分离，这样就避免了完全减压然后再增压的过程。这一系统也纳入了俄罗斯礼炮号及和平号空间站，在2001年，探索号气闸舱和Pirs对接及气闸舱设备一起被纳入到国际空间站的设计之中。

航天飞机的气闸舱设备既可安装在中舱段的内部，紧挨进入有效载荷舱的出口装置，也可安装在有效载荷舱外面，给中舱段留出更多空间，或者作为空间实验室隧道或航天飞机对接装置的一部分。

3.3 航天服和生命保障系统

为完成航天器之外所有时间段的活动，在整个出舱活动期间，从事太空行走的航天员需要压力服和生命保障系统，防止发生意外情况，延误返回航天器。

3.3.1 航天服

关于航天飞行压力服尤其是出舱活动航天服的发展故事，是又长又复杂的。许多书中都有回顾，这里只简单总结一下。关于美国压力服的发展细节，参见利莲·D·科兹洛斯基(Lillian D. Kozloski)撰写的《美国航天服：装备航天员》[2]一书；关于俄罗斯的压力服，I·P·阿布拉莫夫(I. P. Abramov)和Å·I·斯科奥格(Å. I. Skoog)撰写的《俄罗斯航天服》[3]比较出色，是有价值的参考书。

下面介绍这2种早期航天服之后的其他航天服。

(1)双子星座号

在双子星座4号之后，计划在双子星座8号上进行一次出舱活动，为了这次任务，改进了G4C航天服，在外层加了2层氯丁(二烯)橡胶尼龙层，代替尼龙毡和HT-1尼龙防微流星体层，并且增加了必要的隔热手套，防止外表面(250～-150 ℉(121～-101℃))的热量传递。不幸的是，由于任务过早终止(参见图书《双子星号——迈向月球》)，出舱活动也被迫取消。对于双子星座9号和航天员机动单元的首次投入使用，要求对航天服的外层做出大量修改。航天服腿部加入不锈钢织物，避免受到航天员机动单元推力器的烘烤。还将11层镀铝的H-膜夹在玻璃纤维布中间。由于航天员机动单元还没从储藏处取出来，出舱活动便早早结束，所以这种航天服未能在双子星座9号中得到验证。双子星座10号和11号的航天服同双子星座8号的航天服非常相似，但是增加了内衣裤的裤腿和袖子。带有湿抹布的头盔护目镜防雾工具，经使用验证是不方便的，因为在飞行中会影响航天员的视线。在腕关节断开处、颈环和压力密封拉链处增加了精密的闭锁调整片，而在航天服的气体连接器处增加了闭锁调整片防护装置，防止其因疏忽而断开。双子星座 12 号同双子星座 9 号的航天服相似，但也做了修改，在取消航天员机动单元后，去掉了超绝缘层。

(2)载人轨道实验室

用于载人轨道实验室的航天服是由 20 世纪 50 年代经过高海拔试验的美国空军飞行服，以及后来被取消的 X－20 动力滑翔机的舱内活动飞行服发展而来的，尽管载人轨道实验室被批准使用双子星座号航天器，但美国空军并没有选择双子星座号的航天服（虽然双子星座号航天服投入过实际训练），而是设计了一种新的航天服，并由硬质材料制成，而不是全部使用软材料，但重量仍然很轻。双子星座号出舱活动航天员所经受的疲劳表明，对于在出舱活动中身穿航天服工作，还需要做进一步的研究。载人轨道实验室本来还可以提供一些机会，但这个项目 1969 年 6 月就结束了，而当时还没有出台明确的载人发射计划。

(3)阿波罗

阿波罗的每次飞行都要求制作 15 套压力服，每套压力服都是为 6 名航天员量身定做的，这些航天员中有正选乘员，也有候补乘员。每个正选乘员要求有 2 套飞行服和 1 套训练服，而候补乘员要有 1 套飞行服和 1 套训练服。加上便携式生命保障系统，航天服在地球上重 81 kg，在月球重 13.6 kg。1965 年 11 月，国际橡胶公司被选为航天服的主要承包商，开发了一系列航天服，包括 7 种服装样式，最后指定选用 A7L 航天服（由国际橡胶公司设计的第 7 套阿波罗航天服），这套航天服从阿波罗 7 号开始使用，直到阿波罗 13 号为止，它总共由 21 层组成。阿波罗 14 号到 17 号使用的是经过改进的 A7LB，总共有 22

层,没有附加热保护层,用于舱内活动。这种航天服带有排泄物垃圾收集衣,在液体冷却衣的里面,而尿液转换收集衣则穿在冷却衣之外,冷却衣通过直接传导制冷,减少排汗。还有防热和防微流星体集成服,背包里有便携式生命保障系统,包括液态冷却剂、无线电通信系统和应急供氧系统。发泡成形的聚碳酸酯头盔具有全方位的视野,而附加的太阳护目镜用于在月球上进行出舱活动。每个航天员都配备有

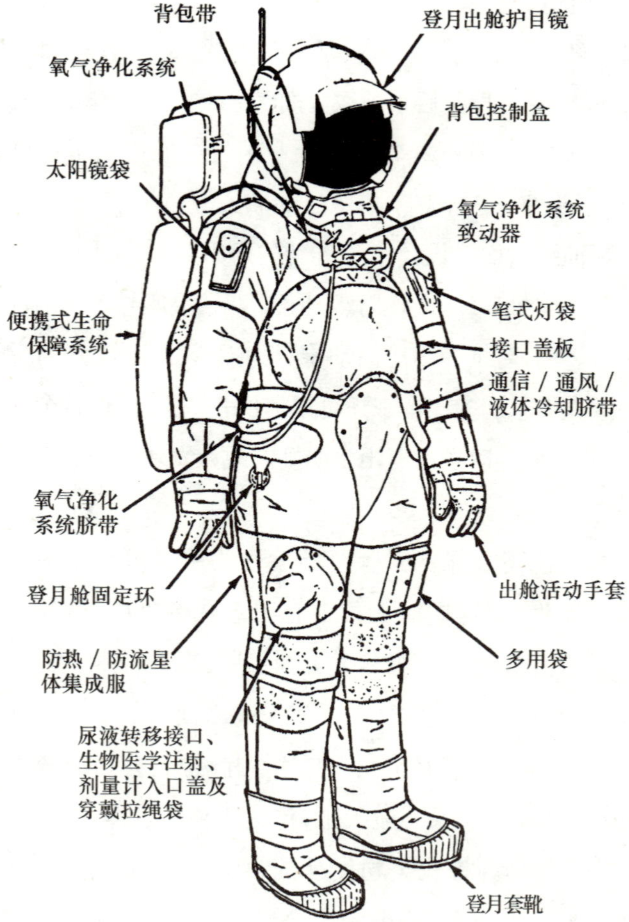

图 3.1　阿波罗登月航天服

专门制作的舱内活动手套，戴在出舱活动手套里面，通过腕部连接环相连。整套航天服的最下方是登月套靴，登月套靴有模制的硅橡胶靴底和附加的热保护层靴底，附在整个压力服靴底之上。在以后的阿波罗任务中，又对航天服做了改进，包括改进关节，以增加灵活性；改进背包，以加大消耗品的储存量；服装压力也增至了3.7 psi(25.5 kPa)。

(4)天空实验室

在天空实验室中，航天员穿的航天服是阿波罗A7LB的改进版，

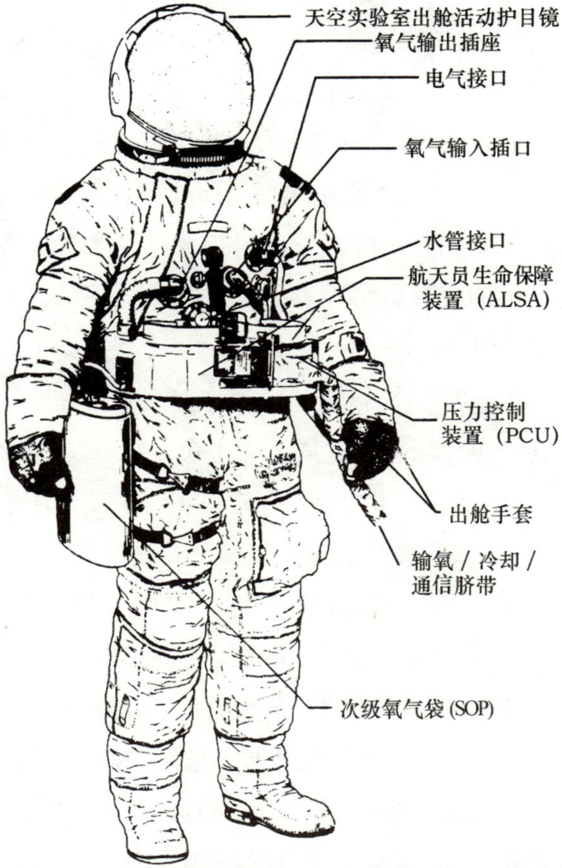

图3.2 由阿波罗航天服改进而来的天空实验室出舱活动单元

但没有背包,改用脐带将航天器环境控制系统与航天服的生命保障系统相连。在时间相对较短的地球轨道出舱活动中,航天员的生命保障装置放在低于胸部的位置,压力调节至3.7 psi(25.5 kPa)。这个系统根据要求提供水、氧气和电力。关节处保证了灵活性,包括颈部、腕部都减轻了疲劳,还有改进的防热和防微流星体集成服,天空实验室出舱活动(Skylab EVA,SEVA)护目镜也取代了登月版的护目镜。

(5)俄罗斯早期出舱活动航天服

自从20世纪50年代,俄罗斯的星星公司成为俄罗斯所有压力服(包括舱内活动和出舱活动航天服)的主要承包商。在为后来被取消的月球计划开发压力服的过程中,苏联人与美国人走的路线不同,阿波罗航天服完全是软式的,而苏联人选择了半硬式的设计。多年来,人们一直认为,上升2号首次出舱活动所使用的金鹰航天服,是为未来月球服而开发,但在1964年和1965年,则是一段独立发展时期,是为了完成上升号的首次出舱活动而设计的,而与月球计划没有关系,尽管其经验很有用。另外一种类型的软式航天服名为"Yastreb",是为测试联盟4/5号出舱转移活动而设计的。这种航天服由3层组成,带有保护性的连裤工作服和独立成套的生命保障系统,在400 hPa下操作,可以进行2.5小时的出舱活动。1961年,苏联人开始进行85 kg重的半硬式航天服(玻璃纤维加固塑料)的开发,指定这种航天服为SKV(出舱活动航天服),设计用于轨道重型卫星空间站(Orbiting Heavy Satellile Space Station,OTSST)。由于采用完整头盔和后入口,该航天服可以在5分钟之内穿好,航天员可以在进入坚硬的上半身和柔软的四肢之前,穿好冷却服,戴好通信头戴。整个生命保障系统可以在铰链门或者背包中合为一体。航天员穿上航天服之后,可以通过胸部的控制面板进行服装调节,通过把手控制后入口的开和关。SKV是为在地球轨道上作业而设计的,这一轨道从450 km到36 000 km,

包括地球辐射带在内。操作正压达400 hPa，使用船载系统，能够进行8小时的出舱活动；使用独立系统，能够进行4小时的出舱活动。这一设计在经过多次实体模型制作之后，未能取得进展，于1965年被取消。但为用于月球计划和空间站计划进行了改进，成为40年之后国际空间站使用的奥兰（Orlan）航天服的设计基础。这些早期航天服都只生产了少数几套。对于金鹰航天服，在开发阶段和航天员培训阶段，只制造了9套模型，并制成了5套出舱活动航天服实体模型。对于Yastreb航天服，补充制作了18套用于训练和测试的航天服，其中6套达到了飞行标准，并制造了5套出舱活动航天服模型。1967年到1969年间，对Yastreb航天服是否可用于钻石号空间站进行了评估，直到人们确认，更加先进的奥兰航天服具有较大的灵活性，更适合空间站出舱活动操作。

（6）俄罗斯登月航天服

根据出舱活动航天服的设计经验，1966年到1967年，苏联在最初开发登月航天服时，采用了海鹰（Krechet）半硬服装设计方案，代号海鹰－94。根据计划，航天员在月球完成N1/L3任务时将穿着海鹰－94。海鹰－94的开发从1967年持续到1972年，之后月球计划暂停，最终在1974年被取消。106 kg重的海鹰航天服在400 hPa的正压之下工作，能够支持长达10小时的出舱活动。它的设计和操作都是以出舱活动航天服为基础。在开发计划中，由星星公司制作了3套海鹰航天服，为月球表面计划提供了总计22套试验和训练航天服，另外还有9套在1974年月球计划中止时还在生产中。1966年到1970年间，第2套登月航天服——Oriol接受评估。它采用软式设计，带有背包，背包同联盟4/5号的Baikal航天服上使用的背包相似。这套多层航天服重56 kg（衣服重20 kg；背包重36 kg），采用400 hPa的正压，可以进行4小时的出舱活动。设计以3套试验服装为一个单元进行评估，评估其能否支持在太空中和月球表面的出舱活动，但最终还是决定不再在月球计划中继续发展，不过这一设计技术在联盟号飞船和暴风雪号航天飞机项目将压力服作为营救航天服的发展中得到了应用。苏联的第3套登月航天服——奥兰，是为N1/L3计划设计的。奥兰拥有完整的生命保障系统和半硬式的设计，这种设计由出舱活动航天服开创，曾在海鹰航天服中使用，但是为在月球轨道上，而不是在月球表面上的使用而设计的。这种统一型号的航天服采用软式设计，具有可调节的特点，适合胸围在96～108 cm，身高在164～178 cm的航天员穿戴。该服装重59 kg，工作压力为400 hPa。这种航天服在1967年到1971年不断得到开发，直到明确用于发展空间站计划，但它从未用于原定的月球轨道任务。总共制作了11套用于开发和训练的航天服，但没有制成飞行模型。

(7)礼炮号与和平号

1969年决定在礼炮号和钻石号空间站上使用奥兰航天服，经过8年的发展，将原来为月球轨道出舱活动设计的奥兰航天服，改进为新的奥兰D航天服，用于(DOS)空间站计划。它具有再生的循环生命保障系统，以及可更换和重新利用的消耗用品。航天服的高度增至180 cm，与奥兰航天服相比变化不大，经过改进，使用期限延长至3.5年(奥兰航天服为2.5年)，出舱活动的最短时间由每个单元2次，每次2.5小时，增至每个单元6次，每次5小时。重量增至73.5 kg，包括一条20 m长的电/通信/遥测脐带，这条脐带同时可作为安全系索。这种航天服设计在礼炮6号(1977—1979年)和礼炮7号(1982—1984年)上使用，礼炮7号航天服的改进，允许每个单元进行10次出舱活动，每次最长7小时，使用寿命长达4年。7个飞行型号总共供应了27套实验和训练用航天服。礼炮7号在1985年和1986年的最后一次出舱活动及和平号空间站在1986年至1988年之间的首次5组出舱

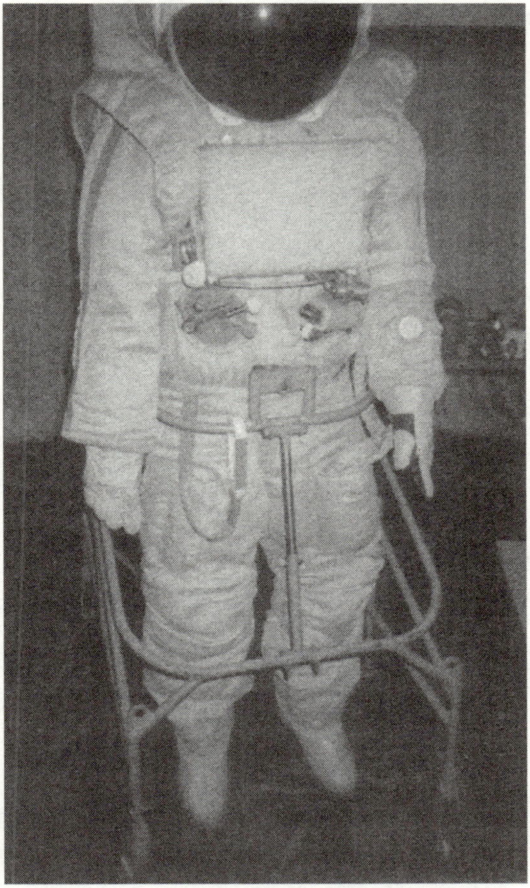

图3.3　苏联海鹰登月航天服(选自《航天信息服务》)

活动,采用了经过改进的奥兰DM航天服。这种航天服结构得到改进,内部布置重新安排,性能增强,重达88 kg,每个单元可进行10次出舱活动,每次8小时。只制作了10套模型,其中5套用于试验和训练,5套用于飞行。1988年,引入了另外一种改进的版本——奥兰DMA航天服,与早期版本不同的是,这套航天服不需要依靠脐带连接,使得出舱活动能够在离和平号空间站更远的距离进行。16套开发和训练模型支持了12套飞行模型的制作,这些飞行模型在1988年到

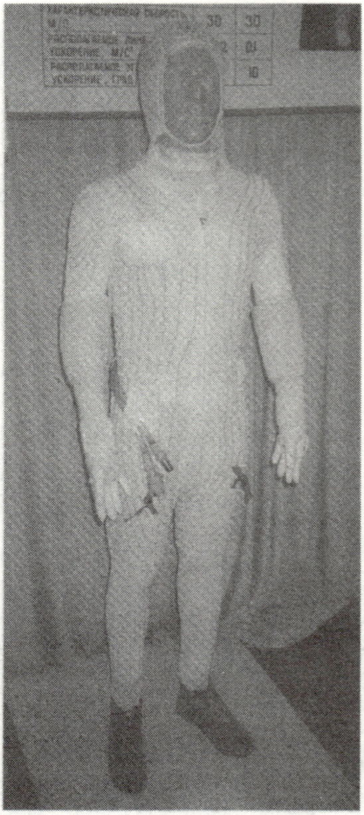

图 3.4　奥兰航天服冷却内衣

1997 年间，完成了 56 次双人出舱活动。105 kg 重的单元能够支持 9 小时的出舱活动，高度调节器可以适应胸围为 96 ~ 110 cm 和身高为 164 ~ 185 cm 的航天员穿戴。

奥兰系列航天服最新的发展是奥兰 M，它综合了和平号空间站的经验、教训和国际空间站逐渐增多出舱活动的要求。这套航天服于 1997 年到 2000 年间最后一次在和平号空间站出舱活动中使用，为其在并入以俄罗斯为基础的国际空间站出舱活动之前，提供了有用的评估。为了使身材较大的航天员能够穿上这种航天服，其胸围增至 96 ~ 112 cm，身高增至 164 ~ 190 cm。在奥兰 M 之上还准备了出舱救援简

图3.5　奥兰出舱活动航天服

化辅助设备单元，在头盔上安装了俯视观察窗，以方便航天员观测。

(8)航天飞机和国际空间站

航天飞机的出舱活动单元(Extravehicular Mobility Unit，EMU)，四肢是软式的，它的开发始于20世纪70年代初，当时航天飞机的设计刚刚完成。与哈密尔顿标准(Hamilton Standard)公司的承包合同于1976年签订。取代了按照个人量身定做的航天服，航天飞机的出舱活动单元不再为个人量身定做，这反映出任务的增加和出舱活动的航天员的增加。由于NASA决定只在有出舱活动要求时才使用这种航天服，航天员必须在穿着航天服之前预呼吸，给指定的航天飞机航天员

图 3.6　航天员迈克·福勒在和平号出舱活动训练中准备从俄罗斯奥兰航天服后部进入的场景

进行训练,反映出只有部分航天员能够接受专业的出舱活动训练。每次的航天飞机任务都携带这种航天服,无论有没有计划的出舱活动,这样做是以防出现应急的出舱活动。根据每次任务的要求至少要携带 2 个出舱活动单元,有时是 3 个或 4 个。最初的出舱活动单元重 117 kg,带有早期压力服的特点,其形式是上身为硬式的,腿部与上身

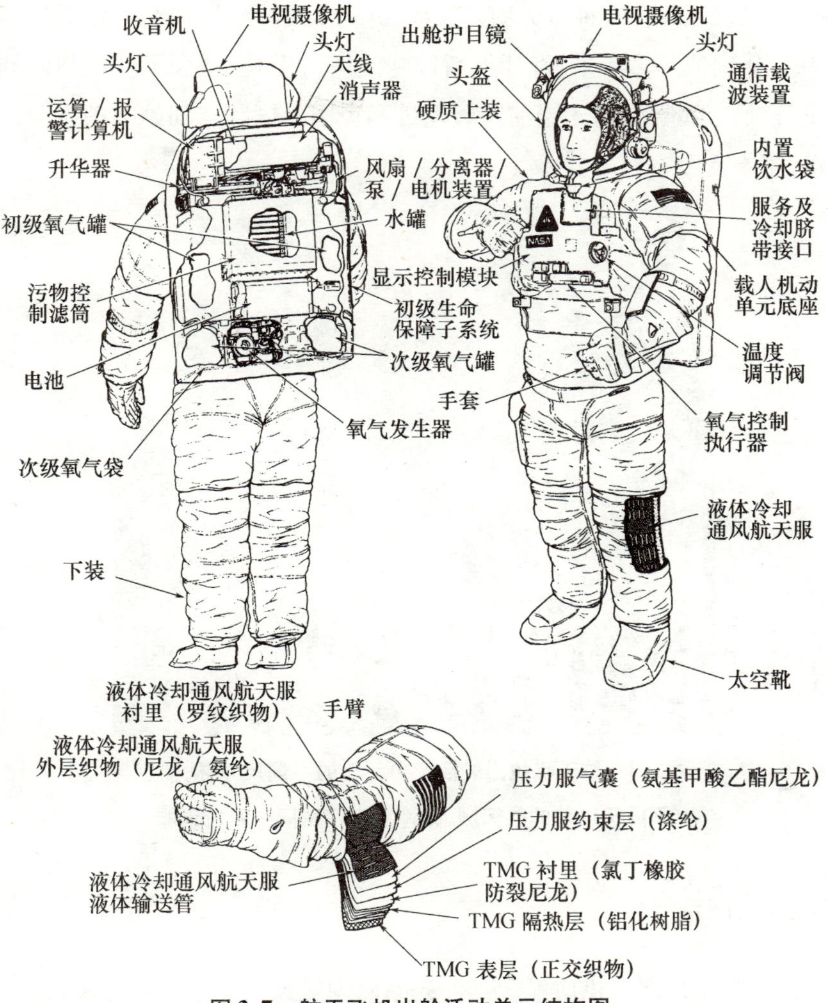

图3.7 航天飞机出舱活动单元结构图

是分开的，由闭锁密封环在腰部连接。便携式生命保障系统按计划允许6~7小时的出舱活动，尽管早期的计划文件建议，出舱活动时间不能超过6小时，但系统与程序的改进与提高使得它已能够完成几次6~7小时的出舱活动。自1985年起，手套全部是为每位航天员定做的。11层的航天服重约47 kg，加上生命保障系统约为67 kg，操作压力为 29.6 kPa。这种航天服从 1981 年起开始使用，首次出舱活动于 1983 年完成。多年来，设计不断得到改进与提高，结合了新的技术和飞行操作经验，但对于当前航天飞机和美国在国际空间站上的出舱活动，基本上没有改变。

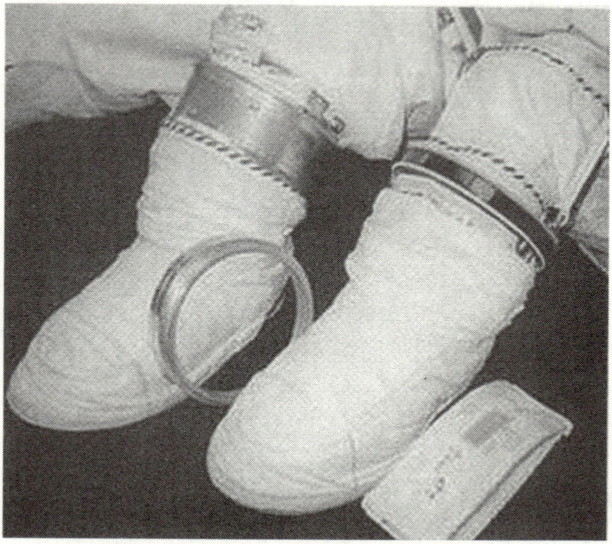

图 3.8 航天飞机出舱活动单元上的可调尺寸环，使它不同于以前的航天服，允许多人使用同一套航天服

3.3.2 脐带

脐带可以通过供应航天器消耗品而为航天员提供生命保障，还可提供电力、遥测和通信联系，同时可以兼作安全系索，但它大大限制了航天员的出舱活动距离。

3.3.3 背包

背包为出舱活动航天员提供了较大的灵活性，但受到容量的限制。背包有时由脐带支持。背包曾用于月球表面探索，以及在无系索出舱活动中使用操作单元。这种独立的设计使出舱活动能够在和平号空间站和国际空间站上进行，在那里，出舱活动路径会受到航天器附加物的干扰。使用出舱活动单元可以在没有脐带连接的情况下，辅助航天飞机维修卫星和哈勃太空望远镜。

3.4 机动装置

太空探索者在航天器之外，除了系索和磁力靴之外，可能还需要推进系统，这种想法在20世纪早期关于航天飞行先驱者的作品中就已提到。20世纪60年代中期，为所谓的“喷气发动机组件”制订的计划首先应用于双子星座号计划。

3.4.1 双子星座号

在双子星座号任务最初计划，由航天员在双子星座4号、8号、10号和11号上对手持机动单元做出评估，在双子星座9号和12号上对美国空军的航天员机动单元做出评估。结果，只有手持机动单元在双子星座4号和10号上得到了评估。由于其他系统的问题，机动装置的评估在双子星座8号、10号和11号上没有完成，因为双子星座9号的出舱活动遇到困难，航天员机动单元没有得到充分评估。由于在双子星座12号的计划结束前，重新强调了对身体约束装置的评估，所以对航天员机动单元的评估被从双子星座12号任务中取消了。

20世纪20年代的科幻小说里，经常出现航天员在太空中使用机动装置的情形。这种装置引起了美国空军的注意，当时正对太空潜在的军事用途进行评估，包括在出舱活动中对大型太空目标及卫星进行检查、补给、保养和维修。到1960年12月，题为《在轨工作者的自我机动》的报告由美国空军航天医学公司[4]出版。在这篇文章中，作者约翰·C·西蒙斯(John C. Simmons)和梅尔文·S·加德纳(Melvin

S. Gardner)总结了美国空军在3个研究领域所做的努力,包括:对该装置预期任务及要求的讨论;进行太空出舱活动的力学计算;对当前(1960年)发展的讨论。

这些研究还包括了早期直线推力装置首批基本试验的结果,如空气喷气推力单元(Air Jet Propulsion Unit)Mark Ⅰ。这是一个手持的单喷嘴气枪,由6个氧气瓶供气,氧气瓶装在框架上,背在背上。这种喷气枪在气垫台和C-131B飞机上进行过抛物线飞行试验。2次试验都证明,这种装置可以使用,但是它的推力只有1.36 kgf(13.34 N)——不足以进行航天员机动。然而,由它改进而成的Mark Ⅱ的推力达到了6.8~7.71 kgf(66.69~75.61 N)。这些研究,同NASA完成的研究一起,促成了双子星座号上的手持机动单元计划。

3.4.1.1 独立成套的手持机动单元(双子星座4号)

双子星座4号上的手持机动单元设备重3.4 kg,是从早期概念发展而来的,成熟组件的实用性加速了这套设备的发展。工程师们使用早期双子星座号喷射座椅上的应急氧气瓶,改进设计了可提供4 000 psi(27.6 MPa)压力的2个氧气储罐;而压力调节器的设计则参考了水星号飞船环境控制系统。设计必须符合双子星座号任务的要求,即设备应安装在航天器乘员舱里,且应满足安全性要求。根据说明,如果系统泄漏,不会给航天员带来危险。因此,选择了气态氧(0.31 kg)。为了保证能安放在狭窄的座舱里,设备分2部分制造:手工组装部分和高压部分。航天员可利用调节器上的联结器,并在推力喷嘴旁插入一个销,将这两部分连接起来。牵引器臂也是可折叠的,便于储存,使用之前展开。气体从储罐流出经发动机歧管,到达关闭及加注阀。阀门打开之后,气体压力减至120 psi(827 kPa)。低压氧气经过装置的把手,通过过滤器,然后到达2个阀门。后面的阀门将气体通过触发防护装置导入推力喷嘴,而前面的阀门将气体通过回转接头引至2个延伸臂及牵引器喷嘴。推力喷嘴和牵引器喷嘴都由扳机启动。当使用该设备时,航天员扣动扳机,将喷嘴朝着需要的方向喷射。流入喷嘴的气体进入提升阀,首先需要6.8 kgf(66.69 N)的力量,然后增至最大值9 kgf(88.26 N)。推力从0增至0.9 kgf(8.83 N)。储罐只能容纳0.31 kg的气态氧,可以产生18.1 kg/s(177.5 N·s)的总冲量或者1.82 m/s的速度。

3.4.1.2 背包供给的手持机动单元(双子星座8号)

系统中使用的推进剂改为氟利昂-14,在5 000 psi(34.5 MPa)的压力下储存于容积为7 199.6 cm^3 的储罐中,储罐放在背包中,由航天员背在身上。系统还包括一个3.17 kg重的生命保障氧气储罐。这个系统将总冲量增至了272.16 kg/s(2 669 N·s)。尽管它的比冲低(只有33.4 s,而氧气为59 s、氮气为63 s),但氟利昂-14的密度几乎是它们的3倍,故可以将总推力从4.98 kgf(48.84 N)提高很多。据计算,在相同储罐压力下,氟利昂-14的总推力比氧气增加了45%。手持机动单元与双子星座4号的操作方式相似,但压力从500 psi (3.45 MPa)调节到110 psi(758 kPa),而操作装置的温度为150 ℉(65.56℃)。最初的试验显示,当激活氟利昂-14时,提升阀门始终处于打开状态。为解决这个问题,用聚四氟乙烯低温密封圈代替了弹性密封圈。之后,阀门操作试验令人满意,但作为防范,在系统联结器的上游加入了2个隔离阀门,1个阀门设计成在提升阀关闭失败的情况下可以关闭,停止供气;而另1个阀门位于背包上方的输送软管中,在软管泄漏时可以关掉气流。手持机动单元的把手比原来的模型更好控制。所有这些改进综合起来,防止了来自设备的未受控制的推力,否则可能导致航天员在出舱活动中严重翻转或状态失控。不幸的是,由于其他飞行系统故障导致任务提前结束,所以飞行中并没有使用这一系统。

3.4.1.3 脐带供给的手持机动单元(双子星座10号和双子星座11号)

在双子星座10号上,手持机动单元的推进剂存储在航天器适配器部分的2个11 150.6 cm^3 容积的储罐当中,双软管装置安装在17.4 m长的双脐带中,为航天员提供氧气,为手持机动单元提供氮气。该装置的推进剂将来将发展为使用氟利昂-14,但目前系统使用氧气和氮气比较成熟,所以使用了氮气。用铝管将氮气从储罐输送到嵌装在舱门区域后面的面板。为提供热量使气体变暖,这些铝管被紧紧夹在航天器的几个点上,从内部装置上吸收热量。那块嵌装面板上还装有连接在脐带氮气管路和氮气源之间的快速切断关闭阀门装置。在这次任务中,手持机动单元得到改进,通过倾斜把手来配合出舱活动手套的手掌轮廓,使航天员的手在推力器和牵引器之间移动时更加轻松。双子星座10号在枢轴末端安装了2个短的触发开关,以取代摇臂开关。这也将加速推力从早期设计的6.8~9.07 kg,减小到双子星座10号、11号的2.26~3.62 kg。同时,手在推力器和牵引器之间的移动量也减小了。

双子星座11号的手持机动单元安装在航天器适配器上,而不是在座舱里。快速切断联结器取代了以前的螺旋联结器,将手持装置简化至脐带,因为按照计划,航天员要身着压力服,在有限的区域内单手完成上述工作。脐带长度由17.4 m变成了9.14 m,而推力剂储罐则与双子星座10号相同。不幸的是,由于出舱活动遇到了其他困难,这一设备在双子星座11号没有得到评估。

3.4.1.4 美国空军航天员机动单元(双子星座9号,在双子星座12号上被取消)

当美国空军对手持机动单元系统的直线运动做出评估时,也对分离装置——空中抓钩——的旋转运动作了评估。这一装置重7.25 kg，罩内有加重的铝轮，还有 2 个操作把手。通过转动旋转轮，物体绕垂直轴线旋转。空中的零重力飞行显示，将使用空中抓钩产生的运动与飞行器做抛物线飞行所产生的运动分离是很困难的。为克服这一困难，空气喷气推力单元 Mark Ⅱ 引入了更高的推力，这使得后来美国空军航天员机动单元在双子星座号的研发过程中，也提高了推力。而且，航天员机动单元创下了以后所有载人机动单元推力水平的最高纪录。

双子星座号航天员机动单元使航天员能够在太空独立于双子星座号飞行器系统进行操纵。硬件开发是由美国空军名为 D012[5] 的试验项目进行的。美国空军的总承包商是 Ling-Temco-Vought 公司，该公司从 1959 年起就已开始进行内部出舱活动推进力研究的评估。同年，由于对该领域的工作充满自信，公司主动向美国空军提出关于航天员机动单元的提议，2 年之后，与美国空军推进力实验室研究技术部签订了关于航天员机动单元可行性研究的合同。之后研制了以氮气为动力的工程实验台，于 1962 年夏在 KC－135 飞机上进行了抛物线飞行评估。这些试验证明是成功的，1964 年 5 月，LTV 公司赢得了双子星座号航天员机动单元的承包合同和并经授权生产了 3 个单元，其中 2 个将在双子星座 9 号和 12 号上使用，另 1 个作为备份。项目指挥是埃德·吉文斯（Ed. Givens），他后来于 1966 年 4 月被 NASA 选为第 5 批航天员。不幸的是，1967 年 6 月，他在下班后的一起交通事故中丧生，他一生从未在太空飞行过。

航天员机动单元在进行评估前需要付出很大的努力和充分的训练，但由于双子星座 9 号在飞行中遇到了困难，而在双子星座 12 号中又被取消，因此，该单元从未在轨道飞行中进行过评估。航天员机动单元的背包外壳是铝质结构，并带有适合安放的支架，航天员使用单元时可通过调整自己的背部位置来配合支架，另外还有 2 个折叠侧臂控制器和折叠喷嘴延伸器。该系统满载时重 75.29 kg，体积为 81.2 cm×55.8 cm×48.2 cm。供应储罐决定了结构的大小，推力器安装在该装置的一角，以提供足够的控制力以及在使用时保持重心。系统包括以下 6 个主要的分系统。

(1)推力系统

以 1 360.8～1 587.6 kg/s 的流量提供 10.88 kg 的过氧化氢，并供应氮气，利用推进剂储罐中一个气囊的反冲压力将这两种气体隔离。推力器的供应由手控阀控制，手控阀还控制每个推力器阀的电力。系统安装有 2 个手控阀(一个用于主系统，另一个用于备份系统)，还有 12 个额定推力为 1.04 kgf(10.20 N)的推力腔和 16 个螺线管作动的控制阀。每个控制系统中有 8 个推力器——2 个一组，分别负责前后上下方向的运动。前后推力器成对操作，实现前后移动，并控制倾斜和偏航。而上下推力器用于垂直运动和翻滚控制。选择系统使用不同的推力器进行前后喷射，使用相同的推力器进行上下运动，使用分离阀控制翻滚、倾斜和偏航。外围的排气孔和安全阀用于保证氮气和过氧化氢线路的安全。

(2)飞行控制系统

由 2 个手臂控制器来操纵飞行控制系统，它提供了手动或自动的三维姿态控制和稳定性调节，两轴只能手动调节。此外，还提供了 2 个冗余系统。左控制器用于平移命令，右控制器用于姿态控制。左控制器还装有通信音量控制开关、可阻止声控开关动作的声音失效开关及手动/自动控制系统转换开关。在双子星座 9 号临发射之前，在每个手臂上增加了热防护层，以防护羽热，因为给已经有增压限制的出舱活动手套再增加额外的热防护层是不可行的。在手动控制模式下，可以加速，但不能直接平移，部分原因是重心偏移。但在自动模式下，可以直接平移，因为推力器对控制器的限制使加速水平几乎减半。在前后推力器喷射选择系统中都包含了优先点火系统，偏航(左或右)为第1优先权,倾斜(上或下)为第2优先权,平移(前或后)为第3优先权。手动旋转模式输入产生11(°)/s的翻滚、13(°)/s的倾斜和25(°)/s的偏航。此时,不能再进行纯手动旋转,因为在重心上有上述限制。在自动模式下,航天员可以使加速度达到一定的水平,但当倾斜率及偏航率达到18(°)/s或翻滚率达到26(°)/s时,加速将停止,需要航天员再次输入。当释放时,控制器应返回空挡位置,速率将会降低。当停止旋转时,系统处于姿态控制保持模式,能够使三维都保持在±2.4°的姿态。

(3)氧气供应系统

总计3.31 kg的氧气在7 500 psi(51.7 MPa)的压力下存储于供应储罐中。氧气供应系统传输通过热交换器预热,经过压力调节器,然后到达恒温调节加热器。供氧温度和压力受到严密的调控。在压力为(97±10)psi((669±69)kPa),温度为(65±10)°F的条件下,可以向环控及生保系统传递的最小氧气量为2.31 kg。流量设计为(2.26±0.09)kg/h,最高达3.81 kg/h。在双子星座12号计划中,航天员机动单元的恒温加热器将采用手动开关。

(4)电力供应系统

2个银-锌密封电池(一个电压为±28.5 V,另一个电压为±16.5 V)为航天员机动单元系统提供电力。另外,又安装了2个作为备份,带有独立的分配子系统。由16.5 V电池给控制系统电子器件、遥测信号调节器、推力阀和陀螺仪供电,而28.5 V电池给语音和遥测传送器、遥测多路(复用)编码器、遥测信号调节器、报警灯、音频发生器、氧气加热器和定位灯等供电。系统还提供可防止一个电池耗尽另一个电池电量的防短路装置,航天员可在执行程序前打开主电源开关将电池与航天员机动单元系统隔离。在航天员机动单元中安装电池,应于与第二级运载火箭相配合之前的最后操作阶段进行,否则就无法安装进去了。

(5)报警系统

为了在某些参数出现超标的情况下给航天员和指令长提供警告,把声音报警系统连接到每个航天员的耳机上,并在环控和生保系统(ECLSS)胸前显示面板上装有警示灯。4盏警示灯分别显示4种参数的超标读数,包括氧气压力和温度、过氧化氢压力、燃料压力以及自动模式下反作用控制系统(RCS)的过分使用,而电压下降则表示即将失控。

(6)通信系统

包括遥测和语音系统,遥测系统向航天器传送某些背包和生物医学数据,并存储于航天器上的记录仪中,用于飞行后的评估,UHF频段语音传输利用的是航天服头盔上的双子星座号标准话筒和听筒。当航天员机动单元存放在双子星座号航天器的后部时,少量参数将通过航天器传输系统自动传送到地面。此外,过氧化氢压力和温度将显示在航天器座舱中。

(7)界面与防护系统

为了将航天员机动单元连接到航天器上,在背包上系了4个爪状结构,拉力螺栓将爪状结构向下压在适配器模块防冲击门的金属片上。在着装和供电之后用电子拉弧刀开关,切断连接。其他连接由简单的插拔插头完成。为协助穿着航天服,双子星座9号上安装了1个足部导轨,2个把手,1个脐带向导,还有2个背光面使用的泛光灯。在去掉防热层时要使用这些工具。

遗憾的是,尽管双子星座9号航天员已经穿戴好航天员机动单元,且已完成了大部分步骤,但是由于服装面窗上一直蒙着一层雾气,无法去除,这次测试不得不被取消。在任务末期,航天服在再次进入时受到损坏,由于损坏部位位于适配器模块,无法修复重新使用。双子星座12号航天服在任务中被取消——部分原因是由于双子星座

9～11 号出舱活动中出现的问题。它以后再也没有在飞行中使用过。

3.4.2　苏联航天员机动单元（上升号飞船/钻石号空间站）

20 世纪 60 年代早期，在进行大型空间站设计的同时，苏联设计师评估了供航天员在空间站之外使用的机动和运输系统。从 1961 年起，航天服和机动单元的设计成为空间站出舱活动研究的一部分。在航天员机动系统规范中，航天员移动和机动单元（Cosmonaut Transference and Manoeuvring，俄文缩写为 UPMK）将为身着航天服的航天员提供进行出舱活动的能力，使其离开空间站，维护有效载荷、检查空间站外表、运送载荷，以及实施营救作业[6]。

星星公司的工程师决定，为使航天服与其有限的视线范围取得一致，应该将它与机动单元合为一体，这些机动单元同航天员在航天器上所熟悉的相似。与美国人一样，他们也注意到质量、尺寸、燃料供应，还有营救能力的问题，但跟双子星座号机动单元不同的是，根据计划，这一单元应该存放在航天器内部。因此它必须非常小，能够穿越航天器舱门，还必须非常安全，能够在空间站居住空间内存放。理论研究工作由星星公司和科学研究二院（NII－2）于 1962—1963 年完成，出于飞行动力学研究的目的，开发了空气喷射模型，并于 1964 年在图－104 飞行试验室进行了试飞。1965 年，经过检查之后，这种单元以更快的速度继续发展。

早期设计的单元，建议其离开航天器的理论活动距离为 50～100 m。12 个发动机将使用不均匀的二甲肼，还有硝酸氧化剂和碘添加剂。使用被压缩的氮气为储罐增压。航天员穿着硬式 SKV 航天服，有 2 个用手操作的控制器，用于姿态控制和移动。航天员前面有 4 个喷嘴，用于向后推进；后面有 4 个喷嘴，用于向前推进；两边各有 2 个推力器，用于向上、向下或翻滚运动，组合使用将产生倾斜或偏航运

图 3.9　苏联上升号飞船和钻石号空间站早期使用的载人机动单元

动。该单元的总质量为 65 kg,其中燃料质量为 6 kg。在 50 m/s 的试验速度下,单元的总冲量为 15 000 N · s。此外还有 1 个备份系统,装有 2 kg 备用燃料,其冲量为 5 000 N · s。

1965 年 7 月 27 日发布的官方报告显示,定制了 2 个附加的上升号飞船,带有软气闸舱,使用软式 Yastreb 压力服。有报道表明,上升号的这一任务(包括出舱活动和航天员移动和机动单元的验证),也许被暂时命名为上升 6 号,但没有证据表明,有航天员为此次试验接受过训练[7]。到 1966 年 12 月,上升号系列终止,只有 2 次任务搭载了航天员。但在 1966 年 12 月 28 日发布的官方报告显示,航天员移动和机动单元验证的工作继续进行——这次,是用于钻石号军事空间站计划,在这一计划中,航天员穿着 Yastreb 压力服和背着 RVR-1 背包。

1966 年,星星公司制造了 2 组地面试验单元和 1 套一自由度的旋转试验设备,用来在科学研究二院(NII-2)进行试验评估。对于将该单元与 Yastreb 航天服一同应用于钻石号空间站的开发工作一直持续到 1968 年,当时出舱活动验证项目获得批准。决定在空间站使用出舱活动单元之后,设计了由 TsKBM 开发的控制系统及绞盘,并在钻石号空间站的轨道舱进行了适应与功能试验。到 1968 年,航天员移动和机动单元的设计逐渐成熟。

新的设计在环绕航天员的马蹄形单元中安排了 2 个推进装置及 2 个完整的综合控制把手。前后推力器都由 42 个独立的微型固体火箭发动机组成,用于前后移动。由 14 个空气推力器构成的系统提供六自由度的转动和直线运动。固体推进剂发动机的每条推进线路与身着航天服的航天员和航天员移动和机动单元的重心成一条直线。出舱活动单元可以由控制板启动,能够以 0.2 m/s 的速度向前或向后运动。单台固体发动机的冲量为 45 N·s,而喷气发动机的推力,有 8 台为 2.5 N,有 6 台为 5 N。出舱活动单元的总冲量为4 000 N·s。这种新型出舱活动单元的质量增至 90 kg,而它的速度估计为 32 m/s。

尽管在地面和空中进行过试验,但是这种出舱活动单元从未进入过太空。1969 年末,Yastreb 航天服在钻石号空间站(后来在礼炮号空间站)所有的出舱活动中被奥兰航天服所取代,尽管航天员移动和机动单元的工作又持续了一小段时间,但因计划没有详细明确的目标,最终还是被停止了。20 年之后,航天员才有机会在轨道飞行中试验后来的苏联载人机动单元。

3.4.3 机动单元 M509(天空实验室)

20 世纪 50 年代末,美国奥本(Auburn)大学一位名叫埃德·惠特赛特(Ed Whitsett)的年轻工程师正在寻找硕士论文的题目。当俄罗斯发射人造地球卫星时,他找到了他的题目,但这不是他感兴趣的领域。但是,当他在学院的航空医学实验室工作时,他对未来的太空探索者如何工作产生了兴趣。他的研究课题为用几何圆锥体、圆柱体以及球体代表身体部位的早期计算机建模。当加上推力系统后,他发现人体重心发生了改变。20 世纪 60 年代早期,当美国载人飞船中心在休斯敦建立时,惠特赛特(当时在美国空军服役)要求把他派到那里。直到 1965 年 6 月,他一直从事双子星座 4 号的飞行控制工作,在后来双子星座号出舱活动任务出现问题之后,他的兴趣再次转移到他的论文研究和太空行走工程学的问题上。这项工作直接的结果是,他被派去担任 M509,即天空实验室载人机动单元(Manned Manoeuvring Unit, MMU)[8]的总调查人。作为以后要在太空进行试验的发展模型,天空实验室单元显示出了一些缺陷,因为它只能在具有封闭的增压环境的轨道车间(Orbital Workshop,OWS)中使用。

1966 年 11 月 8 日,在每月例行的阿波罗应用计划(Apollo Applications Program,APP)会上,讨论了 NASA 关于在阿波罗飞船上应用国防部航天员机动单元(就像在双子星座 9 号上应用一样)的计划概要。乔治·米勒(George Mueller)认为,航天员机动单元可以并入阿波罗应用计划,不会影响计划目标的实现。在征得美国空军的同意后,单元被允许应用到阿波罗应用计划 210 任务、211 任务和 212 任务中。美国空军航天员机动单元的总承包商 Ling-Temco-Vought 公司,已经同阿波罗指令服务舱的总承包商北美(North American)公司和 S-IVB 的总承包商麦克唐纳·道格拉斯公司合作,为的是使航天员机动单元应用于阿波罗应用计划任务。但是他们没有收到在阿波罗应用计划中进行这项试验的正式邀请[9]——这项试验估计耗资 250 ~ 300 万美元。

1967—1969 年,继续开发用于阿波罗应用计划的航天员机动单元,当时马丁·玛丽埃塔(Martin Marietta)公司也加入了航天员机动单元的开发,由惠特赛特担任总调查人。

M509的试验目标是"证明在飞行轨道上可以应用各种操纵技术,来协助航天员完成任务,这些任务代表着将来出舱活动的要求。"[10] M509试验由几个操纵系统组成,这几个操纵系统结合为1个试验体,包括1个带控制臂的背包、1个手持操纵装置、1个可再充电的备用电池、1个电池充电器、1个遥测接收器、3个可再充的冷气(氮)燃料罐,还有几个放置机动单元和燃料罐的支架。背包是焊接的铝框架,以铝片覆盖,包括氮气供应、电池和电力供应、检测仪表和遥测装置、速率陀螺仪控制的自动姿态控制、控制力矩陀螺仪控制的自动姿态控制系统,以及控制和显示分系统。

(1)结构

该单元宽68.58 cm,高105.41 cm,厚38.83 cm(控制臂展开时厚度为121.92 cm)。质量为115.66 kg。

(2)推力系统

推力由氮气提供,氮气在3 000 psi(20.7 MPa)压力下储存于3个24 600 cm^3 的球形压力储罐中。系统还包括调节器/安全阀组、螺线管应急开关、发动机歧管和1个由14个螺线管操作的定位推力器组成的网络,任何一个推力器都能产生0.45~1.82 kgf(4.41~17.85N)的推力。

(3)检测仪表和遥测装置

包括传感器、发射天线和数据模块,提供多参数采集、数—模转换和无线电传输,无线电传输通过安装在内部车间墙壁上的一对天线实现。接收器从数据中采集29路模拟信号和54路开关量信号,转至磁带机便于存储,并在飞行中发送给地面站。航天员在身穿压力服的过程中,生物医学数据也被记录下来,并同语音信息一起传送到地面,以进行飞行后评估。其他试验数据通过航天器上的电视、静止图像和电影画面以及飞行日志条目记录下来,用于飞行后评估。

(4)稳定性控制系统

速率陀螺仪是一个微型的三轴整体陀螺,向控制电子仪器和推进器发送姿态速率数据。当数据输入到旋转控制器时,陀螺仪系统通过以相应比例的速度启动所要求的推进器,来对控制器的输入做出反馈。如果没有命令输入,陀螺仪使航天员保持“相对”稳定模式。控制力矩陀螺仪重22.68 kg,由6个“剪”式排列的陀螺组成。每个陀螺的直径为7.62 cm,以22 000 r/min的速度旋转,姿态非常稳定,以抵抗外部干扰。此外,手动控制器的输入使陀螺产生了扭矩,导致了同控制器输入成比例的旋转速率。

(5)控制和显示系统

两控制臂上有2个手动控制器把手,在不用时可以放低。还有电源开关、模式选择器、电压表、储罐压力表、控制力矩陀螺仪状态指示灯。左臂上是移动控制器,可以控制向前、向后、向上、向下、向左及向右等方向的移动,还有开关、仪表和指示灯。右臂上是旋转控制器,可以控制倾斜、偏航和翻滚。

(6)操作系统

航天员身着M509可以采取4种活动模式。1)直线运动。航天员向他想去的方向调节左手控制器,就会以0.09 m/s的常规速度移动,最大速度可以达到0.6 m/s(相当于在地球上慢走的速度)。右手旋转控制器能够改变姿态——或向上、向下倾斜,或向左、向右翻转——最大速率为15(°)/s。自始至终,航天员都要靠视觉来从事或停止活动,因为在该单元中没有相应的系统。2)控制力矩陀螺仪。控制力矩陀螺仪可提供扭矩,以改变姿态速率,适应航天员对旋转控制器的输入。在空挡位置,陀螺自动将身体姿态速度减小到零。姿态控制通过背包和陀螺的动量交换来实现,而不是像在速率陀螺仪模式下进行推进而实现(参见下文)。移动推力器的使用与直线运动模式完全一样。3)速率陀螺仪。移动推力器的操作同直线运动模式下的使用非常相似。但是,当手动旋转控制器处于空挡位置时,速率陀螺仪系统自动启动相应的推力器,使运动停止。4)手持机动单元。这同双子星座号使用的单元相似。对于天空实验室,有2个0.68 kg的拉式推力器和1个1.36 kg的推式推力器。通过柔性软管向单元供给氮气。航天员使用调节阀和转换阀(推式推力器或拉式推力器)来控制推力。航天员通过目测自身重心和单元推力线之间的关系来实现控制。

3.4.4 足控机动单元(天空实验室)

足控机动单元(T020试验)解放了航天员的手,可以腾出手来完成其他任务。这一想法由希勒里(Hillyer)飞行平台发展而来,希勒里飞行平台在阿波罗应用计划期间曾用于探索月球的研究。1965年初,由NASA兰利研究中心的约翰·D·伯德(John D. Bird)开发,1967年1月,接受了阿波罗应用计划的评估。几名航天员同总调查人一起,在载人飞船中心的空气推进设备上对“喷气鞋”工程模型进行了评估。每位航天员都穿着衬衣,对单元进行了实验,但是一位来自兰利的试验航天员穿着全套压力服对单元进行了评估。试验结果不令人满意。这个单元不大,每只脚下都带有推力器,推力器的控制装置在脚趾下面,是定向的,这样,当腿部和足部处于适当位置时,推力矢量通过人体重心。1967年4月6日,航天员业务主管德科·斯莱顿(Deke Slayton)要求将其从试验计划中删除。斯莱顿指出,当航天员穿着全套生命保障系统使用这个单元时,不容易看到鞋子,这向航天员办公室提出了安全性问题[11]。但单元的试验性质引起了一些关注,即使它只是在轨道车间内部使用,而不是在太空中使用。

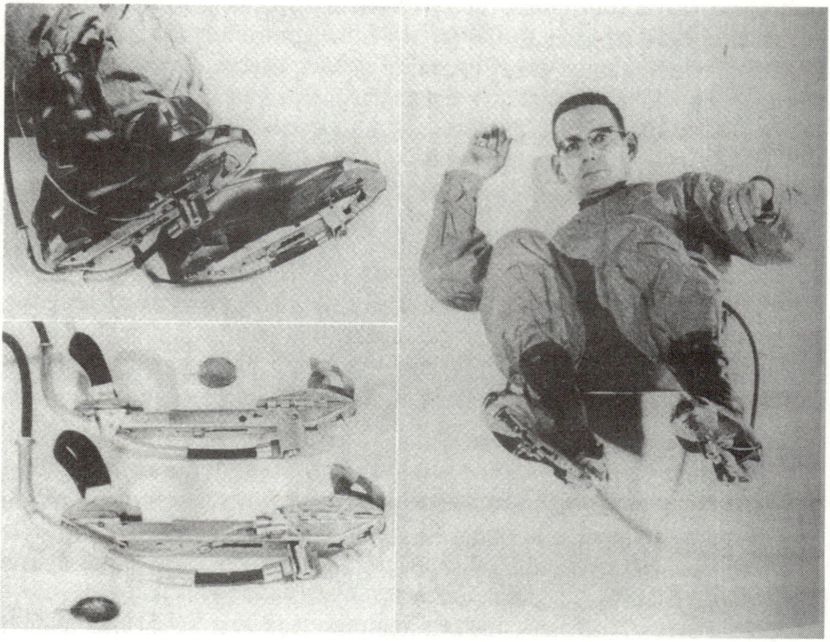

图 3.10　早期设计的足控机动单元

尽管如此，足控机动单元的研发仍继续进行，并作为 T020 试验在天空实验室飞行。它由自行车形状的框架和马鞍形座位组成，带有背包，内装推进和控制装置。框架上有 1 组控制带、1 个记录飞行方向的照相机，每只脚下装有 1 组喷嘴推力器，每组 4 个，共计 8 个。由足部驱动开关控制。框架是铝制的，带有肩带，还有氮气以 3 000 psi(20.7 MPa)的压力储存在直径为 38 cm、容积为 24 600 cm^3 的压力储罐中，储罐放在背包中，另有电池供应电力。储罐和电池都是经过 M509 试验得到的。只有 4 个自由度。可以绕着 3 个轴翻转、倾斜或者偏航，但是只能沿着 1 个轴做直线运动——或者前后运动，或者左右运动——而不能同时完成向前、向上的运动或其他组合运动。固定在每只脚外侧的推力器组件控制 4 个喷嘴，上下喷嘴各产生 4 464 N 的推力，前后喷嘴各产生 1 139 N 的推力。踏板组合可以实现下列运动(见表 3.1)。

表3.1 足控机动单元运动列表

足部活动	产生运动
双脚抬起	先调头
双脚落下	先调脚
左右脚趾抬起	向上倾斜
左右脚趾落下	向下倾斜
右脚趾抬起、左脚趾落下	向左偏航
右脚趾落下、左脚趾抬起	向右偏航
右脚抬起、左脚落下	向左翻转
右脚落下、左脚抬起	向右翻转

这次实验的总调查人是兰利研究中心的D·E·休斯(D. E. Hewes)。单元由马丁·玛丽埃塔公司的丹佛分公司生产,分配给天空实验室3号和4号任务。推力器安装在马镫形脚部支架上,或者固定在主要框架或主要单元的鞍具上。后部框架主要模仿了生命保障系统的大致外形。

3.4.5 载人机动单元(STS-41B,41C和51A)

M509单元在天空实验室内部投入使用之后,继续进行研发,成为1984年航天飞机任务使用的载人机动单元。这一装置在1980年获得了更高的优先权,当时载人机动单元被评估为出舱活动可能的助手,可以在早期航天飞机上修补防护瓦。但当人们认为没有必要进行防护瓦修补时,载人机动单元的优先权很快就被取消了,不过,载人机动单元的工程师们还是利用其他任务中抢救出来的设备,包括海盗号火星着陆器留下的备件,迅速组装了第一个飞行单元。虽然在20世纪80年代没有用于防护瓦修补,但修补概念在2003年哥伦比亚号航天飞机失事之后再次被提了出来。载人机动单元曾经接受过评估,以确认是否可用于卫星检查和维修(1984 年投入过实际应用),以及是否可作为太空营救系统和空间站建造和检修的助手(尽管这些都没有真正实现)。

M509 的飞行数据帮助制定了航天飞机载人机动单元的设计标准。其主要区别在于,新的单元将在居住舱之外的真空环境中进行操作。载人机动单元采用模块化设计,允许出舱活动单元的附加装置与其相连。不需要安装遥测装置,因为在出舱活动期间出舱活动单元可以提供所有的语音通信功能。载人机动单元存储于飞行支持单元中,位于轨道有效载荷舱前部的末端,可供穿着压力服的航天员在出舱活动时穿上、脱掉,它能够支持 6 小时的出舱活动。

马丁·玛丽埃塔公司在丹佛和约翰逊航天中心的车间设计、制作、试验了 3 个载人机动单元,到 1984 年,合同的价值估计为超过 5 000万美元。第一个飞行单元是载人机动单元/飞行支持站资格单元,于 1981 年 2 月完成[12],热真空试验于 3 月完成。然后,这一单元转移至约翰逊航天中心,于 1981 年 5 月进行有人操纵的热真空试验计划。系统的再生产和升级于 1982 年 3 月完成,飞行支持站的静载荷试验于 4 月完成。电气连接和机械连接试验于 5 月完成,语音试验和随机振动、载荷转换试验于 7 月进行。到 1983 年 12 月,完成了瞬时发射和着陆载荷的再次试验。1984 年,第一个飞行单元在 3 次应用任务(STS－41B,41C 和 51A)中,扮演了任务支持角色。从 1985 年起,它成为未来系统更新的起点,1985 年完成了合同任务。

同时,供飞行操作使用的第二个和第三个飞行单元及其支持结构的研制工作继续进行。1983 年 8 月,2 个飞行单元都完成了交付前的系统验收测试。约翰逊航天中心关于工艺质量的人工热真空试验于 1983 年 10 月完成,到 12 月,轨道飞行器中的功能测试已经完成,使这些单元有资格成为首次任务的有效载荷。第二个飞行单元安装于挑战者号右侧的飞行支持站中,第三个飞行单元安装在舱门边。

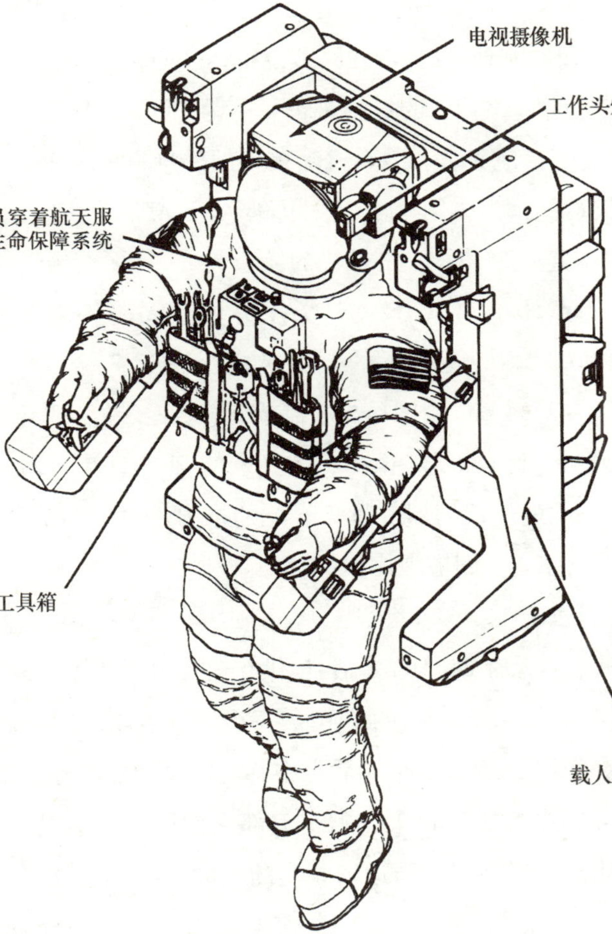

图3.11　美国的载人机动单元

(1)结构

载人机动单元的主要特点为,它是一个独立成套的背包推力装置,允许航天员到离轨道飞行器数百米远的地方去冒险。它高125.4 cm,宽82.7 cm,厚120.9 cm(2个控制臂展开时),由铝质材料制成,有2个侧塔、2个可展开的控制臂和1个中心结构。双塔是某些推力器、乘员显示器和载人机动单元固定插销的支持位置，而中心部分有2个16.8 V的银－锌电池、断路开关、控制电气装置和联合电路、2个氮气储罐和所有同推力器线路和设备相关的管道设备。设备的满载质量——包括11.8 kg的氮推进剂——为153 kg，其操作质量——装有推进剂，还有航天员和载人机动单元的质量——为290～346 kg，取决于航天员的体重。[例如，乔·艾伦（Joe Allen），STS－51A任务航天员，其体重为56.7 kg，是最轻的航天员之一；而詹姆斯·范·霍芬（James Van Hoften），STS－41C任务航天员——也被称为“公牛”——重90.72 kg，是最重的航天员之一。]这2个氮气储罐，长79 cm、直径为25.4 cm，由铝质材料制成，带有凯芙拉合成纤维透明外包装纸。每个氮气储罐充满5.9 kg的氮气，压力为3 000 psi（20.7 MPa），为每个喷射器提供7.6 N的推力。附加的辅助设备，如照相机等可以在2个侧塔中找到。

（2）推进系统

载人机动单元有24个推力器，提供6个自由度的控制模式（＋X，＋Y，＋Z，＋滚转，＋倾斜，＋偏航）。每个塔上有12个推力器，由气态氮提供动力，气态氮来自单元后方中心舱的2个储罐。它们按每面4个推力器的方式，排列于单元顶部、底部、前面、后面、左边和右边，可以使用手动操作控制器从与运动相反的方向点燃推力器，实现倾斜、偏航和翻转。在正常操作下，2个氮气储罐向12个一套的推力器供气，但是一旦出现故障，转换阀将保证从2个储罐中连续供应推力剂。但是如果出现故障，在太空中操作载人机动单元是不现实的。这些阀门也用于在出舱活动中给储罐再补充氮气。每个载人机动单元塔都有压力标准，飞行员可以据此对推力剂供应进行监控。

（3）电子和电力系统

在组织结构中把电力和推力子系统设计成冗余系统，形成了2个带有自动防故障装置的电力系统。在正常操作模式下,2 套装置连续使用,但是一旦出现故障,系统会做出选择,关闭出故障的装置,或者继续工作,或者依靠未出现故障的装置返回轨道飞行器。载人机动单元的电子控制组件(Control Eleclronics Assembly,CEA)由 3 个陀螺仪(每个旋转轴上 1 个)、控制逻辑器、推力逻辑器和电机驱动推力阀伺服放大器构成。姿态保持期间来自手动控制器或陀螺仪的输入,能够被电子控制组件接受。机动单元的电力系统由 2 个银－锌电池构成,同电力分配系统相连,电力分配系统连接着断路器和继电器。电池与电子控制组件中的线路相连,为电子控制组件和手动控制器提供电力。在载人机动单元的表面上,还有 3 个定位灯,帮助航天员在离开轨道飞行器一定距离时进行视觉定位。可移动的柄上有 2 个更远的指示灯,可以用于作业航天员的视觉定位,指示和支持其进行推力器操作。

(4)热控系统

为了有助于热反射,除了那些有表面防护层和需要密切监控热特性的部位之外,所有设备表面都被涂成白色。在后面板和上部的压力容器表面,用银白色的聚四氟乙烯作散热器表面,以控制电子绝热。内表面涂上了防腐蚀层,而对于载人机动单元,为满足电池和其他组件绝热的要求采用了高放射性的表面。舱内后面板和电池盒表面也被涂成白色。推力系统的许多组件都由不锈钢或铝制成,表面的放射性不高。轨道储存和出舱活动操作都需要使用加热器。

载人机动单元暴露在太空中的表面温度接近 －118 ℃,但在储存状态下,不能低于 －23 ℃。在出舱活动操作中,表面温度可能会低至 －84 ℃,但大多数组件的操作温度要求在 －51 ℃以上。这些加热器必须与结构完全热隔离,而将加热器直接同组件相连。只有电池储存加热器装在分隔舱本体上。每个电池都有 1 个出舱活动自由飞行阶

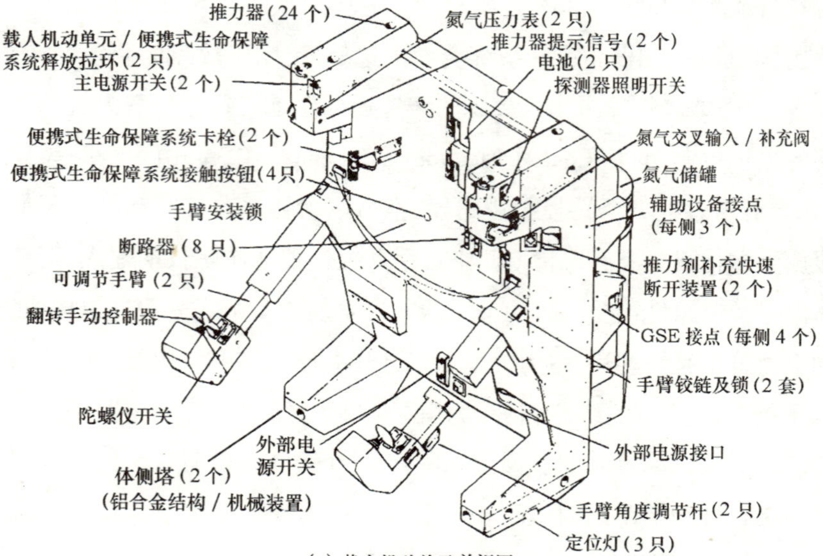

(a) 载人机动单元前视图

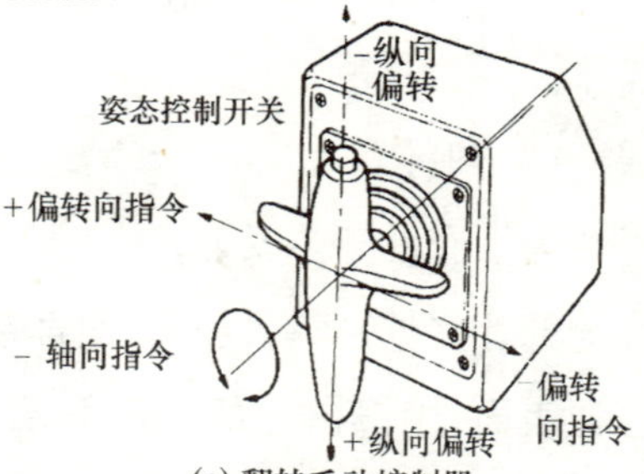

(c) 翻转手动控制器

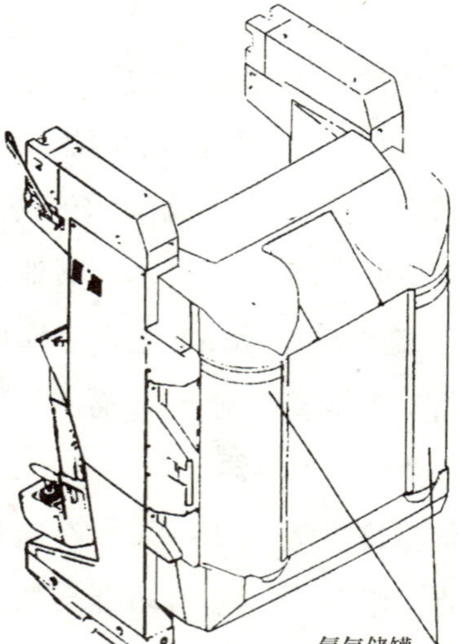

(b) 载人机动单元后视图(显示推力剂储罐)

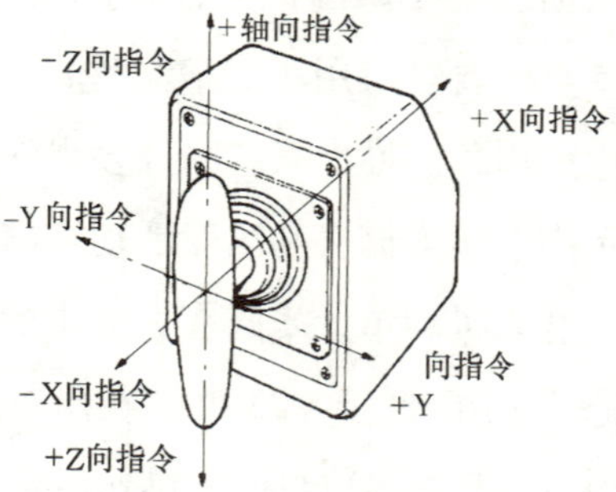

(d) 平移手动控制器

图 3.12 美国载人机动单元详图

段使用的加热器和1个用于轨道储存的加热器。载人机动单元自由飞行时，加热器自身产生动力；但在储存时，它们由飞行支持站通过线路输送的轨道器电源提供动力。

(5)操作系统

着装完毕的航天员走出气闸舱，倒转进入飞行支持站中的载人机动单元。塔的内表面支持着出舱活动单元的便携式生命保障系统，卡栓将单元紧紧地固定在相应的位置。有2个独立的、手动激活的卡栓，带有导入斜面和便携式生命保障系统的接触点。这些卡栓固定在便推式生命保障系统的插座上。航天员拉动双塔前面的手动释放环，打开卡栓，就可以脱掉载人机动单元。2个控制杆将单元固定在飞行支持站上，一旦航天员安全到达，则可以打开2个控制杆卸掉单元。要“驾驶”单元，航天员使用手动控制器启动载人机动单元推力器。右边的控制器负责倾斜、偏航和翻转，而左边的用于向前、向后、向上、向下、向左、向右移动。右手控制器的顶部是一个按钮，能够激活3个旋转轴的姿态调节，使航天员可以同其他物体保持相对角坐标。

从天空实验室M509单元起，设计师确定最合适的移动速度一般为每秒移动最初分离距离的1%（当最初分离距离为100 ft时，最合适的移动速度为1 ft/s；当最初分离距离为30 m时，最合适的移动速度为0.3 m/s）。训练航天员先加速至这种速度，然后保持这种速度，在接近目标飞行器或物体时逐渐减速。根据驾驶飞行器的航天员体重的不同，移动加速度在0.09～0.11 m/s^2之间，总的速度差为20.1～25 m/s。在旋转加速中，速率可能在7 (°)/s(“最重的系统”,95%的男性)～9.5(°)/s(“最轻的系统”,5%的女性——尽管女性没有驾驶过该单元)之间变化。

整个单元设计为在姿态控制模式下，甚至在航天员重心偏移的极端情况下，通过很少的消耗来节约推力剂。通过设计推力器的最小推

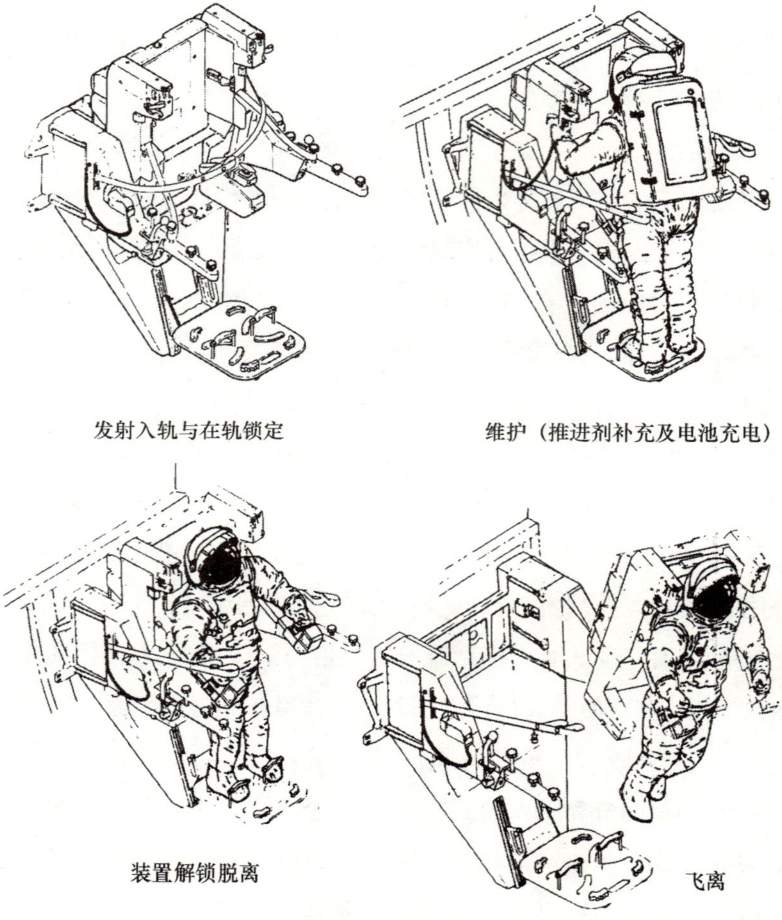

图 3.13　美国载人机动单元使用示意图

力和选择逻辑，使推力剂没有过分消耗的情况下，姿态能够长时间保持稳定。应用自动系统保持姿态稳定，使航天员在完全控制载人机动单元姿态的同时，可以腾出一只手来完成其他任务。载人机动单元的轨道速度不能超过轨道器的速度——这个额外的安全特性与整个单元采用冗余系统设计一样，都是出于安全的考虑。同时还决定，只有在有成对可用设备的情况下，才能进行出舱活动，必须保证有一个备份单元随时可供使用。载人机动单元要一直保持在轨道器驾驶舱窗口的视线范围之内，不允许在轨道器有效载荷舱底线之下和轨道器下面冒险，这是飞行规则。载人机动单元完全失效的情况不太可能发生，一旦发生，或者无意中使用了最大推力，航天飞机将进行翻转，通过把航天员“捞”进有效载荷舱，来营救载人机动单元和航天员。在有效载荷舱内另一名航天员的帮助下，获救的航天员可以迅速地脱离失效单元。作为一种选择，可以使用遥控操作系统，确保受困的航天员获救。幸运的是，还没有任何载人机动单元操作用到这种办法。

(6)飞行支持站

位于有效载荷舱前端，在出舱活动舱门旁边的前舱壁附近，2个飞行支持站存放着非使用状态的载人机动单元。这些支持站也可以给电池充电并向载人机动单元补充推进剂。可调节足部控制器（通常在

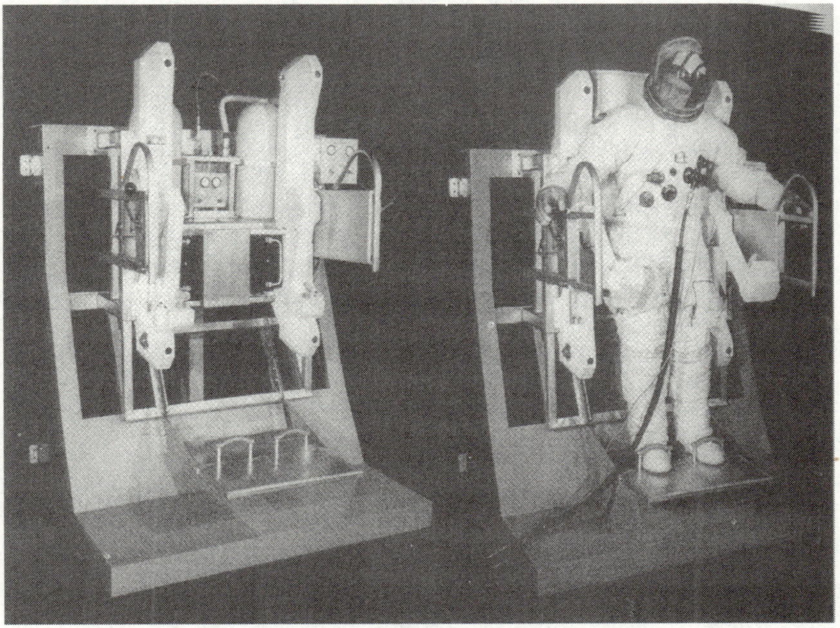

图3.14 飞行支持工作站

发射前进行设置)，将其设置成适合航天员的高度，以方便其使用单元。氮气补充系统与轨道器的氮气供应源相连，飞行支持站和驾驶舱上有连接阀，用于控制氮气供应。应用电连接，从轨道器向载人机动单元提供热源，并通过 7 个温度传感器采集温度监控数据。氮气补充系统还用于切断气体驱动螺帽，气体驱动螺帽在上升过程中将载人机动单元保持飞行支持站内。

3.4.6 苏联载人机动单元(和平号和联盟 TM-8)

直到 1990 年，在第 5 批居住航天员访问和平号空间站时，苏联才终于证明了他们的航天员移动和机动单元(UPMK 或 21KS)的可用性。本来的想法是将单元应用于和平号空间站和暴风雪号航天飞机，1984 年 3 月 22 日，决定继续进行设备的研究。1985 年指定了承包商，到 1986 年，当示范装置接受试验，有几个单元开始建设时，单元的发展开始展开了。

(1)结构

单元的尺寸和构造与美国的载人机动单元很相似(虽然俄罗斯人似乎从未完整地展示过全部细节)，独立操作时间可达 6 小时，其总重为 400 kg，速度为 30 m/s，姿态稳定率为 ±2 (°)/s。最大承载质量为 180 kg。离开航天器的最大安全距离，对于暴风雪号为 100 m(这大体与航天飞机/载人机动单元的营救场景相当)，对于和平号空间站为 60 m，在和平号空间站，一切营救活动必须由另一名航天员承担。根据最近资料[13]，21KS/UPMK 最多可进行 15 次出舱活动。

身着航天服的航天员与单元的连接方法与美国的很不一样。在奥兰 DMA 出舱活动服的前面，限制装置固定在刚性框架上，框架又与航天员移动和机动单元固定连接。这一框架有 2 个不平均的“杆”，向外旋转，形成一个空位，使航天员可以把自己固定在单元前面。为了

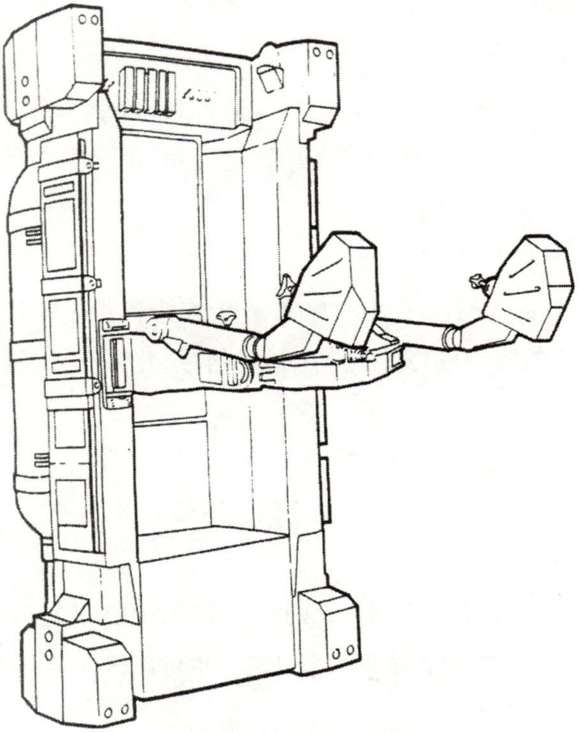

图 3.15　苏联航天员移动和机动单元

同单元固定在一起，航天员首先要将航天服前面的闭锁装置固定在中心锁和边杆上，然后朝着航天员移动和机动单元向后移动，前杆的另一只臂，将其固定到位，并将背包锁紧。这种设备不需要其他航天员的协助，并且可以在飞行中进行维护，以及在增压的量子 2 号气闸舱中穿脱航天员移动和机动单元。通过摆动与前杆固定在一起的航天服，进出奥兰航天服的后开口，背包没有与前杆连在一起，而仍然与航天服机械相连。

像美国的载人机动单元一样，苏联航天员移动和机动单元的控制臂可以移到 2 个位置——既可以在低位，用于在航天器内部储存或进行近距离的出舱活动；也可以在高位，用于操纵单元。左手臂装有旋转控制器，右手臂装有移动控制器。

(2)推力系统

16 个推力器分为 2 组，每个推力器有 32 MPa 的增压气体 28 L，其推力为 0.5 kgf(4.9 N)，分布在单元的四角，每套独立操作，互为冗余。总操作时间为 6 小时。

(3)电子和电力系统

2 个银 - 锌电池(1 个为主电源，1 个作为备份电源)。在进行单元操作时，大约向地球传送 100 个遥测信号，并带有航天员语音提示系统。

(4)热控系统

子系统安装在一个覆盖有真空热绝缘层的框架内。

(5)操作系统

类似于美国航天员机动单元的操作系统，通过 2 个控制臂对单元进行的定位和移动，可以选择半自动模式也可以选择全自动模式。

(6) 飞行支持站

航天员移动和机动单元的飞行模型安装在和平号空间站量子 2 号气闸舱内，并附有它的船载测试和支持设备。1990 年 2 月的出舱活动试验之后，单元被重新安置在量子 2 号舱口区域的一个外部框架上，直到 2001 年和平号空间站陨落时，这个单元也未再启用过。

3.4.7 出舱救援简化辅助设备(航天飞机和国际空间站)

为了在出舱活动期间进行自援，必须设计更小、更简单、成本更低的出舱活动设备。早在 20 世纪 90 年代，NASA 约翰逊航天中心的自动化与机器人部就开发了出舱活动救援简化辅助设备(Simplified Aid For Extravehicular Activity Rescue，SAFER)。这些设备比载人机动单元(该单元是为特殊的出舱活动任务而设计的)更轻、更基础。该设备的设计意图是将其固定在每个出舱活动航天员的背包上，当航天员在航天飞机或空间站上进行无系索出舱活动操作时，如遇到紧急情况，而航天飞机或其他航天员难于营救的情况下，可以使用这种设备进行自救。这个设备没有内置的备份系统，因为它本身就是一个备份安全系统，而不是作为主要的推力装置。因为其指导思想是确保出舱活动简化救援辅助设备尽可能地轻便和成本低廉。所以，经过飞行证明的“脱架”硬件将尽可能地应用于设计中。因而，经过改进的多余的载人机动单元零件、小的商业性零件、改进的阿波罗手动转移控制器以及小的碱性电池都被纳入了这个设备中。

最初的测试是在详细测试目标(Detailed Test Objective，DTO)661的指导下进行的，运用到了1994年9月的STS－64任务中，以帮助建立一个符合航天飞机和空间站出舱活动救援简化辅助设备要求的公

图3.16　固定在航天员生命保障系统上的出舱活动专用营救单元

用装置,并验证早期的航天飞机飞行系统,开发一种出舱活动救援简化辅助设备的飞行验证试验,再将这些结果转化到生产过程中,以及时满足国际空间站的需要。到 1994 年进行第一次试验飞行时,研发费用已超过 218 万美元,大部分资金来自航天飞机和空间站预算。该设备目前应用于国际空间站任务的出舱活动单元中,也适用于俄罗斯奥兰 M 出舱活动单元。

(1) 结构

出舱活动救援简化辅助设备是一个独立成套的小型带推力背包,姿态可控,可用于出舱活动的单个航天员在应急情况下进行自由机动。为了减小对机动性的限制,便于进入空间站的狭窄区域或航天飞机拥挤的有效载荷舱(正如载人机动单元一样),出舱活动救援简化辅助设备被设计成环绕着出舱活动单元便携式生命保障系统背包的形状。设备本身仅重 29.48 kg(不含其内部装载物),在起飞和着陆时,该设备折叠存放在气闸舱航天员储物袋中。

(2) 推进系统

24 个固定推力器排出氮气,每个推力器产生 0.36 kgf(3.53 N)的推力。氮气的储存容量为 1.36 kg(最大压力为 3 600 psi,约 24.8 MPa),存放在该单元的 4 个钢制储罐中,可以为操作人员提供 4.52 m/s 的机动速度。氮气可以利用轨道器上的供应系统进行补充。储罐与推力器之间的氮气隔离,是通过手动开关而不是载人机动单元上的电动阀门完成的。

(3) 控制和操作系统

单元的姿态控制系统是一个自动姿态控制系统(可以进行六自由度控制),通过安装在航天服显示器上的单个手动控制器和航天飞机载人机动单元胸部的控制模块对单元进行控制。推力器推力为(0.36 ±0.01) kgf((3.53 ±0.98)N),推进速度为(0.06 ±0.01) m/s,或(10

±4)(°)/s。为便于操作,有一个16位字符的LCD显示器和自动姿态控制及推力器LED显示管。

(4) 电子和电力系统

24个9 V碱性电池组成了1个电池组,可在轨更换。电子器件是数字化的,并带有支持软件。

(5) 热控系统

没有加热元件,设备是白色的,以反射热量。

(6) 充气站

出舱活动救援简化辅助设备充气站安装在有效载荷舱的前部,使用现有的载人机动单元用轨道器氮气系统的充气接口。在STS-64任务中第一次使用这种设备,使从STS-37任务改进而来的船载存储装置,比设计和制造一个新设备节省130 000美元。它可以为单元提供7次氮气补给(在STS-64上),最多可充氮气9.42 kg。

3.5 约束和支持

3.5.1 双子星座号

在双子星座号出舱活动中,使用了不同的系索与脐带的组合。它们用来保持航天员与航天器的连接,提供液体与电力的输送线路,还可以控制航天员离开舱门进行出舱活动的距离。单纯的脐带也被用来加强结构强度、保证航天员与航天器的连接、充当氧气补给线,以及用作语音通信和生物医学数据传输的电子器件。双子星座4号、8号、9号和12号上使用的7.6 m长的脐带原本是为双子星座号开发的,在双子星座号4号试验的基础上,开发了9.1 m和15.2 m长的脐带。双子星座10号上15.2 m长的线路和双子星座11号上9.1 m长的线路也安装了氮气补给线,为手持机动单元供应氮气。双子星座8号上

22.8 m 长的线路只起到加强结构强度和将电力输送到出舱活动支持包的作用。

3.5.2 航天飞机约束装置和系索

(1) 系索

在航天飞机计划的早期阶段,为每个出舱活动单元提供了 2 根 0.6 m长的腰部系索和 2 根 0.36 m 长的腕部系索,作为出舱活动中航天员和设备的安全保证。这些系索设计为戴全压手套时使用,带有按钮锁闭装置,防止因疏忽而触发。

(2)便携式足部约束装置(Portable Foot - Restraint,PFR)

这是一个 13.8 kg 重的装置,其最初的设计意图是,在意外事故中,可约束航天飞机有效载荷舱上的出舱活动航天员。整个装置由 2 个伸缩吊杆(在 1.73 ~2.44 m 区间内伸缩)、1 个中心线路夹、1 个延伸臂和 1 个足部约束平台组成,足部约束平台兼有倾斜和翻转调节功能。延伸臂或者锁定在中心线路夹上,或者安装在伸缩吊杆的任一端,为在任何标准扶手上工作提供约束。足部约束平台安装在延伸臂上,延伸臂又固定在夹子中,并且能够沿伸缩吊杆移动和锁闭。如果需要的话,阴螺纹管接头与延伸臂相连接,可以作为有效载荷,通过操作器足部约束装置,为有效载荷工作现场提供约束。

(3) 操作器足部约束装置(Manipulator Foot - Restraint,MFR)

用于利用遥控操作系统进入出舱活动的远程工作现场。使用遥控操作系统抓钩固定装置将设备固定在机械臂上,机械臂由航天飞机的尾部飞行舱控制。平台上可以提供足部约束装置,以及扶手和场地来安放附加的设备和工具,以备输送到指定的工作现场。

3.5.3 操作器和吊杆

在航天飞机或空间站之外进行出舱活动时,航天员要受助于遥控操作器和吊杆，这些装置扩展了他们的活动范围，并在漫长而复杂的出舱活动中，为他们提供一个稳定的工作站台。

3.5.3.1　遥控操作系统(RMS)

航天飞机最成功、最可靠的系统之一是加拿大制造的遥控操作系统(Canadarm)，它于1981年11月在STS-2任务中进行了首次飞行，从那以后，定期应用于支持航天飞机的出舱活动。机械臂通常存放在左舷的桁梁上，尽管也可以存放在右舷，但却从来没放过。系统可以携带2个机械臂，但也从未实施过，因为只有1套软件、1个显示器和1个控制器，所以，每次只能操作1个机械臂。遥控操作系统要占用轨道器上1/5的计算机资源，因为系统要占用32%的CPU，若采用手动伸展操作，将占用30%的CPU。

遥控操作系统长15.0762 m，直径为38.1 cm，自由度为6°。系统重450 kg(其中机械臂重410 kg)，机械臂可以举起并装载直径4.5 m、长18 m、重29484 kg的有效载荷。当有效载荷舱门打开时，机械臂向操作使用的门旋转31.36°，然后再向要装载的有效载荷舱回转31.36°。系统的零部件是模拟人手设计的——包括肩(2个关节)、上臂、肘(1个关节)、前臂和手腕(3个关节)——还包括关节框架、电子框架、吊杆和关节。肘部旋转范围为160°。

遥控操作系统可与标准末端作用器安装在一起，标准末端作用器使用3个电线索套，通过围绕装有有效载荷的标准抓钩固定装置旋转内部升降台来捕获或释放目标。它还可用于支持操作器足部约束装置，将系索的出舱活动航天员送往需维护的有效载荷(如哈勃太空望远镜)，或者将航天员或有效载荷(如国际空间站上的硬件传送设备)转移至可提供一个稳固的基础平台的目标区域，航天员可以在基础平台上，双手工作并快速转移至目标区域。

图 3.17 使用航天飞机遥控操作系统支持出舱活动

遥控操作系统通过航天飞机后部飞行舱尾部和顶部的窗口进行监控,或通过机械臂和有效载荷舱上的电视摄像机由闭路电视系统进行监控。这些场景可以在后部飞行舱的 2 个电视监控器上同时显示,每个监控器都具有分屏功能。机械臂的被动热控系统由多层绝缘毛毯和隔热涂层构成,而主动热控系统由机械臂上的 26 个加热器构成,可以提供 520 W 的电力(直流 28 V)。电源总线冗余,如果一个加热器产生故障,则另一个可以满足全部的热量需求。系统自动将关节温度保持在 -25 ℃以上,当温度达到 0 ℃时,加热器自动关闭。温度数据来自机械臂上的 12 个温控器,显示在后部飞行舱站上。

每个机械臂关节均采用电子驱动,正常满载速度达 0.06 m/s(空

图 3.18 国际空间站遥控操作系统(即 Canadarm 2)局部照片

载速度为 0.6 m/s),运动速率控制在 0.009 m/s 和 0.09(°)/s 之内。机械臂可在 5 种模式下操作:自动、手动伸展、手动单关节驱动、直接驱动和手动备用驱动。选择哪一种操作模式取决于将要执行的任务类型。出舱活动中遥控操作系统通常采用手动模式,由主要(或备用)遥控操作系统操作员进行控制,其他航天员给予指导支持(给出舱活动航天员),或完成观察任务,如根据计划建立照片文档等。

遥控操作系统的首次飞行和卸载试验于 1982 年 11 月在 STS－2 任务中进行。随后在 STS－3 任务、STS－4 任务和 STS－8 任务期间进行了装载和卸载评估,小托盘卫星的存放和回收在 STS－7 任务中完成。出舱活动模式下的遥控操作系统首先于 1984 年 2 月在 STS－41B 任务中使用,此后,应用于大多数航天飞机的出舱活动之中。遥控操作系统在卫星的回收、维修和调换中,以及在国际空间站建造过程中的应用,证明了其作为出舱活动工具的价值。

3.5.3.2 空间站移动服务系统(Space Station Mobile Servicing System, SSMSS)

由于国际空间站的体积和(活动)范围很大,因此,必须设计一种新的机器人操纵系统安装在空间站上,在空间站建设过程中与航天飞机的遥控操作系统一起使用,或在没有航天飞机而进行轨道操作时使用。加拿大人通过在航天飞机项目中使用遥控操作系统而得到的经验,使得他们在发展空间站遥控操作系统时在经验、操作和技术方面处于领先地位,并且成为加拿大对国际空间站轨道建设所做贡献的一部分。加拿大的遥控操作系统(Canadarm 2)只不过是用来完成组装和维护任务、在空间站周围移动设备和供给品、为出舱活动航天员提供支持、维修科学仪器和空间站上其他有效载荷的复杂的遥控操作系统的组成部分之一。

(1) Canadarm 2

作为在航天飞机上使用的 Canadarm 的第 2 代产品被誉为"更大、更好、更灵巧",这个操作器于 2001 年 4 月在 STS－100 任务期间被安装在国际空间站上。它有 7 个机动关节,完全展开时长 17.6 m。用于协助处理在空间站和航天飞机之间的大型有效载荷(必要时还可以协助航天飞机在空间站上进行停靠),支持出舱活动,由命运号(Destiny)实验室内部的控制台进行控制。它重约 1 800 kg,能够处理116 000 kg 的有效载荷。其最大运行功率为 2 000 W,最小的平均"维持"功率为 435 W。当携带最大载荷运转时,制动距离为 0.6 m。这个遥控操作系统非常灵巧,可以在空间站实现自我定位,通过使用闭锁末端作用器(Latching End Effecter,LEE),将自己固定在空间站外表面的补充舱门上。在空间站内操作员的控制下,它基本上能够在空间站内"行走",只受空间站电源数据抓钩固定装置(Power Data Grapple Fixtures,PDGF)

位置和数量的限制，该装置可以接受2个闭锁末端作用器中的1个的控制，并提供电力供应及数据和视频连接。使用移动基础系统（Mobile Base System，MBS），遥控操作系统可以“尺蠖”型的运动方式，穿过整个国际空间站。其设计类似于人的手臂，有肩（3个关节）、肘（1个关节）和腕（3个关节），但不移动“手”就可以改变其结构。关节可以全向旋转，7个关节能够旋转540°——远远超出了人类手臂的能力。

（2）移动基础系统

该系统于2002年6月在STS－111任务中被发送至国际空间站，带有1个工作平台，这个平台可以沿着空间站的轨道移动，当其经过空间站的主要桁架时，可以支持Canadarm 2。系统的尺寸为5.7 m×4.5 m×2.9 m，重为1 450 kg，能够运送20 900 kg的有效载荷。最大运转功率为825 W，保持系统运转所需的平均功率为365 W。

（3）特殊用途轻便操作器

特殊用途轻便操作器（Special Purpose Dextorous Manipulator，SPDM）是在国际空间站上移动服务系统的最后一个部件。这一部件于2005年之后由航天飞机运往国际空间站。特殊用途轻便操作器也被称做“加拿大之手”，是一个较小的双臂机器人，用于承担一些精细的原本是由航天员完成的出舱活动任务。它将大大减轻国际空间站航天员维护性出舱活动的工作负荷。该单元——一般称为“Dextre”——将装有双臂、灯、视频设备、工具平台和4个工具支架。

3.5.3.3 日本实验舱遥控操作系统

日本实验舱遥控机械臂系统（Japanese Experiment Module Remote Manipulator System，JEMRMS）系统是下一步即将安装于国际空间站上的机械臂系统，它将装在日本增压舱上，以支持在日本实验舱（被称为“Kibo”）中所做的试验，或支持空间站相应区域的保养任务，从而进一步减轻航天员出舱活动的工作负荷。操作器飞行验证试验于1987年8月在STS－87任务中进行，基本技术验证试验在日本工程实验卫星V－7(Orihime-Hikoboshi)上进行，该卫星于1997年11月发射。机械臂控制台将于2006年以后，同ISS－1J/A的实验勤务舱增压部分一起发射，机械臂主体将晚于ISS－1J几个月发射，大约1年之后，ISS－2J/A任务将发射细小手臂，作为暴露的实验勤务舱的一部分。手臂的2个元件将有6°的自由度，主臂长9.9 m，细小手臂长约1.7 m。主臂的有效载荷总量为7 000 kg，细小手臂为300 kg。

3.5.3.4 欧洲机械臂

欧洲机械臂(Europen Robotic Arm，ERA)是欧洲航天局和俄罗斯航空航天局(Rosaviakosmos，RAKA)合作的风险项目[14]。欧洲有关遥控操作系统的最初想法起源于20世纪80年代的欧洲迷你航天飞机——使神号(Hermes)。当此项目被取消时，研究改为在已经成形的和平2号空间站上应用该机械臂。1993年俄罗斯加入国际空间站项目，同欧洲航天局继续合作，1996年7月，欧洲机械臂成为国际空间站俄罗斯舱段的一部分。欧洲主要承包商是荷兰的Fokker Space公司，由欧洲航天局投资，同俄罗斯工业伙伴RSC－Energiya公司一起，与俄罗斯航空航天局签订了合同。机械臂受到的挫折是，在2002年或2003年，它本应安装在俄罗斯科学和电力平台(Science and Power Platform，SPP)上，但由于后者的研发和交付长期延误，无法发射。欧洲机械臂只能作为航天飞机有效载荷的一部分发射升空，但仍将用于在俄罗斯舱段支持有效载荷、进行硬件处理以及完成维护出舱活动任务。

该机械臂长11.3 m，重630 kg。其“尺蠖”型运动方式类似于Canadarm 2，当其跨越空间站舱段“行走”时，有关节的机械臂可以将末端作用器的“手”固定在基座上。它的7个关节——其中6个可以同时操作——可以增加俄罗斯舱段的活动维数。

3.5.3.5 俄罗斯装置

20世纪90年代,俄罗斯在和平号空间站上安装了吊运装置,以支持出舱活动。1991年1月进行的出舱活动中,在和平号空间站底座的两边安装了1对长14 m,重45 kg的可伸缩吊车,被称做"Strela"(箭)。这些装置存放在1个2 m见方的储存箱中,该储存箱固定在一

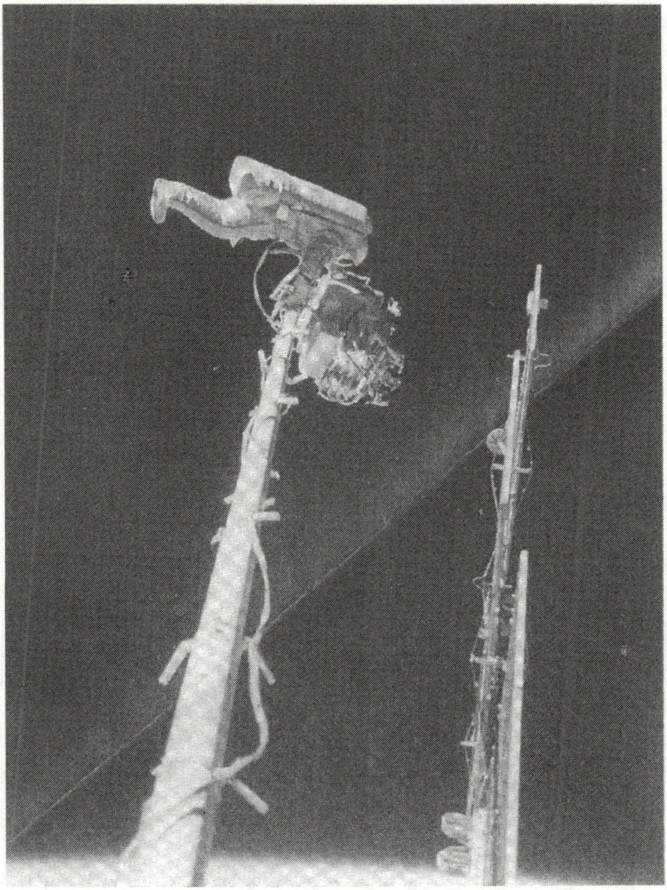

图3.19 一名航天员在和平号空间站上操纵Strela装置

个支架上，这个支架最初用来在发射期间支撑和平号空间站前部对接节点的覆盖物。每个吊杆能够支持700 kg重物，用来移动大型的太阳电池阵，并能将航天员从空间站的一个地方移到另一个地方。由于吊杆是固定在底座的发射覆盖物上，所以它的作用范围很有限，而且它是手动操作的。航天员将通过转动1对手摇曲柄，使机械臂围绕基座上下运动。在空间站之外的拱形结构外旋转机械臂，使其伸展到联合体尾部的量子1号舱的后面。航天员在量子2号气闸舱边储存“Strela”，量子2号气闸舱的远端存放的是气闸舱。用这种办法，航天员们一步一步地将“Strela”转移到手摇曲柄所在的区域，然后在出舱活动结束时，将结构运回气闸舱舱门。这是个简单的装置，但在操作中非常有效。

3.6 工具箱

早期的出舱活动需要给出舱活动航天员提供设施，以存放、运送和维持日益增多的工具及支持设备。

3.6.1 工具运送器

航天飞机[15]

(1) 小型工作站

小型工作站(Mini Work Station，MWS)是一种机械设备，位于出舱活动单元的前面，可为穿用者提供附加的临时存放出舱活动工具的地方。此外，它还包括1根附加的工作系索，用来为工作地点提供更多的约束，并防止个别工具漂离。每件工具都用0.9 m长的收缩绳连接在可互换的工具箱上。

(2) 工具箱

工具箱(Tool caddy)由硬质纺织物制成，重0.85 kg，是用来存储小型手工工具的。如果有附加的临时约束，可用2条0.9 m长的带有维可牢尼龙搭扣带的收缩绳作为补充。

(3) 货舱存储装置

货舱存储装置(Cargo bay stowage assembly)是存放航天飞机出舱活动工具的地方。它重达 108.23 kg,包括登上轨道器用的支持设备。分隔舱的体积(包括间隔物和衬垫)是0.52 m^3。它可以存放重达 181.44 kg 的出舱活动工具和设备,并可以根据任务需求装置在左舷或右舷的框梁上。它的定位规定了这种重量支持设备的使用方法,这种设备减轻了 53.07 kg。

(4) 供应品存储装置

供应品存储装置(Provision stowage assembly)是一个正在发展的系统,它位于有效载荷舱的下面,有 0.4 m^3 的空间可供存放出舱活动工具。它最多可装载 181.44 kg 的工具和设备,安置在舱段前部靠近出舱活动舱门 1.22 m 的区域内。

3.6.2　表面探测工具

表面探测、地质采样和获取照片文档,都需要一整套专门的工具设备。这种设备唯一的实际使用经验来自于 1969 年到 1972 年的阿波罗登月计划。这些设备被证明是非常可靠的,在航天员进行月球表面探测的过程中发挥了巨大的作用。尽管已经过去 30 年了,但是阿波罗月球表面活动将会得到重新评估,它为重返月球以及未来的火星表面探测提供了基本经验,将其与新工艺、新材料的最新研制、发展紧密结合,将有助于发展新的表面探测工具。

3.6.2.1　阿波罗登月手工工具(Apollo Lunar Hand Tools,ALHT)

在阿波罗登月计划的早期,就认识到月球表面探测将需要大量的工具和器械。在登月任务的不同阶段需要不同的工具设备。随着这些任务的进展，设备本身也必须根据早期登月航天员的经验同步改进。

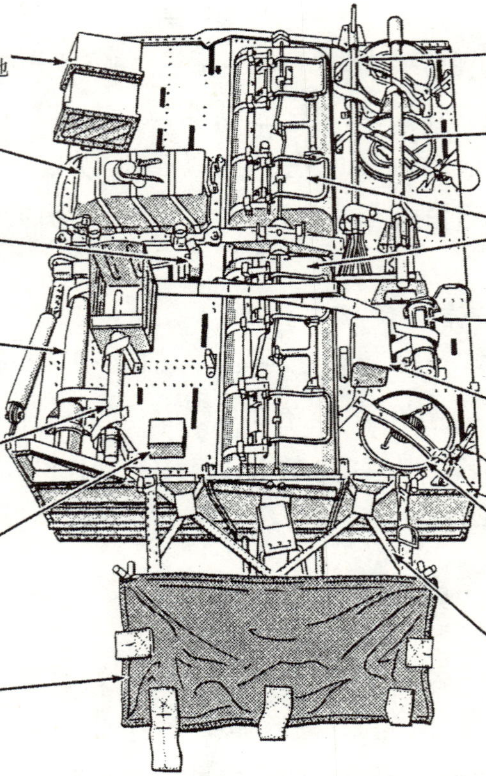

图 3.20 阿波罗登月舱下降舱内的模块化设备存储装置

(1) 模块化设备存储装置

模块化设备存储装置(Modularised Equipment Stowage Assembly，MESA)是一个用来存放绝大多数表面探测工具的台架。这些工具被存放位于登月舱前部第 4 格的折叠模块化设备存放装置中。当第一次放下梯子时，指令长用 D 形环放下设备，并将其打开，以便更容易地接近月球表面。这个单元包括新的便携式生命保障系统电池、LiOH 箱、电视摄像机、电缆线和月球采样收集器。它还带有 1 个折叠小桌，这个小桌有2个作用,一是用于放置月球采样收集器,以便于对采样打包;二是作为航天员悬挂移动包的支架,这种移动包是用来将便携式生命保障系统电池和LiOH箱运回登月舱的。

阿波罗登月手工工具主要用于地质采样,但有人曾考虑将其作为阿波罗月面实验装置(Apollo Lunar Surface Experiment Package, ALSEP)的一部分。在阿波罗11号上,航天员在登月舱附近进行了短暂的出舱活动,每个人都分别将一些必需的工具带到了采样地点。在H系列任务期间(阿波罗12~14号),设计了一个手工工具箱,以便于携带所有工具在月球表面行走。在阿波罗14号上,这个工具箱被固定在模块化工具运输装置上。在3次J系列任务中(阿波罗15~17号),一个工具箱被放置在月球车的后面。这些工具由轻质材料制成,包括聚四氟乙烯、不锈钢和铝,这些材料不会污染采样。这些工具放在工具箱里,工具箱固定在便携式生命保障系统或航天员的航天服上[16]。阿波罗17号没有携带阿波罗登月手工工具。阿波罗系列任务中的模块化设备存储装置组成列表见表3.2。

表3.2　模块化设备存储装置组成列表

飞行器编号	设备总重/kg	主要组成
阿波罗11号	22.9	大号挖掘铲、加长手柄、钳子、锤子
阿波罗12号	29.2	挖掘铲(大号及小号)、锤子、加长手柄、钳子、刷子/划线器/放大镜/弹簧秤、工具箱
阿波罗13号	34.0	同阿波罗12号
阿波罗14号	34.1	同阿波罗12号
阿波罗15号	50.3	加长手柄、可调采样铲、锤子、钳子、弹簧秤、月面耙
阿波罗16号	53.0	同阿波罗15号
阿波罗17号	45.7	同阿波罗15号

(2) 延长把手

延长把手是1根铝合金管,长约76 cm,直径2.5 cm,带有可延长的不锈钢螺帽,这个螺帽是用来作铁砧的表面。它最初作为其他几种工具(铲子、耙子、锤子、采样管)的延长把手,使航天员穿着航天服工作时不用弯腰或跪下就能使用这些工具。它的下端装有速断装置和锁,用来约束、压缩、拉紧和扭转,或是实现这些功能的组合。铝合金管上端是一个滑动的T形把手,可以进行扭转操作。

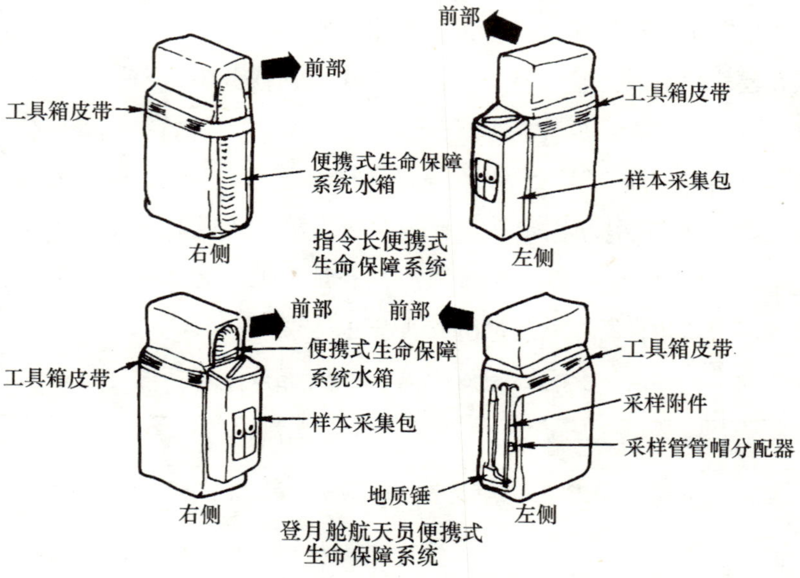

图3.21 阿波罗登月航天员生命保障系统背包

(3) 样本秤(弹簧秤)

样本秤是用来称取航天员采样质量的,将这些样本采集到存储器或其他容器中带回地球,必须控制在一定的质量之内。样本采集不是简单地将岩石装满箱子,然后把它们放进登月舱,而是要根据登月舱推进发动机把航天员带离月球的能力,对样本质量进行仔细测定。必须精确计算重心位置,以确保平稳而准确地飞行,并确保在返回飞行途中将设备从登月舱转移到指令舱，并稳定而准确地再入和降落。阿波罗号使用的秤的刻度增加了 5 lb（2.26 kg），最大刻度为80 lb（36.78 kg）。在阿波罗登月舱上配置了这种秤并投入使用。

（4）夹钳

夹钳很有用，它能帮助航天员采用站姿抓取大小从鹅卵石到拳头般不等的样本。把手是铝制的，双齿由不锈钢制成。使用时，紧握把手上端T形柄，双齿就张开了。一旦选定样本，松开T形柄就可以把样本放进采样包里。这种工具对于重新拾起不小心掉落的工具也是非常有用的。

（5）月面耙

月面耙用来收集零散的、尺寸在1.3～2.5 cm之间的岩石和岩石碎片样本。耙子的把手长约25 cm，固定在延长把手上，并且可调，以方便样本的收集和存放。耙尖为铲子形状，用不锈钢制成。当航天员使用耙子时，小石子和土粒从耙缝漏出落回月面，留在铲尖上的就是所要收集的岩石样本了。

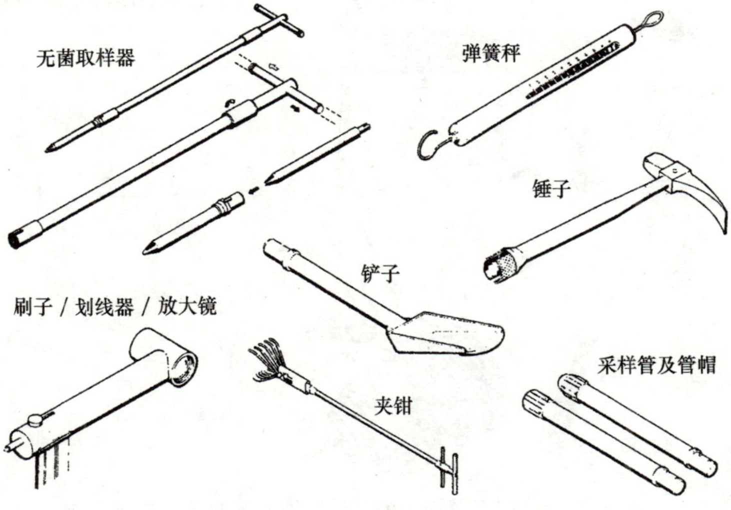

图3.22　阿波罗登月手工工具

(6) 可调采样铲

采样铲在样本太小，难以用钳子或耙子拾取，或者需要收集泥土样本时使用。把手和延长把手也是连接在一起的，铲面可从水平位置调节到55 °角和90 °角，既可用于铲取样本又可用来挖掘在月球表面以下的样本。铲面尺寸为5 cm×11 cm×15 cm，它有一个平底，两侧都有凸缘，还有半封闭的盖子，以防止收集的样本丢失。

(7) 锤子

锤子是个样品收集锤，这种单独的工具实际上有多种作用，可用来敲

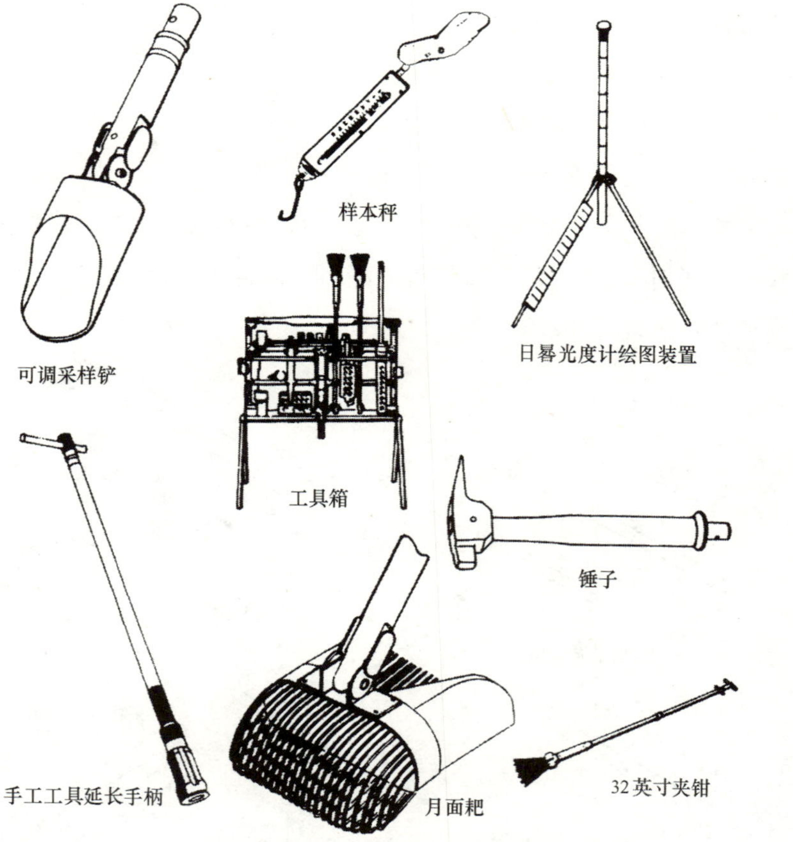

图3.23　手提工具箱中的其他阿波罗登月手工工具

碎大块岩石、做杠杆、凿洞,还可以在必要时用来敲击其他工具。锤头由防撞工具钢制成,一头是锤面,一头是宽阔的平面刀刃。36 cm 长的把手是铝制的,当锤子作锄头用时,就把锤子把手与延长把手连接在一起。

(8) 表层取样器

表层取样器第一次使用是在阿波罗 16 号上,它是用来从月球表层采集样本的。应用阿波罗月面实验装置(见下文)中的通用手工工具(Universel Hand Tool,UHT),航天员可以携带一个长为 12.5 cm、宽为 11.25 cm、厚为 1.25 cm 的盒子。在那个小盒子里,有一个盘子"漂浮"在水槽中。一个盘子用厚厚的柔软织物层覆盖着,另一个盘子覆盖着 β 织物(也可能是一层薄的油脂)。在使用这个工具时,航天员打开盒子底部的弹簧门,将它轻轻放低,直至漂浮的盘子接触到月面。大约只有 300 ~ 500 mg、100 ~ 500 μm 厚的样本能被采集到这些织物层或油脂上。提起这个盒子,盖子就盖上了 ,然后把裸露的盒子放进编号的包中,准备带回地球。

(9) 月球车土壤取样器

月球车土壤取样器应用于阿波罗 16 号和 17 号上,它是一种铲子,固定在通用手持工具的底部,用于采集月表的土壤和岩石样本,而无须航天员从月球车上下来。这种工具长 25 cm,宽 7.5 cm,底部有 1 个直径 7.5 cm 的环和 1 个用 5 根铁丝固定的笼子,这个笼子装有 12 个帽子形状的套在一起的塑料袋。装上样本之后,这些袋子将被取下来并密封好,然后笼子里会露出一个新袋子来装下一个样本。

3.6.2.2 阿波罗月面实验装置工具

为了配合阿波罗月面实验装置(Apollo Lunar Surface Experiment Package,ALSEP)的使用,需要以下几种工具。

(1) 通用手工工具

通用手工工具也被称做“多用途工具”，这种工具类似于一个加长的内六角扳手，第二个阿波罗月面实验装置的分装包里装备了两个通用手工工具。通用手工工具的每一个嵌入式底座都与阿波罗月面实验装置仪器上和结构装置上携带的插座以及螺栓扣件相配，在这个工具的前端的弹簧球锁，使通用手工工具保持在插座里。航天员扣动把手末端的扳机，就可以打开这个锁。通用手工工具用于阿波罗月面实验装置的操作和定位、子系统的运输及放置、螺栓扣件的放松、螺钉及螺栓扣的拆除，并通过中心站上的“航天员”开关从中心站向试验电力。它也可用来扩展表层取样器和月球车土壤取样器的活动范围（见上文）。

（2）放射性同位素热发生器工具

有两件工具是设计用来从登月舱下降段外部的燃料罐向放射性同位素热发生器（Radioisotope Thermal Generator，RTG）输送燃料的。圆顶移动工具在其轴上有温度标示，在燃料桶被倾斜以便于从中提取燃料时，用它将燃料桶的圆顶移开。然后用燃料运输工具从桶中提取燃料，并将其运送到放射性同位素热发生器。在燃料运输工具的轴上也有一个有温度标示和一个使用/解除按钮。当燃料安全输送完毕，这两件工具就不再有用，可以废弃了。

（3）月球仪器传送带

月球仪器传送带由一条皮带构成，长 18.28 m，宽 25.4 mm，围绕在上层平台的一个支撑环上。这个传送带的两端各挂一个钩子，月球表面的航天员（通常为指令长）将样本挂在传送带上，将其传送到上层平台的乘员舱中，再由登月舱中的航天员将其移到舱内。或者相反，上层平台的航天员可以把物资用传送带运送到月球表面。这个简单系统将来或许被称为“衣绳”。

3.6.3 样品回收容器

（1）偶然样本回收器

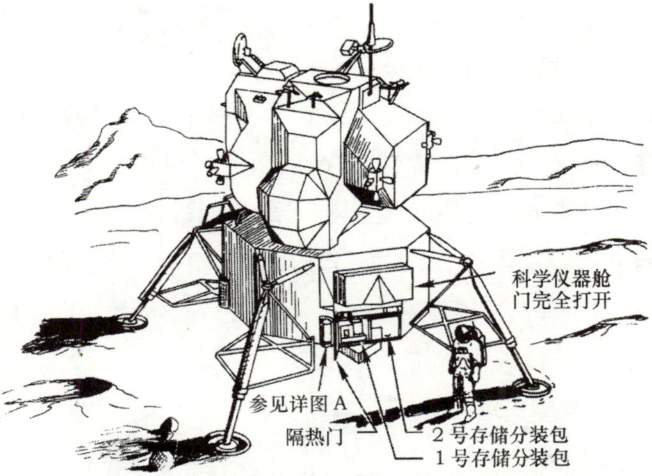

阿波罗月面实验装置设备可由登月舱科学仪器舱内移出

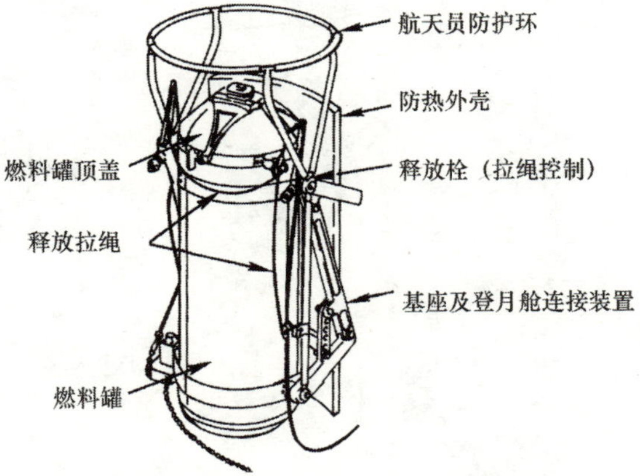

详图 A(放射性同位素热发生器燃料罐装置)

图 3.24　登月舱下降段的阿波罗月面实验装置位置示意及放射性同位素热发生器燃料罐

偶然样本回收器确保在首次月表出舱活动开始时,至少能采集一小部分未记录的月面样本,以防登月舱在必要时提前离月升空。该容器存放在登月舱里,有一个样本袋固定在延伸把手上,由指令长带出登月舱,登上月球后即可使用。采样后把样本袋放进航天服腿部的口袋中，直到他结束第一次出舱活动，返回登月舱。

（2）特殊环境样本存储器

在认真选定的采样区域采集的样本将被放置在高真空的容器中密封保存。这是个特殊环境样本存储器，它既可以保护样本，也可以保持所采集样本的原始环境，它是在月球表面进行密封的。直到它回到休斯敦载人飞船中心，进入了月球接收实验室才能被打开，那是个受控的环境设施，在那里可以在尽可能接近其原始状态的情况下对样本和环境成分进行研究。

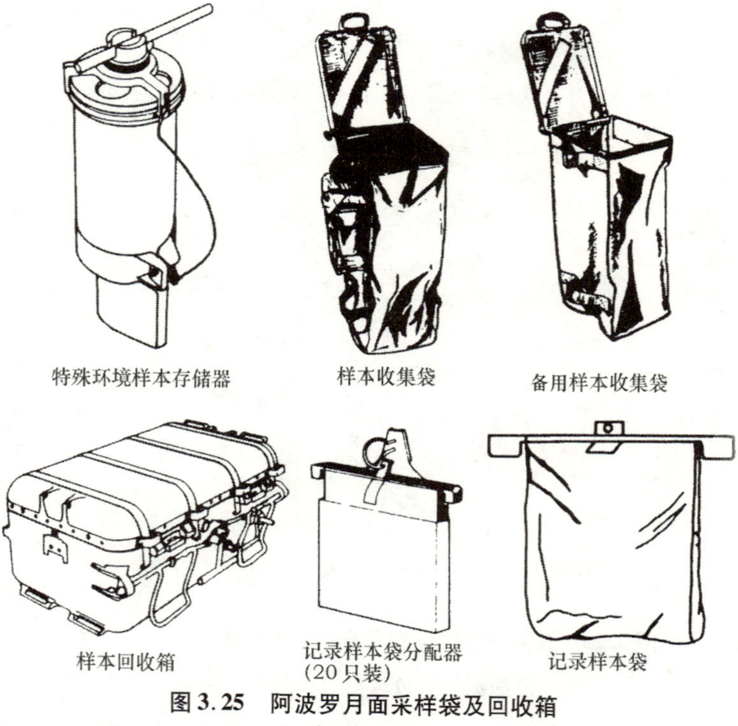

图 3.25　阿波罗月面采样袋及回收箱

（3）采样管

为了采集月球表面几厘米深处的岩层样本，航天员携带了很多铝制空心管，每个直径为 4 cm，长约 41 cm，用于钻探较软的月面表层，如沙砾、沙子乃至较软的岩石层。每个管子的上端都能封闭,以便同延伸把手一起使用,底端是开口的,带有一个无齿刀刃。为了保留样本,防止其在管子拔出时脱落,在管中有一个内置弹簧稳稳地托住已采得的样本。采样后用一个带有金属挤压密封垫的聚四氟乙烯螺帽取代刀刃,将管子的底部封闭。这些螺帽放置在一个约 5.7 cm 高的小型管帽分配器中。在月球接收实验室里,每一个采样管都将被切开,取出里面的土层样本。阿波罗 12 号带回 4 个采样管,阿波罗 13 号和 14 号各带回了 6 个采样管,阿波罗 15 号、16 号和 17 号各带回了 9 个采样管。深层的样本是把 2 个或 3 个采样管连在一起采集到的。

(4) 野外样本袋

80 个 12.7 cm×10.2 cm(5 in×4 in)大小的样本袋,分装在可容纳 20 个袋子的分配器上,供采集月球样本之用。这些袋子由聚四氟乙烯制成,放在工具箱中或便携式生命保障系统的绳子上。在之后的 J 系列任务中,使用了两种规格的样本袋,另一种是 20.3 cm×19.1 cm (8 in×7.5 in)大小的聚四氟乙烯袋,也分装在可容纳 20 个袋子的分配器中,用于装载有记录(或已编号)的样本。装有样本的袋子放进样本回收箱中。

(5) 样本收集袋

样本收集袋可用来放置采样管、特殊环境样本、防磁衣以及气体分析样本容器;还有一种特殊的样本回收袋,能容纳大型的未装袋的样本,然后把它们放置在样本回收箱中。

(6) 样本回收箱

样本回收箱能容纳重达 60 kg 的有记录的样本,装在这些手提箱式容器中并带回地球的其他物品包括:大大小小的样本袋、采样管、气体分析和月球环境样本容器。所有采集到的样本都记录备案并放置在这些盒子之中,这些盒子都经过密封,然后装在登月舱中,准备带回地球。

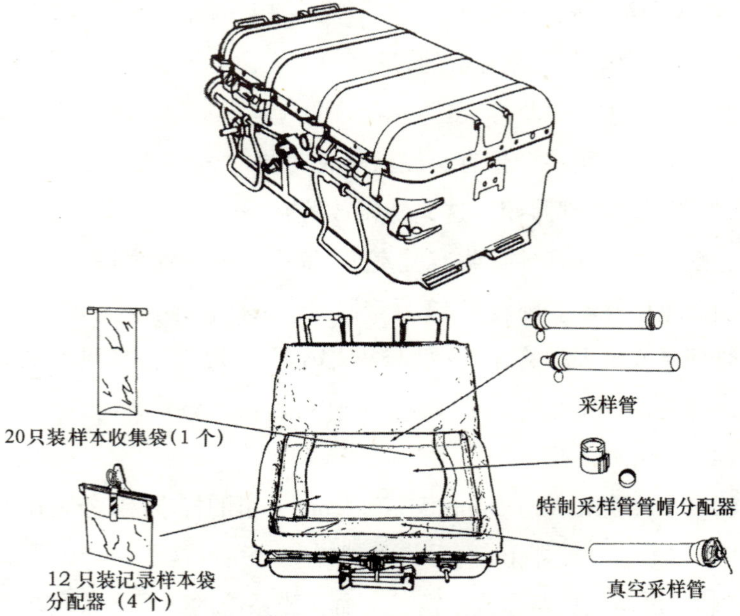

图3.26　阿波罗月面样本回收箱

3.6.4　摄录器材

一些有关人类太空探索的最生动的描绘是由出舱活动的航天员或在舱内监控外部活动的航天员拍摄的照片。但是,这些图片并非简单的节日快照。它们形成了正式的图片文档,供飞行后评估,尽管其中有一部分是带有庆祝意义的。各种电影和电视摄像机也记录了航天员所进行的活动,这些可以作为额外的监控手段,有助于其他航天员或地面管理人员给出舱活动的航天员以操作上的帮助。飞行舱航天员利用有效载荷舱摄像机或遥控操作系统携带的摄像机提供的摄像支持已经在所有航天飞机任务中发挥了巨大作用。此外,它还有力地参与了对每一个地理样本地点的有价值的勘察。在前几年里,照相机主要是用在工程文件上。优质图片如果没有稳定性和约束措施是很难得到的,效果也经常很不理想。此外,没有固定好的照相机有时还会在太空中丢失。但是，随着航天计划的进展，照相技术日渐成熟，同时，航天员的技能也有了很大提高。

(1) 上升号

列昂诺夫携带一架照相机，但由于航天服很坚硬，他难于伸手操作。他还携带了一架电影摄像机，把它临时固定在密封舱的边缘上，记录自己历史性的出舱活动。

(2) 双子星座号

一架16 mm摄像机被安装在双子星座号的舱口处，用以记录出舱活动，还有一架小型的手控摄像机安装在了手控机动单元上，由埃德·怀特使用。另有一些出舱活动摄像机由双子星座号的其他航天员使用，要么固定在舱口处自动拍摄，要么由航天员手动拍摄。

(3) 联盟号

1969年，在联盟号的出舱活动中使用过一架电视摄像机和一架照相机，但不幸的是，那架照相机没有正确固定，结果丢失了。

(4) 阿波罗号

在阿波罗号飞行任务中，许多摄录器材用于记录航天员的活动、航天任务和科学目标，包括在飞行途中和在月球表面连续摄像。设备包括16 mm摄像机、70 mm和35 mm照相机、配套镜头、胶片盒、托架、滤光镜、曝光表以及其他附件。

(5) 航天飞机

航天飞机出舱活动单元的头盔上带有一个实时闭路电视摄像机，通过S-波段频率传送节目。每次出舱活动结束后，都可以更换备用电池。

3.6.5 飞行中的维修工具

(1) 航天飞机基本工具箱

早期的出舱活动经验表明,经过适当约束,航天员运用经过改进的现有的工业用或家庭工具,就可以完成舱外操作任务。可改进的工具包括避免丢失的系索、延伸把手,或者附加的夹子。在航天飞机出舱活动能力的发展过程中,一些特定任务的特殊工具是由在早期(1981—1986年)航天飞机任务中执行基本任务的一系列工具发展而来的,它们被改进之后,可以适应后期的任务。这些特殊任务包括故障系统的拆除、货舱机械系统的替换或关闭,例如有效载荷舱门的关闭或有故障的运转操作系统的维修等。这些工具存放在一个货舱储藏箱里,如果在某一特定任务中需要特殊工具,这些工具是可以互换的。

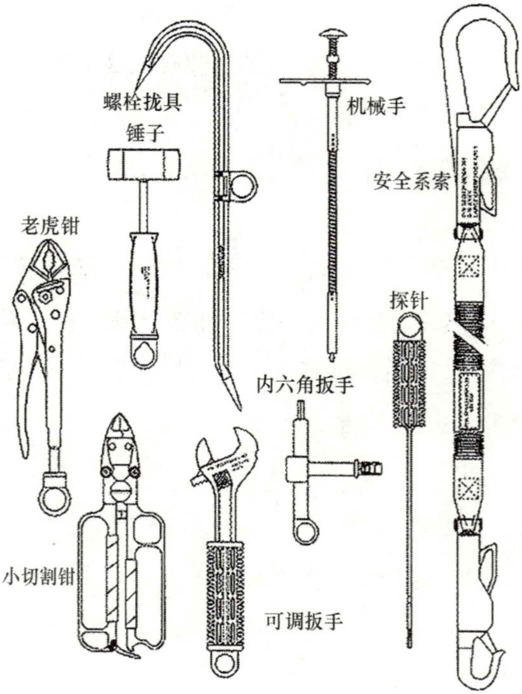

图 3.27　部分航天飞机出舱活动工具

(2) 绞盘系统

在航天飞机飞行过程中,最可能出现的一种应急操作是,在再入大气层之前,需要手动关闭有效载荷舱的两扇舱门。为了方便操作,在有效载荷舱的前后舱壁上各安装了一个手动操作的绞盘,尽管它们在轨道上也能重新放置。前部的绞盘重 10.9 kg,尾部的绞盘重 9.5 kg。绞索长 7.3 m,最大拉伸载荷为 265.45 kgf(2 603 N),但是如果需要,也能超载。通过绞盘的棘齿把手和齿轮系统,把载荷传送到卷轴和绳索上。通过一个无边限制器可将载荷限定在 1 935 N 以内,这个限制器是绞盘把手的一部分。绞盘上还有松脱绳索装置。此外,还有一个长 24.38 m 的附加的凯芙拉纤维绳(重 3.67 kg),用于延长货舱绞盘的长度,一个扣线滑轮(数量由任务来决定)——由一种普通航海工具改装而来,可以存放货舱绞索,承载有效负荷,或者在需要时承担轨道器上的其他应急任务。在航天飞机早期的飞行阶段计划中,设计者们也曾考虑将该系统用于其他操作任务,以支持将来的出舱活动。

航天飞机出舱活动基本工具箱,位于货物舱服务区,在每次任务中至少要放置以下工具。

1) 两个活动扳手,每个重 0.45 kg,开口约 2.84 cm; 2)90 °尖嘴钳,重 0.27 kg,带有改进的把手,以便与出舱活动手套配合使用;3)一个 0.27 kg 重的对角切割器,带有改进把手,以便与出舱活动手套配合使用; 4)一个 0.36 kg 重的螺丝刀,一个改进的撬棍,用于出舱活动,带有一个在有限空间使用的改进的杠杆; 5)老虎钳,重 0.55 kg; 6)一个铜头锤子,重 0.91 kg; 7)一个螺丝刀状的探测器,重 0.27 kg,长 21.91 cm,尖端直径为 0.48 cm; 8)一个杠杆扳手,重 0.68 kg; 9)一个改进的 3/8 英寸的棘齿驱动器,重 0.54 kg,并包括一个大的蘑菇状的圆盘,当需要禁止或限制超转距,或当有障碍物阻碍棘齿把手使用时,可以手动转动这个圆盘; 10)一个经过改进的螺丝刀,重0.18 kg,带有外套,长22.86 cm,和棘齿驱动器配套; 11)一个10号内六角扳手,重0.18 kg,长22.86 cm,它是一种改进的工具,与一个活动套管组合在一起,其大小可以抓取10号六角头螺钉,并和棘齿驱动器配套; 12)一个改进的动力棘齿,一个3.8英寸的棘齿驱动电动工具,用于完成用力小但转速高的任务; 13)一个由7/16英寸插座、4英寸延伸杆和3/8英寸棘齿驱动器集成的通用工具,重0.45 kg; 14)一个1/2英寸的开口式扳手,重0.41 kg; 15)一个1/2英寸的棘齿套筒扳手,重0.45 kg; 16)一个1/4英寸的六角通用螺钉,一个19.5英寸的驱动延伸杆,重0.45 kg,与3/8英寸的驱动器一起用在航天飞机的散热器驱动节点上; 17)一个3/8英寸的棘齿驱动器,重0.36 kg,只在沿逆时针方向转动时施加棘齿力,沿顺时针方向转动时打滑; 18)一个回形针提取器,重0.36 kg,能从任何由螺钉断开的机械装置上移走回形针; 19)一个撬杠,重1.45 kg,长58.42 cm,一种专门用于轨道器有效载荷舱中心区插销的工具; 20)一个镊子,由医用器械改进而来,用于在出舱活动中从密集的机械系统中去除杂物; 21)两个管道切割机,重0.77 kg,类似水管工人的切管机,能够切割直径在1.27~2.54 cm之间的管子,用于舱门驱动系统的镍合金连接; 22)一个布带套盒,重0.38 kg,为装有12条15.24 cm长的管状防水布带的工具盒,用于固定松懈的部件或断开的机械装置; 23)一个维可牢尼龙搭扣盒,重0.82 kg,为装有4条25.4 cm长的维可牢尼龙搭扣带的工具盒,用于固定断开的机械装置或其他松懈的部件; 24)一个垃圾桶,重0.45 kg,可以安全地放在微型工作站里,带有一个密封盖,以保存松散的废弃物; 25)两个有效载荷保留装置,重3.63 kg,具有10 kN的最大预加载能力,用于将有效载荷舱内未固定的载荷进行定位,或将其固定在安置点上(安置点之间的最大距离为4.52 m)。

图3.28 航天飞机出舱活动所使用的动力驱动装置

过去很多年，航天飞机上的基本工具箱几乎没有什么改进，但是，由于2003年2月哥伦比亚号航天飞机失事，根据事故研究委员会后来的建议，附加的隔热瓦检查和维修工具将在未来的飞行中使用。

3.6.6 空间站出舱活动工具箱

每个空间站都配有内置维修工具箱，装有扳手、钳子、锤子、钢锯、螺帽、螺钉、一定数量的备件，以及管道带。这些工具应用于大多数的短期维修任务，直到最后需要进行长期维修为止。但是，当航天员出舱活动时，其中很多工具因不适用于航天员所带的增压手套而丢失在太空中。多年来,为了完成空间站任务,很多工具、系索、相机和支持设备已经得到了改进。为了在国际空间站上使用,人们对航天飞机上的工具和设备进行了改进,或者将在天空实验室和礼炮号空间站上为特殊任务而研制的工具作了改进。国际空间站出舱活动所用的工具箱还在持续改进,而且将随着生命的延续和空间站的扩大而不断发展。

3.7 运输

出舱活动机动单元的发展不仅局限在上述载人机动单元上。支持航天员的机动单元或用于出舱活动的真正的机器人助手已经经历了几十年的设计阶段。它们被描述为类似电话亭的完全增压、自由飞行的服务飞行器,穿着衬衣或航天服的航天员(根据设计而定)围绕大型空间结构飞行,或者利用小型遥控操作系统维修卫星。更小的单元设计包括太空摩托,着装的航天员骑着它,可以迅速地从一个地点转移到另一个地点。对真正的出舱活动机器人助手也进行过研究,以支持国际空间站上的操作,很显然,这种工具最终将成为人类未来出舱活动的支持和补充。

阿波罗月面机动设备

对月面机动设备的研究包括飞行平台、月球摩托和一个完全增压的流动实验室,该实验室着陆后具备 14 天的探测能力。尽管这些设备没有用于飞行,但对这种技术的评估和开发有助于支持阿波罗任务的两种小型飞行器的研制。苏联也对探月机动单元进行了研究,包括一系列无人月球轨道器,样本采集设备和自动探险车(无人驾驶月面自动车),作为对载人月球项目的补充,尽管当 N1/L3 项目终止后,自动月球车项目成为苏联人研究月球的主要工具,一直用到 1976 年。

(1) 模块化设备运输装置(Modularised Equiment Transporter,

图3.29 对月球自行车设计进行零重力飞行试验，
该自行车从未投入月球实际使用

MET)

模块化设备运输装置是在阿波罗15号上的月球车出现之前，用于帮助阿波罗14号的航天员进行月面穿行的。设计这种装置是为了最大程度地采集数据和样本，并减少在月面上进行远距离行走时所需搬动设备的工作量。这种两轮的管状铝制手推车仅重13.6 kg，但是可以运载163.29 kg的货物，能用手拉。它有两个特殊的合成橡胶制成

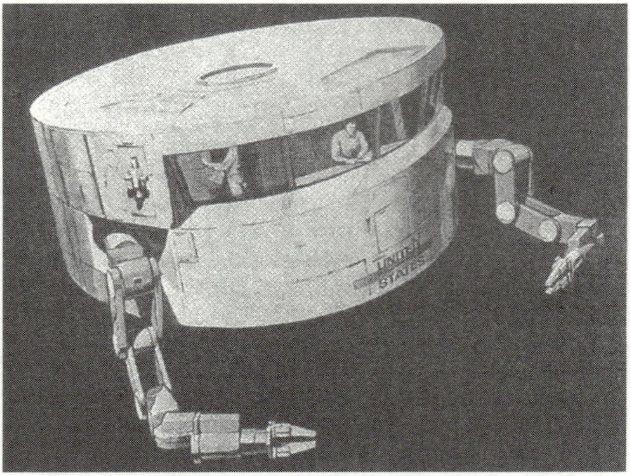

图 3.30　20 世纪 60 年代末、70 年代初设计的带有两个遥控机械抓臂的轨道服务/构建拖船

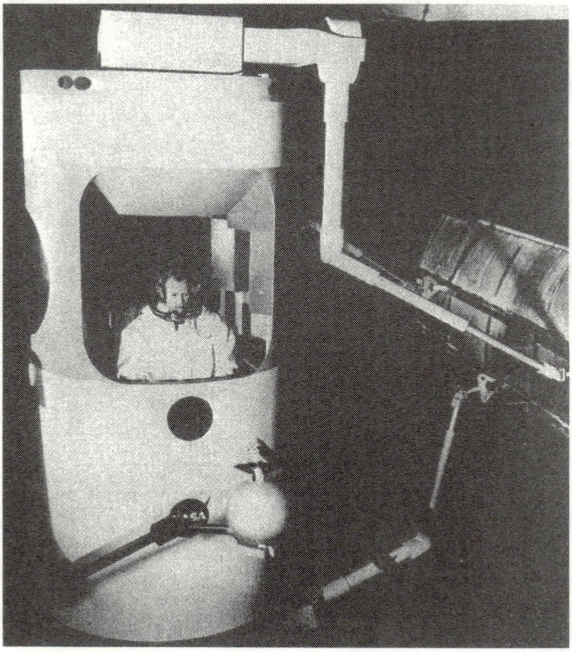

图 3.31　一个 20 世纪 70 年代设计的带有遥控机械臂系统的单人有压出舱活动服务舱

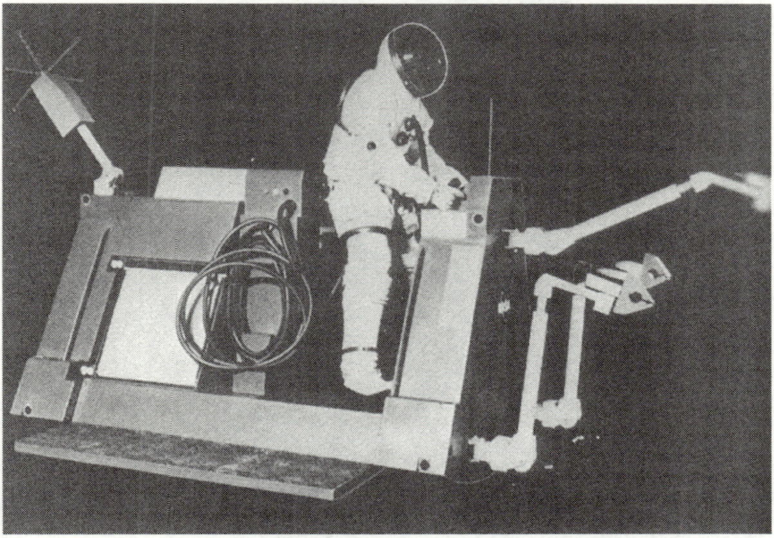

图 3.32　一个带有遥控操作系统的单人无压出舱活动踏板车

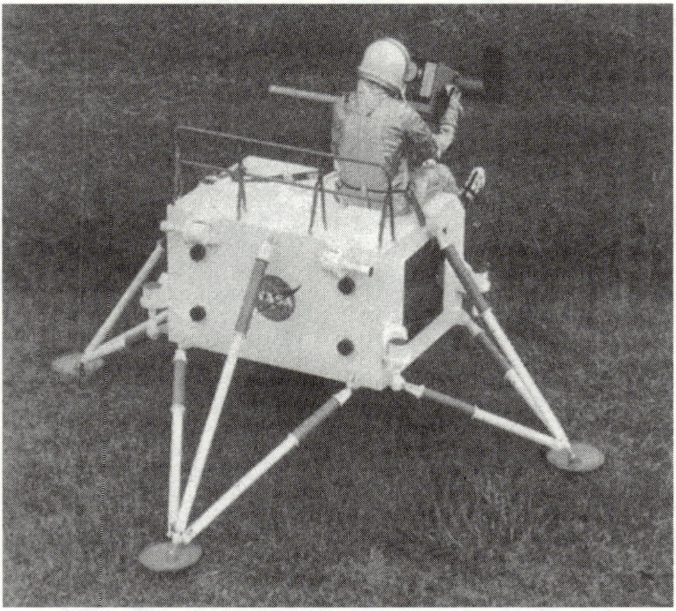

图 3.33　一个双人无压月面飞行车(20 世纪 60 年代)

图 3.34　一个单人月面飞行平台(20 世纪 60 年代)，
该平台由美军飞行平台研究而来

图 3.35　20 世纪 80 年代初所做的将带遥控操作系统的
出舱活动服务器与出舱活动航天服的结合在一起的设计

图3.36　韦恩赫尔·冯·布劳恩驾驶一辆月球漫步者底盘的实物模型(该模型由移动实验室研制)

的轮胎及内胎,可以在低温(−20 ℃)环境下工作,可以折叠,并可放置在模块化设备存放装置中。对于一个身穿压力服的航天员来说,牵引一台运输装置是非常疲劳的,因此将把手设计得可以减轻手臂的疲劳。这个三角把手足够宽,手可以伸进去,但是两边比戴着增压手套的手短,使手可以伸进去并向把手的前方移动,来固定模块化设备运输装置,而没有必要攥紧手指。因此,无须持续紧握,便可以对单元进行控制。

(2)月球车(Lunar Roving Vehicle,LRV)

由波音公司研制生产的月球车,曾用于阿波罗15号~17号上,其设计和开发是一个工程奇迹。从签约到第一件产品交付，仅仅用了17个月。这是个人工控制、电力驱动的四轮车，它的应用，使阿波罗飞船最后3组航天员在其着陆地点进行探测的范围和能力大大拓展。它

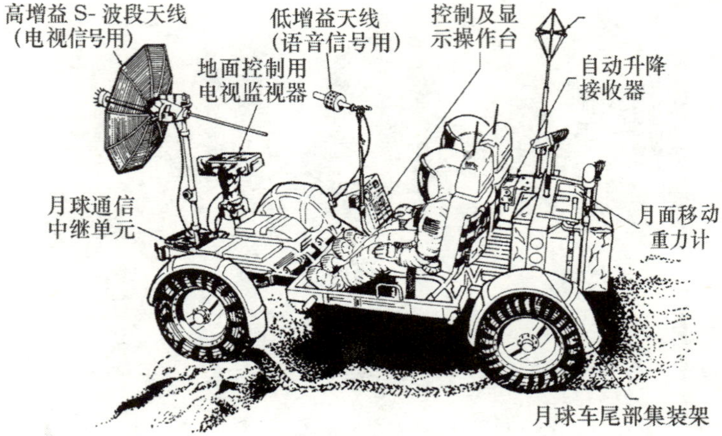

图3.37 月球车

用于运载着装的航天员及其设备，在平坦的月球表面行进，运行速度约为16 km/h，用较低的速度还可以爬上25°的斜坡。两个航天员都可以使用中央控制及显示柱上的T形控制手柄对月球车进行操纵，往前推则使车前行，往后推则使车倒退。左右扳动手柄，可同时带动前后轮的两个电子驱动齿条组合装置或其中任意一个，来实现月球车的转向。制动时，向后旋转手动控制器至制动位置。两个转向装置是相互独立的，其中一个失灵了，转向联动装置可以实现分离，锁定的轮子可以由另一套系统进行操纵。动力是由两个36 V的银－锌电池提供的。导航系统可以显示倾斜、旋转、速度、航向、全程行驶距离、范围和返回登月舱的方向等数据。航向由太阳阵列方向陀螺仪确定，通过车轮旋转计数器记录速度和距离，来计算活动范围和确定方位。校正是通过将太阳角度数据传送到地球，在地球上将原始的航向角进行计算，再将其传送回月球车。最初，在登月舱被发射到月球的阶段，它折

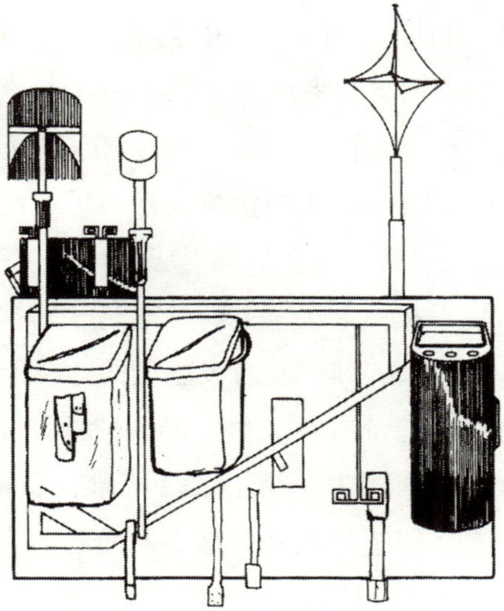

月球车尾部集装架后视图

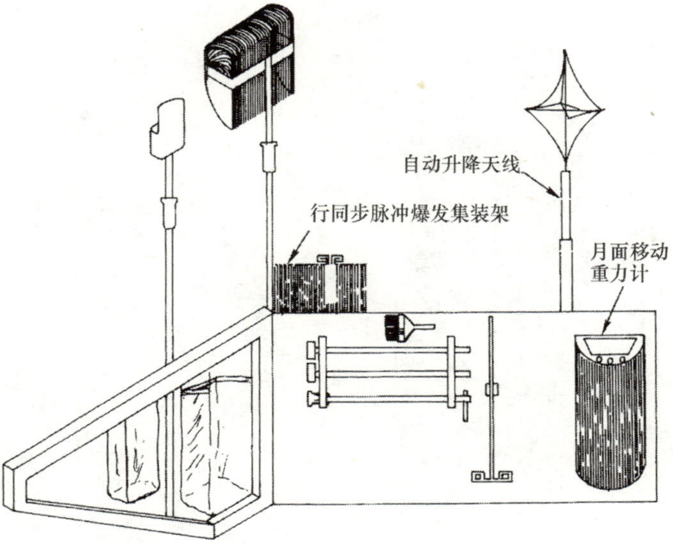

盖板开启视图

图3.38 阿波罗月球车装载区

叠放置在登月舱的 Quadrant 1 号舱中，登月之后，将其松开，并用一系列系索、滑轮和较低的支架将其展开，形成一个长 3 m、宽 2.1 m、高 1.14 m 的最大尺寸。月球车自重 204 kg，当它满载着装的航天员和所有设备后，重约 694 ~ 725 kg。4 个轮子装有 V 形花纹的网丝轮胎，可以覆盖 50% 以上的接触面。独立的牵引驱动可以使每一个轮子都能与驱动装置分离，以形成空转轮。3 辆月球车分别被遗弃在阿波罗 15 号、16 号和 17 号登月的着陆地点，飞船上的电视摄像系统（由休斯敦任务控制台遥控。由于需要将天线对准地球，所以航天员在月球表面行走时无法使用电视摄像机），不仅拍下了航天员的活动场景和周围的地形地貌，还拍下了返回舱从月球上起飞的镜头，以及舱天员起飞后，月球上空旷无人的伤感场面。

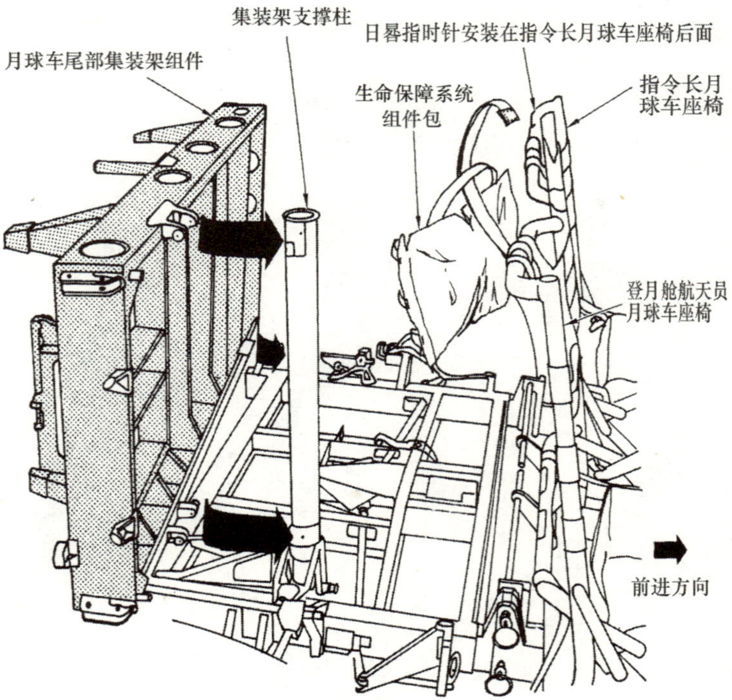

图 3.39　月球车其他装载区

参考文献

[1] 'Footprints on the Moon', *National Geographic*, 125, No. 3, March 1964, 380.

[2] Kozloski, Lillian D., *US Space Gear: Outfitting the Astronaut*, Smithsonian, 1994.

[3] Abramov, Isaak P. and Skoog, Å. Ingemaar, *Russian Spacesuits*, Springer – Praxis, 2003.

[4] Kennedy, Gregory, P., 'Jet Shoes and Rocket Packs: The Development of Astronaut Manoeuvring Units', *Space World*, October 1984, 4 – 9.

[5] Shayler, David J., *Gemini: Steps to the Moon*, Springer – Praxis, 2001, p. 347.

[6] Abramov, Isaak P. and Skoog, Å. Ingemaar, *Russian Spacesuits*, Springer – Praxis, 2003, p. 193.

[7] Shayler, David J. and Hall, Rex D., *The Rocket Men*, Springer – Praxis, 2001, p. 259.

[8] Gaston, Nancy, 'Backpacking through Space', *The Citizen* (Harris and Galveston County newspaper), 12 June 1988, p. 1 – 2.

[9] *Skylab: A Chronology*, NASA SP – 4011, 1977, pp. 97 – 98.

[10] Belew, Leland F., *Skylab: a Guidebook*, NASA SP-107, 1973, p. 197.

[11] *Skylab: A Chronology*, NASA SP – 4011, 1977, pp. 107 – 108.

[12] Whitsett, C. E., Status Briefing Notes, 15 November and 20 December 1983, NASA JSC History Archive, Space Shuttle Collection, Uni-

versity of Clear Lake.

[13] Abramov, Isaak P. and Skoog, Å. Ingemaar, *Russian Spacesuits*, Springer – Praxis, 2003, p. 199.

[14] 'Reaching Out in Space: Europe's Robot Arm', *On Station*, No. 2, March 2000, 10 – 11; Hendrickx, Bart, 'From Mir 2 to the ISS Russian Segment', in Hall, Rex D. (*ed.*), *The ISS: From Imagination to Reality*, British Interplanetary Society, 2002, p. 24.

[15] *STS EVA Description and Design Criteria*, NASA JSC – 10615, Revision A, May 1983.

[16] Sullivan, Thomas A., *Catalogue of Apollo Experiment Operations*, NASA Reference Publication 1317, January 1994; Apollo (LM) News Reference (1969) Grumman; Apollo 11 Press Kit (69 – 83K) 6 July 1969; Apollo 12 Press Kit (69 – 148) 5 November 1969; Apollo 13 Lunar Surface Procedures (Final), MSC, 16 March 1970; Apollo 13 Press Kit (70 – 50K) 2 April 1970; Apollo 14 Press Kit (71 – 3K); Apollo 15 Press Kit (79 – 119K) 15 July 1971; Apollo 16 Press Kit (72 – 64K) 6 April 1972; Apollo 17 Press Kit (72 – 220K) 26 November 1972; Apollo Mission J – 3 (Apollo 17) Mission Science Planning Document (Final), MSC – 05871, 31 July 1972.

第 4 章　熟能生巧

所有太空飞行训练中最主要问题是人们在地球上无法长时间模拟微重力环境。航天员们的训练,无论他们穿着航天服与否,都是在 1 g的重力环境下进行的,这不但限制了训练计划,而且无法精确模拟,无论是太空任务,还是月球或者火星任务的任务环境。

从太空时代伊始,人们即运用一种特别的舱内壁有软垫的失重飞机做抛物线运动来制造短时零重力状态或模拟月球或者火星上的微重力环境,但是从早期的出舱活动开始(尤其是在双子星座计划当中),人们便发现在地球上很难为航天员在外太空身着压力服进行出舱活动时所面临的挑战做准备。这种情况直到浮力水槽和经过适当改装的配重压力服的出现才得以改观。在这种巨大的水槽中,航天员可以更精确地反复练习他们的舱外任务,而且练习的持续时间比失重飞机做抛物线的时间要长得多。

对于月面漫步,训练计划需要将着眼点放在将重力减少到只有地球重力 1/6 的月球重力上(而且在将来需要考虑只有地球重力 1/3 的火星重力)。失重飞机的抛物线飞行非常有效,但是它无法提供长时间的训练。同样,浮力水槽也面临这个问题,所以必须设计一种更精密的仪器用来模拟月球表面重力。

在过去的 40 年中,不计其数的工程师、科学家、学者、机械师和航天员们针对地球轨道、深空、月球和火星任务一起开发、测试和使用了出舱活动训练装置。这几年,一批程序和装备已经成为航天员出舱活动训练的必要组成部分,而且随着太空任务由登月向国际空间站的转变,浮力水槽问世 40 年后仍然在出舱活动训练中扮演着非常重要的角色。无数着眼于火星计划的1 g 重力模拟器被演示，并且继续向着地球轨道以外的太空探索发展。20世纪90年代，一种新工具——“虚拟现实”技术开始应用于出舱活动的训练，这一技术正在迅速发展以满足出舱活动的复杂要求。需要补充的是，鉴于太空飞行任务时间的不断延长，在出舱活动训练与真正执行出舱活动之间的时间间隔可能会长达几周甚至几个月。用“熟能生巧”来形容航天飞行训练和出舱活动训练再恰当不过了。在轨训练设施和模式的发展将成为一种新兴研究领域，帮助航天员为国际空间站乃至最终飞往火星的太空任务做准备。

4.1 有需求的地方

在人类太空飞行和空间活动的40年中，训练设备随着新一代飞行器的诞生和不同的任务而改变，虽然出舱活动训练的某些方面被保留了下来，但是它的程序被精简了，因为科技和飞行经验扩展了出舱活动技能的知识，加深了对出舱活动技能的理解。

4.1.1 上升号和联盟号：一项新的技能

苏联的两次出舱活动任务非常简单。1965年在上升2号，人类进行了第一次出舱活动的尝试，任务非常简单——航天员离开飞船，然后再回来。准备训练着眼于进入气闸舱，戴上背包，打开和关闭舱门，进入和离开气闸舱。紧接着就是一项零重力飞行任务和压力室作业，1969年，联盟号航天员为他们的出舱转移活动做准备的时候，也做过这些准备工作。对于这次任务来说，他们必须从一艘飞船里出来，然后从外面进入与之对接的另一艘飞船。这次飞行没有什么其他的试验或任务，而仅仅是对航天员出舱转移可能性的一种验证，或者说是对潜在的营救任务的演习。

列昂诺夫决定把他为上升2号飞行进行的身体训练提高到一个

极限的高度。在为出舱活动进行训练的 12 个月当中，他累计进行了跑步训练 500 km，自行车训练 1 000 km，滑雪训练 300 km，还花了数百小时在健身房里进行身体素质锻炼。联盟号航天员的身体训练基本上大同小异，但是绝不过分要求。虽然他们坚持训练以保持好的身体状态，但并不是所有出舱活动航天员都遵循这样的身体训练程序。出舱活动可能会要了航天员的命，哪怕他是最优秀的航天员。不过，与列昂诺夫相反，美国航天员尼尔 · 阿姆斯特朗曾经说过，在他看来上帝给了他一定数量的心跳次数，他绝不会把它浪费在无谓的训练上！他后来成为第一个踏上月球的人。

4.1.2 双子星座号：一个学习的曲线

埃德 · 怀特早期在双子星座 4 号上短暂出舱活动的成功导致了后来更为冒险的出舱活动计划，利用双子星座 9 号、10 号和 11 号的经验，引发了对双子星座 12 号的出舱活动约束措施、技术更深入的评估。在 1966 年双子星座计划期间出现了一项新技术——水下模拟训练；为了进行多种载人机动单元的训练，人们必须设计出新型训练设施，模拟载人机动单元在 1 g 重力环境下出舱活动中的应用。

4.1.3 飞向月球

美国人和苏联人都设计出了一种吊绳装置用来减轻受训者 5/6 的体重以模拟月球上的状况。当然，当航天员最终到达月球的时候，对于已掌握的行走（和直立）技能必须重新学习，因为那里没有吊绳来牵引摔倒了的航天员。贯穿阿波罗计划及其硬件发展始终的阿波罗月面活动都是在 1 g 重力环境下进行模拟的。这种训练方式将仍然被运用到对火星表面早期探索的最佳方法的论证当中。在阿波罗计划当中，失重飞机和浮力水槽装置被应用在对阿波罗 9 号航天员和阿波罗15号~17号指令舱驾驶员的训练当中,用来从服务舱的科学仪器舱取回胶片盒。由于阿波罗15号~17号上装备了月球车,还必须开发出地球模式下的月球车以供训练使用。

4.1.4 天空实验室:训练是为了救援

在天空实验室中,美国航天员又一次冒险走出了他们在地球轨道上的飞船。虽然已从阿波罗登月计划中获得了大量的月面出舱活动的经验,但是从双子星座号开始,对地球轨道上的出舱活动几乎没有任何改进。阿波罗9号已经包含了一项短暂的出舱活动,那就是测试登月航天服在真空环境中的性能,但是因为登月舱驾驶员身体不适,从登月舱到指令舱的转移被省略了。在天空实验室于1973年展开出舱活动项目之际,美国人在地球轨道中进行太空行走已是4年前的事情了。因此,天空实验室上的第一次出舱活动充满了危险,更值得注意的是它将尝试松开缠绕的太阳电池阵,并展开保护遮阳装置,而且这项出舱活动的计划直到最后一刻才被引入。20世纪60年代早期,在轨道车间计划中研究并应用在阿波罗硬件设施上的成果,在登月计划后,也被应用到其他的任务中。与此类似,同样也有大量为出舱活动进行的研究也应用在其他科学和制造的活动中。所有天空实验室出舱活动所进行的训练,包括例行的更换胶片盒,都在位于马歇尔航天飞行中心的浮力水槽中进行,在这里也有很多1 g 环境下的重力训练。两个在空间站中进行的试验(足控操作单元和载人机动单元)要求对运用在双子星座训练当中的大量灵活性训练设备(例如空气呼吸装置)进行改进。

4.1.5 礼炮号与和平号空间站:例行操作

尽管经过了长期的计划与研究,但天空实验室计划仅仅建造了1

个空间站并且只有 3 次载人任务，因此出舱活动任务的实施和改进多数是由苏联航天员在其礼炮号与和平号空间站（1971—2000 年）中进行的。像美国人一样，苏联人认识到将在浮力水槽中对出舱活动任务的训练同 1 g 重力环境下的训练和零重力训练结合起来的优点，大多数礼炮号与和平号空间站的出舱活动任务航天员都在浮力水槽装置中进行过训练。对空间站操作中的航天员机动单元部分的训练也需要引入一种新的航天员训练方式。

4.1.6　航天飞机：扩展极限

航天飞机上出舱活动任务的发展，使得航天员办公室，也引入了一种全新的训练方式。浮力水槽得到了扩建，增加了特殊的训练模拟器，以应付在航天飞机货舱中临时增加的出舱活动任务，而且建造了用于练习维修技术的模拟卫星。更先进的航天员机动单元要求其主承包商建造专用的设施以支持研发，而且航天飞机的机械臂也可以由航天员在舱内进行控制，每次出舱活动任务都变成了几乎是全部乘员组成员共同的工作。20 世纪 90 年代后半叶应用到训练中的虚拟现实技术的发展可以帮助航天员进行更复杂的出舱活动任务，包括维修哈勃太空望远镜和建设国际空间站。

4.1.7　国际空间站：新的挑战

在国际空间站建立之前，出舱活动训练任务是一项挑战，但这与 1998 年后在建设国际空间站中所遇到的困难比起来根本算不了什么。随着包括美国、加拿大、欧洲，甚至是日本在内的众多国家的参与，不仅是出舱活动任务的装备，而且还有训练计划也变得越来越国际化。来自不同国家的航天员都在航天飞机上训练出舱活动任务，或者为长期驻留空间站做准备，无论是来自俄罗斯还是美国的航天员都使用来自各个国家的硬件装备。为了适应不同心理状态、硬件设备、工作程序和语言的需要，国际空间站的出舱活动任务变得更为复杂。在未来，虚拟现实技术和出舱活动遥控支持系统的发展将会把有人操纵和无人操纵的太空探索行动结合起来，并将其运用到对月球和其他星球的探索当中。

4.1.8 面向未来的训练

在可以预见的未来，出舱活动任务意味着在国际空间站工作，因为今后10年内绝大多数的有人参与的任务将集中在那里执行。在2010年国际空间站最终完工之前，航天飞机恢复飞行，这将会非常明显地将航天员训练计划从建设转为保养与维修。那么出舱活动任务将怎样发展呢？从某种程度上讲，为适应国际空间站而改进的新的系统、程序和硬件将会成为今后的深空探测或者围绕月球和火星的出舱行走任务的一种训练设施。太空飞行训练的最好地点就是太空，当我们进一步从我们的星球向外探索的时候，或许出舱活动任务的训练将从地球转移到月球或者火星，在那里的出舱活动可以在更偏远与更具挑战的地形上模拟更具冒险性的出舱活动。

在未来我们什么挑战都可能遇到，非常清楚的是，早期太空训练（尤其是出舱活动任务训练）是从地球这里开始的——在教室中，在那些任务计划制定者和设备建造者的思想中。

4.2 训练方式

需要达到特定目的的出舱活动任务一旦确立，大多数训练和准备活动都会遵循一个特定的形式。计划会检查出舱活动任务要达到什么目的，是否能在有限的飞行计划、设备设施、可供消耗的资源以及任务执行者的范围内安全地完成任务。一旦出舱活动任务的目标被确认,时间表就会连同可能发生的意外和后备方案一同写入任务飞行计划。必需的训练项目届时就要准备支持技术和设备的发展。

鉴于人类太空飞行的特点,整个计划可以将任务持续几天、几周、几个月甚至几年。在某些极端情况下,还有可能进行一些在地球上没有计划过的出舱活动任务,而且这些任务也没有出现在原飞行计划当中。在过去的 25 年中,出舱活动任务可以分类为计划内、计划外和应急出舱活动几种,训练就是根据这几种类型设计的。

1）计划内出舱活动。计划内的出舱活动任务是飞行计划的组成部分,它可达到一个特定的试验目的,例如,进行空间试验,对外太空进行观察,修理或设置硬件设备,或者对新程序和新装备等进行开发。由于这些程序关系到任务成功与否和出舱活动航天员的安全,所以航天员的这种出舱活动训练任务通常是最耗费时间的。

2）计划外出舱活动。计划外的出舱活动任务是在没有经过训练或几乎没有经过训练的情况下完成的。它通常发生在对执行任务时发生的事件的应对中,而且它依赖于航天员的灵活性,飞行控制人员和支持团队负责研究程序以保障计划外出舱活动任务的成功。

3）应急出舱活动。这类出舱活动任务是训练航天员排除故障或进行营救,但即使在普通的任务当中,这类情况也是不希望发生的。针对一些情况的程序性训练是可能的,比如手动关闭航天飞机货舱门,分离损坏的遥控操作系统,或者部署飞船附属物等。但是在具有更高优先权的训练面前,为这类训练所留的时间是非常有限的。

4.3　计划

一项任务中出舱活动的内容在准备阶段就已经确定,它取决于任务目标、时间、航天员行动和经验以及其他飞行任务对它的影响。还有许多其他因素也必须要列于考虑之列[1]。

（1）微重力

航天员在出舱活动条件下的能力会受到他们所处的零重力或微重力工作环境的影响。影响出舱活动任务的主要因素包括压力服的限制和工作区域的约束，以及缺少必要的支撑或设备灵活性不够。

此外，大多数操作和转移取决于出舱活动任务执行人员的灵活性、操作设备的有效性、需要移动物体的质量、移动物体的路径以及任务的时间因素和出舱活动的全部时间及消耗品的限制。还需要考虑航天员所工作的热环境，在地球轨道上是 116 ~ 394 K（ − 157 ~ + 121℃）。这尚处于出舱活动单元的操作参数之内，但是在阳光直接照射下和间接反射下，再加上几昼夜的轨道飞行，便可以使出舱活动单元在超过 4.5 ~ 7 个小时的出舱活动任务中超出参数指标。在特定的情况下，太阳光的聚焦可以在航天员出舱活动工作区域达到熔化水平，使航天服各项指标迅速上升并将航天员置于危险境地。因此，对航天器方位和其暴露在阳光下范围的小心计划和管理也是出舱活动任务计划的重要因素。有了对太阳和飞行器角度的认真考虑，一般情况下将不再会给出舱活动施加太阳光线的限制。另一个影响出舱活动任务的环境因素是 3.1 psi（21.37 kPa）压力的航天服对工作的限制，保护穿着者不缺氧并且从血液中除氮。拥有更高压力（55.2 kPa 左右）的操作航天服仍然处于研制阶段当中。

（2）消耗品和维修

出舱活动任务的持续时间受到消耗品和出舱活动任务维修装备有效性的限制。对于短时间任务来说还受到时间安排和其他任务目标的限制，在长时间的任务（如空间站出舱活动任务）中的准备、维护、维修和在轨训练，可以有利于在一个较长时间内完成一系列出舱活动任务。对于备用或替换部件的供给有一定数量的冗余，但是对应该修理、替换和维修的部件有一个限制，因为所有这些都会影响到航天员的工作负荷和完成其他任务的可能性。系统和程序的改进免除了在轨维修和服务，使出舱活动任务准备时间减少，因此将会有更多的时间从事其他任务目标。出舱活动系统和硬件设备中的艺术级技术理所当然地成为火星出舱活动任务的必要条件。

(3) 压力航天服

穿着压力航天服会受到航天服本身的限制，而且有很多因素需要考虑。这包括尺寸、舒适性和可靠性；灵活性、延伸区域和力量的应用；物资转移；当需要夹紧、操作、移动和更换小件设备时手套的灵活性；面窗视野，包括查看多功能显示器的信息，袖口清单的信息和其他直观信息；通信和数据储存；以及转移或运动速率，包括用手动、机动单元，以及受到微重力环境影响的运动。最后，安全和可供选择的备用程序都应被考虑，并在出舱活动训练中试用，虽然这些永远也不希望被派上用场。

(4) 出舱活动任务目标设定

除了上面提到的诸因素之外，在设计出舱活动任务接口和协调任务或有效载荷的时候，还应该遵循一个方针。早期任务的经验可以让后来的任务精益求精，在普通和特殊的任务需求方面使未来的任务计划更加精确。对于任何出舱活动任务来说，有效载荷设计师和任务设计师需要着眼于以下几方面：通往有效载荷的气闸舱门；去往工作地点的辅助措施；航天员的装备和安全措施；货物运输要求；提供工作地点支撑装置；能见度和照明设备；工作量要求；出舱活动手套接触面；出舱活动工具设计；球形把手、开关和驱动器；通道门和控制面板；布置和安装的程序。

在早期包含出舱活动的任务中（上升号、双子星座号和阿波罗号），任务的持续时间是一个限制因素，而且每一次出舱活动任务都被小心翼翼地设定了时间表和训练方式。在阿波罗任务中，还有一项限制，就是只有 1～3 天（在规定为 8～12 天的任务中）的月球表面活动时间来完成出舱活动任务。随着1971年空间站任务的出现(礼炮号空间站、天空实验室、和平号空间站和国际空间站),特定的出舱活动任务可以在任务前得到训练,但是同样对在任务的进程中完成没有列入计划的出舱活动任务也不得不有一个灵活性尺度。当特定的空间站出舱活动任务无法在一次出舱活动中完成时,他们仍然可以让后面的出舱活动任务甚至是下一次飞行任务的航天员完成,这可以使计划工作负荷和出舱活动任务步调更加有效率。

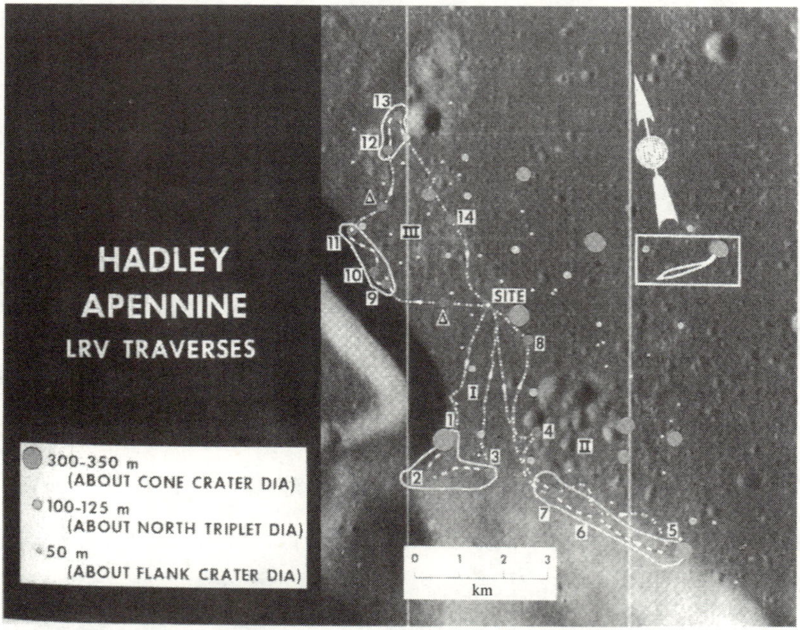

图4.1 阿波罗15号计划的出舱活动任务路线

另一个影响出舱活动任务计划的因素是航天员的健康状况和进行出舱活动任务前对太空飞行条件的适应性(或者说缺乏适应性)。为了确保任务的主要目标,也就是出舱活动任务,在飞行的头几个小时内完成,它会被安排在任务的最初阶段(至少是第一次飞行当中),以便保证即使任务中止,出舱活动也已经完成。然而,双子星座4号清楚地证明,由于任务早期的其他问题,出舱活动没有必要迅速地完成。年复一年,航天员的疾病和(或)对太空飞行条件的适应性已经不止一次地影响了出舱活动任务,而且有严格的任务规则调节所有航天员的健康状况,特别是当航天员穿着密封压力航天服在航天器外执行出舱活动任务的时候,这应该是需要考虑的更重要的因素之一。在航天飞机上,出舱活动任务通常不会安排在飞行任务的前两天,除非有效载荷或者安全设备需进行出舱活动。航天员因此就可以有充足的时间适应轨道飞行。

4.4 出舱活动任务的整合

随着美国航天飞机计划的实施,飞行任务中出舱活动的整合已经得到了相当程度地改变,每一次飞行任务都具备执行出舱活动的可能性——即使不是计划内的,也至少是应急出舱活动。在阿波罗任务中对出舱活动的整合着眼于地质学研究活动和月面活动,而空间站则是维修与保养,或者是为空间站拓展设备和资源。对于航天飞机来说,由于它承载了各种各样的有效载荷,出舱活动计划的制订必须着眼于各种出舱活动方案,以构造需要的系统和出舱活动支持界面,同样也要考虑到航天员的训练和任务的安全。以空间运输系统出舱活动任务综合计划为例,有效载荷出舱活动需求是有效载荷综合计划(Payload Integration Plan,PIP)的一个组成部分,由空间运输系统项目办公室和有效载荷组织共同开发。出舱活动内容和界面的方案作为任务文件的有效载荷综合计划出舱活动任务附件被发布,而且为有效载荷设计师提供了必要条件,将接口要求合并进计划有效载荷的发展中。出舱活动必要条件的整合在有效载荷设计的早期就已经被计划了,而且遵循了正式综合责任的次序。表4.1显示了每一项行为所对应的责任(C——咨询职责;FDF——飞行数据文件;OSA——由空间运输系统附加可选服务协议提供)。

对于空间运输系统来说,一次有效载荷出舱活动任务被使用者视做是一项可选服务,但是它在有效载荷综合计划中的包含物开始了一系列出舱活动行为,也能为任何项目中的大多数出舱活动计划进行分类:

· 设计回顾
· 程序开发
· 支持硬件设计
· 飞行计划制订
· 航天员训练
· 飞行任务执行

表 4.1 出舱活动行为及责任对照

行 为	使用者	责 任
针对出舱活动任务的有效载荷设计	x	C
设计的操作评估	x	x
出舱活动支持硬件(例如工具、限制器等),即特殊的有效载荷	x	OSA
出舱活动支持硬件的操作评估	x	x
1 g 环境下、水下再现训练设施、KC-135 失重飞机、低压舱等的出舱活动;航天员训练需要的模型/设备	x	OSA
超出标准 STS 堆装物供给的针对有效载荷出舱活动硬件的堆装物供给	x	OSA
出舱活动技术开发	x	OSA
出舱活动技术评估	x	x
出舱活动程序开发	x	OSA
出舱活动程序评估	x	x
飞行数据文件程序开发		x
飞行数据文件程序确认	x	
出舱活动航天员训练		x
出舱活动任务飞行执行		x

4.5　1 g 重力模拟

某些阶段的出舱活动训练可以在 1 g 重力环境下完成,只是训练效果稍有折扣,而这样的训练比训练周期中的精细阶段的训练更便利和有效。1 g 重力环境训练类型由飞行计划和实时可用的训练设备决定。1 g 重力模拟已经延续了很多年,而且这些模拟构成了对计划中的出舱活动的入门介绍。1 g 重力演练已经包括了装置测试、低压舱试验、空气支撑平台和身体防护带装置训练程序,并且这些演练已经在所有的被执行的出舱活动项目中完成了[2]。

4.5.1　装置检查

在检查程序中工程师、控制人员和航天员检查出舱活动装备、特定程序和工具,以使他们自己熟悉出舱活动的组件和理解其操作。这可以在承包人或航天员训练设备中完成,它包括承包人代表、出舱活动支持团队、训练教官和飞行乘员组成员或代表,这取决于任务的要求。

4.5.2　1 g 重力演练

1 g 重力演练允许航天员仔细检查用于练习或训练的出舱活动任务程序的详细清单。这可以使航天员熟悉程序、与出舱活动相关的硬件装备和装载物,而且允许他们将程序变成协调的团队合作。这种形式在双子星座号和上升号开始使用,而且延续至今。航天器硬件的全尺寸仿真模型或者局部仿真模型被用于让航天员熟悉与其即将执行的出舱活动任务相关的设备,而且航天员工作站仿真模型被装配和布置出来用于尽可能贴切地模拟他们将要在其中工作的真实的航天器。最初,这些演练是在只穿衬衣的情况下完成的,而且没有时间限制。装备被安装在飞船的特定部分,演练让航天员熟悉当他们穿着压力服的时候,他们工作的位置和约束装置。

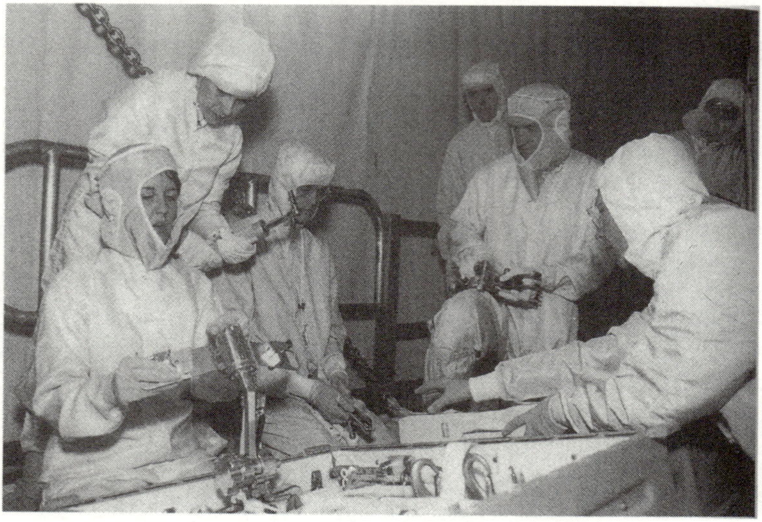

图 4.2　出舱活动工具和组件的 1 *g* 重力演练

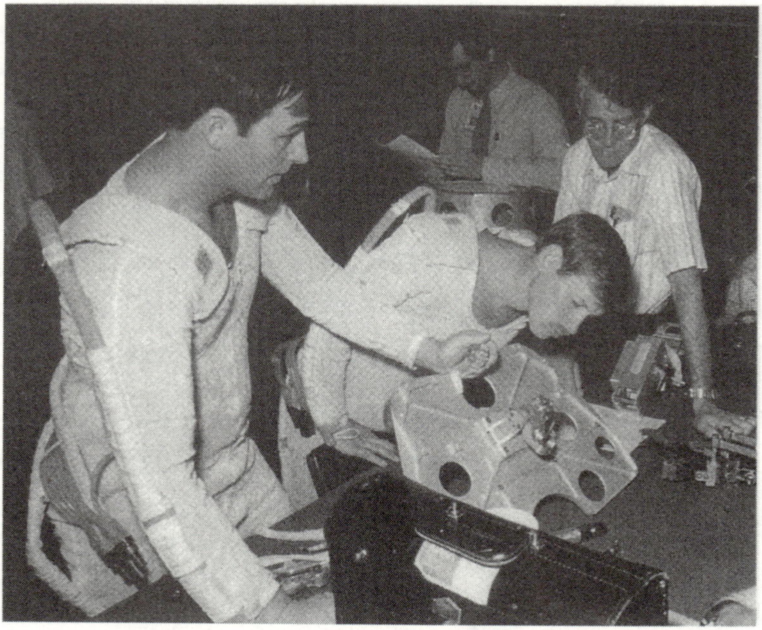

图 4.3　航天飞机出舱活动航天员穿着液冷服，检查将在水池中进行的训练项目中所使用的硬件设备元件

在有些情况下，1 g 重力演练在部分着装或全部着装的状态中实施。在阿波罗计划中，登月航天员可以练习仿真的阿波罗月面实验装置试验的配置，通常在不着装的情况下只佩戴出舱活动手套，全套训练压力服和便携式生命保障系统在着装训练时才使用。在早期的任务中，地质勘探训练在载人飞船中心的一些任务模拟装置中进行。对于 J 系列任务来说，类似的训练装置设置在肯尼迪航天中心。可是，在热带棕榈树的背景下，身着航天服的航天员练习月球出舱活动的照片从来没有真实地拍摄到荒芜的月球地域的环境。由于模块化设备运输装置和月球车的引入，更多详细的 1 g 月球穿越训练被添加到地质实地考察训练当中。

图 4.4　针对阿波罗 J 系列任务进行的穿着航天服的 1 g 月面出舱活动训练

在1965年,全尺寸登月舱仿真模型在载人飞船中心的月球地形模拟区建成。它被称做"岩石堆",直至1970年一直被用于着装和不着装阿波罗月面实验装置配置模拟,以及月球工具和登月舱设备配置的训练。在20世纪60年代中期,许多航天员参与了阿波罗月面技术的着装评估、进出登月舱、配置试验和其他练习。

图4.5　位于TsPK的苏联1 *g* 训练装置(图片提供:伯特·维斯)

俄罗斯的1 *g* 训练设备

俄罗斯人也拥有他们自己的针对月球计划的1 *g* 训练设备,同样也有模拟(1/6) *g* 重力的悬挂绳索和装置。从20世纪70年代中期开始,大多数针对空间站出舱活动任务的训练已经在位于星城的水下实验室中完成了,而且1 *g* 设备也被用在压力服适应和训练的某些环节上。最近增加的基于空间站的出舱活动训练的装置被称做Vykhod 2

（即出口 2 或者出舱活动 2）。这是一个 1 g 装置，建在现今位于 TsPK 的和平号空间站大厅的后部，在那里航天员们练习操作各种各样的舱门（虽然国际空间站和航天飞机上的美国舱门是用全尺寸图片来展现的），而且还包括一个 Pirs 对接舱舱门的全尺寸仿真模型。在构架下，2 套奥兰航天服挂在升降设备上，这将为航天服和受训者提供支撑，模拟零重力状态。在墙上还有一个保持板，可以用来训练安装或拆除试验设备或样本盒，还有足部约束装置模拟器和安全带挂钩装置。

图 4.6　位于 TsPK 的出舱活动扶手和附件模型（选自《航天员信息服务》）

4.5.3　低压舱测试

低压舱在美俄两国航天项目中的应用，可让两国航天员在模拟太空环境下使用出舱活动设备进行训练，并且参与航天服测试、检查和评估。在双子星座号计划中，飞船被放置在低压舱中，为航天员提供在真空中打开和关闭舱门的经验。训练包括检查出舱生命保障系统、外部堆装平台，以及后来的航天员机动单元。这项测试不仅使航天员熟悉真空中的出舱活动系统和程序，而且增强了大家对硬件设备和程序的飞行性能的信心。

低压舱是大型密封装置，里面的压力可以减少到模拟太空的真空状态，而且可以容纳许多事物，从小型试验设备到全副武装的航天员，甚至大型完整的航天器。它们被制作成各种不同的型号，所有主要的太空发动机都用它们来测试空间硬件设备。它们对于出舱活动训练和航天服测试尤其有用。设计师和测试工程师在这些低压舱里评估新的航天服、硬件装置和程序。在基础训练和任务模拟中，美俄两国的航天员们也用它们来进行适应性练习。

图 4.7　在阿波罗 9 号任务前，鲁斯蒂·施韦卡特在低压舱中为阿波罗出舱活动单元测试做准备

4.5.4 空气支撑平台

当某种机动设备需要被评估的时候,使用空气支撑平台。这些装置可以让航天员滑过空气垫上高度抛光的表面,由机动单元提供推力,与地面接触产生的阻力很小或几乎没有。这些装置可以模拟3°的自由度,让航天员体验操作机动装置及其操作特征。

图4.8 空气支撑平台(左)和在训练"座椅"上模拟载人机动单元控制(右)

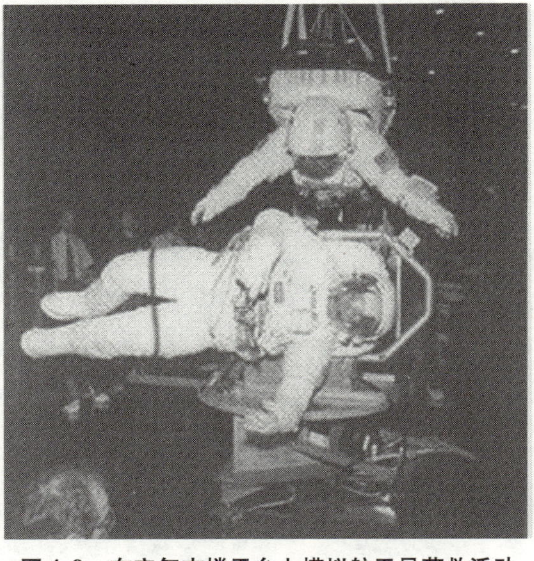

图4.9 在空气支撑平台上模拟航天员营救活动

这些装置也用于天空实验室和航天飞机的载人机动单元训练。精密空气支撑装置(Precision Air Bearing Facility,PABF)现在被放置在约翰逊航天中心9号楼的航天器模拟装置中。它的原理和气垫球桌的原理相似,即可以让重物以非常小的摩擦力从其表面滑过。它由10 m×7 m金属表面提供二维空间模拟(3°的自由度)无重力环境。在物品操作技术的发展和教授中,精密空气支撑装置,作为一种工程工具和航天员训练设施,已经被证实是有效的。这对于哈勃太空望远镜维护任务中的大量操作以及演示航天员在两点间的移动来说是十分重要的。驾驶载人机动装置的基础技术也能通过使用座椅系统进行练习,座椅系统包括自带推进器和2个手动操纵器。

4.5.5 身体防护带装置

不同的吊索和身体防护带已经被用于各种练习当中,通过使用各种绳索设备将航天员悬置,来模拟在月球或者火星上的低重力的工作状况。它们提供了4°的自由度供评估和训练,但应用非常有限。

图4.10 在"彼得·潘"绳索设备上模拟1/6地球重力

现今位于约翰逊航天中心的美国装置是部分重力模拟器(也被称为 POGO),它放置在 9 号楼的航天器模拟装置中。1 个 9 m 高的 A 形结构装置带有空气和电力高架供应线,支持垂直伺服系统和水平空气支撑导轨,座椅和万向架组件在移动研究和训练中支持测试对象。它用于航天员训练和程序评估,也可以用于在微重力和各种部分重力环境下论证出舱活动技术。

20 世纪 60 年代,在阿波罗计划的装备和技术的发展过程中,一些身体防护带装置被用于模拟月球重力。在阿波罗计划初次登陆后的拓展月球行动的发展中,各种各样的移动装置在测试绳索上被评估,

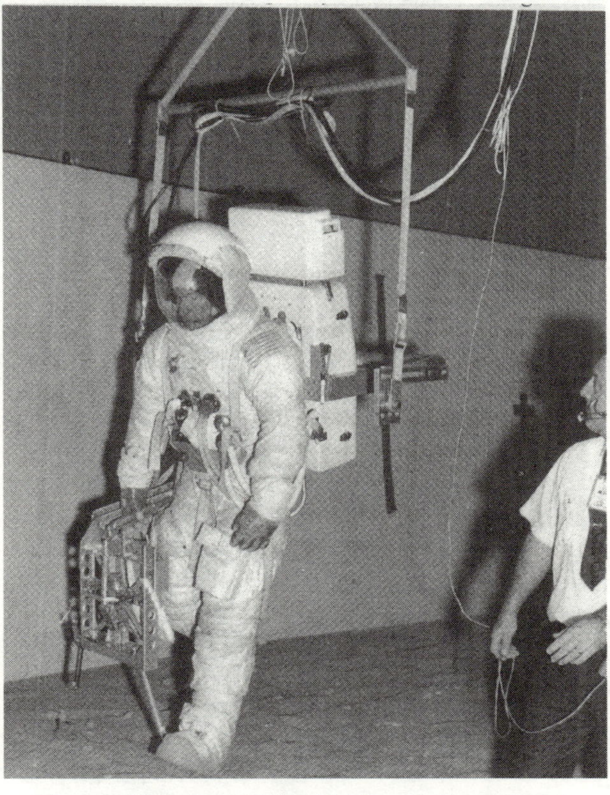

图 4.11　阿波罗 13 号航天员吉姆·洛弗尔在地球上模拟 1/6 重力移动,绳索设备抵消了 5/6 的体重

包括一部月球车。这部月球车在离心机楼(29 号楼)中得到测试,后来这栋楼被改建成约翰逊航天中心水下再现训练设施(见下文)。这些绳索也被改装用于早期阿波罗应用计划/天空实验室模拟训练中的阿波罗望远镜基座胶片回收的出舱活动模拟。而且这些绳索装置已被用于早期航天飞机出舱活动演示和空间站建设测试。现在,这些装置正在被改装用于火星重力环境的移动模拟。

4.5.6 地质训练

为了支持阿波罗月面行动,美国人在 1962 年开始进行地质实地训练,并吸收了第二组成员,到 1972 年已经横穿美国(包括夏威夷)、冰岛和加那利群岛多个地质现场进行了训练。地质训练也用于从天

图 4.12 约翰·扬和查利·杜克背着阿波罗模拟背包,未着航天服,进行月面移动/地质训练。他们胸前的摄像机和将在月球上使用的一模一样,但是头部装备则是每一个航天员自己选择的

图 4.13　航天员不穿着航天服，使用阿波罗月面工具，演练地质采样

图 4.14　阿波罗 17 号航天员杰克 · 施米特和吉恩 · 塞尔南，在不穿着航天服的移动训练中，使用 1 *g* 漫游者月球车实体模型

空实验室和航天飞机对地观测,但并没有达到阿波罗计划所应用的程度。苏联大概到 1969 年也完成了类似的训练。课堂学习在许多年内被分成若干科目,作为实地训练的补充,和重要的专业地质学家一起,与预料的月球地形进行最佳的比较。航天员们将把这种训练作为选定飞行航天员前的基本候选训练。在确定飞行航天员后,更多详细的出舱活动模拟会被融入地质实地训练中,并贯穿整个任务训练计划,特别是 3J 级阿波罗任务。虽然拥有飞行经验和工程学背景,很多航天员还是热衷于这些地质实地训练,而有一些人则是在忍受,少数人则非常讨厌这项训练。在重新对火星旅行的技术感兴趣的情况下,一些个人资金和政府资助的模拟训练在全球范围内被实施。这些是技术的革新,但这次的任务是飞往火星,而不是月球[3]。

阿波罗任务总共进行了 11 408 小时的月球科学研究——包括简介、地质实地旅行、月面模拟和月球车训练操作,已经被所有指派的登月航天员记入了历史。另外,记录中还有 526 小时(不是所有的都与出舱活动相关)为航天员在水池中进行零重力训练,919 小时记录为所有乘员检查出舱活动硬件,这不包括支持出舱活动操作的指令舱和登月舱系统的适应性训练。每一次地质实地旅行训练会持续 1 ~ 7 天,登月航天员,包括后备航天员和支持航天员(例如地面支持航天员和任务科学家)的训练次数总计如表 4.2 所示。

表 4.2　阿波罗地质训练旅行统计表

阿波罗任务代号	旅行训练次数
11	1
12	4
13	7
14	7
15	12
16	18
17	13
共计	62

表 4.3 提供了阿波罗计划的月面模拟的总次数(训练总次数)。

表 4.3　阿波罗月面模拟统计表

阿波罗任务代号	表面操作训练次数	出舱活动前与后的操作训练次数	每次任务的训练总次数	实际月球表面出舱活动次数
11	20	10	30	1
12	31	4	35	2
13	42	11	53	(2 次出舱活动被取消)
14	43	18	61	2
15	91	20	111	4(包括直立出舱活动)
16	67	10	77	3
17	47	20	67	3
总计	341	93	434	15

图 4.15　尼尔・阿姆斯特朗身穿航天服在休斯敦载人飞船中心进行 1 *g* 环境模拟,执行阿波罗 11 号的出舱活动时间表

4.6 零重力飞行器训练

“失重”的奇怪状态在第二次世界大战的空战中首次出现,那时战斗机飞行员从上面向敌机俯冲,然后急速拉起准备第二次俯冲。在俯冲至底部拉起时产生超重(大于正常重力),爬升到顶端时,失重就会出现,在短暂的时间内地球引力被抵消。到 1951 年,美国空军已经测定飞机在地球大气层内进行抛物线飞行可以产生短时间的次重力和所谓的零重力。此后又由试飞员查克·耶格尔(Chuck Yeager)、比尔·布里奇曼(Bill Bridgeman)和斯科特·克罗斯菲尔德(Scott Crosfield)进行了大量的试验曲线飞行。这项研究持续到 1955—1956 年,航天医学学校通过洛克希德 T－33A 飞机和 F－49C 星战斗机在海拔约 5 200 m 和 7 600 m 高空飞行,实现 25～35 秒的零重力。在一次测试中通过使用助力燃烧室,一架 F－49C 飞机保持了 42 秒的失重状态[4]。

4.6.1 NASA 的 KC－135 失重飞机

NASA 的抵消重力计划始于 1959 年,使用波音军用飞机公司型号 367－80 飞机(波音商用 707 飞机和 KC－135 同温层加油机的原型机)。水星号的航天员于 1959 年年底在 F－100 训练飞行的后座上,1960 年 3 月在 KC－131 运输机的后舱中,和 1960 年 9 月在改进型 KC－130 货机中,首先体验了这种现象。在这些早期的飞行中,埃德·怀特是飞行员之一,他后来成为 NASA 的一名航天员,并完成了美国第一次太空行走。有了 KC－135 飞机的 NASA 已经允许其下属部门实施它自己的抵消重力计划,以支持水星号、双子星座号、阿波罗号、空间实验室、航天飞机以及国际空间站项目。由于每次飞抛物线的时间很有限,只有几秒钟,因此对于开展出舱活动训练的价值不大,但是,事实证明,这种训练对于出舱活动的某些特定方面、环节或过程还是很有帮助的。通过调节飞行轨迹,仍然可以得到一些近似月球和火星的重力环境。自1959年起,NASA已经完成了80 000多次抛物线飞行,以考查人和硬件对于不同重力环境和失重环境的反应。一架4引擎KC－135飞机可搭载一个5人小组,包括1名飞行员、1名助理飞行员、1名飞行工程师和2名失重测试人员。

图4.16　在失重飞机上模拟双子星座号出舱活动进出舱技术

图 4.17　在失重飞机的 1/6 g 模拟训练中，模拟在月球地形上拉动模块化设备运输装置

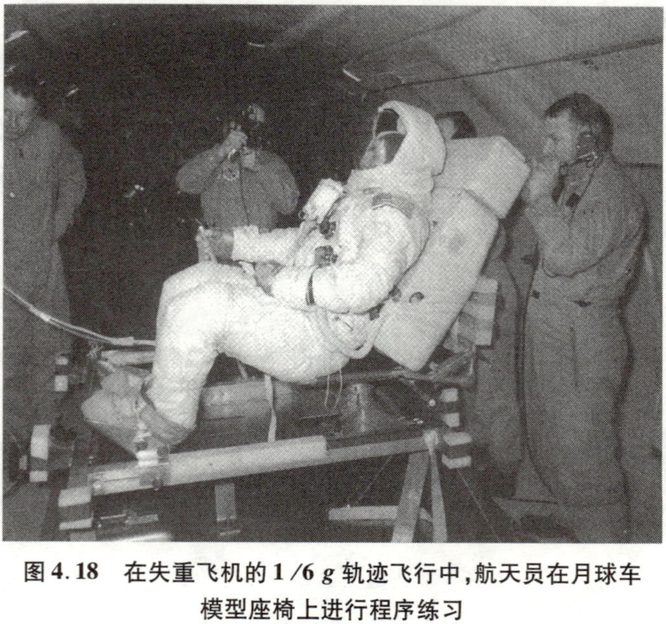

图 4.18　在失重飞机的 1/6 g 轨迹飞行中，航天员在月球车模型座椅上进行程序练习

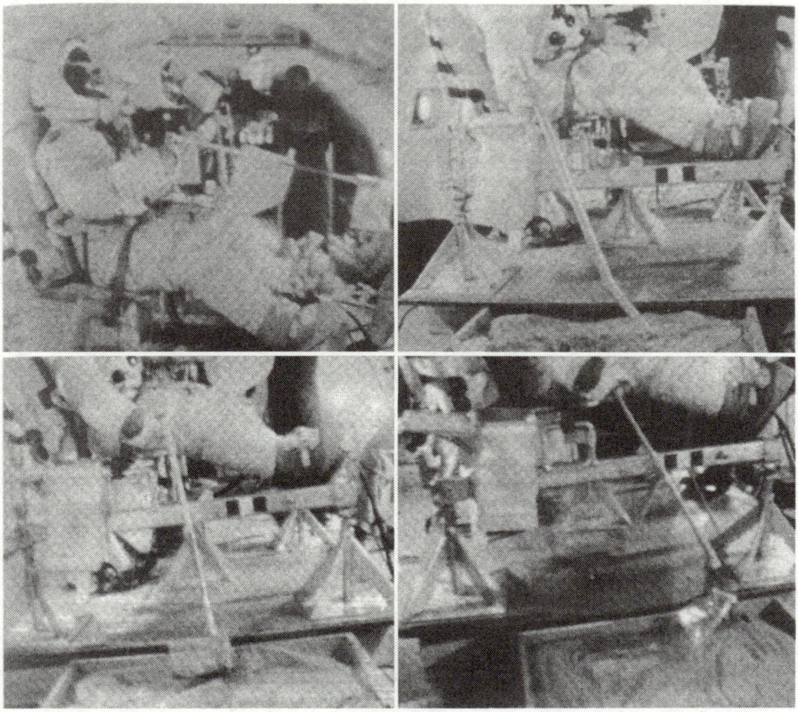

图 4.19　航天员在失重飞机的 1/6 g 轨迹飞行中，练习在月球车上采集样本

这种典型的训练大约持续 2～3 小时，进行 30～40 次的抛物线飞行，一般情况下连续进行，有时为了调节实验设备，在两次抛物线飞行之间进行暂短的休整。每次飞行中，从这些短暂的瞬间里可以产生累计 10～20 分钟的零重力环境。虽然这种感觉很美妙，但是反复感受是很不舒服的，即使极为强健的飞行人员也是如此。因此，这种飞机以“呕吐彗星”而闻名。KC－135 飞机从位于休斯敦约翰逊航天中心附近的埃灵顿（Ellington）空军基地起飞，爬升到 7 300 m 的高度，然后机头上仰，与水平线成 45°角（此时过载为 1.8 g），达到约 10 000 m 的高度后飞机停止上仰，以保持 20～25 秒的零重力环境。在此以后，飞机以 45°角下滑（此时过载为 1.8 g），直到降到 7 300 m 的高度，然后再重复前面的过程。从上升到下降的全过程大约需要 65 秒。一些用于不同试验的典型重力环境如下：

负重力	约 15 秒
零重力	约 25 秒
月球重力(1/6 地球重力)	约 40 秒
火星重力(1/3 地球重力)	约 30 秒

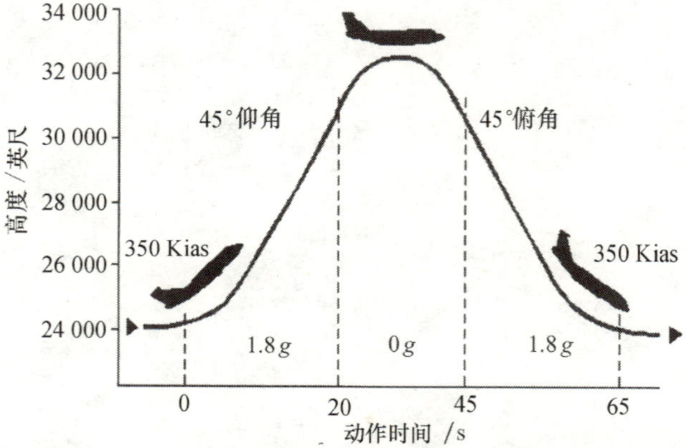

图 4.20　为了模拟一定范围内的重力，失重飞机通过调整飞行轨迹，以达到地球轨道(接近 0 g)、月球表面(1/6 g)和火星表面(1/3 g)的重力环境时所形成的飞行剖面

KC－135 的货舱试验区约 18.2 m 长、3 m 宽、2.1 m 高，并且装备有电源、向舱外排气/真空系统和摄影灯。货舱内除了供给空气，还供给液态或气态的氮，并且提供静态和动态摄影或摄像设备。大多数试验设备都固定在飞机的地板上。

4.6.2　苏联飞行试验室

1960 年以来，苏联人使用同类飞机来训练航天员，通常是伊尔－76 MDK 飞机，一次可完成 20 个抛物线飞行。该飞行实验室在莫斯科附近的加加林航天员训练中心之外投入使用，用于训练航天员，以使他们熟悉失重状态、出舱活动时进出舱口以及航天员转移技术。苏联

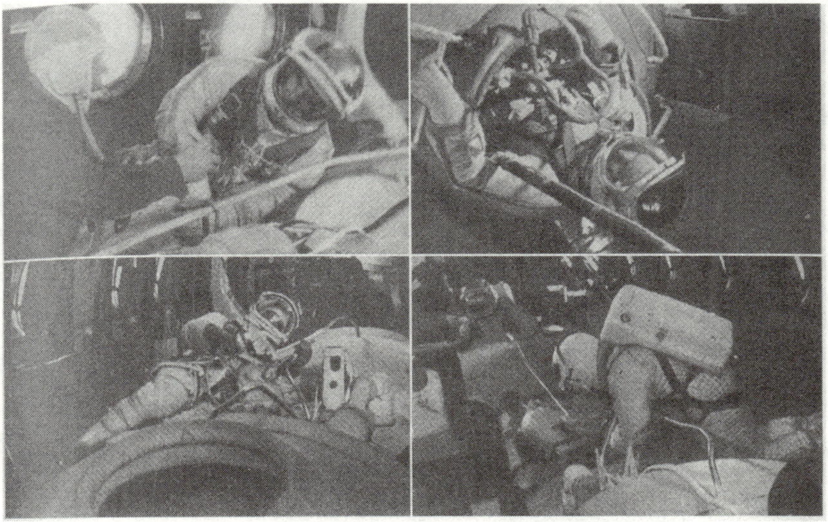

图4.21 在一架进行零重力曲线飞行的飞机上，联盟5号的一位航天员正在练习出舱活动转移

图4.22 一位苏联航天员在载人机动单元上进行失重训练

利用图－104飞机作为早期的出舱活动模拟器，如联盟5号与联盟4号的转移训练。飞机上载有联盟号轨道舱门的部分模型，来训练航天员进出舱门。在加长飞机的另一部分，航天员利用两个连在一起的飞船模型演练从联盟5号到联盟4号的转移。在这些训练中航天员们遇到了一些困难，包括生命保障系统卡在了舱门上、穿着压力服造成活动不便等问题。在训练过程中，主力航天员组演练进出舱门，后备航天员组在飞机的另一区域练习转移技术，然后两组交换训练课目[5]。

4.6.3 欧洲空客A－300计划

1984年，欧洲航天局开始了它的抛物线飞行计划，利用NASA的KC－135飞机在埃灵顿空军基地进行了6次飞行。从1988年起，法国国家空间研究中心（CNES）所属的诺维空间中心（Novespace）利用快帆号（Caravelle）飞机进行了50多次抛物线飞行，1988—1995年，欧洲航天局又进行了15次抛物线飞行。1994年，欧洲航天局利用苏联的一架伊尔－76 MDK飞机进行了一次抛物线飞行，1996年，利用NASA的一架KC－135飞机在波尔多郊外进行了飞行试验。1997年，法国国家空间研究中心订购了一架空客A－300，在诺维空间中心的管理下，在波尔多－梅里涅克（Bordeaux-Merignac）机场进行实验。在转交诺维空间中心之前，空客公司将其作为一架测试飞机，并进行了短时间的飞行记录。1988年，这架飞机用于训练让卢普·克雷蒂安（Jean-Loup Chretien），为他在和平号空间站上执行Aragatz任务时进行出舱活动做准备。

空客机舱的尺寸为20 m×5 m×2.3 m，是最大的“零重力抛物线”现役飞机。飞机的子系统和用户设施与美国和苏联的相似，欧洲航天局的试验也是进行抛物线飞行，飞一个1分钟的抛物线（前20秒为1.8 g，中间20秒为零重力状态，后20秒也是1.8 g），然后进行一次1 g 状态的2分钟的“休整”。在第10次和第20次抛物线飞行之后，休整时间为6分钟。在这些飞机的整个飞行期间，航天员被不断地告知飞行运动状况，包括距下一次抛物线飞行还有多少秒、接下来的重力加速度、休整时间的长短、抛物线飞行的次数以及其他相关数据。

4.7　水下训练设备

为进行复杂或长时间的出舱活动，训练航天员最为有效的方法之一是使用大型水池，在负责安全的潜水员的支持下，适当负重的航天员利用水下飞船模型，来模拟他们将在太空执行的任务。这类出舱活动训练在20世纪60年代中期就开始了，而且也是当前国际空间站出舱活动训练的主要手段。水下训练所用的压力服类似于飞行服，但是被改造为可长时间在水下使用或可进行多次潜水的训练服。

这类训练的通常术语称为“中性浮力”。任何被设置为中性浮力的物体（由浮力设备和配重共同完成）具有相等的下沉和上浮趋势，一个以上述方式设置好的物体看起来好像“悬停”在水池的水面和地板之间。这样可以模拟大型物体在地球轨道上进行移动的方式。虽然它们的“重量”受到了控制，但是它们的质量却依旧存在。

然而，工作在水池里和工作于太空中有两大差别。首先，在水池里的物体不是真正“无重量”，这一情况在活动的录像或照片中并不是非常清楚。尽管处于中性浮力状态，训练人员仍然能感到压力服在裹着他，无论他处于什么方向，特别是当他在水池里头朝下时。地球上，重力总是无处不在。训练人员穿着合体的压力服非常重要，以尽可能使他在水下训练期间感到舒适。其次，水对于运动具有阻力，阻碍身体、手臂、腿和设备的运动。因此，一般来讲，在水池里完成任务比在地球轨道上更加困难，在计划和训练中这一点必须加以考虑。

4.7.1 早期研究

对各种各样“海底人”(Man-in-the-Sea)项目的研究(包括海军的海洋实验室项目)清楚地表明,在水下穿潜水服的人员,其工作能力与在空间穿压力服的航天员相似。然而,在20世纪60年代中期以前,一直没有人对这项技术的理论和实践进行充分的研究。直到双子星座号的出舱活动遇到了在零重力或1 g 训练中未曾出现过的困难,人们才对利用水池进行出舱活动训练产生了兴趣。

在1962年水星号飞行之后不久,斯科特·卡彭特(Scott Carpenter)参与了对水下太空训练的评估,在同法国海洋专家雅克伊夫·库斯托(Jacques-Yves Cousteau)讨论之后,他参加了美国海军。然后,他参与了海洋实验室“海底人”项目,并于1965年在海洋实验室Ⅱ号中度过了30天。卡彭特经常表示,在太空中与在水里活动是非常相似的。他于1966年返回航天员中心后,被任命负责阿波罗应用计划分部。此后,他支持在水下进行太空出舱训练,并担当了NASA与美国海军的联络员,直到1967年又回到海军[6]。

据报道[7],1966年初,巴尔的摩郊区一家小太空公司的两位经理就曾到几个机构(如空军、海军和NASA)进行过游说,希望他们赞助一项试验,来判定水下技术是否适应出舱活动训练和了解身体在太空中的运动问题。首次演示在巴尔的摩一个男子学校中租用的游泳池中进行。

4.7.2 在兰利研究中心的模拟

1966年7月,NASA兰利研究中心,对可用于模拟太空出舱活动的水下技术进行了首次重要的展示。对水下模拟过程进行了拍摄,并且对每一幅画面进行了研究。此后,决定继续开发此项技术,并开展一项计划,对双子星座号出舱活动的设备和过程进行评估,并对水下模拟技术应用于未来的太空计划进行了研究。因此,订购了试验模拟设备,制作了水下用的双子星座号全尺寸实物模型,为了进行水下模拟,对双子星座号出舱活动模拟训练服和支持设备进行了改进。

此后,对水下出舱活动训练设备进行了改进,以适应后来的双子星座号任务。对于双子星座10号任务,让主力航天员在训练周期中参与水下模拟的批复来得太迟了。在离发射不到1个月的时间里,航天员实在是太忙了,已无法在他们的时间表里增加水下训练课目了。他们于是找到双子星座号计划主管查克·马斯韦尔(Chuck Mathews),提出由于设备简单(在打开舱门以前能够准备好),进行出舱活动的航天员迈克·柯林斯只需将供氮管线连接到飞船的供氮口上。供氮口位于座舱外面,这里有扶手,可以提供足够的支持,并且只需要对机动枪供应氮气。马斯韦尔同意了,但他决定在水池里由其他人员对此进行检验[8]。最后由双子星座10号出舱活动承包商进行了模拟,得出的对部分任务的评估结果是,航天员承担的任务是“合理并且是可行的”。柯林斯后来写道:“自己被告知在执行此项任务时可能会遇到麻烦,后来也有类似情况,但我没碰上。约翰和我听到这个消息时很严肃……有时候我在‘失重飞机’里会遇到这种麻烦,有时候则不会”[9]。

第二次模拟是于双子星座9号返回后完成的,并且以出舱活动航天员吉恩·赛尔南(Gene Cernan)作为试验对象。这是一次对双子星座9号放弃的航天员机动单元出舱活动的再现。通过评估水下模拟与他实际经历的真实轨道环境相符合的准确性,赛尔南可以得出有关水池模拟与在轨实际经历之间关系的客观分析。他指出,水池模拟在飞行服动力学和特定任务持久性方面具有优势,在身体位置维持和与之关联的身体疲乏反应方面同他在双子星座号任务期间所面临的状况非常相似。赛尔南对于太空出舱活动与在水池中模拟的比较，使得人们以后可以放心地在水下进行太空出舱训练[10]。

第三次模拟于执行双子星座 11 号任务前进行。这是对用于太空出舱的程序和设备供应商的一次评估。在进行完模拟之后，对结果进行了分析，经过与主力航天员（出舱航天员迪克·戈登（Dick Gordon））进行讨论，改变了太空出舱计划。为了将注意力集中于维修试验照相机和手持机动单元，在太空出舱活动中取消了照相和录像任务。

水池训练对于正在准备在双子星座 12 号上执行太空出舱任务的航天员布兹·奥尔德林（Buzz Aldrin）非常有效。在一次为即将执行的双子星座 12 号太空出舱任务而进行的水下模拟活动中，奥尔德林和赛尔南按照计划同时在水下进行演练。奥尔德林后来回忆说，当他按照夹紧、连接、上螺栓、拧动的次序演练时，他"突然感到非常可笑"。他觉得他的宠物猴或许也能执行同样的的任务，"可能在水下不行，但是至少在车库中可以做到。我高声尖叫了一声。"惊讶的赛尔南看着他的同事想知道是否发生了严重的问题，当他问奥尔德林出了什么事时，他被狠狠地瞪了一眼。"闭嘴，给我一只香蕉。"，奥尔德林回答。在航天员中心，这个回答成了一个笑柄。因为有一段时间，奥尔德林的办公桌上总是堆满了新鲜的香蕉[11]。

4.7.3 中性浮力模拟器（马歇尔航天飞行中心）

1968 年，马歇尔航天飞行中心的中性浮力模拟器建造完成。它直径 22.8 m，深 12 m，可以容纳 11 万 m^3 的水，可以在 4 种不同的深度进行观测。水池中安装了音频和视频设备，还有一个装备完备的测试控制中心，用来指挥、控制和监测水池中的试验活动。它位于 4705 大楼的西南角，最初是为了工程设计和开发新的空间设施而建造的，但它后来成为航天员训练的重要设施。

（在阿波罗应用计划的早期，马歇尔航天飞行中心利用一个以前用于爆破成形的小水池进行一些中性浮力的设计和研究工作[12]。此设施——曾被广泛用于阿波罗应用计划、天空实验室计划和后来的航天飞机计划的出舱活动模拟——的资金本应从设备费预算中列支，但是，该项资金却被否决，因此，足智多谋的马歇尔航天飞行中心管理层又将此设施作为一个工具项目进行安排，并获得了 100 万美元的研究与开发预算[13]。这遭到了审计总署"如此创造性地运用资金"的严厉谴责。最初，马歇尔航天飞行中心的中性浮力模拟器的定位引发了休斯敦的一些争议。1966 年 8 月，在 NASA 管理委员会载人航天办公室的一次会议上，授予载人飞船中心（后称约翰逊航天中心）负责组建航天员队伍、研制其使用的出舱活动设备的职责。但是，马歇尔航天飞行中心被分配负责"大型结构"，并研究"大型空间结构出舱活动时所需的设备和程序"。它们之间的竞争是如此的激烈，以致载人飞船中心的主任罗伯特·鲁斯（Robert Gilruth）说，他认为马歇尔的水池是对

图 4.23　为进行返回地球所需的出舱活动进行水下训练

休斯敦水池的不必要的复制，马歇尔航天飞行中心正在试图变成“载人飞船中心”。）

4.7.4 水下再现训练设施（休斯敦）

约翰逊航天中心的29号大楼原来放置着为模拟土星火箭发射和进入时高达15 *g* 过载环境的离心机。然而，对于航天飞机来讲，由于其飞行剖面和发射压力发生变化，使得它在一定的发射阶段，其过载仅为3 *g*。因此，不再需要这台离心机了，它于20世纪70年代后期被拆除，取而代之的是水下再现训练设施（Water Emersion Training Facility，WETF），用以训练航天员从航天飞机上进行太空出舱和在水下进

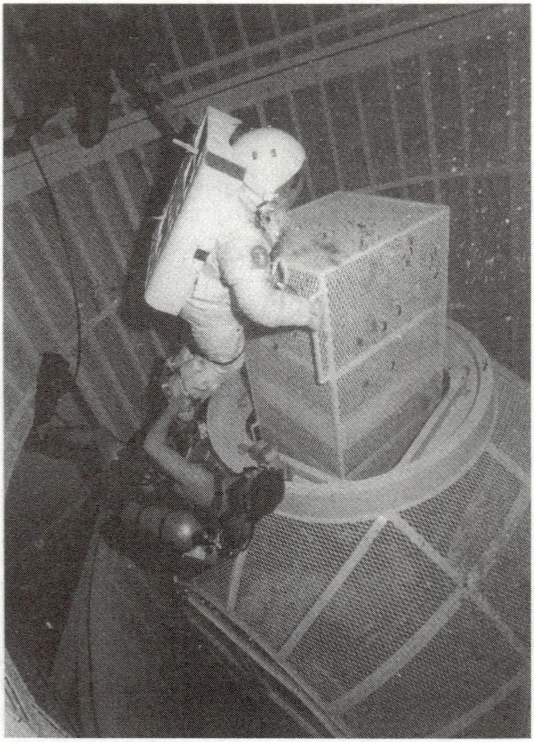

图4.24 在水池中模拟将一个大型物体放入（自由号）空间站的舱段

行出舱的训练。以下是 20 世纪 70 年代至 90 年代,该设施使用情况的有关资料[14]。

该设施包括一个矩形水池(而不是通常的圆形水池),其初始设计容量可以容纳航天飞机有效载荷舱的全尺寸实物模型,大多数航天飞机的出舱活动都提前几年在此进行模拟训练。此时(20 世纪 70 年代末),空间站计划还没有落实,更谈不上对其进行最终设计,因此,29 号大楼水下再现训练设施的建设受到了经济平衡的影响,尽管在水池中加入了早期空间站实物模型。该设备长 24 m,宽 9.8 m,深 7.6 m,可容纳 1 820 m^3 的水,并使水温保持在 31 ℃。

约翰逊航天中心的水下再现训练设施有标准的过滤、氯消毒、抽水系统,以及一些支持测试工作的辅助子系统,包括潜水系统、电力系统、环境控制系统、闭路电视系统、通信系统、高架起重设备和医疗支持设备。压缩空气供给所有的气动工具使用。

(1) 轨道器实物模型

水池中的主要设备是一个轨道器有效载荷舱的全尺寸实物模型,包括有效载荷舱舱门的操作设备、练习在不同情况下进行出舱活动的全尺寸遥控操作系统模型,以进行有效载荷舱的关闭和对假设出故障的遥控操作系统进行控制或拆除等训练。

(2) 起重设备

1 台 4.5 t 的单轨气动起重机和 1 台 4.99 t 的循环气动起重机,用于提升实物模型部件或供航天员进出训练设施。

(3) 环境控制系统

在进行出舱活动模拟训练时,如果航天飞机出舱活动单元的生命保障系统发生故障,环境控制系统可通过脐带为其提供空气和水。环境控制系统由环控系统控制台和测试指挥控制台进行监控。环控系统包含一系列开关用于监控气流和压力的预设值,并与一个警报系统相连,如果超过这些预设值,警报系统就会报警。如果主系统失效,一个可用30分钟的紧急备用气源可以向着航天服的航天员提供空气。

（4）通信系统

除了水下的辅助潜水员,测试小组的所有成员之间都可进行双向通信。该通信系统集成在测试指挥控制台内,通过生命保障脐带式管线内的电缆将信息传给进行出舱活动训练的人员。它有1个主通道和1个备份通道,以防止主通道失效;还有1个电池供电的通信系统作为附加的预防措施,以防主通道和备份通道同时失效。通过此附加系统的一个水下扬声器,测试指挥人员可以将信息传递给水下的辅助潜水员,尽管它只能进行单向通信。

（5）水下航天服配重系统

为了尽可能真实地模拟空间微重力环境,应用配重系统给每一名参试人员都加上了所需的配重。前胸和后背有配重包,2个手腕和2个脚踝的配重箍可以加在出舱活动单元之外,并且可以调节(通过增加或减少配重),以达到中性浮力所需的重量分配。如果发生紧急情况,配重包可以在5~10秒内卸掉。

（6）闭路电视

该系统包括2台水下云台摄像机和2台由辅助潜水员操作的水下手持摄像机,监视器安装在测试控制台上。

（7）更衣室

为男女参试人员分别提供了更衣室,而且潜水员与出舱活动的参试人员的服装、设备储藏室和更衣室也是分开的。

（8）医疗站

医疗站由2名经过训练的医疗技术人员操作,如果发生紧急情况,一名医生可以进行应急救助。在整个水下再现训练设施操作期间,医疗队员使用闭路电视监视测试活动,有一辆救护车停在附近待命,以便将伤者送往高压氧仓或其他必要的医疗设施。

利用水池为航天飞机出舱活动训练航天员,于项目计划早期进行了首次演示,包括有效载荷舱舱门的关闭、遥控操作系统的安装、太空实验室的气闸舱和出口、进入气闸舱的中间段等,都于1978—1983年期间,与首次进行的航天器的维护、修理与建造同步进行了模拟。在完成首次航天飞机(1983年4月的STS-6)出舱活动后,斯托里·马斯格雷夫回忆起了为完成此次任务而在休斯敦水池里进行的准备练习,并与他的首次出舱活动作了比较:"(在太空中)没有黏性阻力。如果你让(某个东西)动起来,那它将保持这种运动。所以,有时在水下训练中可以抓住的东西,在太空中却抓不住。"他在大约海拔300 km高的地球轨道上[15],对有效载荷舱尾部的扶手进行评估时,描述太空出舱活动时补充道,"它(太空)是一个比我习惯了的要深一些的水池。"

由于国际空间站的实物模型设计得非常大,以致29号大楼原有的水下再现训练设施容纳不下,需要重新设计建造一个全新的水下再现训练设施,以容纳所有的太空出舱与水下出舱训练设备,这时旧设施便显得有些多余。因此,便计划把水下再现训练设施填平,将29号大楼改造成更多的办公室,但是航天员和他们的恢复专家成功的游说,使得它有了新的用途,成为国际空间站的航天员进行长时间飞行后恢复体质和进行个人康体活动的水池。

4.7.5 索尼·卡特水下训练设施(休斯敦)

随着20世纪80年代末期的国际空间站计划的到来,在约翰逊航天中心的水下再现训练设施和在马歇尔航天飞行中心的中性浮力模拟器将无法支持为建造国际空间站准备的出舱活动训练计划。麦道公司已经签约在位于约翰逊航天中心主要设施西北方向的埃灵顿空军基地建造一套新的水下模拟设备。新设施最初命名为中性浮力实验室,但在

1995年改以航天员索尼·卡特(1947—1991年)的名字来命名,他作为仪器专家开发了许多至今仍为NASA所用的太空出舱技术。建设项目在1995年12月20日完工,提前了2个星期,并且在经历了1年的系统安装、测试和试验模拟后,于1997年1月开始了首个预定的训练。根据合同,训练设施的运转由约翰逊工程公司(隶属于SpaceHab公司)管理。此设施也被用于航天飞机航天员的水下进/出训练。

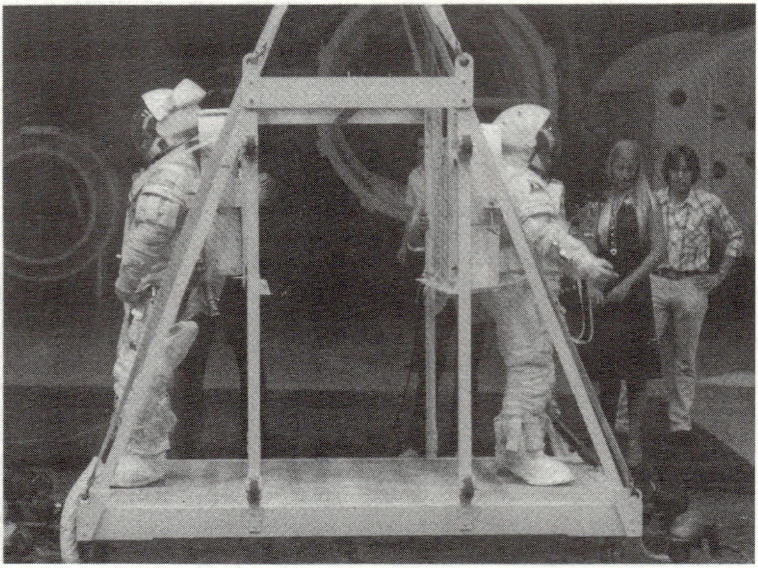

图4.25　将进行出舱活动训练的航天员送入休斯敦的水下再现训练设施或中性浮力水池的平台

新的水下训练设施被设计成能同时进行两种训练活动:使用足够大的实物模型来完成准确、有意义的训练和长时间的出舱活动训练。它的水池长61.56 m、宽31.06 m、深12.18 m(6.09 m在地面以上,6.09 m在地面以下),可容纳(28.18×10^6) m^3水。然而,即使如此大的尺寸也无法容纳完整尺寸为106.6 m×73.1 m的国际空间站,因此它在同一时间只能部分浸没于水池中。2台在水池上方的轨式起重机(每台起重能力均为10 t)和几台臂式起重机(每台起重能力均为

1.6 t)被用来改变中性浮力水池的内部设置。语音通信既包括在水池中的航天员与水池外的训练测试指挥之间的双向通信,也包括与休斯敦任务控制中心的飞行指挥和进行航天飞机任务模拟的其他航天员间的通信。潜水员仍可通过水下扬声器获得单向通信,但对此通信系统的升级正在研制之中。

全尺寸模型包括航天飞机遥控操作系统模型和空间站遥控操作系统模型(Canadarm 2),并且用水力驱动取代了电力驱动飞行模式。为了应付在这些深度遇到的压力,潜水者使用氧-浓缩呼吸气(Nitrox)以减少长时间训练造成减压病的可能性。硝基氧也通过脐带供应给出舱航天服。在水下使用的便携式生命保障系统背包采用的只是等重模型,而不是真正可用的工作单元。

每隔 19.6 小时,水池内的水被再循环一次,为了减少长时间潜水对辅助潜水员体温降低的潜在影响,水温自动地被监测并维持在 27~31℃。对水也进行了化学处理,以消除水中的有害物增长和防止其对实物模型和设备的损害。

在进行模拟演练时,除了主要的水池,还有若干支持系统和队伍待命。主模拟和控制区监视和控制测试计划各个方面的资源,包括安全、通信、视频支持、医疗要求、压力服技师、辅助潜水员、训练员和技术观察员。在训练期间,小型医疗队随时待命,准备好高压氧仓以防意外的减压事件发生,并且可以随时将伤员运往设施内/外的医疗机构。此外还有一个辅助系统,此系统的人员负责设计、制造、集成和测试中性浮力水池所需的一些设备,同时也负责中性浮力水池所有模型的维修、改装和储藏。手持式和固定式摄像机提供了所有工作区的摄像记录,数据链接到控制台并被传送至约翰逊航天中心的任务控制中心,而且如果需要,可以直接传送到 NASA 有线电视频道(NASA Select Cable TV channels)。

此水池的建造是在拆除了 29 号大楼的混凝土地面，并且因为支撑柱的缘故安装了钢制铸件后开始的。为了在水池周边减少水的流体静力学的影响，增加了一个管路系统，并且安装了水泵来阻止水渗流进疏散区域。建造这个大楼里的设备使用的原料总量是巨大的(见表 4.4)。

表 4.4　水下再现训练设施建造原料总量表

项　目	总　量
挖掘土方	641 088 ft^3
木制压合板	1 782 块，每块 10 ft × 9.5 ft × 3 ft
加固的钢地板	690 t
加固的钢墙	645 t
钢丝加强导线	310 mile
地板	厚 6 ft；143 100 ft^3；10 303 t；530 卡车水泥
墙体	在地面以下 5 ft 厚；在地面以上 2.6 ft 厚；94 500 ft^3；6 070 t；350 卡车混凝土
水	200 000 gal；25 823 t；过滤　5 400 gal/min

注：1 ft^3 = 0.028 32 m^3；1 ft = 0.304 8 m；1 mile = 1 609 m；1 gal = 0.003 785 m^3。

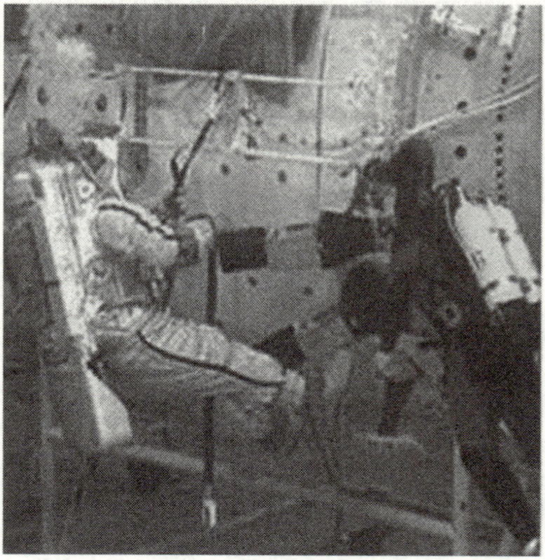

图 4.26　航天员在水下执行出舱活动任务

4.7.6 水下实验室(莫斯科)

在莫斯科附近的加加林航天员训练中心水下实验室的水池直径为23 m,深12 m,可容纳温度保持在30 ℃左右的水5 000 m^3。每12~18个月完全放一次水,并且对整个水箱清理一次[16]。自从20世纪70年代以来它一直在使用,并且为礼炮号空间站、和平号空间站与国际空间站的出舱活动提供训练,同时为计划制订提供帮助。

图4.27 莫斯科水下实验室无水的水池

在每次测试期间,一个有6~7名潜水员的小组帮助和引导身着压力服的参试人员潜入工作点。此外,在水箱中有2名摄影师拍摄训练的情况。压力服背包只是一个模型,氧气是通过脐带式管线供应的。试验指挥从水池边的控制台或若干个观察口监视试验进程。主控台位于水箱的外侧,同时外侧为指挥人员提供了在测试期间可直接观察的观察口。一个包括试验指挥、首席医生和出舱活动专家的专家小组控制和监视试验进程,另有一个辅助队负责监测压力服的参数和航天员的医学数据。

通过增加或减少穿着压力服的试验人员在手腕、踝关节、腰、前胸或后背部位的配重,来模拟在太空中的失重状态。航天员会从一间会议室或教室里开始他们的训练计划,在那儿他们将讨论和评价压力服的使用原则、出舱活动的时间表等问题。然后，在经过医学专家的身体检查后，他们进入水池旁的换装区域，并且穿上液体冷却式紧身衣、通信头戴和奥兰压力服。奥兰压力服由架子撑起来并被挂在一个挂钩上，在经过完整性检查后由起重机提升并移动至水池上方，因为在没有人帮助的情况下，身着沉重的奥兰压力服的试验人员是没有能力移动的。在完成了出舱活动模拟并从水池里出来后，出舱活动航天员先冲一个热水澡，然后与医生、出舱活动专家、训练员和其他的航天员共同召开任务报告会议。

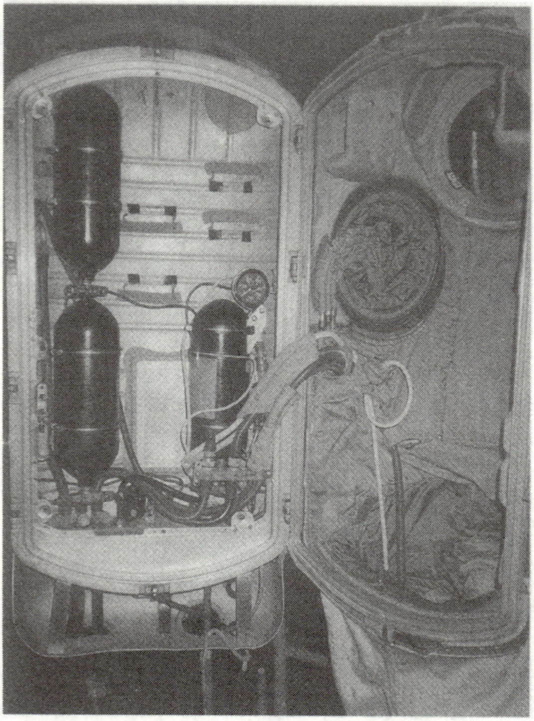

图 4.28　奥兰（水下）训练服的内部（选自《航天信息服务》）

水下实验室设施用于训练航天员的出舱活动技术，并为测试开发新的流程、设备和硬件提供条件，同时也为在空间轨道执行出舱活动的航天员提供流程和技术上的地面支持。

图4.29 奥兰水下训练航天服

4.7.7 日本水槽

作为国际空间站计划的一个主要合作伙伴，日本开发了它自己的航天员训练设施，主要致力于希望号(Kibo)实验舱的研究。该设施位于日本茨城筑波航天中心(Tsukuba Space Center，TKSC)，包括一座失重环境试验楼(Weightless Environment Test，WET)，该试验楼位于航天员训练设施附近。此圆形水槽直径15 m，深10.5 m，可以容纳希望号实验舱的全尺寸模型。与美国和俄罗斯的设施一样，它也有几个支持试验过程的子系统。水净化和加热系统使用过滤系统、pH值控制设备、泵组和锅炉来控制水质和水温。通过输送管向每套出舱活动试验服提供冷却水以便给参试人员提供合适的温度。适于呼吸的空气也通过输送管(背包为模型)提供给测试对象,这些空气也给潜水员/潜水呼吸器提供支持,以便在整个延长试验过程中延续他们的潜水时间。该设施还包括1间邻近的控制室(配备有录像设备和通信线路)、1间用于急救的高压氧仓和试验配套设备(在这里穿戴和脱卸压力服)、1 *g* 试验训练设施、航天服和潜水呼吸配套设备,以及航天服干燥机。

4.8 特殊/专用训练设备

近年来,又有一些辅助设备用于支持出舱活动训练。

4.8.1 遥控操作系统出舱活动训练

当NASA挑选新的航天飞机航天员时,在他们的职业生涯中将根据每个人的能力和技巧,安排学习来扩大他们在一些专业领域的技能。

当一些航天员成为执行出舱活动的专家(主要的工作是出舱活动,但不排除进行其他的任务,像一些驾驶员一样,任务专家也进行出舱活动的训练)时,另外一些航天员则掌握了航天飞机(空间站)的遥控操作系统。遥控操作系统在航天飞机出舱活动中扮演一个重要角色,进行出舱活动的航天员和在轨道器飞行甲板上的航天员的团队协作,是任务成功的保证。航天员在经过了对航天飞机任务的全方位的训练之后,其中某位航天员承担遥控操作系统的主要任务角色,而第2位和第3位航天员被作为后备遥控操作系统角色(在不多的几次任务里也包括指令长这一角色)。

图4.30 一位出舱活动航天员正在被放入水池进行出舱活动训练(图片提供:欧洲航天局)

图4.31 在一间教室里,遥控操作系统训练人员利用显示于计算机屏幕上的虚拟现实图像来进行训练,图中前者正在移动航天飞机/遥控操作系统模型

在1977年,航天飞机遥控操作系统主承包商SPAR建造了一个面积为30 m×18 m的高洁净室用于集成和测试遥控操作系统。为了航天员的训练和遥控操作系统操作者的模拟,还研发了一个模拟装置(Simulation Facility,SIMFAC)用以开发“实时”和“非实时”的模拟程序,利用它可以评估遥控操作系统、轨道器和计划搭载的有效载荷的动力学问题。模拟装置利用采集的遥控操作系统和轨道器早期飞行数据,在非实时程序中重建了它们的动力学模型,用以开发设计和校正遥控操作系统的性能。它后来被用来校正实时模拟器,以提供操作者手臂动作和执行情况的视觉图像。这完全是航天飞机轨道器尾部舱内的遥控操作系统控制器的复制品,指令长通过操纵杆、显示器和控制面板来发出指令。利用基于从航天飞机轨道器舷窗和闭路电视摄像机的观测视角这两个内部数据参照,来确定有效载荷结构和操作臂的显示形状,并将有效载荷舱、有效载荷和操纵臂外形的4个实时图像显示在CRT监视器上[17]。

4.8.2 载人机动单元模拟器

(1) 载人机动单元太空操作模拟器(Space Operations Simulator ,SOS)

为便于航天员进行载人机动单元模拟训练,模拟器要对高复杂性的航天飞机载人机动单元的特性进行准确的复制。为了完成此项任务,马丁·玛丽埃塔(Martin Marietta)公司(主承包商)在它的丹佛工厂,为开发飞行程序和训练航天员研制了一个六维模拟器,以作为NASA的气动轴承平台、牵索设备和失重飞机等训练方式的补充。这台太空操作模拟器的最大特点是在平台上安装了一个高保真载人机动单元模型,计算机同载人机动单元相连接并读取飞行员的操作输入,根据载人机动单元系统模型应作出的反应计算出适当的驱动激励，以使平台上的箱体运动。这使得载人机动单元在零重力状态下的飞行、模拟器内航天员的运动及旋转和太空中的情况极其相似。驾驶员可以在穿着和未穿着航天服的模式下使用载人机动单元模拟器，也可以在模拟的白天或夜晚条件下进行训练，为航天员提供了一个大范

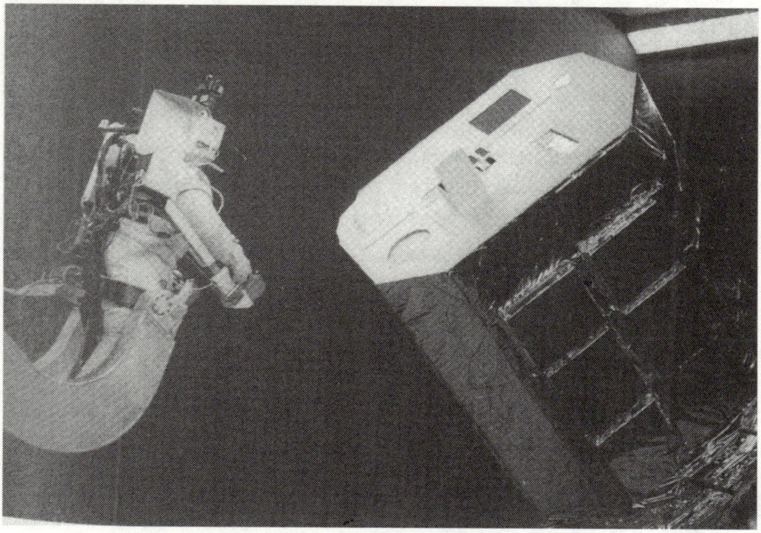

图 4.32 马丁·玛丽埃塔公司的载人机动单元模拟器，航天员/测试对象模拟靠近目标卫星（此图为太阳峰年卫星）（图片提供：马丁·玛丽埃塔公司）

围的操作训练和特定情况的模拟。太空操作模拟器设备也包含了全尺寸的航天飞机轨道舱的前部（乘员舱尾部）和有效载荷舱的前部（包括飞行支持部分）。特定任务的训练所用的航天飞机模型和相关航天器（如：太阳峰年卫星、帕拉帕卫星和西联卫星）也被放置在模拟器内，以提供给航天员更加准确的模拟训练。大屏幕视频显示设备可以模拟到达和离开航天飞机轨道器附近的速度操作。在挑战者号航天飞机事故之后，载人机动单元退出了原计划在20世纪80年代前叶的使用，太空操作模拟器设备仅在3次飞行任务（即 STS－41B、STS－41C

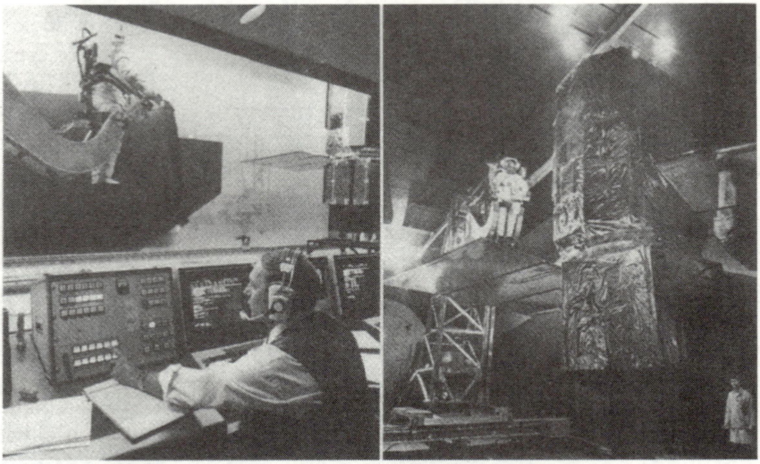

图 4.33　在模拟装置内监控载人机动单元模拟试验的进行(图片提供:马丁·玛丽埃塔公司)

和 STS－51A)和其他几个训练与演示模拟中使用过。载人机动单元被设计更为简单的出舱活动救援简化辅助设备单元所取代,而出舱活动救援简化辅助设备单元并不需要太空操作模拟器来进行训练。

(2) 苏联的载人机动单元训练设备

苏联的载人机动单元训练和验证设备具有一个旋转测试设备,用来校正载人机动单元设备平台的轴向角速度,可在 2 个方向上以 3°以内的误差来研究角度的运动变化。平台的尺寸为 7 m×8 m,并且其光洁度达到 20 μm,倾斜度小于 0.1 mm/m。压缩空气通过一根脐带供给位于驾驶员支撑结构上方的气动保护衬垫,此设备同样也具有一个名为“Polosa”的可视化转化模拟器。

4.8.3　出舱活动救援简化辅助设备

最早的出舱活动救援简化辅助设备训练是在约翰逊航天中心的水下再现训练设施上完成的(为了 STS－64 任务),航天员进行了一系列的端到端训练的计划。训练集中在出舱活动救援简化辅助设备再充电、电池的更换、航天员转移、设置和清除操作。出舱活动救援简化辅助设备的电子设备和硬件同样也用于 NASA 综合操作与分析实验室(Integrated Operations and Analysis Laboratory，IGOAL)，该实验室同航天飞机电子综合实验室(Shuttle Avionics Integration Laboratory，SAIL)相类似，提供飞行操作技术和程序的训练，以及故障程序的预演。穿着航天服进行此项训练，使航天员熟悉了戴着出舱活动单元头盔的视野，获得了携带出舱活动救援简化辅助设备并身着航天服所带来的行动限制的经验。约翰逊航天中心的气动轴承平台也被用在了此处。最后，在航天飞机工程模拟器上也曾练习过利用一个出舱活动救援简化辅助设备和航天器轨道器的连接来完成航天员的营救。

4.9　在轨训练

我们曾经说过，对于太空飞行来说最好的训练地点就是太空本身。在早期的太空任务中是不可能在太空进行出舱活动训练的，因为那时的太空飞行时间非常短，而且出舱活动本身也处于试验阶段。早期的双子星座任务和阿波罗任务中获得的知识被用以准备以后的空间活动，以最大限度地获得回报。其实在苏联的礼炮号空间站计划之前，人们在进入太空进行真正的微重力环境下的操作之前就已经有机会练习出舱活动技术了。在 1984 年进行礼炮 7 号发动机维修的出舱活动中进行了展示，在此次任务中，一名来访航天员给站内航天员带来了训练文件和录像以供他们在下一次出舱活动前学习 。在和平号空间站上重复进行出舱活动前和出舱活动后的操作，继续了此前的在轨训练，并且将有可能是未来国际空间站出舱维修保养操作的特点。

4.10 虚拟出舱活动

在20世纪90年代,随着可视化图像技术的不断进步,利用计算机获得虚拟现实(Virtual Reality,VR)的辅助训练手段越来越成为太空飞行准备的一个特点。出舱活动航天员同出舱训练的遥控操作系统操作相结合,是最早利用虚拟现实技术的训练之一。在各种水池中的硬件模型取得进展之前,人们所获得的最有价值的经验来源于一系列高速试验机上的航天飞机维修任务,在这些实验中,或戴着虚拟现实头盔/护目镜和敏感手套的情况下可以练习工具和系统的拆除和更换。

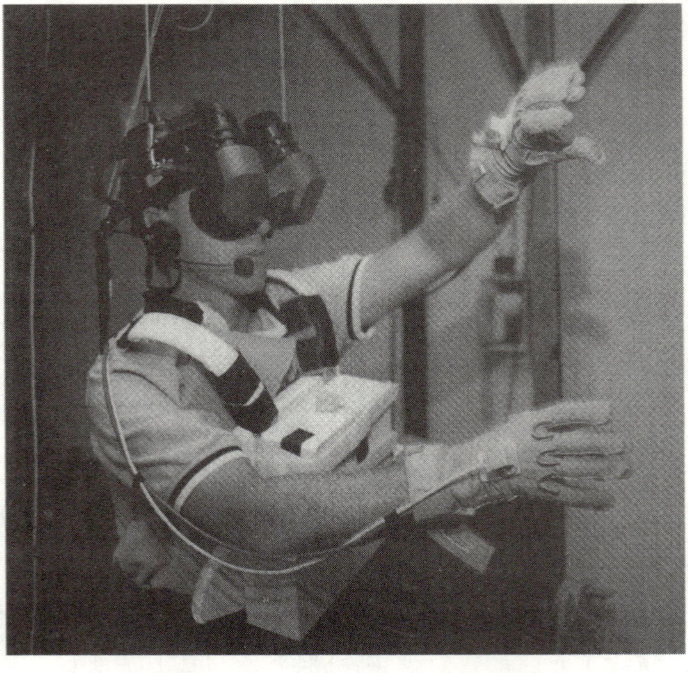

图4.34 在20世纪90年代,出舱活动训练引入了虚拟现实技术,它是通过与计算机连接的手套和护目镜来获取手部与头部的运动,并将图像显示于护目镜上。在今后的出舱活动航天员的准备活动中,此类训练将越来越成为一种常规的训练项目

4.11 结论

在地球上复制零重力环境是非常困难的，飞机的抛物线飞行可以获得 $-g$ 和 $+g$ 之间的重力加速度，但是时间非常短暂。对于可能要花费几个小时的出舱活动来说，水下训练设施的最大优势在时间上。多种的装备和 1 g 训练设备已经用于训练，但是这些设备还没有扩展到水池训练中，而它们对于空间站来说具有非常大的价值。在地球上不同地貌环境下的探测器运动试验，对于月球和火星表面的探测具有帮助，但也只是在一定程度上的帮助。最近，利用在轨训练、计算机可视化系统和虚拟现实技术，已经为太空行走准备提供了更多的手段。那些曾经历过太空飞行的航天员们经常说，进行太空训练的最佳地点就是太空；俄罗斯人也认为只有那些经历了太空飞行的人才能称得上是航天员。将来在派遣航天员飞往月球基地或火星之前，飞往国际空间站的短途旅行是唾手可得的太空训练机会，也许会变成候选航天员训练的一部分。的确，飞往火星的训练也许包含了在月球上进行改进了的出舱活动训练。无论选择什么样的训练方法，也无论太空训练的增加与否——特别是对出舱活动训练来说，有一点变得越来越清楚，那就是什么也比不上通过真实飞行获得的经验。在离开飞船的一瞬间，眼前的景象使得一切的训练付出都得到回报了——假如有时间去赞美和欣赏它的话。

参考文献

[1] *STS EVA Description and Criteria*, NASA JSC, 10615 Rev A, May 1983. This focuses on EVA planning for STS missions, but the criteria are generally applicable to all types of EVA planning.

[2] *Summary of Gemini EVA*, Section 7, EVA Training and Simulation, NASA SP-149, 1967.

[3] Shayler, David J., Salmon, Andy, and Shayler, Michael, *Marswalk*, Springer – Praxis, (due in 2004).

[4] Gantz, Lieut – Col. Kenneth F. (ed.), *Man in Space*, Duell, Sloan and Pearce, 1959, pp. 108 – 132.

[5] *Transfer in Orbit*, Novosti Press Agency, 1969, pp. 69 – 73.

[6] Carpenter, Scott, and Stoever, Kris, *For Spacious Skies*, Harcourt, 2002, pp. 313 – 328.

[7] Aldrin, Buzz, *Return to Earth*, Random House, 1973, pp. 173 – 174.

[8] Collins, Michael, *Carrying the Fire*, Farrar, Straus, Giroux, 1974, pp. 192 – 193.

[9] *Ibid*, ; *Summary of Gemini EVA*, NASA SP – 149, 1967, pp. 7 – 34.

[10] Cernan, Gene, *The Last Man on the Moon*, St Martins Press, pp. 156 – 157; Astro Info Service interview with Gene Cernan, Houston, Texas, August 1988.

[11] Aldrin, Buzz, *Return to Earth*, Random House, 1973, pp. 174.

[12] Compton, David, and Benson, Charles, *Living and Working in Space: A History of Skylab*, NASA SPP – 4208, p. 170.

[13] Dunar, Andrew, and Waring, Stephen, *Power to Explore: A History of MSFC*, 1960 – 1990, NASA SP – 4313, pp. 187 – 188 and 648.

[14] WETF information brochure, NASA, 1988; *Orbiter*, No. 80, Astro Info Service, October 1991, 18 – 21; Astro Info Service notes from personal tour of WETF, August 1988.

[15] *EVA Report No.* 2, Astro Info Service Publications, 1983.

[16] Astro Info Service notes from a personal tour of the Hydro Laboratory, June 2003.

[17] STS – 3 RMS Press Kit, Spar Aerospace, March 1982.

第5章　表面探测

很多年前，科幻小说作家就已描写过太空探索者造访已知的太阳系世界和那些想象中的行星，进入21世纪后，这些题材又被拍成许多新的科幻影片和电视剧。在许多人的心目中，真正的太空探索包括造访并且探测“陌生的新世界”。但是在真实的人类太空探索活动的40年里，只有一个计划实现了这个目标——阿波罗登月计划。尽管在美国和苏联都有其他的计划，建议进一步探索月球和火星，甚至其他行星的卫星，但是这些计划却没有得到批准。到目前为止，历史记录只有12个人在地球之外的世界行走过。他们离开月球多尘的表面已有30年了。我们对太空探索的认识比20世纪50年代科幻小说刚开始变成科学现实时有了更进一步的发展。

早期的导弹竞赛发展成为太空竞赛，之后又发展成为月球竞赛。在25年多一点的时间里，我们见证了小型人造卫星的首次轨道飞行、人类在月球行走、远距离行星探测、第一个太空站的创建和国际合作的开始。但是，在过去的25年里，行星探索蹒跚前行。虽然我们的太空飞行经验日益增多，并且拥有了更复杂的太空站和航天飞机，但是自1972年以来，没有人冒险离开环地轨道。在近月航行的24人中我们失去了6人，包括月球表面行走的12人中失去了3人。冷静地想一想，见证了登月一小步的我们中的一些人，将不可能亲眼目睹下一次人类在太空中的“巨大飞跃”以及到达火星红色平原那令人激动、兴奋和敬畏的场面。

本书这一部分回顾表面探测出舱活动的收获，这些收获仅代表阿波罗号的航天员的经验。诚然，也应该承认苏联同行们的努力工作，因为他们在20世纪60年代末和70年代初试图与阿波罗号的成就进行竞赛。

5.1 “……人类登陆月球”

肯尼迪总统在1961年5月25日的著名演讲——承诺到60年代末美国人将登上月球，当时距尤里·加加林(Yuri Gagarin)完成首次载人轨道太空飞行只有6个星期，距艾伦·谢泼德(Alan Shepard)完成15分钟的亚轨道飞行还不到3个星期。此时没有人能够在太空停留更长的时间，也没有人尝试走出在轨飞行器或进行科学试验。飞向月球并返回的飞行任务将需要7~10天，此时依然是个挑战。令人关注的是，肯尼迪所说的目标是人类登上月球和安全返回地球，没有提到月表行走、收集岩石和进行实验。围绕着“为什么在完全可以使用机器人的情况下要将人送上月球?”，在安全和科学之间的争论，一直困扰着阿波罗号，从其设计制造开始直到其被废置。

工程师和飞行员们首先要证明的是他们能够完满地“到达目的地并返回”，而把科学研究放在了第二位。科学界的争论则认为，如果人被送上月球，那么飞行组成员应该包括职业的科学家，这些科学家能利用每次阿波罗号着陆的独特地点，挑选最好的样本用于在地球上的分析。在1965年第一个科学家航天员参与了项目，在这方面是一个进步。但是，在改进设备、最小化质量和保证飞行安全方面的困难，使得在阿波罗号上进行科学研究的想法，被一步一步地向后拖延。正如德科·斯莱顿(Deke Slayton)曾经说的:“培训一名飞行员挑拣岩石比培训一位科学家驾驶航天器容易得多。”事实也是如此，尽管只有一位职业的科学家(地质学家杰克·施米特(Jack Schimitt))在最后一次登月飞行中到达过月球，然而实际上有些飞行航天员恰恰就是优秀的地质学家。

图 5.1 阿波罗号月面出舱活动的早期印象

关于阿波罗号计划、设备、任务操作的发展以及苏联尝试登月计划受挫的事情,已经被无数次谈论,并且在各种论著中得到记载(见参考书目)。然而,本书重点讨论的是阿波罗计划中出舱活动方面的发展,以及航天员在月球表面活动的收获,这些表面活动可能应用于未来的表面探测计划。

5.1.1 早期研究

后人造地球卫星时代研究的最早成果之一,由美国空军(USAF)弹道导弹师在 1958 年 4 月 25 日发表,其内容是关于人类月球表面探测的研究,作为军事载人太空系统中的空军开发项目,其目标就是"人类登陆月球并安全返回地面"[1]。重点工作是一个 4 阶段计划,分为人类进入太空(最早太空人),拓展人类在太空中的能力(熟练太空人),实施无人摄影和软着陆侦察(月球侦察),以及人类月球探索(人类登陆月球和返回),在这4个阶段中动物乘员将完成绕月任务,航天员将着陆。1965年12月之前要完成这个计划,包括航天员初步简单的月面探测活动和后期详尽的月面探测飞行。美国空军先锋系列无人太空探测器将为这项计划提供支持。

从1958年10月NASA创建,到1961年5月肯尼迪总统演讲,以及1962年11月登月主航天器的合同签订,关于水星号计划之后下一个美国载人航天计划的目标,以及美国军队在人类航天飞行计划中所可能起到的作用,存在许多研究、提议、计划、想法和意见。发送无人自动机械侦察飞行器到达月球的计划,最终演变为发送徘徊者号(Ranger)硬着陆探测器和勘测者号(Surveyor)软着陆探测器[2]。苏联在应用它早期的月球(Lunik)探测器登陆月球方面也表现出兴趣。这一时期的技术发展,许多设计和开发被应用到登月的方法、航天器的型号和乘员组的组成模式上。甚至公布了航天员离开航天器并探测月球的几种示意图,但是没有披露细节。

1960年9月17日,英国星际协会在伦敦召开会议,会议提交的一份论文引起了关注,其观点在当时较为普遍,即大范围的月球探索大约到1970年可以实现,论文还回应了20世纪50年代关于未来10年的期待。先进的巡回机动车、无人自动航天器和局部月球基地的开发是整个计划的所有组成部分,预计在1968年和1969年期间进行首次短时间探月着陆,接着在1970年和1971年期间进行为期10周(5个完整太阴日周期)以上的对月球表面的广泛探测。值得关注的是巡回月面探测者将勘察多种月面特征,包括陨石坑、沟纹、山脉和月海,还将在月面布置自动试验,收集岩石和土壤样本,进行振动和导电的灵敏性实验,携带岩心和钻屑的样本。所有这些论文中所建议的工作项目,后来的阿波罗号航天员都一一完成[3]。

与此同时,NASA 开始考虑第一组航天员登陆月球的时候应该做什么。在 1961 年 1 月 9 日人类登月任务组第一次会议期间,月球表面探测的细节被划分为 3 步:人类登月并返回地球,一定范围内的人类月球探测,以及建立月球科学基地。到 1961 年 5 月 2 日,美国国家航空航天局副局长罗伯特 · C · 西曼斯(Robert C. Seamans)已经成立了人类登月研究特别工作组,以确定人类登月使命的任务分配、阶段划分,以及费用、亏损和人力需求的估算。在研究中,估计第一次人类登月的时间是 1967 年,研究的目标之一就是确定在月球表面花费的时间和航天员在月球表面的工作任务。虽然报告受限于硬件设计和

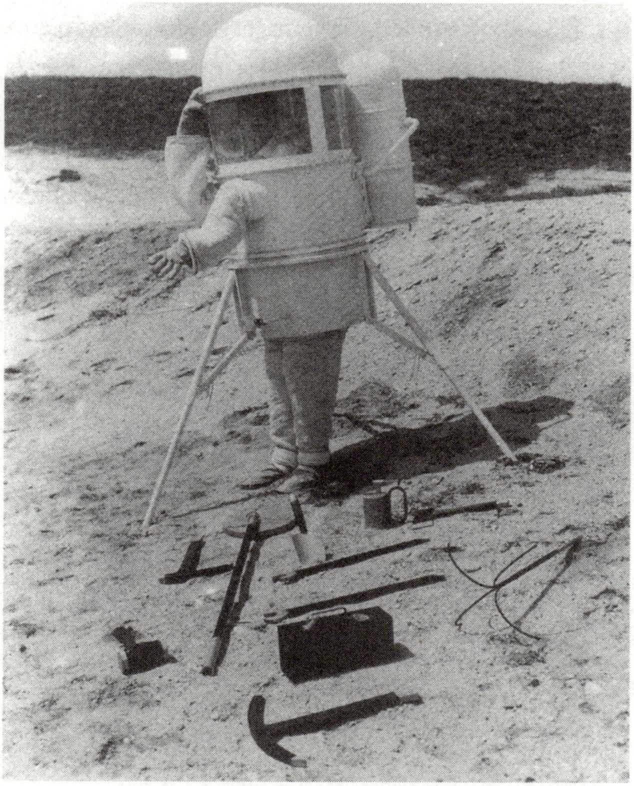

图 5.2　20 世纪 60 年代早期设计的探月航天服及其辅助设备

总体目标情况而难以做出准确判断，但是一般意见认为第一次登陆月球最多花费24小时，只进行单个人在登陆器附近的行走，拾取土壤和岩石样本，也有可能装备仪器并拍摄照片[4]。

5.1.2 阿波罗号出舱活动

1962年，确定对主要指令与服务舱（CSM）的研究中也开始包括为出舱活动提供物品。指令舱中生活供应品将允许两个或更多航天员同时执行出舱活动。当时尚未有人执行过出舱活动，而一些计划接近冒险甚至彻底的危险。北美航空公司完成了初步的航天器交会对接的需求提纲，提出两艘阿波罗号飞船会合时，将先相距几米，保持相对速度小于15 cm/s，然后彼此进入对方机体几厘米内。之后，一名航天员（假定被充分地保护，免受辐射和流星体撞击伤害）将出舱并控制对接飞船，把它接入到对接密封装置，完成硬对接。1962年6月，在火箭动力工厂，5位美国国家航空航天局的科学家身穿压力服装，对于在太空中使用特殊的维修工具和多种压力服设计方案，来修理或维护J-2 Saturn火箭发动机上的部件，进行了可行性研究。最后，在1962年7月，由北美航空公司实施的研究中，对几种对接方式进行了试验，其中一个方案是由一名航天员带着安全带，通过出舱活动，转移至打开的登月舱。然后，第二个航天员，在打开的指令舱气闸舱舱口，卷动安全带，把飞船舱连接在一起[5]。

在1962年7月，建议中的登月舱的工作报告正式发布。其中包括了登月舱与指令服务舱分离，独立飞行2天（包括在月球上花费的时间）的能力。登月舱必须能够为2名航天员的月面活动提供支持，但是没有自己的机动系统。它的高压密封系统必须具有为6个完整舱室再次增压的能力，并且供出舱活动使用的2个便携式生命保障系统必须能够被重复补给最多6次，每次补给后的标准操作时间可达到

4小时。这样，每位航天员可以执行3次4小时的出舱活动（包括临时出舱活动）。

报告书同时还提出了对科学调查研究背包内容的考虑。登月舱将包含一个科学仪器系统，该系统由月球空气分析器、重力仪、磁强计、放射分光计、样本回收器、岩石和土壤分析设备、科学试验设备、土壤温度仪器和照相机组成。在随后的几个月里，为了向月球表面发送附加的有效载荷和消费品，一些研究评估了补充的“月球物流”概念[6]。这些都将构成预期在阿波罗号首次登月之后实施的阿波罗行动计划的核心。

在1962年11月7日，NASA宣布，选择格鲁门（Grumman）飞行器工程公司开发阿波罗载人登月计划的两人两段（上升段和降落段）登月舱（Lunar Excursion Module，LEM——后称Lunar Module，LM）。到1962年年底，阿波罗计划的许多主要的元素已经被确定。这项3人任务将由土星5号运载火箭沿着月球轨道交会轨迹发射。通过装有探测器和制动伞的机械对接系统和内部转移隧道，将有2名航天员乘登月舱登月，而第3名航天员将留在月球轨道上的指令与服务舱中。月面探测一段时间之后，登月舱的上升段将升空并且与留轨的指令与服务舱交会，3名航天员将飞回地球，结束大约为期7天的任务。

5.1.3　影响阿波罗号出舱活动的因素

随着基本任务计划的明确，改进硬件设计将是接下来6年的主要工作。1967年1月，阿波罗1号发射的延期和重要性将影响阿波罗号计划的整体运行阶段。所有这些技术发展的细节已超出了本书的范围，但是下面概述了影响阿波罗号出舱活动开发工作的一些重要因素。

5.1.3.1　硬件

因为登月舱上的对接口位置由前上方变为正上方，前部舱口的形状可由圆形变为方形,这样更便于航天员穿着压力服、戴着直边便携式生命保障系统时出入航天器。

图 5.3　早期从登月舱走出的方法,登月舱带有方形舱口和无前支柱的梯子

按照登月舱航天员工作台的安排,指令长在左边,副驾驶(登月舱航天员)在右边,与航空飞行工作台相同。舱门的铰链将向内打开,对着登月舱航天员工作台,也就是不同于早期文件中计划的由登月舱航天员出舱并且执行出舱活动,在新设计中,指令长必须首先出来,然后才能将舱门部分关闭,以便登月舱航天员能移动到对面现在空出的指令长工作台,再走出舱口。同样地,返回时登月舱航天员必须首先进入飞行器,然后才能允许指令长进入。这是一个主要的因素,先后顺序上决定了谁成为第一个登上月球的航天员,谁是第一个离开月面的

图5.4　航天员弗兰克·博尔曼(Frank Borman)和埃利奥特·西伊(Elliot See)将恒温服套穿在早期的阿波罗压力服外,在月球地形实物模型上模拟出舱活动

航天员。

1架9级梯子被安装在前部登陆支柱上,梯子顶端靠近前部舱门的位置,有1个便于活动的小平台(走廊)。相对于早期被称为"彼得·潘"的临时应急装置和1个打节绳系统,这些已经是巨大的改进。

为了保证从月球上能够安全发射返回到月球轨道,并且更易于在登月舱和月面之间出入,安全着陆的角度限定为30°,倾斜到达登陆点。在第一次任务中,登月舱的详细计划书被更改,以利于简化任务并增加盘旋时间,实现安全着陆,外加10小时月面停留、6人·小时出舱活动能力、32 kg科学有效载荷和36 kg月球样本回收能力。在第一次登陆经验的基础上,登月舱在以后的登陆中将保持并扩充到完全能力。在阿波罗11号任务中,这些指标被部分调整为出舱活动5人·

小时、月面停留不到 24 小时、携带 1 个小型科学试验背包进行简短的地质考察。

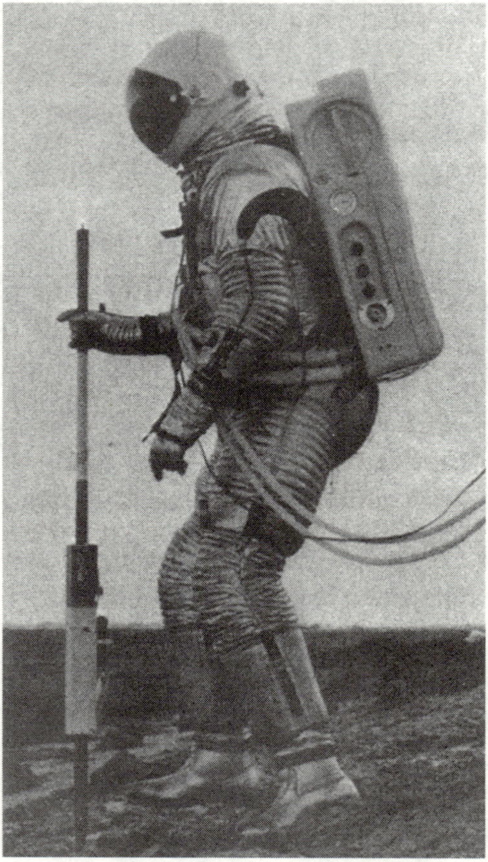

图 5.5　在早期阿波罗号月面行走模拟中，航天员测试项目使用“雅各布棍子”地形/配平工具

5.1.3.2　航天服

在 1962 年 11 月，航天服设计的首要标准被颁布。它将包括便携式生命保障系统，提供氧气、压力控制、温度和湿度，以及屏蔽极端温度和太阳辐射。头盔将有 1 块可以除霜的太阳反光面窗，从而在极低温度情况下提高能见度，还有 1 套紧急情况氧气供应系统。

在选择航天服冷媒时，选择了液体而不是气体，是因为液体的热加载能力得到了更好的改良，在 1 g 环境中训练时，为航天员提供了更好的制冷效果。

5.1.3.3　地点

由于早期对月面尘土厚度非常担心，在选择首次登月的着陆点时，努力向所预期的尘土最薄的地点着陆。早期探测器的硬登月和软着陆很快驱散了关于登陆者可能陷入深层尘土的担心，但是人们依然关注登月舱降落和航天员月面行走时将扬起的尘土。

图 5.6　沃尔特·坎宁安(Walter Cunningham)穿着早期阿波罗压力套服，进行灵活性训练

图 5.7　在登月舱的实物模型附
近进行的早期出舱活动操作

到 1963 年 3 月,初步的研究描述了一个良好的登陆地点——月海,距陆地山脉 16 km,距主要的环形山 16 km。这一地区可以进行大部分的科学活动,从而使规划者能够规划未来的任务安排,以获得更多的科研成果,并且将详细说明最可行的登陆地点的自然状态和范围。

为阿波罗号选择候选登陆地点需要考虑到的因素有坡度、表面结构、强度、陆标、孤立的特征,以及不同区域的面积、形状和位置、使用阿波罗土星 5 号登月舱外形的可靠近性、着陆点亮度以及是否满足发射和溅落条件。满足这些要求的地点主要在月球中央靠近赤道的

±5°N/S和50°E/W 之间的区域。通过月球轨道舱无人地形勘测飞行等更深入的研究,候选地点将逐渐减少,缩小勘测者号登陆任务的目标登陆地点的选择范围,并在不载人的数据和来自初期的阿波罗载人月球轨道任务的补充数据的基础之上,选出载人登陆的最终地点。第一地点选择委员会主要关心的是安全,而不是科学。在阿波罗系统已经被证实能够支持载人登陆任务以后,接下来的事情将连贯展开。

5.1.3.4　试验

在 1963 年 2 月 24 日至 3 月 23 日,月球表面试验专门小组的第一次会议在载人飞船中心举行。组建这个组织是为了研究和评估所提议的月球表面试验的预期科学结果,以及怎样调整勘测者号和其他无人探测器以更好地支持载人登月计划。进行科学研究的一般指导方针涉及 3 个学科领域:月球现象的广泛观察、有代表性的样本收集、监视设备的布置。

阿波罗试验的指定工作组的建议被合并到最后的阿波罗试验科学目标建议书中,其中包括直接在围绕登月舱的区域内进行月球地质和物理方面的测验、地质勘测、月球内部探测、月球表面大气和射电天文学的研究。

被送往月球的试验包的大小早期确定为重 113 kg、体积 0.3 m^3,且最初具有回收能力 36 kg(后来增加到 45 kg)、0.06 m^3(后来增加到 0.09 m^3)。对于即将进行的登月任务,试验仪器的尺寸和质量必须符合航天员、登月舱、任务目标及使任务取得全面成功的安全性指标。

如月球旅行不得不提早结束,在收集记录样本和环境样本之前,偶然事故的样本将首先被收集。

本迪克斯(Bendix)公司将制造阿波罗月面试验装置(Apollo Lunar Surface Experiment Package,ALSEP),并在 1968 年的调度审查后,制造

了首次登陆的简化试验装置,被称为早期阿波罗月面试验装置(Early Apollo Surface Experiment Package,EASEP)。

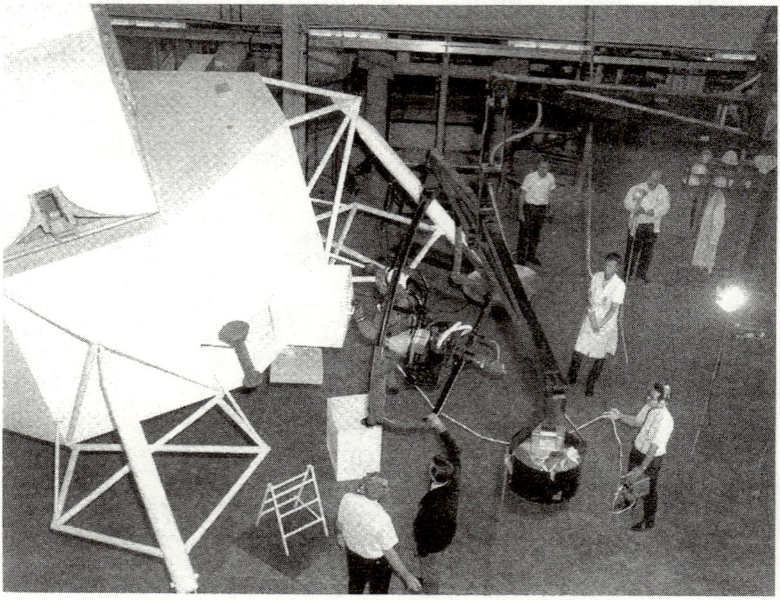

图 5.8 早期表面出舱活动模拟,使用彼得·潘钻塔

5.1.3.5 旅行

在 1963 年 3 月 27 日,阿波罗任务计划小组为登月任务设定了两个要求。首先,两位航天员能同时在月面安全、有效地工作。其次,在 48 小时登月舱独立运作要求的基础上,在月面的时间被设定在两个指导方针之间——24 小时飞行和 24 小时月面活动,或者 3 小时飞行和 45 小时月面活动。在第一次登陆的任务中,这些指导方针将被合并,直到 1971 年的阿波罗 14 号任务。从阿波罗 15 号开始,在向着月球或向着地球飞行期间,具有了从指令舱指导出舱活动的能力。

1966 年 3 月,本迪克斯公司签署了承制阿波罗月面试验装置的合同。1969年,波音公司被选择来设计、建造并发送2人座月球车,并在合同规定的17个月之内予以完成。

后期的阿波罗任务(J系列)的持续时间延长,增加了任务时间、表面停留时间及有效载荷发送和回收的能力。月面出舱活动从2次增加到3次,在服务舱中增加了科学仪器装置,并要求进行深空出舱活动。

5.1.3.6　安全

1963年11月,在阿波罗对接界面小组的会议期间,探查—浮标系统被推荐。这样,航天员转移的方式就增加为2种,即最初的从内部对接隧道转移,以及从登月舱到指令舱的出舱活动转移。

在1964年2月,从登月舱到指令舱的出舱活动转移作为航天员转移的备选方案在内部转移舱口故障或增压失败的情况下使用。北美航空公司没有为出舱活动设计Block Ⅰ指令舱,也没有为穿着增压服的航天员设计Block Ⅱ转移隧道。在没有对接的情况下,转移到指令舱是不可能的,因为登月舱在无人的情况下是无法操纵的。

5.2　竞赛:苏联载人登月计划

尽管当阿波罗号计划运行时没有苏联的航天员冒险登陆月球,但是他们确实参与了适用于月面操作的程序和硬件的测试工作。在很长的时间里,苏联的载人登月计划被笼罩在神秘中,并且起先甚至被苏联否认,以避免在美国人成功以后的窘态。然而,有关计划的信息逐渐地显现出来。在20世纪60年代中期,苏联两大主要的设计局(科罗廖夫领导的OKB－1和切洛梅领导的OKB－52)展开竞争,争夺苏联发送航天员登月的载人航天工作的领导权。这是一场利益斗争,在20世纪70年代建造第一座空间站时也发生了同样的情况[7]。

苏联的登月计划包括绕月计划(L1 计划:2 名航天员乘联盟号飞船,由质子号火箭发送)和载人登月计划(L3 计划:2 名航天员乘坐由巨大的三级 N1 火箭发射的航天器)。从 1968 年到 1970 年,L1 计划进行了多次无人探测器——Zond 的飞行任务,但是在 1970 年被中止,不曾进行过载人任务。L3 计划没有完成任何重要的任务,并且在 1974 年被中止,也未进行过载人发射。

L3 任务需要 2 套航天服,一套为指令长执行月球轨道出舱活动用,另一套为航天员执行月面操作用。在登月任务中,航天员将通过出舱活动转移到着陆器,然后,在从月球返回后,反向重复这项出舱活动。因此,最初决定在 1967 年 4 月作为联盟 1/2 号任务的一部分,在地球轨道的联盟号飞船上模拟出舱活动转移。但是联盟 1 号在飞行中遇到的困难导致了联盟 2 号飞行任务的撤销,使得该项模拟操作拖延了 21 个月,直到 1969 年 1 月才最终在联盟 4/5 号飞行任务中得以执行。这次出舱模拟活动是出舱活动转移技术的有益示范,但是由于在 N1/L3 计划上的若干延迟,它没有进一步应用在苏联的月球计划上。

5.2.1 联盟号出舱活动转移(1969 年 1 月)

1966 年的秋天,从苏联航天员训练队选拔了第一批航天员,执行联盟 1 号和联盟 2 号对接,以及第二年春天的出舱活动转移任务。航天员阿里克谢·叶利谢耶夫(Alexei Yiliseyev)和叶夫格尼·赫鲁诺夫(Yevgeny Khrunov)被挑选执行出舱活动转移(其中,赫鲁诺夫曾经是上升 2 号飞船航天员列昂诺夫的候补航天员),航天员瓦列里·库巴索夫(Valeri Kubasov)和维克拉·戈尔巴特科(Viktor Gorbatko)作为候补。联盟 1 号在联盟 2 号前一天发射,载有 1 名航天员(指令长弗拉基米尔·科马罗夫(Vladimir Komarov)),联盟 2 号载有 3 名航天员(指令长瓦列里·贝科夫斯基(Valeri Bykovsky)、飞行工程师叶利谢耶夫、研究工程师赫鲁诺夫)。在联盟1号发射后的第3天和联盟2号发射后的第2天,两艘飞船将对接,2名出舱活动航天员将从联盟2号的轨道舱转移到联盟1号的轨道舱中。第二天联盟1号将返回地球,然后贝科夫斯基独自驾驶联盟2号返回地面[8]。

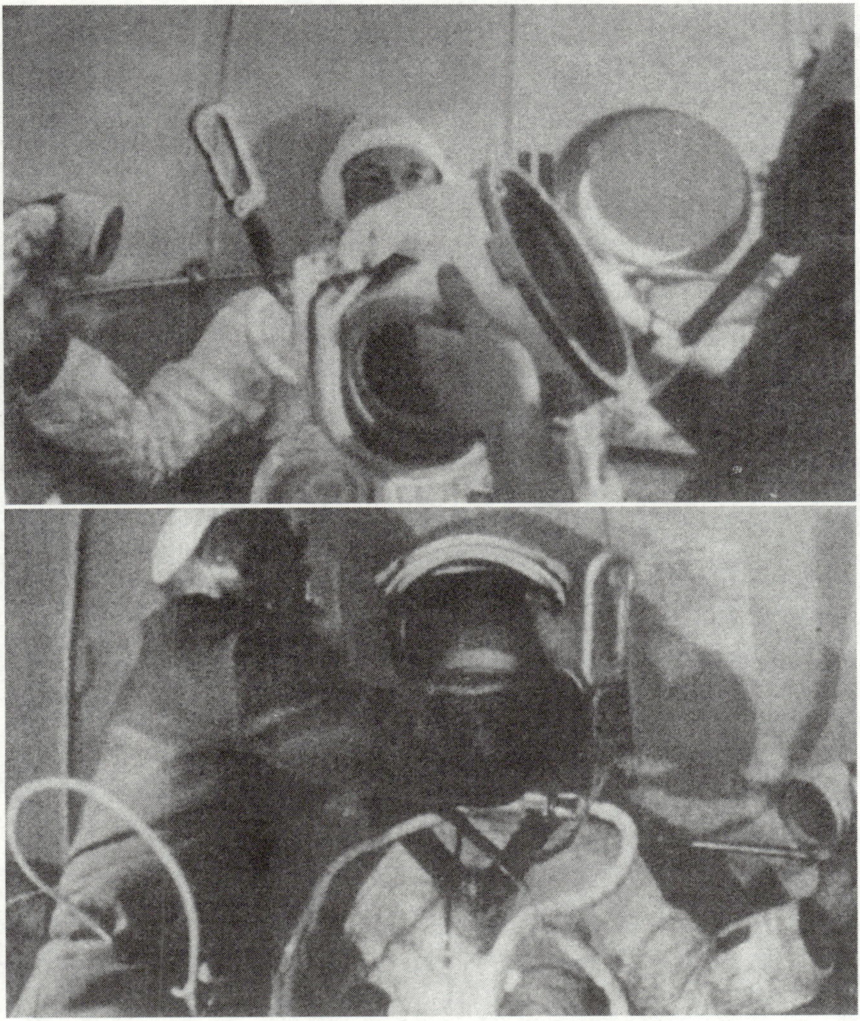

图5.9　联盟号出舱活动转移操作

然而,联盟1号上的航天员科马罗夫,几乎一进入轨道就遇到了困难,以致不幸死亡,于是联盟2号的发射被取消。在1967年末和1968年进行了一些无人飞行任务后,第一艘载人联盟号——联盟3号携带1名航天员发射升空。但是,这是一次单人的试飞,设计为与之前发射的无人联盟2号飞船对接。航天员格奥尔吉·别列戈沃伊(Georgi Beregovoi)没有完成对接,但是实现了与其他联盟号的交会,并且为以后的任务验证了飞船的能力。接下来飞行的是联盟4号,载有航天员弗拉基米尔·沙塔洛夫(Vladimir Shatalov)。2天以后,联盟5号载着航天员叶利谢耶夫和赫鲁诺夫与一位新的指令长博里斯·沃雷诺夫(Boris Volynov)一同起飞。1天以后他们完成了与联盟4号飞船的对接,并且为出舱活动(培训超过两年半时间)做好了最后准备[9]。

指令长沃雷诺夫帮助他的同伴穿上Yastreb出舱活动航天服,然后退到推进舱,并且密封连接舱口。在联盟5号的轨道舱中,航天员叶利谢耶夫和赫鲁诺夫穿着全压力航天服,为轨道舱减压,并且准备通过轨道舱一侧的舱门出舱(该舱门发射时被用来从发射台上进入联盟号)。在模拟训练期间测定,当航天员背上出舱活动生命保障系统时,很难穿过舱门。尽管当时已经为以后的联盟号飞船设计了更大的舱门,但是这次任务却毫无准备。背包因此被转移到他们的腿上。出舱活动仅仅持续了37分钟,航天员赫鲁诺夫和叶利谢耶夫先后转移到对面的联盟4号飞船上,在转移期间每个人监控着对方。当两个人都安全地到达轨道舱内,马上密封了舱门。为联盟4号再次增压以后,指令长打开连接舱口欢迎他的新乘员,他们相互举杯庆祝。

5.2.2 一次成功的L3示范

这次出舱活动是第一次,也是迄今为止仅有的一次,通过联盟号飞船的轨道舱完成的出舱活动,并且是唯一的一次与苏联载人登月计划有关系的出舱活动。这次出舱活动仅是航天员走出飞船的第二次，并且将是最后一次在非空间站任务中执行苏联/俄罗斯出舱活动。但是这次演练有收获吗？如果说主要目的是评估 L3 载人登月计划的技术，并且在假设的航天员营救情形中，作为出舱活动转移的可能性的间接示范。那么，这次活动是成功的，因为 2 名航天员（而不是 L3 计划中的只有 1 名）都从一艘飞船转移到了另外一艘飞船。如果这样的营救情景是可能的，那么这 2 名航天员证明了它能被完成；但是如果尝试将这样的出舱活动作为营救措施，还需要有各种各样的有利条件。

5.2.2.1　L3 转移

在 L3 计划中，2 名航天员将从对接舱转移到轨道舱，进入太空。航天服将存放在轨道舱，并且航天员将在密封舱体之间的舱门（对接舱中没有人）和打开外部舱门之前，穿上航天服。月球探测者，穿着 Krechet 航天服，携带自动生命保障系统，用手一点点移动到着陆器内，同时指令长穿着奥兰航天服，戴着短脐带，站在轨道舱舱门内或舱门附近，监视并拍摄他的同伴，并且时刻准备，如果需要就出去帮助他（或营救他）。这与在联盟 5 号上采用的转移方式相同，即航天员赫鲁诺夫首先转移，由航天员叶利谢耶夫监视；不过在这次任务中，航天员叶利谢耶夫跟随赫鲁诺夫转移，而没有返回联盟 5 号的对接舱。

在联盟号上，航天员赫鲁诺夫错误地将通风脐带连接到了他同伴的航天服上，而没有给他自己的航天服连接，所以他不得不返回联盟 5 号轨道舱，出舱活动被推迟大约 11 分钟。这个错误可能归因于轨道舱内部的照明条件、相似的连接外观、缺少清晰的标记和执行出舱活动的热切。这样的操作虽然影响了 L3 计划，但是这可能促进更好的部件识别、更佳的照明和仔细的时间设定。也许本来就应该留一点宝贵的时间延长或推迟出舱活动，即使着陆点照明条件没有严重的影响。

为了在联盟号飞船之间进行转移，飞船外部安装了一系列出舱活动扶手，以帮助航天员移动穿越飞行器的表面。在以前的任务总结报告中，航天员通常都报告一切按计划进行。航天员赫鲁诺夫也报告说他在从联盟号出舱时没有遇到困难，他写道："用手握住牢固的扶手作为支撑方法是最实际的。"[10]而最近，一些报告已经指出抓握这样的扶手是很困难的，而且努力坚持会引起疲乏[11]。这些扶手在礼炮号与和平号空间站的系列中也被采用，在L3任务硬件中将可能采用。

便携式照相机连同所拍摄的照片在出舱活动中丢失（同样的事件在1966年双子星座10号任务中也遭遇过）。绳索显然并不可靠。在重新密封联盟4号的舱门时，航天员也遇到了困难，因为漂浮的带子和绳索被缠在舱口机械和密封物上。在L3计划中因为仅有1名航天员，所以这将再次拖延时间推迟下面的任务，但是在联盟号上有2名航天员，问题得以较好解决。

显然联盟5/4号的转移活动，在为登月计划开发的系统中，给苏联提供了颇有价值的飞行经验。并且尽管那个计划远未达到实际运作阶段，但这些经验将给他们时间，把所有的变化和修正合并到程序中，使计划继续下去。

5.2.2.2 营救

联盟5/4号所宣称的成就之一是它示范了营救一名陷入困境的航天员的操作。但是，问题是在这次任务中，对接和转移被预先计划，并且航天员已经为此进行训练。偶然事故训练能大概模拟紧急情况，但是事实几乎肯定与模拟不同——事实上，被训练的紧急情况不管如何逼真，它始终只是一次模拟，没有恐惧和压力。另外的因素是适当系统的合并,以允许通过出舱活动实施营救。对接系统必须是兼容的,并且出舱活动必须被看做是比通过封闭隧道的内部转移更可行的一种选择。

在1969年美国和苏联都在运作一个探查—浮标系统,没有(如联盟5/4号)或者有1个(如阿波罗号和后来的联盟号/礼炮号任务)内在的转移舱口。如果任一系统发生问题,假定陷于困境的飞行器也不歪斜,任何营救航天器都必须有一个兼容的对接系统。正是这个任务,以及美国和苏联航天人员之间在营救和对接的兼容性上的讨论,促成了1975年阿波罗号—联盟号测试工程和最后的航天飞机—和平号和国际空间站合作工程。然而,真正的空间营救能力依然未被充分地发展。

另外的因素是,为执行营救,每位航天员都要求穿出舱活动航天服。在联盟5/4号任务中,航天员沙塔洛夫和沃雷诺夫没有穿航天服。仅仅在1971年联盟11号航天员失事后,才要求在所有联盟号发射中,在舱内活动紧急情况时,要求航天员穿上Sokol航天服。早期的航天飞机项目也为所有乘员开发了一个"理论性"出舱活动营救系统,但是它未在飞行操作中实际应用。

总之,联盟5/4号证明了,一名航天员在给定合适的条件和设备时,能够从一艘飞船转移到另外一艘。这演示了一个理论的空间营救系统,但是把这样的一套步骤转化到实际运作应用中的工作从来没有实行过。

5.2.3　登月航天员

在联盟5/4号转移上使用的Yastreb航天服,反映了在L3月球任务中哪些工作将是必须完成,但是是在月球轨道上,而不是在地球轨道。穿着Krechet航天服的航天员可能会花费同样多的时间(约40分钟)，而且为了便于与地面通信联系，出舱活动应在月球轨道的近端执行。第二次出舱活动被认为时间将稍长，由于需要转移返回地球的月球样本盒、胶片和其他物品。这与阿波罗号返回地球时取回科学仪器舱胶片盒的出舱活动类似，将花费45～60分钟，同时也将再次位于轨道的近地端执行。为L3计划开发的奥兰航天服被宣称有能力支持2次2.5小时的出舱活动[12]。因此每次出舱活动，指令长能够在舱外(或在真空中)逗留一个完整的月球轨道周期(约2小时，和1次30分钟的紧急情况预留)。苏联的月面航天服在52小时的月面停留期间，预计能保持性能稳定的时间达10小时。

Krechet航天服设计发展成为Krechet－94，并且到1972年L3项目成为L3－M，该项目将有3人执行探月任务，并有2人登月(类似于阿波罗号)。针对这种情况，提议修改Krechet－94，在月面时再次充压并且维护航天服，可在5天停留期间里，支持6次月面出舱活动。在一些图表中，小型单人月球车被描绘为可用于月面活动的机动系统，尽管在第一次苏联载人登月中，他们可能没有实际应用。

在后来的空间站项目上，奥兰航天服的经验向星星公司揭示了L3出舱活动操作的设计，至少在月球轨道，是过于托大的。不同设计和用途的航天服的制作、测试和准备是复杂的，并且倾向于推迟，而且在它们之间没有兼容性。从一艘飞船到另一艘飞船的出舱活动转移是复杂的、危险的和费时的，并且航天员在月球行走之前就被要求长时间待在航天服内是很不舒服的。从阿波罗号得到的经验表明，月球探索必须被考虑为至少两个人的操作，这些工作量加在单个航天员和航天服系统上，将是很大的负担[13]。

5.3　宏伟的荒芜

联盟号出舱活动转移是第一次也是最后一次苏联月球出舱活动

程序的验证飞行,并且也将是8年里最后一次苏联出舱活动,因为载人空间站和内部转移系统取代了航天员登月的计划。在1969—1977年期间,美国飞行并且完成了阿波罗登月计划和天空实验室项目,这些计划都把出舱活动作为一次操作活动,而航天飞机计划的发展,将使出舱活动达到一个新水平。

然而,在发送航天器到达月球表面之前,美国国家航空航天局计划测试它自己的月球航天服和紧急情况下乘员转移的能力,它与联盟5/4号上使用的极为相似。因此第一次阿波罗出舱活动没有发生在月球上,而是在地球轨道上的阿波罗9号上。

5.3.1　红色月球车的金色制动器

因为经历了两艘飞船的实验,所以无线电呼号被应用于指令服务舱和登月舱。在阿波罗9号上,这些是指令服务舱的呼号为"水果糖"(Gumdrop),登月舱的呼号为"蜘蛛"(Spider)。同时,因为拉斯蒂·施韦卡特(Rusty Schweickart)将在舱外测试独立的阿波罗号出舱活动单元(EMU),并且实质上将成为分离的"航天器",他也应该拥有一个单独的呼号——"红色月球车"。转移活动将由指令舱航天员戴夫·斯科特(Dave Scott)从指令舱打开的舱口进行拍摄,这时指令长吉姆·麦克迪维特(Jim McDivitt)将穿着阿波罗出舱活动航天服留在登月舱内。多年以来,对于选择"红色月球车"这个呼号有多种解释,有的认为是由于施韦卡特的头发是铁锈红色,有的认为是由于他在登月舱与指令舱之间巡回时所使用的出舱活动头盔是红颜色的(这是它唯一的一次被涂成红色——可能是由于图像文件经过处理的原因)。

计划由施韦卡特带上将在月球上使用的出舱活动背包,并评估到登月舱门廊的出口。他将"站起来",把脚放在平台上稳定的脚制动器中(被涂成金色——因此被称为金色制动器),用16 mm和70 mm胶

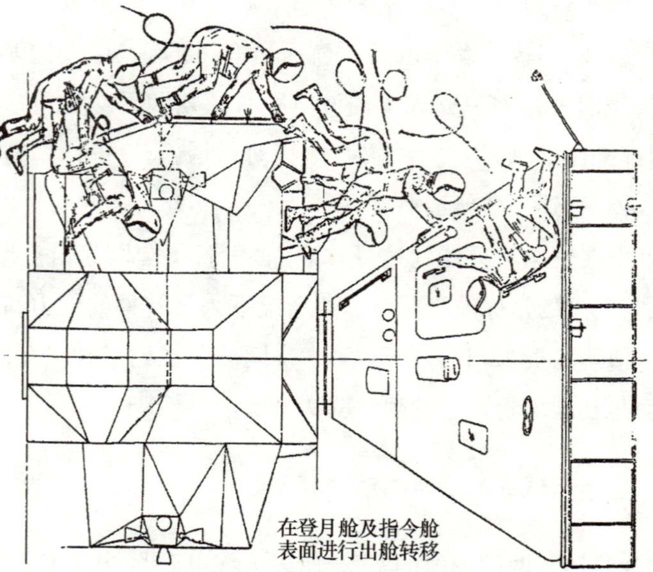

图 5.10 用于返回航天员的偶然事故出舱活动移动路线,在阿波罗 9 号飞行期间得到评估

片对斯科特从指令舱舱门出舱,并在登月舱外收集附属的热量样本的过程进行拍摄。之后,他将转向指令舱,利用安装在登月舱前部的出舱活动扶手,进入指令舱口,并由斯科特对他进行拍摄。施韦卡特在任务初期,由于是第一次执行航天飞行,发生了几次运动病,出舱活动险些被取消。因为麦克迪维特认为这可能严重影响他在飞船外的表现,并且建议演练只进行舱室减压。然而,到飞行的第 4 天(出舱活动日),施韦卡特感到好多了,并且获准继续进行出舱活动。麦克迪维特也因此变温和了,允许他的登月舱航天员至少出去并且“站在门廊上”。

大家希望出舱活动持续大约 2 小时 15 分,但是实际上只持续了 1 个多小时的时间。打开登月舱前面的舱门所需要的努力比预期的要多得多。但是他们终于打开了,施韦卡特脚冲前、脸朝上漂出舱外(而不是像航天员在月球上那样脚冲前、脸朝下)，因为在零重力环境中这样出舱更容易。他被 7.6 m 长的尼龙绳索系住，以防止他漂浮离开，因为他正在使用阿波罗号出舱活动航天服的便携式生命保障系统，而不是斯科特和麦克迪维特以前使用的脐带。当施韦卡特在“前平台”上时，被约束在金色制动器上，斯科特出舱并且从飞船外部回收热量样本，他发现指令舱上的样本丢失，但他成功地从打开的舱口附近回收了服务舱前部边缘的样本。施韦卡特设法完成了一个简短的移动评估，沿着登月舱前部的扶手移动，然而没有到达指令舱。当他移动的时候，他评估了穿着航天服的灵活性和身体姿态控制力，保证他不撞击飞船的部件(例如天线)或由于移动撕破压力服。斯科特拍摄了他的部分转移活动，但是后来胶片卡住了，于是，施韦卡特利用这几分钟时间漂浮，吊在登月舱上，并且观赏地球和星体的景色。之后，施韦卡特顺利移动回到登月舱，斯科特关上了指令舱的舱门，完成了第一次美国两人出舱活动操作。

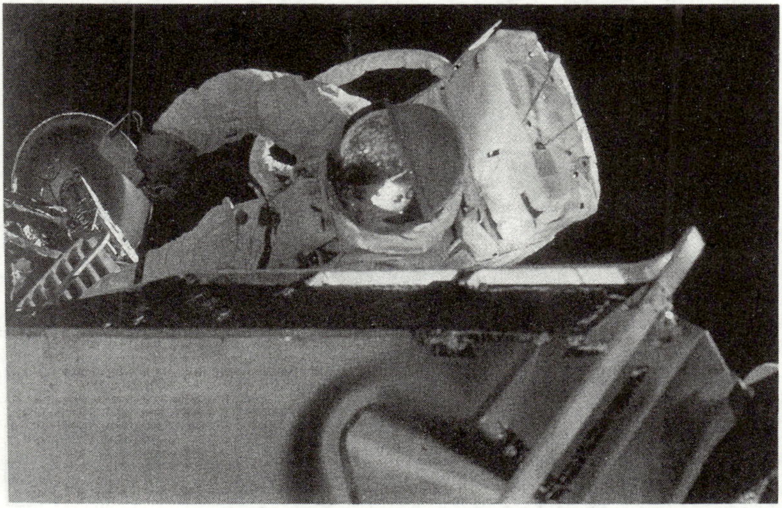

图 5.11　阿波罗 9 号的月球表面出舱活动服的出舱活动测试

施韦卡特的演示增加了在月球表面上使用航天服的信心,并且如同联盟4/5号一样,表明了一名登月舱航天员能够从着陆器移动到指令舱。施韦卡特从病中恢复以后,在舱口平台上的表现,使麦克迪维特相信可以尝试扶手评估,并且在评估中施韦卡特发现,与任务前的模拟相比,包括那些在水下实行的模拟,扶手实际上更容易使用,甚至可用单手。不过,在月球飞行上,需把样本回收器和其他设备运回到指令舱,要求可能会稍高。这次出舱活动是如此成功,以至人们决定在阿波罗10号的任务计划中不再包括类似的演练。斯科特的评估表明,走出指令舱的出舱活动也是相对简单的练习,这增加了人们对在今后的阿波罗行动计划的科学任务中,走出主航天器的未来出舱活动增加了信心。下一次,美国人将离开航天器,登上月球。

5.3.2 登月(1969年7月—1972年12月)

历史上,1969年7月20日人类第一次登上月球(尼尔·阿姆斯特朗和布兹·奥尔德林),着陆点在月球的静海基地。他们在那里只停留了不到1天的时间,并且也只完成了1次单人出舱活动。这是原计划到1974年前将进行的10次登月活动中的第1次。不幸的是,原计划中的3次任务(阿波罗15号,19号和20号)被取消,并且由于设计上的更新,阿波罗计划将以阿波罗17号任务为终止,而不是原计划的阿波罗20号。因为预算的限制、可用硬件的缺乏以及进行其他计划的要求,在阿波罗行动计划之后将没有类似的后续的探索任务。在已经进行的阿波罗登月任务中积累的月面出舱活动经验参见表5.1。出舱活动持续时间指从舱室减压到再次增压的时间。阿波罗15号也包括一次直立的出舱活动,由戴夫·斯科特执行,从登月舱顶部出舱。在最后3次阿波罗任务中,还执行了3次深空出舱活动,来回收科学仪器舱的胶片盒,分别是阿波罗15号39分钟、阿波罗16号1小时23

分、阿波罗17号1小时5分。

表5.1 在阿波罗登月任务中积累的月面出舱活动经验

任务代号	着陆地点	出舱活动次数	持续时间（小时:分）	表面停留时间（小时:分）
阿波罗11	静海(Sea of Tranquillity)	1	2:23	21:36
阿波罗12	风暴洋(Ocean of Storms)	2	7:45	31:31
阿波罗13	弗拉摩洛(Fra Mauro)	（计划2次）		
阿波罗14	弗拉摩洛(Fra Mauro)	2	9:22	33:30
阿波罗15	哈德利—亚平宁(Hadley—Apennine)	4	18:34	66:54
阿波罗16	笛卡儿(Descartes)	3	20:14	71:02
阿波罗17	陶拉斯—利特罗(Taurus—Littrow)	3	22:03	74:59
总计		15	80:21	299:32

5.3.3 失败的阿波罗号

1970年阿波罗任务的3次失败，以及阿波罗13号在登月途中的失败，导致丧失了进一步获得出舱活动经验的机会。阿波罗13号原计划在34小时的月面停留期间，进行2次出舱活动，每次活动4小时。但是从阿波罗14号的飞行记录来看（在原本阿波罗13号预定的地点登陆），在大约33.5小时的停留中，原计划的2次出舱活动，共合计持续了约9~9.5小时。此外，每个被取消的阿波罗任务（阿波罗18号~20号），都将完成至少3次使用月球车的出舱活动，即在72小时的月面停留期间，可进行大概21小时

（3×7 小时）的出舱活动[14]。在回顾阿波罗号的成就时，人们不应该忘记那些丧失的机会以及探求更深入的知识和经验的潜力，并且这些或许可以作为未来探索月球及更远世界的教训。

5.4　登月活动收获：阿波罗号的经验（1969—1972 年）

在月球上的第一次出舱活动，由阿波罗 11 号航天员尼尔·阿姆斯特朗和布兹·奥尔德林在 1969 年 7 月 20 日执行，持续了 2 小时 31 分。尽管航天员行走了大约 1 km，但出于安全考虑，同时为保证大多数活动能被电视摄像机记录下来，航天员大部分时间都是在登月舱附近游走。出舱活动接近结束时，尼尔·阿姆斯特朗冒险离开登月舱 60 m，探察了一个直径 33 m 的月坑。在整个的出舱活动期间，2 位航天员收集了 21.55 kg 的月球样本。阿波罗的探月历程已经有了一个伟大的开端，然而仅仅 41 个月后，阿波罗 17 号的航天员吉恩·塞尔南和杰克·施米特完成了他们的第 3 次月面旅行——这也是阿波罗计划的最后一次月面旅行。在 1972 年 12 月 13 日这一天，他们在月面的停留时间超过 7 小时 15 分，在这期间他们驾驶月球车行驶了 12.1 km，累计时间 1 小时 31 分，并且收集了 62 kg 样本。但是所有的一切都过得太快，阿波罗号探月活动结束了。

在这两次事件之间，12 名航天员把他们的足迹留在了月球表面布满尘埃的土壤里。在那些探险者离开月球的 30 多年以后，足迹仍然留在那里——但是却没有增加新的脚印。因此，在对离我们最近的邻居进行的少数几次相对简短的访问期间，我们在哪些出舱活动技术方面得到了发展，这些收获当我们重返月球的时候是否有用，并且对于我们探访更加遥远的宇宙是否有用，这些都是值得探讨的问题[15]。

图5.12 地质学家暨阿波罗17号登月舱航天员杰克·施米特（右）与承担研究任务的科学家鲍勃·帕克（左）在训练间隙进行讨论，承担地面任务的科学家和出舱活动地面支持航天员是出舱活动团队不可分的成员，他们在航天员、飞行指挥者、幕后支持者和科学家之间，提供支持和联络

5.4.1 计划

出于对安全原因的考虑，月球上的首次出舱活动计划为短期活动，其目的是实现阿波罗目标——到达月球表面、进行一次短途旅行、收集少量样本、拍摄一些图片、开展几个试验，然后安全返回地球。为了进行第二次出舱活动改进了登月舱及其月面系统，为阿波罗12号~14号系列任务设计了阿波罗月面实验装置及地质考察，阿波罗14号中还用到了模块化设备运输装置。接下去的阿波罗15号~17号任务更加具有科学引导性，月面操作扩大到3次单独的旅行，使用月球车以及采集更多的月面样本。同轨道的操作相协调，提供了有价值的基础数据。在预算大幅度削减之前，预计接下去会进行另外3次

同样类型的任务(阿波罗 18 号~20 号),在月球建立更加巩固的根据地、进行更大范围的实验、建立一个或者多个月球研究站,预计经过 20 年的发展,将最终形成永久的月球基地。当任务开始受到限制时,为保证每次行动获取最大化的科学价值,对任务的目标定位重新进行了认真考虑。阿波罗的成功基于一系列非常成功的任务计划,基于首批具有历史意义的登陆的成功和月面活动的执行。

未来应用 如果不说明未来规划,很难确定阿波罗将在哪些任务中继续应用。硬件和子系统的发展、几十年来航天飞行操作的经验和“我们曾经到过那儿”的认识,将引导我们奔向和阿波罗不一样的目标。希望当我们下次到访月球时,是为了在月球停留。并且探索开发月球的计划将更加协调、全面,并成为期待已久的空间基础设施的一部分,既能立即返回,又能在长期停留后返回。

5.4.2 训练

最具挑战性的人员训练和发展计划之一,就是为太空飞行,特别是出舱活动,所进行的训练。正如第 4 章中讨论过的,设计出巧妙的方法,制造出不同级别的重力,从而克服我们地球的自然环境。就像出舱活动,整个阿波罗计划明显地证明了“熟能生巧”的过程,随着每位航天员通过训练在月球表面上活动能力的提高,训练计划逐步改善。早期飞行航天员飞行后的任务报告对后来的航天员的训练计划的改善也有所帮助,从后续航天员完成任务的工作效率来看,效果明显。

未来应用 为阿波罗月球任务而进行的训练对于我们最终重返月球有用吗?如果我们紧随阿波罗进行广泛的月球表面探索和建立月球研究站(早期的月球基地),那么或许会有直接的应用,因为这 2 个计划只相隔几年。但既然我们考虑的是至少还要等到 10 年之后才能返回月球，距阿波罗计划已有40~50个年头，由于技术的进步和目标的改变，所需要的准备工作也大不相同。模拟1/6 g 的重力环境仍然很难，因此只要尚未研发出新设备，失重飞机和悬浮翼仍在某些场合有用武之地。下一代月球探索者会打开尘封已久的阿波罗的资料吗？很有可能。天空实验室、礼炮号空间站及和平号空间站的档案文件直接应用于国际空间站的构建过程中，在航天飞机与和平号空间站（对接系统）和国际空间站（营救飞行器）中回顾了阿波罗的某些技术，因此，我们有理由相信，如果我们想致力于返回月球，那么阿波罗将重新被重视。

5.4.3 出舱活动准备

准备出舱活动所花的时间常常比模拟训练时所花的时间要长，这是因为在模拟过程中登月舱相对干净，而月球上的操作已经占据了登月舱几个小时，并且乱七八糟地堆着表单、数据、食物包装、装载包裹及其他各种各样的东西，所有这些都影响着登月舱的出舱时间表和清单。尽管进行了多次的出舱演练，然而和飞行实际还是有很大差距。模拟训练是非常有意义的，清单也提供了很好的指导，但是总有之前没有考虑到的细节问题在月球上出现。因为它并不是简单的出舱模拟，而是融合在整个飞行任务中的几天，实际操作同清单有偏差，但又想弥补时间结果反而浪费了时间、造成更多的耽搁。而完成几次出舱活动所获得的收获就是，航天员变得更聪明了，他们发现，首次出舱活动中需要注意的事情有些在后面的出舱活动中不再需要——后来的出舱活动只关注本次出舱活动需要关注的事情，或者有些事情可以留在下一次出舱活动时再予以关注。

未来应用 清晰程序和清单的发展将得益于发展中的先进的航天服装备。带有多功能航天服装备的出舱活动计划将得到系统的支持，从而能够在月球表面进行维护、维修和保养工作。航天服装备检测技术的进步，将促进清单的简化，减去那些阿波罗航天员试图省略以节约时间的步骤，而这些步骤往往导致更加花费时间。

5.4.4 出去和进来

随着登月舱出舱平台在月球的首次使用，阿姆斯特朗发现，在失重飞机和水箱中的模拟相当准确。这使他能够恰当地进行身体定位，在阿尔德林的帮助下从不同视角进行观察。当然，身穿压力服很难看到后面，估计空隙和立足点。如果由一个人在月面指导另一个人出舱要容易得多，因为他的视线不会受到登月舱座舱空间的限制，但仍然存在着问题。当康拉德从登月舱出舱时，他的便携式生命保障系统被舱门绝缘层扯了一个 15 cm 大的洞。在阿波罗 14 号，由于担心在那样一个狭窄的地方容易受损，米切尔没有展开安装在便携式生命保障系统顶部的出舱活动天线，而是由谢泼德在他到达月面后帮他展开天线。杰克·施米特认为，实际任务中的进出舱比模拟时难得多，因为他离开或返回登月舱时划破了航天服的口袋。

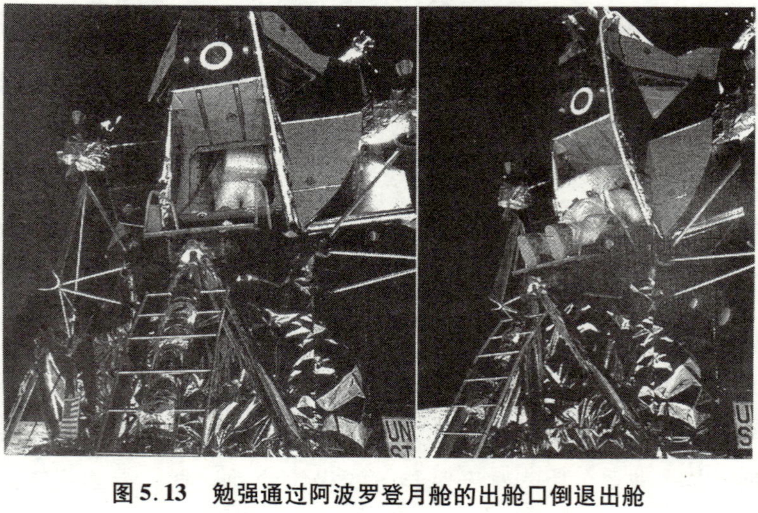

图 5.13 勉强通过阿波罗登月舱的出舱口倒退出舱

未来应用　进出舱通常按照时间表进行,但是更大的空间、更好的视线和更大的平台区将能够在未来的探索者走下可能用到的梯子(如果未来着陆舱上不提供穿过气闸舱的直接通道)时提供便利。在气闸舱或服务区穿着航天服,使用同奥兰的设计相似的后门/后舱门,或许能有助于减少离开和再次进入增压舱所要花费的时间。

5.4.5　设备部署和转移

部署好的系索通常运转良好,然而偶尔也需要绕过 D 形环、直接拉紧电缆以降低模块化设备存放装置,光能转换器(LEC)也会有黏住的趋势。在阿波罗 14 号上,谢泼德在试图直接扯掉 D 形环,将防热罩从存放的模块化设备运输装置上取下时,不得不紧紧抓住上面的毯子和绳索。在阿波罗 16 号上,航天员要求,在模块化设备存放装置的展开过程中,为避免可能存在尘埃污染,不应该接触到月面;但展开后要安放在月面上,因此,某些工具的移动非常困难。航天员扬提出的一个也许对未来的航天员有利的推论是,在着陆器内装置调节系统,这样,假如他们在斜面着陆,实时的再调整比从梯子上着陆更容易,并且一只手就可以操作。这点在月球车的部署中,尤其值得注意。它倾角向上,它的展开和附加物/附件的固定都引起了一些关注。在确保程序正确执行上浪费了一些时间,因为月球车的展开角度看起来同训练中不同,并且可能是不正确的。

未来应用　关于未来着陆,增加月球车调平系统可能是有益的,那样,无论月面地势如何,所有的部署设备能够实现设计功能。在航天员到达之前将设备发送到无人操纵的着陆器上,是在 20 世纪 60 年代为 70 年代和 80 年代的阿波罗之后的行动所考虑的选择,但需要更多的卸载和部署。配置完全的月球车(增压或不增压的)将由于采用了自动部署技术而能够节约时间(正如苏联无人月球车和探路船),但它也会增加载荷，减少其他设备装载量。设想未来如何将硬件发送到月球并且进行操作很有趣，多年来，火星一直是人类探索的焦点，这也导致了关于有效载荷消耗品、探索装置以及航天员的发送等各方面的研究产生了各种不同概念。也许如果继续发展（有迹象表明将要继续发展），结果将成为一个副产品直接应用于通往月球的征程中，即将开发的火星探测技术首先应用于月球探测飞行任务。

5.4.6 灵活性

所有航天员都报告说，调整适应1/6 g 的重力环境、身着航天服在月球表面活动没有困难。奥尔德林是第一个评估航天服灵活性的人，并且认为它穿起来很自然舒适。唯一需要注意的就是航天服和背上所带的便携式生命保障系统的重量。背负便携式生命保障系统不会对航天员的移动造成不便，除非是他们失去平衡或向前摔倒，在那种情况下，便携式生命保障系统的重量会使两名航天员挣扎着一起摔

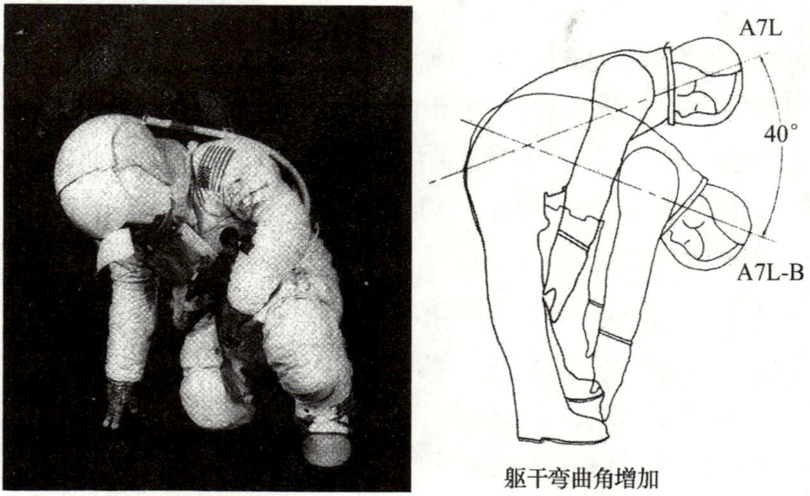

图5.14 为即将进行的登月任务对阿波罗登月航天服进行灵活性验证

倒。从电视上看起来，就像慢动作摔倒，1/6的地球重力看起来给了他们反应和为碰撞做准备的时间。幸运的是，摔倒时没有造成损伤。

阿波罗14号的模块化设备运输装置比期望的更稳定，能够毫不费力地以不同的速度移动。气胎很平稳，没有带起尘埃，也没有感觉到土地对轮胎或车轮机械装置的阻力。模块化设备运输装置在平坡表面猛冲或下坡时速度较快。但比地面1 g 环境的模拟和训练时的速度稍小一点。最困难的是爬陡坡，两名航天员觉得在接近锥形月球坑时，他们分别在两侧推着月球车前进要容易得多。模块化设备运输装置还可以用作非常有用的工作台，它携带附加设备和样本的能力缓解了阿波罗12号遇到的手工运输的疲劳和限制。

对阿波罗飞船上的3个月球车的操作限制是，航天员必须同登月舱保持非常近的距离，这样，在移动过程中的任何时候，一旦出现月球车故障，他们能够步行返回。在制订月球车行动计划时，安排航天员在出舱活动初期到达最远的目标，此时生命保障系统的可用性最大，然后，随着出舱活动时间的延长和消耗品的减少，逐步向登月舱返回。作为补充的预防措施，月球车上携带了冗余生命保障搭档系统，一旦发生故障，两个便携式生命保障系统可以共用冷却液。

接下来的活动，每位指令长驾驶月球车绕登月舱到达模块化设备存放装置处，并在那里装载设备。3名驾驶月球车的航天员在飞行任务报告中，经常提及的问题之一就是尘埃，当挡泥板丢失或受损，就会带起尘埃。在阿波罗17号任务中，甚至造成维修时无法正常使用出舱活动地图、管道输送带和钳子，因为经常存在的尘埃影响了输送带的黏附力。在阿波罗16号任务中，飞扬的尘埃覆盖了一切；但在阿波罗15号任务中，挡泥板保持在适当的位置，阻止了过多的尘埃覆盖月球车，不过为防止电视电路过热，需要经常清洁月球通信中继单元。

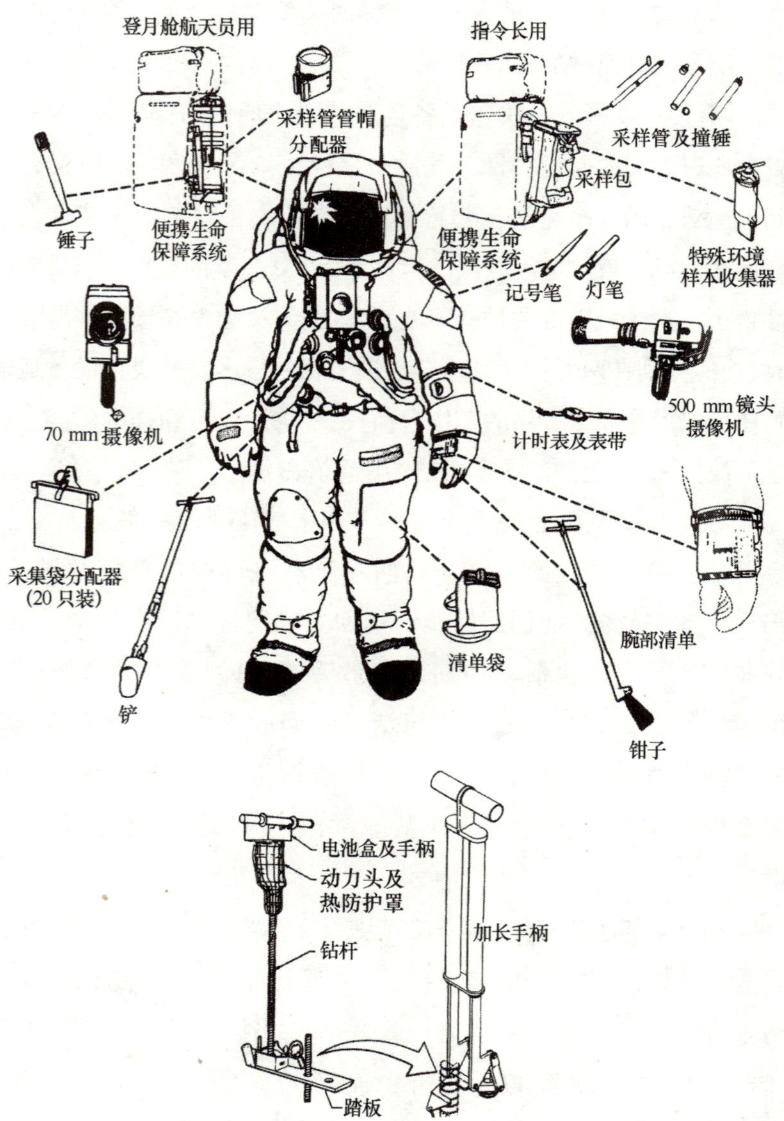

图 5.15　装备完毕的登月航天员及月面勘探钻和样本采集装置详图

在 1 g 环境下人车合练以后，调整了座椅安全带，但由于没有考虑航天服的重力降低和增压，阿波罗 15 号上的座椅安全带太短。这在阿波罗16号和17号的KC－135失重飞机模拟训练中得到修正和评估。在阿波罗16号上，航天员觉得月球车上的地图支架“毫无用处”，他们只是把地图塞在两个驾驶座之间的照相机和支柱之间。驾驶月球车经过斜坡时，使位于下行方向的航天员处于不稳定的位置，建议未来的开放式运输器使用更好的座椅固定系统或“儿童”型安全围栏。这原本已为月球车计划，但由于超过总重限制，所以没有采用。改进了的挡泥板将帮助限制尘埃，设备装置更加牢固从而防止它们坠落或被航天员无意损坏。必须重新定向LCRU电视信号高增益天线，但固定起来非常耗时，且受到模糊的取景器和面窗的限制。在未来的月球车上，自动定向系统将有所改进——不断提供高质量的通信和电视画面信号，为航天员节约时间，将时间分配给每站停留的其他目标和活动。

未来应用　下一代的月球探索者将不再使用“阿波罗型”的航天服技术，新的更加“使用友好型”的压力服拥有更好的灵活性，给使用者更多的舒适感，携带更先进的系统、微型计算机、信息显示器，或者还装备灵活性辅助系统用于月球坑、月面沟纹及上、下斜坡。月球车将既是不增压的局部勘测交通工具，又是长期远程探索的大型增压漫游实验室，属于为后阿波罗时代探索研究的移动实验室（Mobile Laboratory，MOLAB）类型。携带1～2名航天员的小型月球飞行器是为后阿波罗时代的操作设计的，虽然曾经为建立月球研究基地对它们进行了再次调研，却从未充分发展。在20世纪60和70年代的科幻电视系列剧中，描述了几个可行的“先进月球运输船”飞过月球的表面。这种大型飞行器，确实可以用于在研究站间携带人员和后勤物资，或者帮助建立远程科研基地，从而节省大量出舱活动运输和技术建设的时间。

5.4.7 土壤结构

登月工作的目标还包括土壤结构的力学试验，从而确定月球物质的特性。这同很多方面有关，包括月面的登月舱着陆支架、降落发动机排气装置对表面物质的影响、试验的展开、沟渠的挖掘、土壤反应的观察、月面设备（天线、旗杆和太阳风结构试验）的安装、月球勘探钻和采样管的使用、行走的计算、模块化设备运输装置的牵引、月球车的驾驶、废弃物的影响、运输工具的运行轨迹及足迹的深度。

未来应用 这一切都在后来的阿波罗任务中得到应用或者在后续阿波罗计划存在应用的可能。试验由每次出舱活动后的任务报告，以及样本、照片、影片和电视传送信号的分析作为补充。

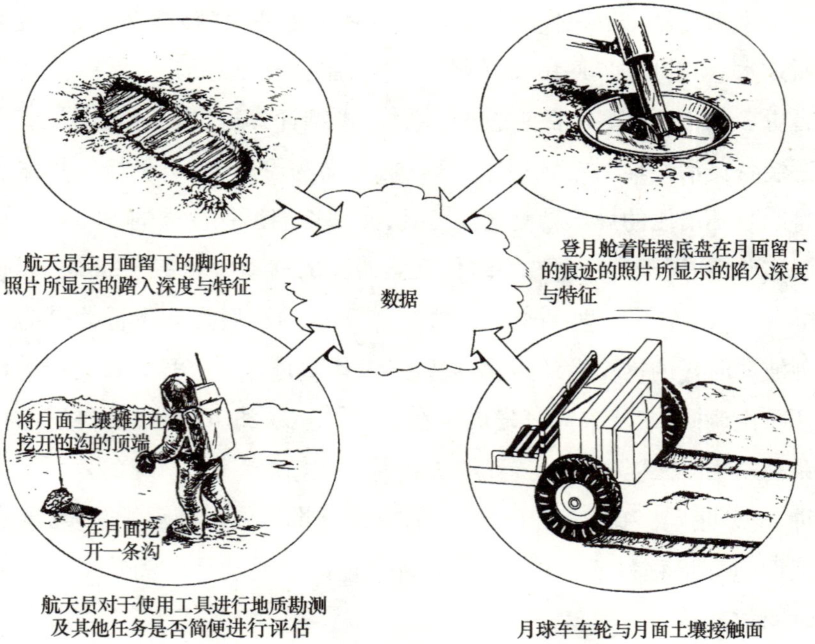

图5.16 阿波罗土壤结构实验

5.4.8　工作量

首次旅行就体现出了提高月面工作能力的需要——阿波罗 11 号航天员提出，未来的航天员应该能够跪下、屈身以触及月面，月面机动工具应扩大活动范围，从而增加每次出舱活动的收获。后来，阿波罗 12 号的航天员也证实了这一点，他们估计如果航天服允许腰部弯曲更大，则工作效率可提高 20% ~30%，尤其是在回收样本方面。在最后的任务中，航天服设计的改进使腰部、膝部和手臂有了更好的灵活性，月球车减小了航天员携带设备、行走和携带样本所消耗的体力。这种灵活性也有助于跌倒后重新站起来，这样，航天员就能够自主机动，不需要其他航天员的帮助。

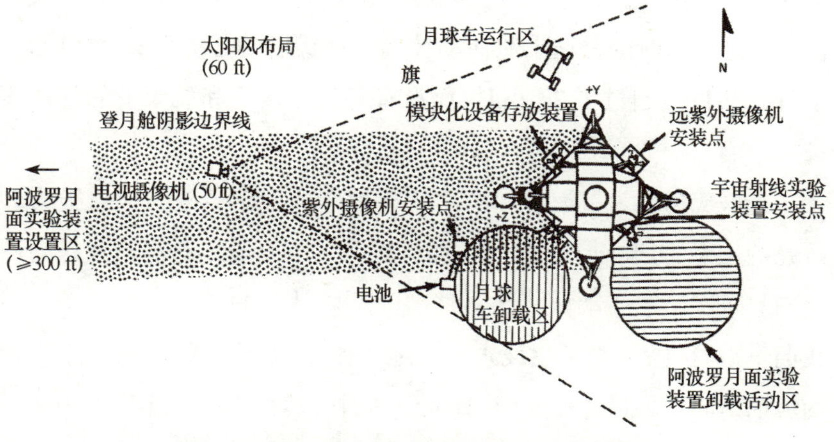

图 5.17　阿波罗 16 号登月舱工作区域示意图

每次任务后人们都发现，手部疲劳是一个共同的现象，其原因在于手套受到设计和内部压力，以及控制携带物体所需压力的限制。固定物体、控制物体，或者频繁、持续操纵物体，仅仅依靠控制力量是不够的。如果航天服和手套的改进没有完成，在整个出舱活动中操纵目标，并且在第二天、第三天重复这些操作是非常令人疲倦的事情。阿波罗 11 号的航天员报告，虽然携带样本回收箱很费体力，但是他们仍然有体力做其他事情。阿波罗 12 号上的两名航天员报告，虽然他们在每次 4 小时的出舱活动中分配的任务是在所要求的最高标准下操作，他们仍感觉每次出舱活动或许可以延长至 8 小时，而不会造成体力透支，前提是可以使用支持设备——如航天服上安装的工具搬运器，而不是手握搬运器。

阿波罗 11 号任务，需要 20 次往返来收集样本，以装满模块化设备存放装置工作台的样本回收箱。阿波罗 12 号之后，在航天服上安装了工具和样本袋，受到了欢迎。虽然在阿波罗 14 号上使用模块化设备运输装置大大提高了单次工作的效力，不过，到处行走仍然影响航天员的工作效率。直到阿波罗 15 号首次使用月球车，工作量和效率才得到同步提高，设计者能够为系列科学任务（从阿波罗 15 号起）制订长达 7 小时的月球出舱活动计划。在最后的任务中，3 次出舱活动时间共持续超过了 22 小时，而没有对工作效率和航天员的舒适度产生影响。

未来应用　为重返月球的出舱活动作计划已经成为无数报告和研究的主题，并将继续被讨论，直到有一天我们最终确定未来计划的范围。每次出舱活动做什么事情的问题同计划的长期目标相关。当我们重返月球，是为了建设永久基地工作，还是要进行另外一个系列的短期访问？如果是短期访问（或停留时间达到 2 周），多任务出舱活动必须谨慎而认真地计划，这样，航天员不会疲劳，同时目标必须十分明确。对于长达数月的计划和月球基地的建设，多任务出舱活动在性质上发生了改变，从仓促快速的短期活动变成悠闲的长期活动，来完成一个或多个目标。地球轨道的出舱活动的情况也类似，国际空间站的建设或哈勃太空望远镜的服务包含了出舱活动航天员的团队，也包含一个或多个任务期间的数次出舱活动。

5.4.9　阿波罗月面实验装置/早期阿波罗月面实验装置

在首次着陆月球时,两个独立的早期阿波罗月面实验装置单元从登月舱被带到几米外的部署场地。出舱活动的时间和首次月面活动操作区域离开登月舱距离的限制,限制了部署地点和背包的大小。后来任务中的阿波罗月面实验装置背包通过系索卸载,由吊杆牵引,帮助航天员卸载。在阿波罗 15 号上,由于倾斜着陆,所以不需要部署吊杆,而在阿波罗 17 号上,应航天员要求,在飞行前除去了滑轮。

卸下背包通常需要大约 8 ~ 9 分钟。虽然小月球坑对卸载操作有所影响,然而还是有足够的空间进行工作,以及将放射性同位素加热器燃料箱从储存箱转移到阿波罗月面实验装置背包。然后,背包由航天员步行运输,将天线杆当做杠铃。所有任务中,阿波罗月面实验装置背包都必须被带至登月舱西面约 100 m 远,确保不在阴影之下。它由每位登月舱航天员携带,他们都评论说,包裹下部巨大的弹性给移动带来一定困难,他们还反映,控制杠铃使手或者手臂不舒服。阿波罗 15 号任务中,欧文决定在肘部的弯曲处携带棍子,发现这样更轻松。但即使在月球的重力下,携带 20 ~ 27 kg 重的物资还是困难和令人疲劳的。

寻找不会影响单元热控性能的合适的、平整的部署位置也很困难,而且如果与登月舱的距离太远,仪器就不能记录结构的热量耗散、储罐的排放和上升时的碎片情况了。一旦找到合适的场地,部署活动就可以开始。大多数航天员在竖起原本就不够结实的天线时遇到了麻烦,将中心天线杆作为杠铃杆使用,使天线杆严重弯曲,很难在最终位置稳固竖立。有的航天员发现,把放射性同位素加热器从桶状容器中移出也要花费几分钟的时间,他们必须使用地质锤才能将它取出。

图 5.18　航天员在阿波罗登月舱的阿波罗月面实验装置工作站上工作

图 5.19　布兹·奥尔德林携带设备穿越静海基地

每个实验装置都通过遥测/电缆同中心站相联系。在阿波罗15号任务中，斯科特在移动喷气流实验的电箱时，绊倒在一根电线上。尽管训练中注意到，这些电缆总是保持它们储存时的形状，无法平展铺放，但在阿波罗16号前，没有采取任何改进措施。那次任务中，扬因疏忽而被电缆划破了月球靴，而且把电缆从实验装置中拉了出来，月球靴也不能再用了。由于航天服的灵活性不足和视线受限，他无法感觉到或者看到划破他的靴子的电缆。这些电缆并不是如想象中那样在月面平放，航天员必须“跳”过这些电缆以免触碰——如果他们能够看到的话。大多数航天员发现在月球开展任务比训练中花的时间要长，这导致了对阿波罗16号和阿波罗15号的时间和运动做对比研究，发现了微小的统计差，但大体上说明，在月球上部署阿波罗月面实验装置比训练时花费的时间要长50%。为防止阿波罗月面实验装置受到更多来自出舱活动留下的碎片的污染，和在上升中的登月舱中可能发生的干扰，在登月舱下降状态下、在最后一次出舱活动停止过程中，宽松的装置和垃圾(包装)被禁止使用。最重要的是，报告最多、最

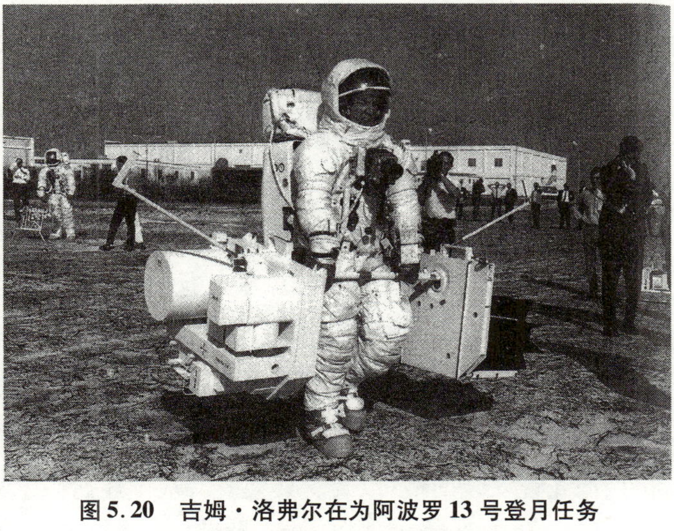

图5.20 吉姆·洛弗尔在为阿波罗13号登月任务进行训练时搬运阿波罗月面实验装置

易重复发生的问题是月球尘埃特性的干扰，它们无处不在。

未来应用 鉴于来自阿波罗号的经验，当我们重返月球时可能不会使用小的实验包，尽管这取决于第7次载人月球着陆计划的目标是什么，当然，还有由哪个国家或组织来完成这件事。如果是中国，或者需要小的实验包，像在阿波罗11号那样，因为其后还将进行一系列的飞行。如果是美国人，更或者是国际性组织，他们重返月球时可能首先在科学研究前便将硬件设备发送到月球，建立研究中心（如国际空间站上那样），但新地点的一次性着陆所携带的必须是非常先进的实验装置。在阿波罗任务期间，每次实验的部署和进行所配备的阿波罗月面实验装置都是独特的，但有一定的活动和程序同通用的部署有关，在未来的月球表面实验装置部署中完全可以应用。未来的月面实验可能不必将设备运送至部署地点，技术的进步可能将是这样——不再需要惹麻烦的电缆，航天员被绊倒导致实验中止的情况也会避免。集成供电系统、更轻的材料，以及设备小型化，将减轻实验装置包的重量，主天线也将不再需要用做运输工具——杠铃杆。

5.4.10 照相机

在阿波罗计划中，不同的照相机和镜头用于各种不同的照片文档记录活动，如记录采样前/后的地点、实验装置的部署和安装、记录与仪器相对应的当地垂线，并在土壤结构实验中拍摄月球表面的近距离特写立体图片及任务全程摄影，等等。月球车上使用了数据采集照相机并带有（从地球）远程操控电视摄像机。通常，这些设备状态正常，但在所有飞行中，设备——包括照相机镜头——积满灰尘。最后一次飞行之前，阿波罗上没有镜头清洁刷，灰尘塞满了胶片输送机构的几个活动部件、滤光镜安装凹槽，以及支架装置。灰尘还妨碍了显示框架的安装，阿波罗15号的航天员评论说，由于照相机挂在胸前，而航天员们通常也把样品袋挂在或密封在胸前，这样灰尘不可避免地会钻进照相机里。他们建议，不用照相机时套上防尘罩或许能有所帮助。约翰·扬建议，在头盔上安装电视摄像机，不需要航天员操作，就可以记录工作场面和操作过程，同时也节约了他们拍摄记录下每项操作的时间。

图5.21　某月面采样区的图像文档

未来应用　自从阿波罗以来，照相机技术迅速得到极大发展，微型照相机、数码照相机和网络照相机在全世界都成为标准摄影设备；这些技术也随着航天飞机和国际空间站进入太空。扬所设想的头盔照相机也已在航天飞机出舱活动单元中被采纳，远程操作照相机成为遥控操作系统/航天飞机支持出舱活动的有效载荷舱装置的一部分，或者由飞行舱内的航天员操作，或者由飞行控制中心自动操作。这种应用无疑将在未来的活动和探索中继续得到运用。

5.4.11 地质概况

每次计划的阿波罗任务都包括不同范围和程度的地质考察工作。在阿波罗 11 号上,航天员单独的出舱活动期间携带很少的工具,并且在很短的距离之内,收集少量样本。阿波罗 12 号 ~14 号则提供了条件区分出舱活动目的,根据目的不同将其分为在登月舱附近的活动(例如阿波罗月面实验装置的部署)和更大范围的地质考察活动。在阿波罗 12 号第二次出舱活动范围(500 m)的基础上,阿波罗 14 号上的模块化设备运输装置性能的改进也为扩展第二次考察的能力提供了机会(活动范围扩大为 1.4 km)。从阿波罗 15 号以后,在安全周界限制内,月球车的使用大大增加了最后 3 次任务的地质采样的机会(活动范围最远达到 20 km)。

将采集工具采集到的样本转移到样本袋的新技术也得以开发。航天员一只手用铲子采集样本,再把样本转移到另一只手上的样本袋内,是困难的。但是经过训练,航天员学会了先采集样本,然后用手压低采集工具的手柄,以便样本靠近铲子末端,接着用另一只手打开袋子,同时不泄漏收集的样本。把样本装袋靠近胸前是一个很好的选择,但是这也把尘土带到了航天服和照相机上。两人合作的工作效果最好,一个航天员提取样本,另一个为活动拍照,并且在装入土壤和岩石时,手持样本袋。阿波罗 12 号航天员注意到,在月球上辨别材料的类型比在地球训练时要困难,因为难以看清样本的颜色。

随着考察活动的增加,要求全面而规范地记录下每种样本是在哪里被找到的及每种样本是什么时候装进了什么袋子里。较大样本在采集移动之前要原地拍摄照片,移动之后还要回拍这块区域,并且把被编号的袋子放置在照片中,区域概况照片用于参考和鉴定出舱活动期间样本被收集的时间，然后在飞行后的任务报告和分析中作为参照。两人合作采样的详细顺序通常如下：他们选择一个大致的采集区域，放置指时针，然后描述周围的区域，帮助定位采样位置。当一名航天员拍摄立体照片时，另一名航天员选择要使用的工具，然后把它递给同伴。一名航天员在准备样本袋之前将拍摄“采样之前”的照片，记录袋子号码，并且为另一个人拿袋子，用挑选的采样工具（耙子、铲子或钳子）填装样本。然后他将密封袋子，把它装入收集包，并且拍摄“采样以后”的照片，这时他的同伴拍摄月球车定位器照片或者背景界标，以及选自这块荒芜区域的精美材料的1 kg重的样本。对样本的记录顺序是相似的。

图5.22 在月球大砾石附近采集土壤样本

从分配器上取用彼此紧挨在一起的样本袋，给阿波罗14号的航天员带来了一些困难。当提取1个样本袋时，其他2个或3个也会随之散开，漂落到月面上，很难再拿起来。阿波罗16号的航天员经历的困难更大，月球车上的20只容量的样本袋分配器一次次地从存储位置掉下来,甚至减缓了他们的活动速度。阿波罗 12 号的航天员认为,可能长期的并且更详细的地质训练模拟,将对以后的航天员有所帮助。到阿波罗 15 号,长期的、大量的地质实地考察训练,使航天员使用设备更娴熟。改进后的航天服灵活性的提高也帮助了后来的航天员。在月球地质考察期间,月球车携带了需要回收的附加的设备,用来记录和存储地质考察样本。从阿波罗 14 号开始,地质任务也包括了挖掘、耙拢、采样管收集和钻孔。

图 5.23　在月球上使用月球耙

每次任务中的挖掘活动时常受其他影响到最终时间表的问题的影响,会导致一名航天员执行任务,而另一名航天员在其他地方处理其他的问题。最初只计划用几分钟时间就完成挖掘,但是随着土壤越来越硬,时间也增加到了 10 分钟左右。因为后期航天服的灵活性强,耙拢操作可以用一只手完成。由于土层紧密,早期的采样管收集工作比较困难,移动时岩心样本无法始终留在试管内。后期的任务使用了薄壁采样管,效果很好。取回 1 个采样管大约需要 5 分钟(取回 2 个需要 11 分钟)，然而这又是两个人的活动。在转移到下一个地点之前必须先备份照片文件、描述地点、观注指时针活动、插入(用榔头)和提取采样管、存储岩心样本，以及安装传动装置，在阿波罗 15 号、16 号和 17 号上，为插入热流动探针的钻孔工作成功完成。在第一次任务中，卡盘与手柄接触面内的扭矩过高，束缚了手柄，在这样情况下，不得不破坏手柄，才将其从钻具卡盘上卸下来。要把手柄的残余部分从样本钻孔中取出非常困难，因此它直到其他工作都完成之后仍然留在那里。为了取出钻杆，斯科特和欧文共同努力，而且被搞得精疲力竭。在阿波罗 16 号之前，对系统进行了重新设计，设置了一个踏板来取出钻杆，同时改变了手柄的设计，可以从钻缝中清除稠密的土壤。这些改进运行良好。

在月面探索，尤其是长距离徒步探索过程中，频繁发生的问题之一是难以确认界标，因此穿越缺乏特征月貌的月球表面相当具有挑战性。没有在地形图上标注的意外的月形特征，经常导致混乱；同样地，已在月形图上标注的界标，从表面上观察时却不那么清楚，也会导致混乱。在阿波罗 15 号 ~ 17 号上，月球车航行系统和崎岖地带的特征月貌(在地质采样站由车载的电视进行备份)明显地有助于提高月球旅行的效率。距离的感知也是一个问题，因为在没有空气的月球上，虽然没有薄雾，但应用登月舱作为已知的高度参照，在起伏的月球表面上也不是一直有效，因为它经常会从视野中消失。

在登月舱内装载收集的样本也是一种配载平衡工作，要保证每一个样本回收箱的质量为 20.4 kg，从而在返回地球的旅程中，平衡上升和轨道再入的附加重量。在阿波罗 11 号任务期间，样本在月球表面上称重，但是其他的航天员都是在再次加压的登月舱内完成这项工作。有时需要将样本在盒子之间进行一些转移，甚至有时要求将样本取出，但是这会使样本袋表面疏松的尘土落入登月舱内的。在向地面指挥中心报告样本重量以后，航天员等待分析，决定是否每样物品都能被带回。如果不是，在飞船上升之前，超出的重量将不得不被卸载到飞船之外。这是一个关系到航天员安全的重要问题，然而努力收集、封装所有的样本，并把它们带回到登月舱，却要再扔掉一部分，毫无疑问是令人沮丧的。甚至登月失败也会引起重量计算问题，在阿波罗 13 号期间，一些设备必须从登月舱转移到指令舱，补偿因没有收集样本而缺失的重量，以便为返回和着陆调整平衡。

图 5.24　在月球表面部署的月球车工具运载器

未来应用　月球表面的航天员发现，如果不使用野外作业工具，要收集样本是非常困难的。尽管通常程序完成得很好，但当他们感到时间紧迫时，偶尔会遗漏为收集的样本作记录文档的程序。在未来的月面探测项目中，计划延长月面停留的时间，并能够按要求更改月面活动方案。航天员和理论学者都认为，在阿波罗号上严格的活动时间表是真正的地质采样的障碍，没有探测的自由，也没有时间对收集的样本进行研究和选择。但是对于任何带回地球的样本，文档程序将可能保持不变，要精确记录样本被采集的地点，并且提供全面的采集点分析。是否要为了权衡时间表的限制而减少样本的采集，是阿波罗任务公开争论的问题。约翰·扬建议，在未来的探索活动中可以不像现在这样把样本收集袋加在便携式生命保障系统侧面，而是用一种放置在地面上的袋子，当需要短距离移动时，能够像"购物袋"那样被携带。由于阿波罗号航天服的灵活性有限，往袋子里装载样本是两个人的活动，一名航天员向另一名航天员的袋子里填装样本。而对于月球基地来说，为了返回地球的飞行限制而测量样本重量的问题将不复存在。可以在月球上长期地考察旅行，能够执行现场分析，并且能够在巡回实验室里进行样本检测，把少而精的备选样本带回中心月球基地，接下来，选择更加精华的部分返回地球，进行更详细的研究。

5.4.12　适宜居住

任何出舱活动能否取得成功都取决于航天员执行任务时的舒适感，同时在出舱活动内容越来越多的情况下，需要允许航天员在活动间隙适当地休息。在阿波罗计划上使用的设备没有奢侈品，而且阿波罗号的活动更类似于野营旅行。登月舱的狭窄空间是为实际的重力、任务的需要以及安全的目的而设计的，并不适合作为科学研究场所或长期乘员住宿的地方。因此可居住性问题虽然作为阿波罗号的科学报告没有被广泛报道，但是它们对未来应用仍然是重要的。阿波罗16号航天员的航天服内的饮料袋曾无意中被触发，橘子汁喷了他们一身并且洒在飞船船舱和航天服麦克风内，在使用之前这些必须被清理干净。橘子汁塞住头盔密封圈，使航天员以为在第二次和第三次出舱活动之间，他们必须在航天服内睡觉。在出舱活动期间还不会引起什么问题，但是在准备期间，他们反复地弯腰会触发与麦克风导线缠绕在一起的食物管，或者当他们压挤胸部固定样本袋分配器时，会使果汁从食物管中流出。当时，扬甚至以为杜克把橘子汁作为洗发精使用了。

在 1/6 g 重力环境中，食物系统和废物收集系统操作起来更加容易，并且没有引起真正的麻烦。但是阿波罗 11 号的航天员报告在登月舱内他们睡眠很少，因为有阳光透进来，低温也使人不舒服，并且飞船噪声太大。阿波罗 12 号的航天员报告，他们在吊床里睡觉，并且尽管他们注意到了飞船的噪声，但是它不妨碍睡觉。在阿波罗 14 号上，航天员报告在航天服中不舒适，并且由于飞船的噪声，很少睡觉。谢泼德说他以为噪声是由飞船打滑引起的，一度使得两个人同时透过窗户向外看，却发现飞船并没有移动。对于前三次登月任务来说，航天员们初到一个陌生的地方，对飞船坚固性的担心，又没有经过出舱活动的疲劳，必然会导致夜晚无法休息。而在后三次登月任务中的最后一次，飞船已经经受考验，睡觉不必穿航天服，因此航天员精力更充沛并且更放松。维可牢尼龙塔扣总的来说工作很好，但是一旦灰尘进入舱内，它就非常麻烦。航天员们设法用刷子自己刷或互相用吸尘器吸来清洁自己，但都徒劳无功。阿波罗 12 号上的指令舱航天员戈登非常担心尘土弄脏精密、整洁的指令舱，他命令康拉德和比恩在转移到指令舱之前，再次真空除尘并且脱掉外套。

未来应用 对于长期和多次出舱活动，未来的可居住性将是一个重要的问题。如果从出舱活动的准备区域分隔出一个生活区域，将有益于航天员的健康以及设备和系统可靠性的提高。并且通过调配 1 组以上的出舱活动航天员，合并休息时间，将延长出舱活动的周期。航天飞机上的多次出舱活动已经进行了这样的合并。使用并且供应备用的干净而崭新的压力服、可替换的耗材、设备和装置，这些都将与物流成本和有效载荷质量限制相权衡考虑。

5.4.13 尘埃

在月球上尘埃是普遍的，它无法避免，并且可能引起设备故障。尘埃不仅影响活动部件，并且会布满试验器械、飞行器和航天员，等等。把在地球轨道上使用的洁净的出舱活动服与月球行走者的航天服比较，很明显地看出在月球上行走是一次很脏的体验。不管航天员怎样小心，尘埃都会进入登月舱，夜晚休息脱掉航天服，就会发现在压力服和内衣里，以及头发中都是尘埃。有时发现指甲里和皮肤毛孔里也有尘埃，甚至在返回地球以后，仍需要过一段时间才能去除掉。

未来应用 由于决定重返月球，尘埃依然是一个重要的问题。很明显，气密系统和内部空气压力变化应该防止尘埃从外部进入内部生

图 5.25 在月球表面上行走的时候，月球尘土的堆积是不可避免的

活舱,但是排除所有尘埃是困难的。月球基地的工作,在低重力环境中无疑将长期受到月尘微粒特性和存在的影响,直到建造出充分密闭而隔离的环境。

5.4.14 勘测者3号

在阿波罗12号任务中,航天员在勘测者3号无人航天器附近着陆,并且取回了其中的一些部件,勘测者3号已经在月球上停留了30个月的时间。它忍受了30个太阴日周期(每个太阴日周期为:14个连续的地球日的阳光,继之以14个连续的地球日的黑暗)。航天员从航天器上取回了某些样本,并且把他们装在一个样本袋里,为了返回地面后用于分析。这些样本包括电视摄像机、1根电缆线、土壤采样铲、1个刷了涂料的试管、1个未刷涂料的试管,以及靠近采样铲的土壤样本。航天员还拍摄并且描述了航天器的情形,擦去它表面的尘土,并且用图片文件作了备份。

未来应用 这次行动的目的是取回航天器的样本,并且测定材料的降解。航天器已经在月球表面停留了一段已知的时间,并且材料长期暴露于太阳光加热、辐射、冷却、太阳风和月球尘土之中。一个地球轨道试验——长期暴露设备——在1984年STS-41C任务中被设置,并在1990年STS-32任务中被取回,它提供了暴露6年的数据。同年,哈勃太空望远镜被发射,并且预计于2010年回收,用于收集在地球轨道上暴露20年的结果信息。在一些空间站上,执行着相似的材料暴露实验,并由出舱活动收回。还有一个更长的试验在阿波罗17号上开始,其中被挑选的设备被保存图片文件,并且被留在外空直到最终返回,然后收集样本,并且将它们与留在地球上长期储藏的相似材料作比较。这就是已运行30多年的持续"静态"试验。很可能当我们重返月球时,一些早期的登陆活动将包括考察以前阿波罗号的登陆点，取回测试部件。所有这些对于评估未来航天器和子系统的部件，及其在长期的真空、太阳周期、辐射和爆炸环境下的运行、降解和工作性能是重要的。这将直接应用于更大的月球和火星基地的建设，以及更深入地探测太阳系。

5.4.15　仪式

每次登月都会在登月舱的前柱上挂一块标牌，以记录成功登月，展开美国国旗以标志国家的成就，发表声明阐述每次登月的重要意义，有时还会携带纪念品将它们留在月球表面，以纪念以往的成功，以及为此做出的贡献和牺牲。阿波罗号的成功既是机械与技术的奇迹，也是人类的巨大成功，值得人们永久纪念。重要的是，要看到全美国成千上万的工人以及其他地区的许多人们都曾经为成功登月做出过自己的贡献；还应该看到，在 1977 年所做的阿波罗月面试验装置测试中，阿波罗设备及操作的模型所发挥的作用也是重大的。对登月的成果及样本的研究仍然在继续。登月活动中的出舱活动使得阿波罗号成为人类探索地球以外世界的先驱，需要适当的认可仪式。

未来应用　时光飞逝、斗转星移，但人类的精神永存。我们有希望在 2015 年前后重返月球，这将再次引来全美国乃至全世界人民的欢呼。

5.5　深空出舱活动

在最后 3 次的阿波罗号飞行任务的返回过程中，指令舱内的航天员都进行了短期的出舱活动，从打开的舱口到科学仪器舱区域收回使用过的胶片盒。第一次是在阿波罗 15 号上，由阿尔 · 沃登（Al Worden）在距地球表面 273 600 km 的太空中完成的，当时还进行了电视转播，摄像机被安装在一根长杆的顶端，从打开的舱门探出去进行拍摄。

在这次历时41分钟的出舱活动中，阿尔·沃登在科学仪器舱与舱门之间进行了3次往返，评估了手/足约束装置的作用，并回收了胶片盒，还观察了损坏的设备。这次出舱活动是第一次在没有地球磁场包围保护的情况下进行的，通常称为“深空出舱活动”或“太空侧出舱活动”。在这些操作过程中，指令舱航天员的出舱活动是由登月舱航天员的直立出舱活动配合完成的，登月舱航天员牵引住8.3 m长的安全带，并协助将胶片盒收回到指令舱内。在阿波罗16号进行的第二次深空出舱活动中，指令舱航天员肯·马丁利(Ken Mattingly)在科学仪器舱与舱门之间进行了2次悠闲的漫步，进行了长达1小时24分的出舱活动，观赏太空美景，检查飞行器外部情况，并将一台狭域生态学测定仪开启了10分钟。阿波罗号的最后一次此类出舱活动是在阿波罗17号上，由指令舱航天员罗恩·埃文斯(Ron Evans)完成的，他进行了3次出舱活动，据记录在深空停留了1小时7分。

这3次出舱活动常常被阿波罗号的成功光芒所掩盖，但它们是人类未来远离地球，在行星之间的广袤太空进行出舱活动的里程碑。通往火星的旅程将是漫长的，有时可能会需要出舱，对航天器进行观测、维护和维修，就像我们在空间站任务中所进行的出舱活动一样。这些出舱活动既有可能由机器人独立完成(由于辐射水平增高)，也有可能由人类与机器人合作完成。

5.6 重返月球

阿波罗行动是一个重大的成就，也是那些参与其中，或有幸见证这一事件全过程的人们的宝贵经历。这是人类首次具有实际操作意义的出舱活动，并将它作为每次登陆任务的主要目标。实际上，阿波罗行动的主要目的是对月球表面进行探索，要进行探索就需要进行出舱活动。每次出舱活动都会遇到困难和挫折，但是这些在公众的眼中

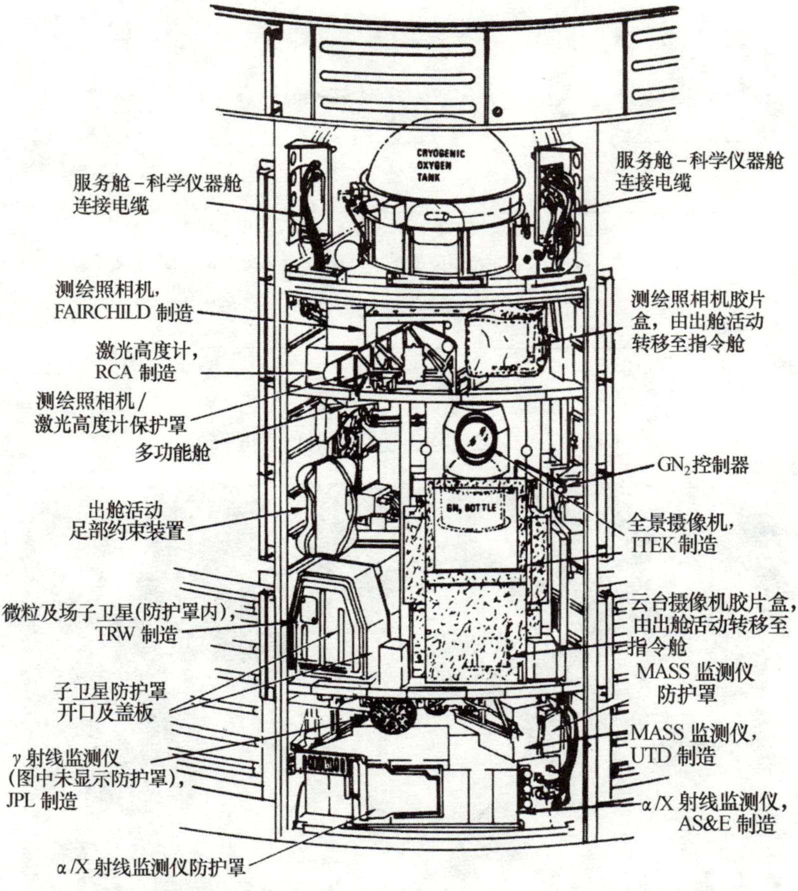

图 5.26　阿波罗号科学仪器舱区域和出舱活动用品

早已被阿波罗行动的巨大成功和月球探索的相对轻松所掩盖。阿波罗 11 号成功地完成了 1961 年所制定的目标，所以到阿波罗行动的最后 3 次飞行任务，公众理所当然地认为他们是“到达那里，做那些事”。这 3 次飞行任务的成功确实值得关注，即使它们只不过是第 4 次、第 5 次、第 6 次登陆月球，在阿波罗 11 号之前，从双子星座 4 号飞船出舱，以及在阿波罗 9 号飞船的简短舱外行走，是我们获得的仅有的长时间出舱活动的经验。

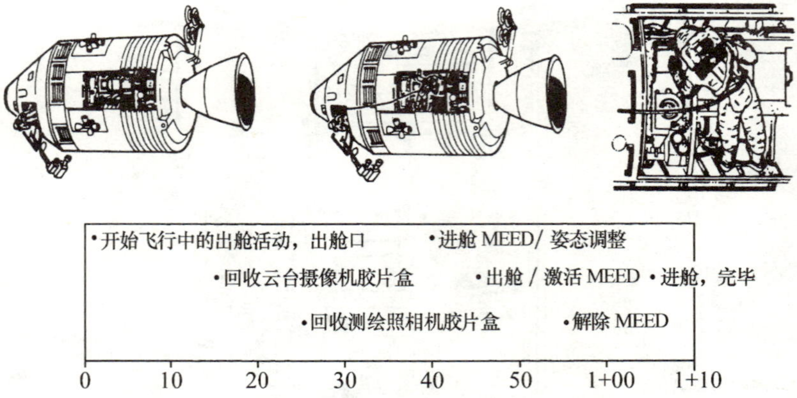

图 5.27　返回过程出舱活动时间表和路径

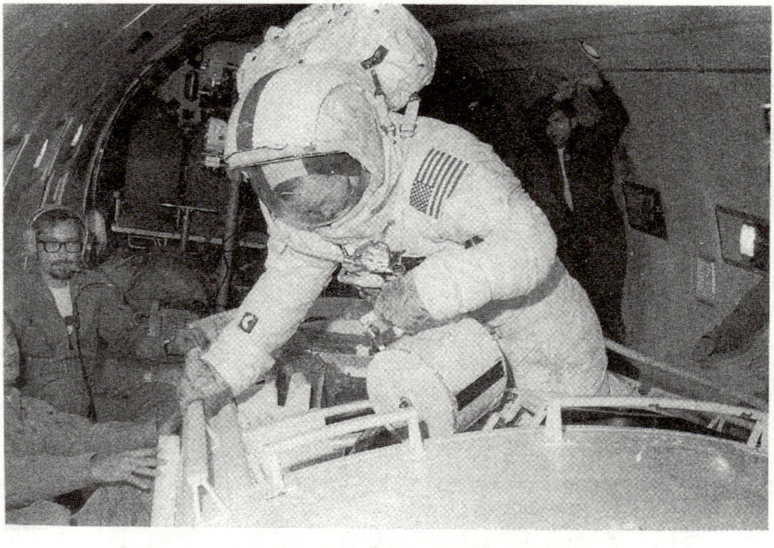

图 5.28　返回过程出舱活动零重力飞行训练

从阿波罗 11 号、12 号和 14 号上获得的经验，被应用到了阿波罗 15 号、16 号和 17 号上，如果阿波罗 18 号、19 号和 20 号被允许完成它们的任务，这些经验将会进一步扩充。硬件设备已经准备完毕，乘员组名单已初步审核，登陆地点经过讨论，试验已被选定，计划中清楚地

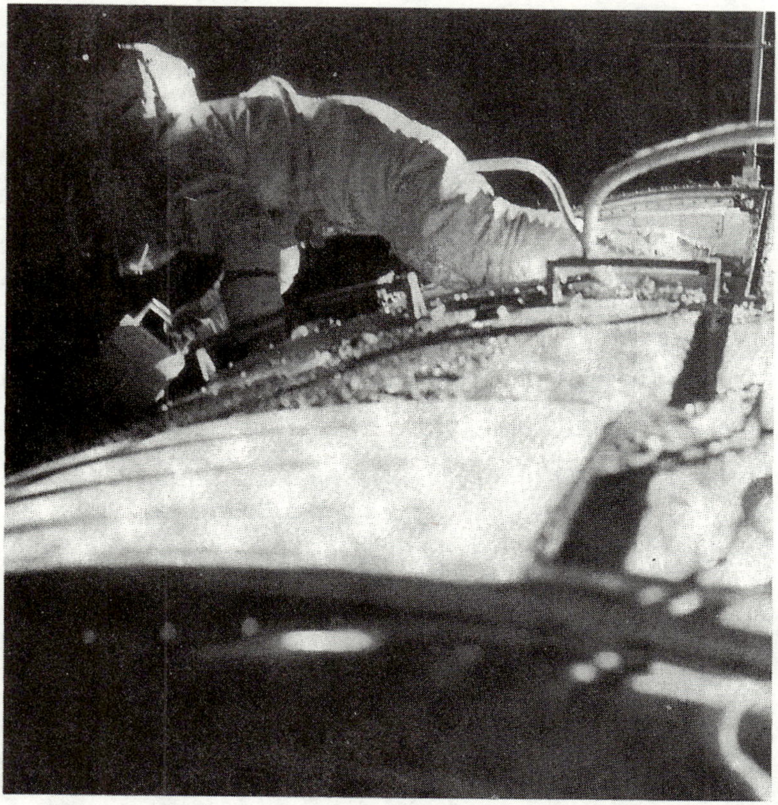

图 5.29 飞行任务中进行返回过程出舱活动

要求继续飞向月球。但是另一些人认为,我们应该慎重,不能牺牲乘员组成员,首先要确保支持系统的安全可靠,其次才是吸引公众的关注。在阿波罗号被充分开发之前,在地球和太空实现新目标之间的种种压力,导致几乎两代人没有进行月面行走。我们已经失去了原有的登月技术,而且要想在短时间内重新获得这些技术也是十分困难的。2004 年 1 月,乔治·布什总统宣布了要重返月球的计划,续写阿波罗的辉煌。如果这些计划能实现的话,阿波罗计划未完的事业将得以实现。

参考文献

[1] Ertel, Ivan and Morse, Mary, *The Apollo Spacecraft: A Chronology*, Vol. 1, NASA SP-4009, 1969, p. 11.

[2] Shayler, David J., *Apollo: The Lost and Forgotten Missions*, Springer-Praxis, 2002, pp. 156-164.

[3] Stewart, Peter A. E., 'Surface Exploration of the Moon', *Spaceflight*, **3**, No. 2, March 1961, pp. 34-48.

[4] Hendrickson, Walter B., Reach for the Moon, Ian Allan, 1962; Branley, Franklyn M., *Exploration of the Moon*, Scientific Book Club, 1963.

[5] Ertel, Ivan, and Morse, Mary, *The Apollo Spacecraft: A Chronology*, Vol. 1, NASA SP-4009, 1969, pp. 166 and 178.

[6] Shayler, David J., *Apollo: The lost and Forgotten Missions*, Springer-Praxis, 2002, pp. 197-229.

[7] Shayler, David J. and Hall, Rex D., *Soyuz: A Universal Spacecraft*, Springer-Praxis, 2003, pp. 20-35.

[8] *Ibid.*, pp. 120-138.

[9] *Ibid.*, pp. 138-156.

[10] *Transfer in Orbit*, Novosti, Moscow, 1969, pp. 135-137.

[11] Abramov, Isaak P. and Skoog, Å. Ingemaar, *Russian Spacesuits*, Springer-Praxis, 2003, p. 96.

[12] *Ibid.*, p. 115.

[13] *Ibid.*; information supplied by Zvezda to Astro Info Service, 16 June

2003.

[14] Shayler, David J. , *Apollo: The Lost and Forgotten Missions*, Springer-Praxis, 2002.

[15] Apollo Program Summary Report, NASA JSC, 09423, April 1975, Lunar Surface Operations, pp. 6-8-6-12; Orloff, Richard, *Apollo by the Numbers*, NASA SP - 2000 - 4029; Sullivan, Thomas A. , *Catalog of Apollo Experiment Operations*, NASA Reference Publication 1317, January 1994; Astro Info Service interviews with John Young (1992), Gene Cernan (1988 and 1989); Apollo Post-Flight Technical Crew Debriefs (listed in the Bibliography).

第 6 章　空间站支持

为保证载人空间站在轨道上的持久运行,必须具有一定的基础设施来满足一些基本要求,这些基础设施包括:把空间站推送到更高轨道上的运载器(大气阻力会逐渐地下拉其到大气层的上部周边);在空间站上定期交换常驻航天员组以完成更长时间的飞行任务和永久保持空间站在有人参与的情况下在轨运行;提供新鲜供给和处理废弃垃圾;通过人工或机器人进行外部观测、空间站维护和修复的能力。从1971 年到 2001 年间,共有 8 个空间站(苏联/俄罗斯 7 个、美国 1 个)在地球轨道上运行并发展了相应的技术。天空实验室、礼炮号空间站与和平号空间站等项目首先应用并掌握了在空间站进行出舱活动的技术。

空间站时代始于 1971 年,2 年以后有了第一次空间站出舱活动。1971 年 4 月 19 日,苏联成功地发射了人类第一个(无人但带有所有的大型空间站舱)载人空间站——礼炮号(Salyut)。随后,在 1972 年至 1976 年间,又先后发射了礼炮号系列空间站,进行了载人和操作试验并取得了不同程度的成功。尽管对这些空间站出舱活动能力的传闻很多,然而事实上,自 1969 年 1 月发射联盟 5/4 号飞船以后,直到 1977 年发射的礼炮 6 号空间站,苏联航天员才最终离开他们的轨道飞行器,第一次实现出舱活动。因此,是美国在 1973 年至 1974 年间最先从天空实验室空间站上进行了一系列出舱活动,尽管美国人在这一领域处于领先地位,这却是美国在此后 20 多年的时间里仅有的空间站出舱活动。直到在俄罗斯的和平号空间站上美国航天员才重新恢复了出舱活动。这时,俄罗斯航天员已经获得了相当丰富的从长期轨道基地出舱进行舱外维修及扩展活动的经验。这次国际合作的空间站出舱活动计划(与航天飞机发展出舱活动计划)是国际空间站的先驱。

图 6.1　对阿波罗应用计划的太空站出舱活动的早期构想

6.1　空间站的太空行走

具有讽刺意味的是,1973 年 5 月 25 日的人类第一次与空间站有关的出舱活动并不是从空间站上进行的,而是由天空实验室 2 号的航天员保罗·韦茨(Paul Weitz)站在环绕空间站飞行的阿波罗指令舱舱口,试图松开轨道车间上缠绕着的太阳能电池阵。这是自 1969 年 3 月阿波罗 9 号以来,美国第一次在地球轨道上进行的出舱活动。尽管航天员几乎没有什么经验,但他们仍然展示了在航天器外进行适当的操作的高度自信。在天空实验室计划之前,美国大部分出舱活动的经验是在探月活动中获得的。自双子星座项目以来,只在太空进行了 3

次短暂的深空出舱活动（在最后的 3 次阿波罗号飞船的飞行任务中，从服务舱的科学仪器舱中回收胶片盒）和阿波罗 9 号的首次出舱活动。尽管缺少轨道出舱活动的经验，但在之前的近 10 年的时间里，随着轨道车间项目的推进，美国已经进行了几百小时的大量相关研究和模拟试验。

6.1.1　舱外工作

在美国总统肯尼迪提出要把人类送上月球的挑战的同时，对如何将阿波罗月球计划中所使用的设备应用于其他项目的研究已经在进行中。1961 年 5 月为地球轨道科学探索而设计的阿波罗 A 计划，在土星火箭第 2 级和阿波罗指令服务舱之间，就有一个柱形部分，中间含有一个可用做实验室的集成部件。为进行相关研究，艾姆斯（Ames）研究中心主任史密斯·J·迪佛朗斯（Smith J. DeFrance），提出了一系列的可在这个实验室进行的实验，其中就包括测试人在飞船舱外的工作能力。在 1961 年到 1965 年间，把阿波罗月球探索仪器用于可能的地球轨道的延伸项目的进一步研究中包括一个巨大的载人轨道运行望远镜的研制。尽管这些研究主要是关于阿波罗飞船与“空间实验室”的内部传输系统，但在有些关于服务或修复的模式描述中，提到了航天员的出舱活动。土星阿波罗应用计划（SAA）项目的指挥官们认为，航天员可在任何可行的时候，从事系留出舱活动。这一要求始终贯穿于这一项目的全过程，包括后来发展为天空实验室项目期间。

6.1.2　载人轨道实验室的出舱活动

尽管对进一步任务和空间站的研究还只是基于阿波罗计划的硬件和某些概念性设计，但美国设计人员已经在精心计划在即将来临的双子星座号计划中进行航天员离开轨道飞行器的活动了。与此同时,美国空军在一个广泛的研究项目中审查自己的军用空间站项目,该研究主要包含在载人轨道实验室(MOL)项目中。1963 年12 月10 日,载人轨道实验室项目取代 X – 20 Dyna Soar(太空滑翔机计划),成为美国空军主要的载人飞行器项目。它将主要包括一系列由大力神 3 号运载火箭发射的双子星座号/轨道实验室组合,但带有一些军事用途的试验和研究目标,其中一项就是为美国空军载人轨道实验室的航天员进行出舱活动技术研发。迄今为止,载人轨道实验室的设想已经过去40 年了,但其历史、项目的发展以及设备、实验和飞行操作依然是机密。但根据近年来公布的信息,人们可以窥探出载人轨道实验室出舱活动项目中所包含的内容。

直到 1964 年,对于如何让双子星座号飞船上的两名航天员进入到空间实验室中仍然有 4 种待定方案:1)使用在尾部热护罩内的出舱口(最终选用方案); 2)在紧邻双子星座号飞船对接舱口的地方设置一个可膨胀通道,进入空间实验室;3)将整个飞船旋转,直接从双子星座号飞船的乘员舱进入空间实验室;4)出舱活动。其中,出舱活动是最容易的方法,因为它几乎不需要更改设计。在载人轨道实验室业已公开的一些设计中,含有一个尾部设备区,并有一个通往舱尾的传输通道。这可能是用做通往开放太空,进行出舱活动的气闸舱,或者是作为双子星座号飞船的一个可选出舱口。

6.1.3 载人轨道实验室实验 P6 的出舱活动

1964 年夏天,载人轨道实验室技术发展方案详细地说明了一项由12 个一级实验和 18 个二级实验组成的项目,其中至少有 1 个一级实验是与出舱活动有关的[2]。实验 P6——出舱活动——的主要目的是评价航天员进行出舱活动的能力,以及是否可用于“进一步的军事操作,包括飞船的外部维护”。

一套基础设备将提供给从载人轨道实验室进行的出舱活动操作,计划书提到了气闸舱,但出舱活动也可以从双子星座号飞船的出舱口进行,这同 NASA 的双子星座号飞船完成的出舱活动大体一样。它将包括:控制出舱活动航天员的牵引线、“捆绑”操作和控制单元(双子星座号的航天员机动单元)和环境控制系统。同时提供了一套基础的手动工具,还有需要更换的任务专用设备(例如太阳能电池)、连接件(例如 2 个油路管线的连接件)、修补(用外部压力来填补有压容器上的小漏洞)和回收(回收一个弹出的目标)。

这些测试的目的是为了测试航天员的在有动力情况下和无动力情况下的运动。为减少航天员出舱活动的风险,确定系索和无系索的出舱活动如何有效地完成是非常重要的,这就要求具备独立的环境控制系统和设计合理的航天服。测试每一个任务的难度也是非常必要的,从而使生命保障和环境控制系统能够控制和管理航天员工作时所产生的更高热量输出。

最初,每一个任务都要求在实验室内进行,从而在一个相对安全的环境中(即有压条件下)收集基础的生命保障和执行性能信息。这些任务包括:着有压/无压航天服,以及在不同的服装压力和环境系统供应率下进行操作,在有/无出舱活动环境控制系统和操作单元(或报告中提到的单元)的情况下进行测试,并完成各种替代操作程序。

在出舱活动时,这些舱内活动将在舱外重复进行。类似的数据将被记录,并保留录像及照片资料。出舱活动航天员将穿过气闸舱,来到舱外,在安全带保护下操作(摄像机),并在安全带保护或非保护的情况下操作控制单元执行任务。评估报告在强调这类测试的重要性时指出:出舱活动操作对未来的军事空间使命是非常重要的,它可以补充能源、为长时间留轨运行的飞船提供外部维护。如果由于事故原因不能直接通过内部通道进入返回舱时，出舱活动能力可能会成为航天员的安全保障。而且，出舱活动还能为飞船提供后勤保障，比如设备传输和营救工作等。

据估计，载人轨道实验室的出舱活动设备重约 181.4 kg，体积大约 0.39 m^3，另外还有用于照明、电视和其他相关系统的电源供应约 1 kW。出舱活动支持设备包括：1 卷系索，舱外使用的手/足约束装置（来评估在空中身体控制的难易程度），支架安装的电视设备——在出舱活动完成后将要回收到实验室内部（20 世纪 70 年代早期，在阿波罗返回地球轨道的出舱活动中就是这样做的）。

6.1.4 载人轨道实验室实验 P7

实验 P7 要求载人轨道实验室内的航天员能够操纵一个可以发送到目标卫星上的遥控机动单元（Remote Manoeuvring Unit，RMU）。这个单元拥有自己的推进及姿态控制系统，将作为探测装置或为其他飞船提供补给的运输设备进行评估。早在 NASA 航天员在航天飞机上使用载人机动单元 20 年以前，在用无人遥控机器人帮助航天员进行出舱活动的可能性的讨论之前，美国空军就已经在与 NASA 合作研制双子星座号 9 号和 12 号飞船的航天员机动单元，同时研究类似遥控机动单元设备的可能性。根据技术发展计划，遥控机动单元具有远程控制的基本能力，这对于解决军用飞船的后勤补给问题是非常重要的。

遥控机动单元的体积约为 0.08 m^3，质量约为 136.08 kg。其舱内的显示控制平台及有关的数据记录设备的体积约为 0.11 m^3，质量约为 22.75 kg，在测试飞行中需要 500 W 的电源供应。飞船的姿态稳定度要控制在 1°之内，在进行观测和操作时，载人轨道实验室的姿态稳定度变化要控制在 0.01（°）/s 以内。这个单元是在自由空间站的早期规划阶段所研发的遥控机器人和机器人出舱活动系统的前身之一，并在后来的斯普林特舱外自动照相机（AERCam Sprint）和对国际空间站出舱活动回收装置的方案中提出。

6.1.5 载人轨道实验室出舱活动训练

载人轨道实验室的每一个飞行员要完成与NASA双子星座号航天员类似的出舱活动培训，包括1 *g* 模拟和超重试验、水下训练和零重力飞行训练。在进行出舱活动之前，航天员还要在飞船内部进行轨道飞行训练。根据训练、测试和模拟的数据来制定出舱活动的精确时间表和次数。所有仪器设备在用于太空真空环境之前，都要在地面实验室内进行仿真模拟测试。较为合理的建议是在计划有5次飞行的项目中，组成一个有2名航天员的飞行组，每个航天员都有机会进行1次出舱活动，并对他们的活动进行直接对比，这样，在载人轨道实验室飞行中可有10次出舱活动。但是由于计划的机密特性，我们无法知道得更多。

在载人轨道实验室的方案中曾经计划采用出舱活动气闸进行出舱，而且可能进行过此类训练以测试其在飞行器中应用的性能。但不幸的是，没有一个载人轨道实验室航天员有机会把这一训练付诸实践，尽管东·彼得森（Don Peterson）于1983年4月在STS－6任务中进行了1次出舱活动。

美国空军载人轨道实验室计划多次延迟，早期的飞行计划从原定的20世纪60年代末一直延迟到70年代初。当NASA把主要精力投入到他们在阿波罗飞船后所研制的轨道实验室上以后，载人轨道实验室项目在1969年6月被取消。它的某些技术发展转移到NASA的太空项目中，包括人工操作单元的进一步开发。

6.1.6 阿波罗应用

在美国空军努力研制自己的空间实验室的同时，NASA 正在考虑是否可以将自己的阿波罗飞船的硬件设备拓展应用于探月以外的其他长期空间探测领域。在不同的时间里，它们分别被称做阿波罗 A、阿波罗扩展系统（Apollo Extension System，AES）和阿波罗 X，这些项目都是为了研制阿波罗的指令舱和服务舱，包括在服务舱空间内进行实验，与小型圆柱形研究舱及没有登月雷达和起落架的登月舱进行对接飞行。这些实验舱是经过改装的登月舱上升段或是同阿波罗指令舱一道飞行的专用的圆柱结构（指令舱实验室 COMLAB）。这些实验并不要求进行出舱活动，但已具有可以利用气闸进行出舱活动的设施。在 1965 年 5 月，为达到这些阿波罗扩展系统的目标，拟定了一些候选实验，包括：用于支持和研发新型压力服设计的系列出舱活动、太空作业技术、航天员营救等。这是一个大胆的计划，因为当时除了一名苏联航天员外，没有任何美国人离开过轨道中的飞船。实验列表包括如下项目：

· 1501—高级航天服研究；

· 1502—人工机动和操作研究；

· 1503—紧急救援操作实验；

· 1504—人员和物品转移；

· 1505—推进操作技术；

· 1506—舱外装配操作。

尽管这些研究都是在 20 世纪 60 年代初期进行的，由于项目的改变和经费的限制，它们没能在阿波罗扩展系统项目中得以实施。但是，直到今天，这些研究领域依然引领着出舱活动操作的前沿。

在这一时期，波音公司作为与 NASA 签订独立研究合同的公司之一,对可在地球轨道进行长期留轨科学研究的耐压大型飞船进行了可行性研究。由于使用大型飞船,所以可以忽略常规实验室操作下对出舱活动的要求,只要保证舱外检测、维护以及新设备和程序的测试。

1965 年,NASA 进行了一些可行性研究,以确定是否可以对土星 5 号火箭第三级(S－IVB)进行转换,使它能够支持通用对接舱周围的系列舱体和设备。基于土星号火箭的概念同时计划进行一系列内部的出舱活动研究,以便在耗尽燃料的助推级完成其火箭的角色任务后,将其转换成为可居住的车间。这就是人们所说的“潮湿车间”(Wet Workshop)配置,1965 年,该项目更名为阿波罗应用计划。在其后的 8 年时间里,土星 5 号火箭第三级作为出舱活动的一个项目用来进行新设备、新程序的测试,同时设计了一系列载人飞行的实验活动,成为阿波罗应用计划操作的焦点。在已经公开的概念设计图中清楚地显示了在土星 5 号火箭第三级内部及周围进行内部和外部的出舱活动的设想,并把阿波罗号和双子星座号飞船,作为航天员和后勤运输工具。

与此同时,人们对把阿波罗太空望远镜设备直接运送到土星 5 号火箭第三级上的兴趣日渐增长,而不是像阿波罗 X 和阿波罗扩展系统项目中那样运送到阿波罗服务舱上。

6.2　轨道车间的出舱活动计划

在原计划中,阿波罗太空望远镜将随一个Ⅱ型模块(登月能力)和Ⅰ型部件的指令舱在地球轨道上飞行 14 天。当望远镜部署到服务舱中的设备上后,只有通过出舱活动才能取回胶片盒。而由于不可能将所需胶片全部装入一个单元,就需要进行更换胶片的出舱活动。因此,研究计划定义了在飞行的第 7 天和即将结束时进行 2 次出舱活动。出舱活动的形式同 1971 年和 1972 年进行的 3 个 J 系列阿波罗任务相似。第一次出舱活动是航天员通过指令舱口走出飞船，取出并更换胶片盒，这可能需要另一名航天员在打开着的舱口支持配合并进行摄影，而第三名航天员在中心指令舱控制。第二次出舱活动是在阿波罗望远镜基座即将弹射与服务舱分离，返回地球之前，取回最后的胶片盒。有时，为了观察设备与服务舱的分离状况，需要进行短时间的直立出舱活动或脐带连接出舱活动（类似于在双子星座号飞行任务中所进行的出舱活动）。但是，一旦飞行任务展开，航天员指令官们是不赞成进行这样的冒险的，因为航天员在进行不必要的出舱活动时有可能在返回前遭到空间碎片撞击。

在 1966 年 4 月，土星应用项目副主任约翰 · H · 迪施尔（John H. Discher）给美国空军研发执行部副主任杰里 · 麦考尔（Jerry McCall）写了一封信。信中建议：美国空军应当为评估将阿波罗望远镜基座整合到改进的登月舱下降段而不是服务舱中的应用提供经费和日程计划。这一建议在土星 5 号火箭第三级项目设计中被直接采用。人们对于是把阿波罗望远镜基座捆绑到服务舱或登月舱上，还是直接捆绑在土星 5 号火箭第三级上，进行了长达数月的讨论，最终人们倾向于用登月舱运载。

随着讨论的深入，出舱活动在阿波罗应用计划中的作用日益显现。到 1996 年 9 月，航天员在双子星座号计划中所取得的出舱活动的经验使得项目副经理肯尼思 · 克莱因克内希特（Kenneth Kleinknecht）建议重新设计土星 5 号火箭第三级的氢气箱的前圆顶舱，使其能够更加容易地被移动。克莱因克内希特对于在发射之前就安装柔性的气密封口，以大幅减少在轨运行飞船的航天员的工作量的做法表示质疑。在 10 月的北卡罗莱纳州朗干湖（Lake Logan, North Carolina）会议上，优化了未来在休斯敦的载人飞船中心和哈特斯维尔的马歇尔航天飞行中心的研究和职责划分。同时，基于最近的双子星座号的飞行经验和对进一步活动安排的审阅,计划致力于人和设备能力及潜能的全面研究,制订了把出舱活动设备和程序应用到进一步的长期研究中的应用计划。双子星座号经验清楚地表明,对每次任务目标所决定的出舱活动的要求,以及出舱活动特定的硬件产品的制造及程序的制定进行仔细评审都是十分必要的,而且能够保证航天员利用可用资源完成不同的指定任务。

在改进后的责任书中,载人飞船中心将负责研究、测试及开发出舱活动设备和程序,也包括组建、培训航天员团队。马歇尔航天飞行中心负责开发和测试在太空中需要航天员进行出舱活动来组装、启用、维护和修复的大型设备。这一责任分工使得在随后几年里,两个中心都声称自己是载人航天飞行的中心。

在1966年11月初,把阿波罗望远镜基座安装于阿波罗号上升段的建议得到采纳,自同年12月初起,这一方案被引入到火星5号火箭第三级实验室项目中。这一举措将"集群"的概念引入到了轨道车间项目中,突出了一系列出舱活动课题,这些课题是休斯敦载人飞船中心数月来一直研究的——尤其在取出和更换阿波罗望远镜基座胶片盒方面。操作单元的出舱活动演示作为实验得以评估,但新的目标是操作性太空行走,由于只有双子星座号项目的经验,它需要进一步的评审。

6.2.1　早期的阿波罗应用项目出舱活动计划

阿波罗望远镜基座是轨道车间中最大的科学实验仪器,也是科学研究项目中最有作用的仪器。由于要依靠出舱活动取回数据,进一步拓展和验证出舱活动方法的研究是十分必要的。

当1966年12月阿波罗望远镜基座被配置在轨道车间项目中时,出舱活动的目标集中在飞行任务期间更换和取出胶片盒上。随着阿波罗应用计划/天空实验室后来7年的发展，出舱活动项目扩展到包含2个扩展的实验（D024和D230），这些实验的仪器被置于空间站的外部，当航天员取回阿波罗望远镜基座胶片时，无须出舱转移较远就可以完成这两个实验，从而达到节约时间和额外出舱活动的目的。尽管出舱活动可以预先计划和训练，计划外的出舱活动（异常情况时的）总是会插入到出舱活动项目中。在1973年天空实验室发射之后，出舱活动项目补充了救援和修复工作。科胡特克（Kohoutek）彗星的发现，也使得实验和观测技术得到了发展。

出舱活动项目的发展要求改变轨道车间集群的配置。结果，开发了3个不同的系统以对应于不同集群的显著改变，其中最明显的改变是从潮湿车间配置到干燥车间配置。在每一个改变中，设备传输任务的制定及航天员工作间设置位置的确定都进行了反复评估。从1966年项目启动到1973年实现飞行，很多设计最终被更改了，但仍有一些配置一直没有更改。这些确定下来的设计变更，强化了天空实验室出舱活动方案，有利于航天员的成功，使得他们在轨道飞行中进行设备操作之前，就已经通过长期的模拟训练熟悉了这些设备的实验和测试方法。

对于出舱活动在轨道车间中的必要性的认识引出了新的研究课题，这些课题又派生出其他的研究和设计领域。例如，航天员出舱的频率和时间长度，他们做什么，如何去做。同样有必要明确由哪位成员来完成任务，并制定出一套可行的出舱活动设计准则、限制和安全规程。当这些都确定以后，剩下的问题就是集成出舱活动和硬件子系统来完成出舱活动的目标和整个任务。

早期设计准则规定，阿波罗应用计划出舱活动应始于主轨道车间的气闸舱，用阿波罗型号的压力服和18.28 m长的脐带来提供生命保障。只携带一个小型便携的生命保障背包作为备份选择。每隔14天左右，航天员将出舱并更换阿波罗望远镜基座胶片盒。在 3 项计划的任务中——28 天，1 次出舱活动；56 天，3 次出舱活动；56 天，3 次出舱活动——即，计划至少有 7 次回收和更换阿波罗望远镜基座胶片盒的出舱活动。系统可针对实时要求做出灵活反应，并在阿波罗望远镜基座控制台上完成操作。

6.2.2 阿波罗望远镜基座出舱活动概念的研究

早期的概念研究采用技术含量不高、价格便宜的机械模拟装备来进行部分任务的模拟，用来评审到达胶片盒的过程、确定航天员工作站的最佳位置和配置，以方便航天员取回和更换胶片盒、评估几个航天员从气闸舱到工作站的活动方案设计，并确定携带胶片盒的方式。

在早期的阿波罗望远镜基座的设计中，阿波罗望远镜基座是位于登月舱上升段（替代登月舱下降舱）下面的架子上的，有 7 个仪器或设备需要更换胶片盒。其中 4 个的设计为从胶片盒一侧进行胶片更换，

图 6.2 天空实验室空间站所进行的出舱活动

其他3个需要在最外面的向阳面进行胶片更换。很显然，要让航天员依次到达每台摄像机是既费时又费力的，所以决定让航天员停留在固定的工作站，将摄像机向航天员移动。在登月舱和阿波罗望远镜基座上开发了2个工作站：一个用于提供从侧面（登月舱一侧的工作站）通往镜头的通道，另外一个在向阳面（向阳面的工作站）。在评估中人们认识到，与其让航天员从气闸舱出来并在登月舱结构周围转换，不如让他们利用登月舱前舱口更为合理和经济。登月舱将重新布局，增设阿波罗望远镜基座控制和显示设备，并可同主站隔开，通过登月舱顶部舱门和进出通道实现气闸功能（尽管要小心储藏和限制重要物品，这样在出舱活动时，它们才不至于漂出舱外——这种情况在双子星座号项目中出现过数次）。因此，胶片盒可放置在登月舱下降段而不是气闸舱内，在登月舱前部舱口的外部开发应用新的工作站——登月舱工作站。

尽管把出舱活动出口从气闸舱移到登月舱前部舱口，要到达工作站还是有相当长的一段距离。为了缩短距离，设计者把登月舱工作站置于舱口区域45°角处，把向阳面工作站直接置于登月舱工作站下。在整个潮湿工作站设计期间，这种设计都没有改变。

在1996年12月评估工作站设计时，在航天员办公室（CB）、结构和理学部（EC）和格鲁门公司（登月舱的主要合同商）之间进行了一些讨论，主要是有关于通过上升段引擎上方的直径为55.88 cm的出入口，（这个建议在登月舱/阿波罗望远镜基座配置中被删除）而不是通过飞船外部通廊来进行出舱活动的可行性。通过这种内部出舱活动，人们发现实验装置的顶部低于洞口88.9 cm。在模拟中，格鲁门公司发现，只有80%的人穿着无压航天服能够勉强通过模拟舱口进入通道。这清楚地表明，该配置既没有足够大的入口可以穿越，也没留下足够的空隙可以绕过它。同时，在这个有限的空间内没有足够的照明也是一个问题。尽管改变结构能够使得上升引擎盖舱口直径扩大到 73.66 cm,然而这只能在格鲁门公司实现,而不适合已交付使用的登月舱。评估中,人们假定不用背包,生命保障系统直接由登月舱通过脐带来供给。但是,由于这种操作严重限制单独执行任务的航天员的移动及视线,人们最终放弃了这一想法,转而考虑进行外部的出舱活动。

6.2.3　出舱活动系统的进展

如同设计和开发一样,对某一部分进行评估时,其他的部分也在进行调整,结果可能会导致最初的观念和方法的改变。阿波罗望远镜基座外壳的设计就是这样,随着工作站和出舱活动出口位置的论证而不断进行调整。为评估入口和确定每个望远镜和摄影单元的细节设计,进行了一次 1 g 环境下的壳体模拟试验。根据预计的(非最终的)摄影机结构,确定了入口的整体尺寸、试验位置和能够达到的极限。随着项目的深入,试验设计逐步确定,对进行胶片盒置换的出舱活动的要求的估计也就越来越精确了。当其中 1 个实验从使用盒胶片的摄影机改为只需在阿波罗望远镜基座控制台进行视频显示时,胶片盒置换的次数从 7 次降为 6 次,简化了出舱活动系统。

随着出舱活动舱口位置、最终工作站位置和胶片盒储槽位置的调整,现在应该考虑的是,如何让航天员和胶片盒从轨道车间转移到阿波罗望远镜基座并返回,同时保证胶片盒和飞船都不会受到损害,而且航天员的出舱活动的时间也不能超过计划的 4 小时。必须记住,从 1966 年 12 月到 1969 年中期,美国仅有的出舱活动是双子星座号出舱活动(总体而言,这是成功的,尽管它引起了对工作量、限制和疲劳的关注)和一次时间很短的阿波罗登月压力服在地球轨道上的出舱活动演示(这次出舱活动由于其中一名航天员的健康原因而缩短了)。苏联只完成了2次短时间的出舱活动:列昂诺夫在1965年3月所进行的人类首次出舱活动(这次出舱活动被描述为是成功的,但活动难度在随后的数年里都不为外界所知);1969年1月进行的一次短暂的飞船到飞船的转移。此后,人们没有在空间站上再进行长时间有确定目标的地球轨道出舱活动的技术尝试,而且直到1973年,也基本不被外界所了解。天空实验室系列证明从空间站进行出舱活动是可能的、可行的,也是飞船持续飞行所必需的。事实上,在这些计划完成后的10年时间,人们都忽略了对这些活动程序和空间站的总体性能的总结研究。

图6.3 天空实验室进行的阿波罗望远镜基座胶片盒置换出舱活动

6.2.4 传输模式的评估

在发展阿波罗望远镜基座出舱活动系统时,一个最具有挑战的障碍是两个工作站相互矛盾的要求:远程能力和可视性,以及与其他工作站的联系。随着项目的进展,1 g 和零重力环境下的模拟试验在定义系统和理解多米诺效应方面起着越来越重要的作用,即使是系统内最小的改变也会产生多米诺效应。

在出舱活动详细的时间表框架勾划产生之前,整个过程始于阿波罗望远镜基座胶片置换的 1 g 环境下的行走。当某个特定的系统或步骤在 1 g 环境下表现出有应用前景,就会在水箱中进行模拟来验证这一系统。当步骤或设备零件的某一方面需要更多明确的评估时,将在 KC－135 失重飞机上进行抛物线飞行。为研发阿波罗望远镜基座出舱活动技术,抛物线测试包括了脐带储藏、包裹传输的评估以及有关物体操作的动力学分析和摄影机操作的研究。马歇尔航天飞行中心中性浮力模拟器被用于天空实验室出舱活动模拟,因为它有足够的空间来进行单个步骤的出舱活动工作的评估。

继续使用业已存在的车间设计,同时有一系列的传输方法被提出、准备和验证,随着轨道车间出舱活动项目得到推进,(也基于双子星座号的经验和中性浮力水箱的不断使用,)人们对航天员轨道能力的更好了解,最终降低了阿波罗望远镜基座传输系统的复杂性。通过使用中性浮力水槽,评估 1 g 环境下的模拟和采用 KC－135 失重飞机飞行来验证测试结果和预测将在轨道中出现的情况,使得研究的重点从寻找可能的解决方案,转变为根据初步确定的概念来制定操作程序。

在早期的研究中,当出舱活动从气闸舱进行时,设计了一系列伸缩吊杆,但考虑到航天员的超负荷工作量,又设计了自动的机械臂,非常类似于航天飞机和国际空间站的伸缩吊杆机械臂。其中一个先进概念是“蛇臂”,它采用分段设计、高度自动化并能够传输胶片盒和使航天员往返于工作站。由于它在减轻航天员工作量上的潜力,使它在早期得到了关注,但是由于它太过繁杂和沉重,也引起了很多的麻烦。另外一个传输方法是“卷起”的吊杆,它一直被成功地应用于无人卫星上,用来部署长天线。

下一个任务是确定如何使航天员能够从出舱活动舱口到达工作站点。人们比较倾向采用的两个方法,一个是采用吊架本身;另一个是在每个对接接合器、登月舱和阿波罗望远镜基座架外面,安装一系列固定的扶手。最终采用了安装扶手的方法,因为设计中的吊架刚度不够,而且用来将吊架元件组建成更长结构的金属带也存在危险因素。

在出舱活动规划中,下一个重要的改变是采用登月舱前部舱口作为出舱活动出入路径的决定。随着这个决定,人们倾向于采用简单的导轨系统而不是更为复杂的吊架和机器人臂。在早期的研究中,对辅助(电动和人工控制)导轨系统及可以将装置在船舱区域和工作站之间摆动的枢轴臂进行了评估。有趣的是,在早期的航天飞机发射测试之后,现在一个可以让航天员同时转移自己和胶片的导轨系统——“滚轮”被安装到国际空间站上。30 多年之前,埃德·吉布森就曾为轨道车间评估了该概念设计。在 1969 年的水下测试中,该系统证明了它确实能同时移动航天员及其负重。但是,为了实现这一方案,需要复杂、沉重的机构和大量的开发时间来研制可靠且易于转动的系统。同时发现,偏离中心的负载容易使滚轮卡住,尤其是在通过曲线路径时。

当“滚轮”方案被放弃后,人们又重新设计工作站来寻找从登月舱舱口更为直接地访问它的路径。从这里,由登月舱舱口工作站的把手所激活的枢臂,能够控制降低到登月舱侧的工作站来为相应的摄影机服务。对于在太阳面工作站上的摄影机胶片盒,则采用双滑轨系统(“溜冰板”)作为通道。吉布森利用水下模拟评估了这两个系统,其中一个能够由航天员控制推到前部,而另一个则可以运用简单的手摇曲柄设备从登月舱舱口工作站操作,当航天员出舱安装或拆除胶片盒时,将设备分别运送到工作站。

双滑轨系统在转移时能提供更好的稳定性,尤其是在通过太阳能电池阵时,人们曾担心航天员可能会无意地接触到面板造成损坏,尤其是在拖动腿的时候。为避免损坏,人们运用了一个槽状网格。当航天员工作或转移时,他们可以把脚上穿的出舱活动靴插到这里来固定自己低下去的身体。1969 年,当轨道车间的配置从火箭的耗尽级(潮湿)概念转变到预先符合(干燥)概念时,有了把出舱活动转换到阿波罗望远镜基座上的工作设计。在 1 g 环境下的模型和水下模拟中,翻转臂和"溜冰板"概念都被证明是有效的。20 年后,翻转臂重新被采用,但不是在美国的空间站上。苏联开发了称为"Strela(箭头)"的悬臂设备,后来被装到和平号空间站上。

6.2.5 最终天空实验室阿波罗望远镜基座出舱活动系统的开发

移除登月舱所支持的阿波罗望远镜基座结构,并用土星 5 号火箭发射无人的、集群望远镜系统,明显地改变了原定的车间出舱活动程序。相比于潮湿车间配置,干燥车间有较少的直接转移和转运工作,人们重新采用通过气闸舱出舱。对登月舱上的两个工作站的评估表明,太阳面的工作站能够在气闸舱口的 45°角内移动;而登月舱侧的工作站,从其最优位置转换 90 °后,航天员仍可转移和进出,而不会受到严重影响。这个工作站后来被称为中心工作站。

一个工作站被加到紧邻出舱活动舱口的固定的气闸舱罩的区域,(用与气闸舱曲率相匹配的备用双子星座号舱门,并可以减化操作和打开弧线)。此处可装载胶片盒,并有临时仪器装载吊钩。也有扶手、脚钩,而且还可以提供出舱活动所需的所有传输设备和约束装置。在天空实验室出舱活动中,第一个走出空间站的航天员作为"出舱活动组长"占据了这个位置,供应胶片设备和控制脐带,支持出舱活动;第二个航天员完成往返于工作站的转移。第三个航天员在轨道车间内，监控系统和外面的两个同伴的活动情况，需要时提供相片文档。

在早期的干燥车间研究中，从固定气闸舱罩的工作站到阿波罗望远镜基座的胶片传输滑板设备再次受到关注。然而，人们很快就明白：由于多口对接接合器与阿波罗望远镜基座之间的界面很难构成平滑、连续的轨道系统，所以这个想法也就被放弃了。人们考虑的另一个方法是扩展悬臂：它可绑缚于气闸舱罩的工作站并预先瞄准于两个阿波罗望远镜基座上的工作站，用于胶片盒的传输，帮助航天员转移并为出舱活动转运其他设备。考虑到胶片盒或飞船结构可能被损坏，以及航天员可能受到的伤害，由航天员携带胶片盒往返于工作站的想法很快就被否定了。这将增加传输负荷和总体出舱活动时间表。

系统和步骤的开发将依次在1 g 环境和中性浮力模拟器中进行评估。如果1 g 环境下的测试证明是可行的概念，就将被置于水槽中来决定足部约束装置的最佳位置、吊杆的操作程序及往返工作站的转移路径。天空实验室有3个吊架，1个在太阳面工作站，另1个在中心工作站，还有1个作为备用。它们的位置是由1 g 环境下的模拟结果确定的，而它们的替换位置的可及性和瞄准点则在水槽模拟中确定。根据这些实验信息，一个被称为“衣绳”的传输装置也被安装，绑定于距拟议中的吊架传输路径尽可能近的位置。在胶片传输吊架损坏时，设计有一个“替代工作站”。这个临时的工作站由两部分组成：一个作为脚栅的扶手，以及一个绑定在气闸通道旁作为足部约束装置的可以直接到达了个传输吊架的小型铝槽截面。

在开发天空实验室出舱活动时，引起某些疑虑的一个问题是航天员脐带的限制和支持。在早期的评估中，安装了成打的线夹来引导脐带，但是逐渐地发现，这些是没有必要的。最终，脐带线夹被安置在每个工作站及接近出舱活动舱口的两个地方（每处分归一个航天员）。在舱口的脐带线夹是主要的,其他的脐带线夹由航天员根据需要来使用。

太阳面工作站的设计导致其不在气闸舱的视线之内,因为没有传输方法能通过拐角,所以设计了一个中间的工作站。由于其独特的位置和同其他工作站的关系,人们通过单独使用水槽模拟的方法开发了这个传输工作站。因使用这个工作站,同时决定使用“胶片传输树”来收藏实验 S082A 和 S082B 摄影胶片盒,为 S082 摄影机在胶片更换时提供一个临时收藏区域,天空实验室出舱活动系统的开发最终得以完成。在 1970 年 11 月进行的一次出舱活动鉴定设计评审,几乎没有为轨道车间随后的飞行团队训练推荐什么修改意见。

在全面开展轨道车间出舱活动项目的同时(1966—1973 年),通过按部就班地解决问题、评估系统或程序、测试最佳方案,一系列的出舱活动的偶然性事件方案得以制定。后来通过出舱活动展开太阳电池阵就是这个步骤的典型案例。最初,有 3 个候选的转移方法,后来选择了其中 2 个,测试后选择确定了最佳方案;按照同样的方法又选择确定了 3 个最佳的展开太阳阵列的方法。对那些花费多年时间开发了天空实验室系统的人而言,这种按部就班的解决步骤被证明是十分经济和省时的高效工具。

6.3 从天空实验室进行的出舱活动(1973—1974 年)

天空实验室项目的早期规划中,共有 6 次独立的出舱活动(每次大约 2.5 小时),共 29 人 · 小时,计划完成置换阿波罗望远镜基座胶片盒、从实验 D024(热控制涂层)和实验 S230(电磁粒子组成)中取回粒子收集盒以及观测太空舱的外部等任务。有 4 次阿波罗望远镜基座胶片的完全更换,需要处理质量约为 680 kg 的货物,加上 2 次从实验 D024 和 4 次从实验 S230 取出样本。

然而,到 1974 年 2 月第 3 次任务的末期,共完成了 10 次出舱活动，计 82.5 人·小时。这些出舱活动不仅实现了所有预定项目目标，同时在上升阶段中，在失去了陨尘防护罩和一个主要的太阳阵列后，仍基本保持了操作应用状态。航天员同时安排完成了额外的 18 个计划目标和 13 次飞行修复。

6.3.1　天空实验室计划的出舱活动项目

在 1973 年 5 月 14 号天空实验室 1 号（无人轨道车间）发射之前，项目的计划者已经确定了 3 项有人参与任务（分别为 28 天、56 天和 56 天）的出舱活动计划列表，包括每一次出舱活动的任务和目标。

天空实验室 2 号中为该项目第 26 天计划了单独的出舱活动。由指令长和任务专家主导的用时 2 小时 3 分的单独的出舱活动，包括取出所有的 6 个阿波罗望远镜基座胶片盒、实验 S052 和 S054 的部分安装和从 D024 实验中取出样本。

天空实验室 3 号中为这个 56 天项目计划了 3 次出舱活动。由任务专家和飞行员进行的第 1 次出舱活动，安排在第 4 天，用时 2 小时，包括 S056，H－α，S082A 和 S082B 实验的部分安装和从 S230 实验中取出收集盒。第 2 次出舱活动在第 29 天，由指令长和任务专家完成，用时 2 小时 45 分，将要进行完全取出和完全安装。最后的第 3 次出舱活动安排在第 55 天进行，用时 2 小时 30 分，由指令长和飞行员来执行；两名航天员要完成完全取出 S052 和 S054 实验的部分安装，从 D024 实验中取出样本，从 S230 实验中取出收集器。3 次出舱活动，共计耗时 7 小时 15 分。

天空实验室 4 号中对天空实验室空间站的最后访问有 2 次出舱活动。第 1 次由任务专家和飞行员在项目的第 4 天执行，用时 2 小时，从事 S056，H－α1，S082A，S082B 实验的部分安装和从 S230 实验中取出收集器。第 2 次出舱活动由指令长和任务专家在第 54 天执行，用时

2 小时 45 分。在这次出舱活动中,两名飞行员将通过“衣绳”装置取出所有的阿波罗望远镜基座胶片盒。这将使得阿波罗望远镜基座最终没有胶片盒,从而结束阿波罗望远镜基座项目。同样,航天员在结束他们的出舱活动前,需要从 S230 实验中收集最终的样本。

有意思的是在这个计划里面,任务专家似乎是主要的出舱活动航天员,同指令长一道,在第 1 次发射中从事了唯一的出舱活动,在天空实验室 3 号中从事了 3 次出舱活动中的 2 次和天空实验室 4 号所有的 2 次出舱活动。本来飞行员没有在第 1 次任务中被安排进行出舱活动,只是协助天空实验室 3 号中的了第 1 次和第 3 次出舱活动,天空实验室 4 号中的第 1 次出舱活动。

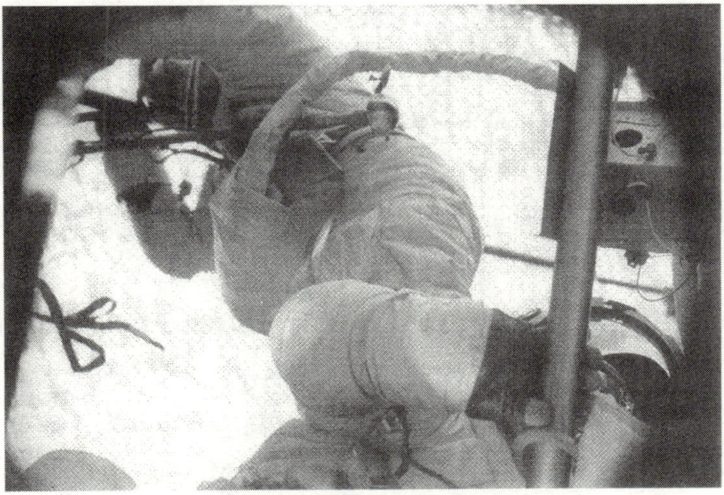

图 6.4　为天空实验室修复工作而进行的出舱活动

6.3.2　营救飞船:第 1 次出舱活动

与天空实验室有关的第 1 次出舱活动发生在 1973 年 5 月 25 日,是一次直立出舱活动,从打开的指令舱进行。飞行员试图将被铝条缠绕而未展开的太阳电池阵打开,但由于无法施展全力而没有成功。保罗·韦茨上身探出舱外,把任务专家乔·克尔温递来的 3 根长度为 1.5 m的杆子组装成 1 根 4.5 m 长的杆子。杆子的顶端是一个“牧羊钩”,韦茨试图用它来撬动缠绕着太阳电池阵的铝条。对于简单的直立出舱活动,如取得样本包(如同在阿波罗 9 号上)或胶片文档(如在阿波罗 15 号~17 号上)来说,指令舱的舱口是合适的。但韦茨想通过杆子和钩子(后来换成了一个窥探装置)来用力松开铝条,因此即使克尔温抓住了他的双腿,韦茨还是不能施展全力。实际上,他只是将指令服务舱拉向天空实验室,强迫康拉德来控制飞船。他解释道,用这些有限的工具,无法解开缠绕的太阳翼。他们在与空间站对接,能够进行真正完全的出舱活动后,将太阳阵列移至轨道车间一侧,面向太阳的科学气闸舱内,展开了它的电池板。在直立出舱活动时的安全系索、钩子和杆子被用来作为在空间站外直立出舱活动用的帆篷。在展开缠绕的太阳翼时,也用到了这些工具。

接下来,在 6 月 7 日的出舱活动中,康拉德和克尔温成功地松开了缠绕着的太阳电池阵,这次活动的程序是由航天员拉斯蒂·施韦卡特领导的地面小组所评估,并在 6 月 4 日得以批准的。通过舱上远程打印机,航天员接受出舱活动时间表和指令,利用空间站内已有的或其他带到指令服务舱内的材料来制作需要的部件。远程打印机是在轨航天员组的新帮手,通过它可以同地面控制者进行更充分的讨论、更加明确地了解地面指令的要求。这是一种除了基本出舱活动训练和步骤专家经验外的额外帮助,确保了重要出舱活动的成功(美国航天员在太空中,只进行了 13 次出舱活动)。6 月 6 日,航天员组通过在轨道车间上的电视会议,进行了部分适应性练习,验证了他们对传递给他们的技术和新信息的理解。这次出舱活动是一次计划外的行动,由两部分组成:切断缠绕电池阵的铝条,将电池阵展开到合适的位置。

6.3.2.1 切割残骸

在切割残骸的工作中使用了4件工具:直立出舱活动电缆切割机、虎钳夹、撬杆及1把从舱内牙科工具箱里拿来的骨锯(这显示了航天员就地取材的灵活性和多样性)。有了割断铝条的实践和适用的工具,航天员剩下来所要做的就是到需要处理铝条的地方去。这带来了新的问题,因为那里并未设计为可支持出舱活动,没有辅助传输设备和固定约束装置。幸运的是:双子星座号的经验已经证明了没有传输设备和固定约束装置,即使是最容易的出舱活动也难以完成。基于这一认识,计划者提供了对这一在发射之前不曾考虑的问题的解决方案。

康拉德和克尔温完成的出舱活动是通过从固定遮蔽区域的气闸舱,沿着气闸舱桁架移动到在轨道车间前端的长盘锥形天线吊架。他们组装了3个1.5 m长的直立出舱活动杆,并将2个双杆遮阳杆缠绕在一起备用,再在一端加上电缆切割刀。用一个备用出舱活动安全系索来将设备固定到天线吊架上。这不仅仅使得吊架能够到达太阳电池阵束,同时也是一个切割铝条的方法。下一步,为了安全地从9 m外进行切割操作,一条6 m长的绳子从电缆切割刀垂悬到气闸舱区域,这个操作需要一名航天员把切割刀放到残骸上和降低杆子来帮助切割,同时另外一名航天员移到固定的气闸舱遮盖域启动切割刀。

6.3.2.2 太阳帆板的展开

在物理切割残骸之前,航天员需要缚上一根束立系索。人们认为设计电子阻尼器可以用来减缓展开被卡塞的电池阵带来的冲击,所以由施韦卡特领导的开发队伍,设计了一个束立系索来强迫太阳翼打开。它由1个不再需要的直立出舱活动帆绳中长9.8 m的部分加上2

个安全系索构成。将钩子挂在翼阵的孔洞上，而另外一端的钩子则被挂在接近盘锥形的天线杆。因为没有稳固的落脚点来帮助航天员拉绳子，航天员不得不转移到束立系索的中心，对着轨道车间的外壳，抓住绳子靠近自己的肩膀来约束自己，站立起来，然后抓紧并拉住束立系索来展开太阳帆板。这样做同时也可保护航天员不至于飞入太空。可是当他们这样执行行动时，却又出现了一些问题。

克尔温发现为了把杆/切割刀装置放到位，需要在盘锥形区域获得一个稳定的落脚点，但这比在哈斯特维尔的水槽中模拟时更为困难，由于某些原因，水槽中的模拟器的设计不同于轨道中的天空实验室。他花费了 30 分钟试图用一只手放置杆子到位，同时另一手抓住另外一个，他将绳子对折将其缩短到 0.9 m，这样他可以把自己同空间站固定得更牢一些，同时可以部分使用他的另外一只手。最终，铝条被放到切割刀的钳口。与此同时，康拉德开始把束立系索钩挂到盘锥形的天线上，让两个小钩分别穿入第一个太阳翼的 2 个孔洞里。然而，他再次发现地面上的模拟设备不同于飞行中的天空实验室，第 2 个较小的钩与孔洞不匹配。他们把绳尽可能地拉紧，切断了电缆。康拉德把束立系索置于肩上，而后他同克尔温一起松开一切物品。当两个航天员拉紧束立系索时，阻尼器突然陷下，电池阵弹出。他们猛冲到空间站的外壳上。数秒之后，他们恢复了镇静并返回原位，电池阵完全展开了。地面电力表记录到增加的电流供给。这次出舱活动是一个巨大的成功，但在航天员返回到阿波罗望远镜基座以前，他们还需要更换胶片和完成其他的任务。

6.4 天空实验室出舱活动任务

空间站得救了，科学实验得以继续。3 次出舱活动任务按计划进行，不过第 2 次出舱活动任务被推迟到第 59 天，第 3 次被推迟到第 84

天。所有航天员都参与执行了各种出舱活动，一些是计划内，另外一些是根据需要增加的。

6.4.1　阿波罗望远镜基座

天空实验室上出舱活动的主要目的是进行胶片的置换。这在天空实验室 2 号上的第 3 次出舱活动，太空实验室 3 号中的所有的 3 次出舱活动及天空实验室 4 号上的 4 次出舱活动中的 3 次中得以完成。阿波罗望远镜基座设备的问题，让航天员得以证明他们按照出舱活动计划维护和修复故障的能力。

在天空实验室 2 号中，在太阳电池阵展开之后，航天员通过用新的单元替代盒式磁盘，在 S082 实验中固定了一个存在故障的胶片供应系统，在 S054 实验的光圈门不能规律动作时，他们将其固定打开。在最后一次出舱活动时，在电池充电器的内部继电器调节器模块被卡住之后，航天员用合适的锤子敲打一个特定的螺丝头松开了卡住了的模块。这个螺丝是由从地面传到远程打印机上的草图确定的。在这次出舱活动中，由于观察到 S052 实验的一个挡板有反光现象，因此对挡板进行了清扫。用镜头刷清除挡板上的碎片后，问题得以解决。

在天空实验室 2 号的最后一次出舱活动中，当试图在阿波罗望远镜基座支柱旁安装一片约翰逊航天中心样本帆形材料时，康拉德艰难地保持自己的位置，直到得到韦茨的帮助。康拉德回想起他的同行迪克·戈登 7 年前在双子星座 11 号上经历的出舱活动："那可真是一个迪克·戈登操作。我一直试图抓稳几乎要漂出去了，直到保罗下来把他的脚放到我的肩上，我才可以用我的腿支撑，并最终把帆形材料安装上。"这一努力使得康拉德发热，导致航天服内的热负载增加。

在天空实验室 3 号的第一次出舱活动中，阿波罗望远镜基座 S055 望远镜光圈门上的一个斜面闭锁（在太阳面）卡住了。航天员拆除了闭锁的2个1.11 cm粗的螺栓才解决了问题。为了解决带着粗大的手套难以握住轨道车间内部使用工具的问题，航天员们改进了轨道车间内部工具箱的扳手，用层状的带子构造把柄并附上绳子以便抓紧。在他们的下一次出舱活动中，航天员拆除和更换了阿波罗望远镜基座微分陀螺处理器包。在第一次任务中，它已显现了越来越差的苗头，所以，第二次的航天员组携带了一组新的陀螺仪。新的陀螺仪将被安装在飞船的内部，但必须通过出舱活动与飞船的控制系统相连接。如果陀螺仪系统彻底损坏，天空实验室就不得不马上放弃，因为没有替换设备或替代系统。为了拆除或更换那些原来没有计划更换的电子连接器件，一条长7.3 m的电缆将连到阿波罗望远镜基座上的计算机接口上。为了完成这一工作，在天空实验室的指令服务舱内的工具箱中装有特别设计的接口拔除钳。在航天员的第3次也是最后一次出舱活动时，他们也对S052实验的挡板进行了一次清理。

在天空实验室4号上的第1次到达阿波罗望远镜基座的出舱活动中，航天员组确保H-α2号望远镜的光圈门处于打开位置；在其第2次出舱活动中，他们修复了S054实验的X射线光谱望远镜上的滤光器转盘，其在滤光器之间的位置停止了。在拆除摄影机胶片盒之后，航天员按下了仪器上的2个保留装置，然后他们打开百叶窗机构来处理卡住的滤光器转盘。只有用镜子照着才能看到里面的操作，通过打开的百叶窗熟练地使用螺丝刀找到滤光器转盘的固定位置才能完成修复工作。在任务的剩余时间里，只对一个滤光器转盘进行了这样的操作。尽管经过了实验操作培训，航天员并不十分熟悉仪器内部的工作方式，因为在通常情况下，他们并不需要接触仪器的内部。详细的信息被利用电传打印给航天员组，让他们完全理解这些信息。飞行控制员通过一个在飞行控制中心的飞行控制S054照相机来跟踪出舱活动操作。这些使得人们能够实时了解航天员是如何进行出舱活动的，并可通过地面支持航天员为他们提供支持和帮助. 在第 2 次出舱活动时，航天员同样安全地打开了 S082A 实验的光圈门。

6.4.2　试验

S149 微粒采集试验在天空实验室 3 号的第 1 次出舱活动中进行，该试验原定在向阳面的科学气闸舱的操作间进行，但是太阳伞翼的展开影响了该试验设计的可行性，被迫重新设计支持性部件，后来被应用在天空实验室 3 号中装置支持性部件，以便在阿波罗望远镜基座遮阳盘上进行试验。安装有环状 S230 磁化微粒化合物的两个金属薄片

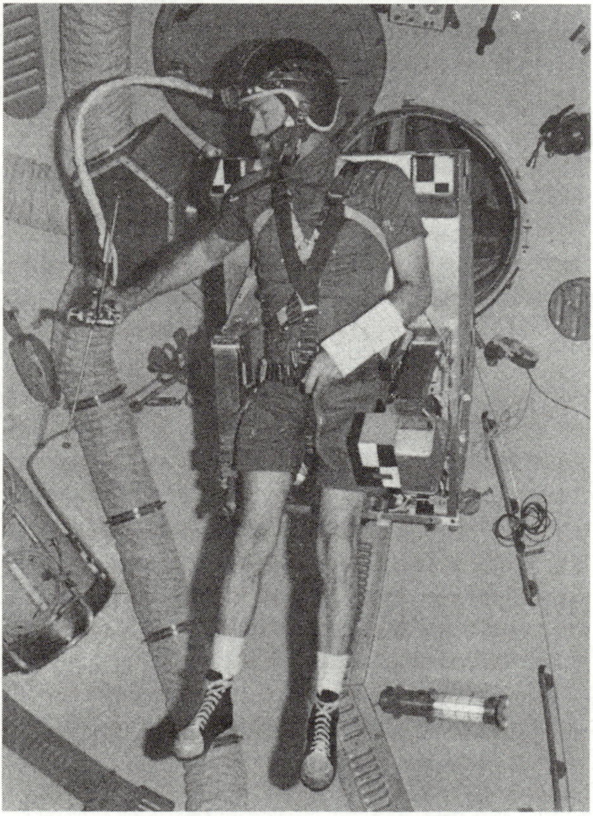

图 6.5　天空实验室内的 M509 载人机动单元设备测试飞行

探测器被取回，并在天空实验室 3 号的第 1 次出舱活动中使用 2 个校准装置夹。在天空实验室 3 号的第 3 次出舱活动过程中，S149 试验样本被取回，同时也将最后一套 D024 磁盘、带状样本和一个 S230 采集器回收，同时安装一个伞翼状的热力学屏蔽，将它附着在夹板和向阳面的 S－10 扶手上，以便了解这些材料长期处在阳光和加热条件下的性能和受损程度。

在天空实验室 4 号的第 1 次出舱活动中，航天员进行了 T025 日冕观测仪污染测量试验，这是另外一个试验，最初设计是在科学的密封条件下进行的，现在也同样受到了伞翼屏蔽的影响，转而使用一个特殊设计的座架，将它安装在接近出舱活动工作站的阿波罗望远镜基座桁架上。在天空实验室 4 号的 4 次出舱活动中重复进行该试验，用来测量污染物和进行科胡特克彗星的光学记录。

在第 1 次出舱活动中，航天员同时也观察并修理了 S193 地球能源试验装置。他们通过检查和清洁齿轮和滚动轴分压计，断开了 3 根电子线缆，同时装置了 1 个“跳线盒”用来将齿轮盒滚动装置分离，修复了指示系统装置。通过使用标准的棘齿装置（除去 2 个艾伦内六角螺栓），航天员拆除了倾斜轴的发射闭锁器，将它换成一个框架轴的闭锁器，并且将倾斜角固定为 0°。在电器装置上安装一个电源切断开关，用来切断倾斜轴伺服系统的电能，同时更换了跳线盒的表面覆盖物。

在 S228 超铀元素宇宙射线试验中，在天空实验室 3 号的第 2 次出舱活动中，将 1 个无源探测器安装在 S－10 扶手外部夹板上。航天员重新收集和放置 S149 微粒采集试验样本，并在试验面板上收集和放置 1 套新的 D024 磁盘及带状样本，以及 2 个热力学屏蔽物质样本（与用来构成双极遮阳伞的物质完全相同），这些都利用双面胶进行黏合。然后，他们安置一个新的静磁微粒收集器（用于 S230 试验），拆除一对协作夹，并更换了新的收集器上的一个夹子。

在天空实验室4号的第2次出舱活动中，进行了S020紫外线及X射线太阳光谱试验装置的安装，它是另外一个计划在SAL中部署的仪器，但是航天员使用由天空实验室3号发射但未安装的装置，将它固定在靠近出舱活动工作站的阿波罗望远镜基座构架上，并最后一次回收了S149试验装置。

在天空实验室4号的第3次出舱活动中，天空实验室2号的最后一次出舱活动中安装的直立出舱活动材料，被从阿波罗望远镜基座构架上回收。航天员在出舱活动过程中在气闸舱舱门的铰链处，回收了不透气的微流星体模型覆盖物质，并使用数字温度计测定了S020试验的温度，并安装、操作和获取了S020试验、T025试验和S201照相试验的结果。

6.4.3 双极装置

安装遮阳板是天空实验室3号航天员的第1个出舱活动任务。他们从安装靠近固定的气闸舱遮盖物的设备开始，在移动到靠近太阳面的工作站后，罗斯玛通过传送吊架收到了足部约束装置、遮阳板基座盘和遮阳板组件包。加里奥特在固定的气闸舱表面，搭建了双极，并将它们交给罗斯玛，罗斯玛将它们安装在基座盘上。随后，使用“极”装置上的升降锁，将双极拖出并展开。然后罗斯玛将帆线系在阿波罗望远镜基座支架上，并将第2个遮阳板牢固固定，它将在整个工作站的在轨工作期间一直使用。

6.4.4 目测观察

所有的出舱活动过程，均包括口头描述的和肉眼观察到的轨道车间外部、阿波罗望远镜基座、指令服务服和工作站的其他组成部分的外部情况。特别是杰克·罗斯玛对指令服务舱工作站阿波罗望远镜基座太阳面进行了观察检测，在之前已经发现4个一组的指令服务舱推进器A和推进器B有泄漏的问题，尽管存在明显的泄漏，但罗斯玛没有找到泄漏源，不过后来泄漏停止了，顺利完成了59天的飞行任务。在这次出舱活动过程中，航天员还观察到了一个来自气闸舱/轨道车间散热环的泄漏。

6.4.5 拍摄科胡特克彗星

在天空实验室4号的第2次出舱活动过程中，有一个机会观察和拍摄科胡特克(Kohoutek)彗星，航天员提前将S201试验的远程紫外线照相机安装在阿波罗望远镜基座支架上，用于T025试验和S020试验。太空工作站在试验开始前立即进行调整，以便光电阴极可以在阿波罗望远镜基座太阳电池阵的阴影下工作。该试验由一名航天员操作，并完成了每组10张共3组的拍摄。此外，T025试验的照相机也用于对彗星的拍摄。

6.4.6 天空实验室的最后一次出舱活动：收尾活动

1974年2月3日，天空实验室的最后一次出舱活动完成，这是美国人的第38次出舱活动，也是全球第40次出舱活动，人们没有料到的是，该次出舱活动与1984年4月第6次航天飞机飞行的第1次出舱活动中间相隔了9年之久。最初的计划仅仅是在任务的第54天拆除全部6个阿波罗望远镜基座照相机装置和S230试验收集器，但实际是在第80天，也就是返回着陆前的第4天进行的，这次出舱活动包括20项分任务。

航天员使用“衣绳回收系统”，来传递阿波罗望远镜基座胶片盒，在主要的阿波罗望远镜基座出舱活动工作站中安装2个这样的“衣绳系统”，并手动操纵它们来传递胶片，在飞行后，航天员发现“衣绳系统”在失重的空间比水下模拟实验时更加好用（可能是水的黏性所致），并且即使衣绳和吊钩系统都失灵了，也可以用手拿回这些胶片盒。

用一字改锥卸下几个平头螺丝后，用棘齿扳手将一个直径大约为 14 cm 的零重力固定面板从向阳面的太阳圆盘上拆除，并用胶带将拆除的螺母和螺丝带回到轨道车间中。

轨道车间群组的照片是用尼康照相机和一台资料收集摄像机摄制的。资料收集摄像机被放在阿波罗望远镜基座的近太阳点，并从较高的机位拍摄资料图像，并用于照相记录气闸舱覆盖物表面的选择目标和航天员在出舱活动过程中的情况；尼康照相机则用于具有重要性的特殊目标。

航天员重新安装和操作 S020 试验和 T025 试验以及 S149 微粒收集试验，他们记录了 S020 试验机架上的温度读数，并回收大量的在太空中存放了 9 个月的样本，返回地球后将对它们的成分进行评估。

他们回收的物质包括一个密封模块的微流星体表面物质样本、S230 微粒收集器、S228 平板和附着在夹板上的遮蔽物质样本、D024 盘和带状样本、双极遮光板样本、出舱活动交流记录卡和阿波罗望远镜基座中心吊杆上用于热力学评估的延伸部分。

6.4.7　小结

1974 年 2 月第 3 批航天员返回地球后，NASA 指挥中心，约翰逊航天中心、肯尼迪航天中心和马歇尔航天飞行中心的天空实验室和土星项目办公室的实验室团队，根据一系列的资料分别撰写了分析研究报告，马歇尔空中项目实验室和位于休斯顿的约翰逊航天中心发出的报告，对空中实验室出舱活动程序所获得的经验教训进行了深入的分析。

马歇尔航天飞行中心的报告强调，由于出舱活动缺乏传输装置和稳定的支持装置，阻碍了航天员展开缠绕的太阳电池阵的努力，并提出“出舱活动的领域不应当受到缺乏扶手和稳定性辅助装置的限制，而应当环绕整个飞行器设计完整的外部辅助装置，或采用轻便可携带的简单固定装置。”这些经验当然被总结，在做这些报告的过程中，基于这些观点正在设计研发航天飞机的出舱活动系统。在20世纪70年代中后期，已经明确航天飞机可以作为一种有效的工具，用于对大型空间仪器的维护和维修，因此为那些已发射的飞行器提供维护和维修的太空出舱设备，将帮助将来所有的以出舱活动为基础的维护和维修。这些设计中最值得注意的是在哈勃太空望远镜外部环绕的扶手。

马歇尔航天飞行中心的报告同时也指出，为了出舱活动的工作站和空间操作的发展，应当提供一个高精度的实物模型。在天空实验室发现马歇尔航天飞行中心的水下模型与空间实际飞行的航天器不同，并且几乎所有出舱活动出现的问题均使空中和地面的航天员困惑（例如太阳遮蔽物的附着问题）。但是我们是否得到了一些经验？答案是否定的，因为，1984年当STS－51A的航天员试图在航天飞机特殊设计的货仓机架接泊西联和帕拉帕通信卫星的时候，他们发现地面实验室的设计与空间轨道的实际情况不符。几厘米可能并不多，但是航天员不得不用力推动卫星，并且回收的技术只得做相应更改。

马歇尔航天飞行中心的报告同时还强调了天空实验室的另外一个问题，航天服的通气装置产生的推动作用比预期的大，当其在使用时甚至造成飞船的移动，使得在出舱活动时引发飞船的发动机启动以调整飞船姿态。从而对安全性产生不利影响，马歇尔航天飞行中心因此建议未来的航天服应当使用没有推进作用的通风口。

约翰逊航天中心的报告指出在出舱活动过程中采用足够的固定

约束装置的必要性。认为足部约束装置是出舱活动中的必需品,同时舱内活动的经验也显示足部约束装置应当和飞船连接,而不是与其他航天员连接,出舱活动同样如此。下面是约翰逊航天中心关于在轨修补和维护的报告提纲。

1）出舱活动被认为是太空维修的一种常规方式。

2）应当研制可供航天员使用的适当的程序、工具和设备。

3）在设计飞行装置的过程中,应设计飞行器维护的仪器和器械(在天空实验室2号的第2次出舱活动过程中,航天员发现,用航天服上的粘贴扣可以在佩戴压力手套时拿到需要的物体。这个想法后来被用于航天飞机,从而可以使航天员随手拿到他们想要使用的工具)。

4）在进行程序需求设计时,应当考虑到出舱活动检查和修补的过程(正如后面哈勃太空望远镜中所具有的)。

5）工具、工具箱和弹簧链可以有效地松开螺母、螺钉、垫圈和其他装置(被用于航天飞机的出舱活动)。

6）应当提供足够的工作空间、工作台和其他合适的工作地点,并对工具和装置进行固定(尽管报告中没有提及,可能也需要对航天员进行固定)。

7）所有硬件均应当有一套备用装置,(可能)用于维护和/或置换(也被最终用于航天飞机和国际空间站操作)。

8）螺丝、螺栓、螺母以及其他类似工具,在未来的航天飞机的设计中应当标准化(天空实验室的航天员应当参与到国际空间站中出舱活动技术的研发中,并对这个问题和其他天空实验室遇到的问题予以说明)。

9）应当进行高精确度维护过程的模拟训练(为以后的国际空间站和航天飞机做准备)。

10）液体和气体系统应当可以在航天器内部进行维护(即由舱内

活动完成)。液体和气体系统的连接器(B－螺母、焊缝和焊接点等)应当被定位并设定,以便航天员能够检查泄漏。(1984年10月,该技术在STS－41G任务的一次出舱活动中被展示,并由同年发射的礼炮7号空间站的航天员在一系列的出舱活动中操作执行。)

11) 试验和仪器的外部保护性表面应当设计为既可以自动打开也可以在出舱活动时进行手工操作。以保证在自动操作系统失灵时,可以使用出舱活动手工操作(很多航天员接受了该处理方式的培训,用于航天飞机上的连续出舱活动,并在1991年4月在STS－37任务过程中,用于附属的γ射线研究)。

约翰逊航天中心报告同时指出:"天空实验室的航天员具有处理大量的在轨运行过程中的维护和服务任务的能力。"俄罗斯的空间站、历次航天飞机任务以及后来的国际空间站上的航天员们也同样表现出这种能力。该报告同时也强调:航天员手工的灵活性不会受到完全失重的影响,但是出舱活动任务一直以来的障碍是航天服和手套对灵活性的限制,这个问题在国际空间站上正在得到改善,但是还没有完全解决。约翰逊航天中心报告在"出舱活动出入口、通道和扶手"一章中指出,"应当建立出舱活动通道和提供扶手,以便航天员能够到达航天飞机外部的任何一点。如果不能提供固定装置,就应当考虑其他可能的方法。"天空实验室设计了一些直接的通道(例如来往于阿波罗望远镜基座工作站的通道),但是由于缺少舱外扶手,所有的活动均受限于18 m长的出舱活动系索。近期的天空实验室任务广泛地采用了足部约束装置。

1974年8月在加利福尼亚对天空实验室的出舱活动结果做出了进一步的总结,总结的结果如下:

1) 出舱活动主要用于修补受损的天空实验室,使它在整个空间任务中保持运作。

2）随着出舱活动的展开，载人飞船所具有的机动性得到充分的体现。

3）配备足够的设施（约束装置、工具、照明设备和操作程序）后，进行出舱活动的航天员可以完成其在陆地上能够完成的绝大多数任务，这些任务包括：a）设置热力学遮蔽物；b）架设太阳能电池阵；c）指向 0.25°（T025 试验）；d）诊断性分析和修补（S193 试验）。

4）水下模拟可以很好地模拟出舱活动的环境，并且非常有利于程序的研发和航天员的训练，这些任务在完全失重的太空中比在水中更加容易进行。

5）对空中航天员和陆地航天员的全面训练，是成功完成许多计划外天空实验室出舱活动操作的重要环节。

6）使用远程打印机、电视等上、下传输数据及进行空间－地面交流，是计划中的重要环节，同时也是天空实验室计划外出舱活动操作的重要组成部分。

而且，天空实验室的出舱活动是在阿波罗项目成功后才进行的，但这些活动与双子星座号飞船的联系更加紧密。在阿波罗项目期间，进行了 19 次独立的出舱活动，但是其中仅有 4 次是发生在太空中的，其余均是在月球表面进行。考虑到在阿波罗 11 号和第一次登月前在双子星座号所遇到的那些困难之后，只出现过阿波罗 9 号的一次简短的绕地球轨道飞行，天空实验室的成功就更加引人注目了。天空实验室所进行的 10 次非常成功的出舱活动显示，双子星座号的出舱活动中所遇到的困难已经被成功地克服了。

该结论强调，只要使用正确的约束装置和工具、良好的照明设备和清晰明确的操作程序，可以完成大量的任务，远远超过了早期分配给双子星座号的任务。到了双子星座号的后期，已经明确水下训练成为太空飞行和地面支持航天员准备的关键，并且在 40 年后的国际空间站计划中也是如此。事实上，不仅仅是航天员应当进行出舱活动训练，在NASA，许多出舱活动飞行的设计者也要穿上航天服进入各种水下设施，来模拟航天员在太空的工作。

当天空实验室2号中的航天员在约翰逊航天中心做任务技术报告时，第1位天空实验室航天员指出他们不能进行直立出舱活动的原因，以及如何成功地展开了太阳能电池阵。皮特·康拉德解释了他们不能将切割器放置在铝条上并从指令服务舱上将其切割下来的原因。航天员在直立出舱活动的第2天对它进行了讨论，并认为如果韦茨当时可以看到那根铝条伸出来了，他们就可能已经在直立出舱活动的过程中切断它了。康拉德可以从指令舱的窗口看到它的一侧，而韦茨可以更加直接全面地看到它。他惊奇地发现当他在机翼上使用钩子并举起钩子的时候，他将两个飞行器拉近了，他的操作导致了飞行器的移动，并激活了推进器辅助姿态控制系统，该系统直接作用于航天员，并用在机翼上的钩子推动工作站离开，开始将韦茨拉出指令舱舱口。康拉德不得不手动控制指令服务舱来抵消推进器辅助姿态控制系统所发出的推力，当时航天员几乎使杆子和钩子松开。韦茨回忆当时的感觉，就像是有一股很大的力量在粗暴地将他拉出舱口。当康拉德和克尔温在6月7日进行他们的出舱活动时，他们可以清楚地看到问题出在哪里。他们发现有一只螺钉已穿透铝条，而其他的只是划擦过铝条表面，这只螺钉穿过SAS盘的表面，在它周围的所有铝条开始缠绕在它的上面。

地面工作组和空间工作组的良好沟通被认为非常重要，天空实验室的最后一次任务记录中常常出现飞行器控制人员和航天员之间沟通中断的情况，但是通过阅读飞行记录可以发现在大多数情况下实际情况并非如此。在对S193试验和S054滤光器转盘的修补过程中，由于航天员对该试验的内部运行方式不熟悉，需要与地面人员进行深层次的沟通，这个试验已超出出舱活动维护和修补的计划范围。

这些因素对当前的出舱活动程序也非常重要，后来的飞行经验、技术和通信方式的进步，以及观念、成果和资源等方面的国际交流，均使出舱活动程序获得了改进。

天空实验室是太空出舱活动技术发展的巨大进步，它在空间站发展过程中的作用无可比拟。在 1973 年和 1974 年间的几个月时间里所建立的标准成为其后所有空间站出舱活动所遵循的准则。遗憾的是，没有继续进行天空实验室空间站的研制和飞行，而空间站出舱活动技术的发展在其后的 20 年里成为俄罗斯科学家的研究领域，他们成功地研制出礼炮号系列空间站与和平号空间站。具有讽刺意义的是，美国人再次进行的出舱活动竟是 1996 年在俄罗斯的和平号空间站上完成的。

6.5　礼炮号空间站接管太空（1977—1986 年）

天空实验室的航天员成功地证明了，出舱活动在空间站的维护过程中是十分重要的，遗憾的是美国短期内不可能在这方面进行投资。在天空实验室项目后没有其他的空间站研究计划，并且从 1975 年 7 月美苏联合完成了阿波罗—联盟号飞船的对接之后，有 6 年时间没有美国人愿意冒险进入太空，直到美国研制成功航天飞机。航天飞机起源于 20 世纪 60 年代末的空间基础组织计划——一个可以重复利用的针对大型空间站的运输系统，支持一个月球轨道空间站和月球表面研究基地的常规运行，并且作为第一个到火星的行星计划的起点。到 1981 年，这个伟大计划剩余的部分就是航天飞机，并且尽管它可以很好地执行空间部署、回收和修补的任务，以及利用欧洲空间实验室（European Spacelab）舱进行短期科学任务，直到 20 世纪 90 年代中期，才完成了它最初的功能并造访了一个空间站（一个俄罗斯空间站）。

1971 年,天空实验室项目启动前 2 年,苏联发射了礼炮号空间站,它是一系列计划中的第 1 个,用于创造一个永久的载人轨道空间站。在礼炮号空间站项目(以及接下来的和平号空间站项目)过程中,苏联人证实了长期太空居住的真实价值,并通过经常的出舱活动项目和其他事实来支持这一结论。尽管建立出舱活动的自信心需要几年的时间,但是到 2001 年和平号空间站项目结束阶段,国际空间站的航天员进行出舱活动时已可以从以往俄罗斯航天员 20 多年的空间站出舱活动经验中获得自信。

6.5.1 早期的礼炮号空间站

第 1 个礼炮号空间站发射于 1971 年 4 月,飞往空间站的第 1 次任务——联盟 10 号——没能够实现硬对接,航天员的往返受到阻碍。第 2 次任务——联盟 11 号——在空间站持续逗留 23 天,创造了一项新的纪录,但是航天员在 1971 年 6 月,返回地球时牺牲。由于 1972 年 7 月的一次空间站(未命名)发射失败和 1973 年 4 月和 5 月两个空间站——礼炮 2 号空间站和宇宙 557 号无人飞船入轨失败,礼炮号空间站项目严重受阻。直到 1974 年 7 月,礼炮 3 号空间站成功发射,但是只有 1 名航天员逗留了 14 天,第 2 名航天员对接失败,这使得礼炮号空间站项目再次受阻。1975 年另外一个空间站——礼炮 4 号空间站成功发射,航天员分别在站内居留了 30 天和 63 天。并且在 1976 年,一个新的空间站——礼炮 5 号空间站成功发射,且航天员分别在站内居留了 49 天和 18 天,随后又一次对接失败。在这 6 年中,先后发射 7 个空间站,10 名航天员被送上空间站,只有 6 名航天员真正在空间站上生活过。在所有的这些操作中,苏联的航天员没有进行出舱活动,由于天空实验出舱活动所获得的成功,使得西方的观察家对此感到非常惊奇。实际上,苏联在 1965 年成功进行了第一次出舱活动,但从

1969 年的联盟号 5/4 转移项目后他们似乎放弃了出舱活动操作。

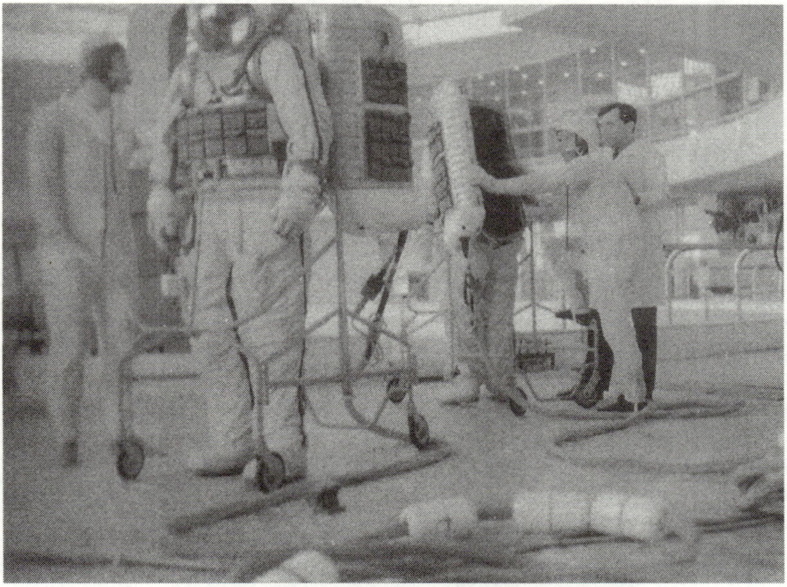

图 6.6　礼炮号空间站出舱活动训练准备工作

到 1977 年，西方观察家们预测，苏联将在他们的下一个空间站——礼炮 6 号空间站上开始尝试进行中断了 8 年之久的出舱活动。1976 年 5 月，联盟 18 号飞船指令长佩奥特尔·克利姆克（Pyotr Klimuk）在费城参加一个空间研讨大会时表示，礼炮 4 号空间站原计划执行出舱活动，但是由于繁重的培训使出舱计划最终被取消。佩奥特尔·克利穆尔曾在礼炮 4 号空间站上生活过 63 天。西方观察家根据 1976—1977 年的事件猜测，在礼炮 5 号空间站上也曾计划进行出舱活动，但是都没有进行下去。担任联盟 21 号飞船与礼炮 5 号空间站对接任务的指令长是博里斯·沃雷诺夫（Boris Volynov），他也曾经指挥联盟 5 号飞船完成最后一个任务，将一个飞行器留在太空中。这使得人们对礼炮 5 号空间站曾计划进行出舱活动的猜测得到印证。

下一个任务——联盟 22 号——是一个单独的地球观察/资源任务，并且不是礼炮号空间站项目的直接部分，但是执行此次任务的 2 名航天员的背景再次证实了西方观察家的猜测，出舱活动即将进行。指令长贝科夫斯基曾经在 1967 年 4 月参加了最初的联盟 2/1 号任务，在这项任务中曾计划进行出舱活动，由于联盟 1 号飞船故障致使联盟 2 号放弃了一些预想的计划。随后贝科夫斯基参加了针对联盟 5/4 号任务的出舱活动训练计划。而联盟 22 号的飞行工程师弗拉基米尔·阿克奥诺夫(Vladimir Akyonov)早在 10 年前就已经进行了联盟号到联盟号模拟出舱活动。西方认为——后来证明是误解——以上情况均表明礼炮 5 号空间站准备在下一次任务中进行出舱活动。在 1976 年 10 月联盟 23 号飞船执行发射任务后，苏联的报告似乎也支持美国观察家的论断。

在联盟 23 号飞船航天员组中，飞行工程师瓦列里·罗日杰斯特文斯基(Valeri Rozhdestvensky)曾是苏联海军的潜水员，掌管一个深海潜水员小组，并完成了一系列特殊的训练，包括对完全失重状态的模拟和高空跳伞，这是否意味着他们此次任务将进行出舱活动？罗日杰斯特文斯基自己的说法似乎印证了这一点，他期望自己之前作为驾驶员的经验可以在执行的任务中起到作用，但是他最终没有与空间站成功对接，2 天后飞船返回地球并结束了它的任务——降落在一个湖中。4 个月后，联盟 24 号飞船与礼炮 5 号空间站成功对接，并且航天员在空间站逗留了 18 天，但是他们仍然没有进行出舱活动，尽管美国观察家认为出舱活动应当在最初的计划中。

联盟 24 号飞船的航天员同样具有出舱活动的背景，他曾经是联盟 23 号的替补航天员。指令长戈尔马特科(Gorbatko)曾经分别是上升 2 号航天员列昂诺夫和联盟 5 号航天员赫鲁诺夫的替补航天员，而飞行工程师尤里·格拉日科夫(Yuri Glazkov)则写过一篇关于出舱活动的博士论文。航天员报告中曾经暗示他们降低过气压的水平，对此西方人猜测他们至少正在进行模拟出舱活动。较早的西方报道指出，由于美国政府禁止出售阿波罗压力器的外壳，苏联没有能够购买到它，从而不能对它的构成进行分析。随后，在 1973 年 6 月，作为阿波罗—联盟号测试项目中向西方开放的苏联空间设施的一部分，弗拉基米尔·沙塔洛夫（Vladimir Shatalov）带领一组西方记者对尤里·加加林航天训练中心进行了访问。在一个礼炮号空间站的模型上，有 3 组太阳能电池阵的安装位置比在最初的礼炮号空间站上的 1 对向前的太阳能电池阵的安装位置更加靠后，并且在向前转移隔舱的一侧靠近空间站的前部对接口的地方留有一个缝隙，那里有一个巨大的圆形的出舱活动舱盖。

礼炮 6 号空间站在 1977 年发射，被认为是航天技术的一个里程碑，它创造了多项纪录，并使得空间站活动成为苏联的主要太空活动。苏联从 1969 年计划第一次出舱活动直到 1977 年 12 月才实现，西方国家对这几年间事件的解释似乎一直是在为自己的猜测寻求证明。但无论如何，这个故事的开始的时间肯定比 20 世纪 70 年代的中期更早。[16]

6.5.2　苏联空间站出舱活动设备的演化

与苏联空间站项目的许多方面一样，包括轨道平台的出舱活动在内的太空工作的技术都是由“宇航之父”康斯坦丁·齐奥尔科夫斯基在 20 世纪的早期提出的。到 20 世纪 60 年代中期，第一个航天员环绕地球轨道飞行，列昂诺夫完成了第一次出舱活动。在科罗廖夫领导的 OKB－1 设计局中，一个新型飞船——联盟号项目开始启动，其目的就是要实现将航天员送上月球的梦想，以此回应肯尼迪总统的提议。但是另外一个机构有一个可替换它的项目，该项目是先将 20 世纪70~80年代计划的基础工作落实。但V·N·切洛梅领导下的机械工程设计署(TsKBM),并不看好登月计划,而是致力于建造被称为钻石号的军用轨道空间站。

在钻石号计划中,航天员必须通过出舱活动,由运载飞船登陆轨道空间站。由于有生产以往其他项目所用航天服的经验,航天服制造商星星公司被委托制造供钻石号项目的出舱活动使用的航天服,Yastreb航天服较奥兰半刚性航天服(用于L3任务指令长)和Oriol软式航天服更加先进,因此选择这种航天服用于军事基地项目是合理的。文件设计、在气闸舱模型中完成适应性和功能的检查,以及计划生产训练及飞行用航天服的工作正在逐步进行。

人们在如何提供一种航天服来满足舱内和出舱活动两种功能需求上存在争议,但是人们迅速认识到在营救模式中使用中等刚性的出舱活动航天服是不现实的,由于需求的不同,在出舱活动过程中使用小巧、轻便、灵活的营救用航天服同样也是不现实的,在出舱活动过程中航天服必须保持正压,并且附带许多在营救时不需要的装置。到1969年,经研究确认,出舱活动应当成为一种常规的空间站活动。星星公司建议研发2种航天服,一种是轻便的为个人定制的营救性航天服,另外一种是改进设计的奥兰L3中等刚性的航天服,为穿着者量体定制,并进行周期性检查和修补。同时应当将这些航天服发送并存放在空间站,供航天员更换,也可以供多名航天员使用,从而减少发射及登陆空间站的载荷,以及其地面维护费用。

1968年苏联政府批准了对Yastreb航天服和钻石号空间站的可行性研究,然而,在钻石号空间站的模型中对奥兰航天服进行进一步评估后,1969年又重新决定,在未来的轨道空间站将使用一种“新型并且更加先进的奥兰型航天服”。

在新的决议中,奥兰航天服被设计用来:

1）可供1～2名航天员通过气闸舱舱盖直径为78.5 cm的舱口进行出舱活动使用；

2）维护太空飞行器的外部携带的设备；

3）完成出舱操作，并使用独立的推力系统（在独立协议下进行研发）；

4）带有独立的无线电通信、遥感勘测和能量供应分系统；

5）可供航天员完成钻石号空间站外5个小时的出舱活动，并且能够在10个星期内执行2～4次这种出舱活动；

6）（尚未获得可行性试验的结果）在空间站，有设备供航天员补充生命保障系统的氧气和水，以及更换排泄物容器。

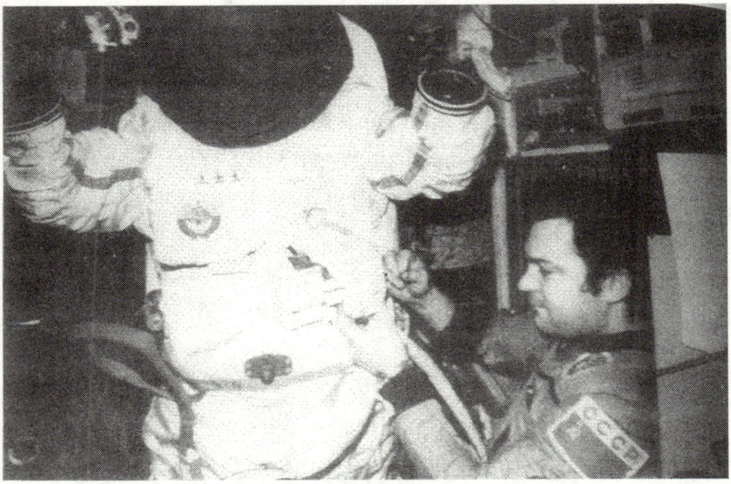

图6.7　奥兰出舱活动航天服飞行准备工作

发射钻石号空间站的准备一直被延迟到1970年，美国天空实验室空间站发射计划的迫近（计划在1972年年底），使苏联政府在1970年2月9日做出决议，该决议部分基于1969年年底一组TsKBM专家所提出的建议。这些专家认为，出于对“科学和国家经济利益”的考虑，应当首先准备建立一个基本的民用空间站，而不是更加先进的钻石号军事空间站，这个新的空间站可以是综合了钻石号的设计和联盟号已经飞行验证的船体部分。该计划名为 DOS,是苏联的长期轨道空间站,定于 1971 年进行首次发射。这个首次载人空间站最初被称为“Zarya(黎明)”,后来在 1971 年 4 月 19 日发射前更名为“礼炮号空间站”(意为向加加林 10 年前的历史性飞行表示敬意),因为人们发现“Zarya”已经在地面控制系统中被用做代码名称。

6.5.3 礼炮号空间站上执行的出舱活动

在发射“军用”钻石号空间站之前发射一个“民用”礼炮号空间站的决定,使得人们于 1970 年初开始研制用来支持 DOS 任务的出舱活动航天服。需要对基本的奥兰/钻石航天服进行改造用于 DOS 任务,主要是增加航天服的功能和延长使用时间,适于长期保存和在太空的维护。为了便于区分,在奥兰 D 这个新的型号命名中使用了 DOS 中的字母 D。该改进型号在 1970 年 4 月获得批准,对 DOS 进行改进的资料显示,奥兰 D 航天服具有以下特点:

1) 在轨保存时间可达到 3 个月;

2) 如果它们在轨保存和维护良好,具有至少 10 个小时的操作使用时间;

3) 可以用于 3 ~4 次独立的出舱活动,每次活动时间可达 2 ~4 小时;

4) 可以由航天员来补充置于后背的储存罐中的氧气和冷水,并更换废物处理箱。

装有所有必需物品和设备的 2 件航天服的总质量,不能超过 216 kg。

第二年进行了对升级后的奥兰航天服和背负物,以及如何将它们在礼炮号空间站上保存较长时间的研究,研究中使用了大量的试验用航天服和模型装置,用来对系统、程序和组成成分进行评估。测试包括:设计模型来评估航天服和空间站之间的连接、通风的方式、出舱活动过程中及完成后航天服的干燥。在这一点上,出舱的距离为距舱门15~20 m,使用电子/通信电缆来支持出舱活动的航天员,可以在这样的距离保持活动长达3个小时,并将电缆做为每名航天员安全带。同时准备1套用于轨道空间站上置换和备用的工具仪器。在礼炮号空间站的外部舱门周围和可能进行出舱活动的地方设计了1套在轨道空间站检查和测试仪器系统和1套出舱活动扶手,这些地方包括与联盟号飞船对接的方向、横跨太阳能电池阵表面的区域及空间站的后部。

6.5.4 计划中的第一个奥兰/DOS出舱活动

随着决定在钻石号前进行DOS飞行,设计出舱活动航天服以及支持系统的确定和操作上的协议达成一致,接下来的任务就是将航天服送入空间站,并且计划如何有效地使用它们。

科学家们制定了一个程序,用以对在加加林航天训练中心的水下实验室的航天员和在空军科学实验所(GKNII)的压力舱中的航天员进行测试和评估。由于钻石号项目的推迟和决定在第一次礼炮号空间站中不使用奥兰航天服(可能是由于联合设计以及与出舱活动仪器、设备合练的时间要求),礼炮号空间站在1972年和1973年,没有出舱活动的任务。到1973年5月,由于3个礼炮号空间站项目的失败和阿波罗—联盟号实验项目的设立,星星公司向TsKBM设计署提出申请,尽快在礼炮号空间项目中采用奥兰航天服,以便在飞行中测试仪器和程序,并且获得操作上的经验,来支持空间站和其他太空计划(如登月计划)。

星星公司的申请在1974年1月得到批准,又用9个月时间来解决文件和规范问题。并于1974年9月18日,最终决定在DOS 5任务(礼炮6号空间站)中使用奥兰航天服,在此之前,任务策划者对航天服的检测和结合实验，以及航天员培训已经有2年多的时间了。1977年年中，在33号和34号奥兰航天服准备用于礼炮号空间站时，35号、36号和38号航天服也已经准备好作为其后备系统。在研制用于礼炮号空间站的奥兰D航天服的过程中，准备用于钻石号的奥兰航天服的研制工作从未停止过，直到礼炮6号空间站任务结束和20世纪80年代初钻石号项目终止。

显然，在1977年的礼炮6号空间站以前没有计划过出舱活动。但是，出舱活动的硬件、系统和程序在较早的空间站进行过评估，或者出舱活动曾经是早期计划的一部分，但是当时的硬件研制没能赶上无人空间站的发射。对接的困难、维持空间站理想环境、工作量、增加耐久性的目标、航天员的安全、飞行计划和其他的因素——均导致了礼炮4号空间站和礼炮5号空间站没有机会进行出舱活动。

6.6　礼炮号空间站的出舱活动操作(1977—1986年)

苏联空间站的第一次出舱活动发生在1977年至1986年间的礼炮号空间站项目中。礼炮6号空间站上执行了3次出舱活动(1977—1979年)，礼炮7号空间站上执行了13次太空漂移(1982—1986年)，由于之前苏联缺乏任何出舱活动的经验，这16次出舱活动的成功是非常卓越的。截至1977年，苏联航天员仅仅执行过2次出舱活动，并且在舱外的时间少于2人·小时，与之相比，此时美国航天员已经在双子星座号、阿波罗号和天空实验室上面执行了超过250人·小时的出舱活动。

6.6.1　第一次礼炮号空间站出舱活动

苏联在1977年9月29日发射了礼炮6号空间站，随后在10月9日发射了载有2名航天员的联盟25号飞船，用来作为十月革命60周年庆典的一部分，并庆祝苏联人造地球卫星成功发射20周年。西方观察家预计苏联会执行一次出舱活动作为一项庆祝内容，但是事实上并没有，联盟号飞船的对接系统与礼炮号空间站前部对接口的硬对接失败（当时，还未设计空间站后部对接口），联盟号飞船依赖化学电池飞行而不是太阳电池阵，导致独立飞行时的能源匮乏，因此，航天员们仅在太空停留了 2 天就返回了地球。结果，进一步操作的计划发生了改变，直立出舱活动的计划改由之后的航天员执行。第一次使用奥兰 D 航天服可能是在前部减压转移舱的一次舱内活动演示，但是联盟 25 号飞船的对接失败导致不得不设置一个后部的对接口，并在联盟 26 号飞船上从前部对接口执行了直立出舱活动，利用肉眼观测对接口，以确保它能继续使用。

图 6.8　礼炮 6 号前部对接转移舱的出舱活动准备情况

对出舱活动新项目进行了简单的训练之后,1977 年 12 月 10 日,指令长尤里·罗曼年科和飞行工程师格雷格里·格雷克科进入太空,并且成功地与礼炮号空间站的第 2 个对接口对接,在 10 天的任务中他们执行了出舱活动并检查了前部对接口,苏联第 1 次空间站出舱活动是通过前部对接口进行的。格雷克科打开了对接舱盖,并且探出一半身体,检查对接锥和捕获锁,以确定他们状态正常。这是一个简单的检查,在几分钟后他报告对接装置没有明显的损坏,可以继续使用。这个出舱活动减压时间小于 90 分钟,直立出舱活动完成只花了不到 20 分钟。在第 1 次礼炮号空间站出舱活动的任务完成后,格雷克科迅速回到舱内。然而,与格雷克科有关的一个夸大的故事在这次任务后流传了很多年。格雷克科常常提及,罗曼年科对舱门外的太空太渴望了,差一点儿飞入太空,是他救了罗曼年科的命。罗曼年科一直否认这个无聊的玩笑,格雷克科最终承认这个故事被误解了,由于航天员的电子/通信系索是连接到机舱内的,其实没有真正的危险。

6.6.2　礼炮号空间站出舱活动操作

在随后的 9 年间(1977—1986 年),礼炮号空间站的出舱活动,由单一的直立出舱活动检查,不断扩展到大型的维修和构建活动,这些出舱活动所获得的经验对于计划更加大型的在和平号空间站上进行的出舱活动操作非常有意义。礼炮号空间站的出舱活动总结见后节。

6.6.3　试验

1978 年礼炮号空间站的第 2 次出舱活动是第 1 次操作性的出舱活动,在开放太空对奥兰航天服进行评估,并回收放置在空间站外面的试验样本盒,这也是苏联第一次有机会对出舱活动的舱门进行评估。新的报告宣称,航天员一开始出舱活动马上"收获了科学成果"。

飞行工程师阿里克斯安德尔·伊万琴科(Alexander Ivanchenko)完全走出舱外,而指令长弗拉基米尔·科沃雷奥诺克(Vladimir Kovolyonok)则待在靠近舱门的区域支持他的同事。他们回收并置换了3块样本材料板,它们发射时就附着在空间站外,已在太空暴露了10个月。这些样本板包括橡胶、塑料、钢铁、玻璃、陶瓷和硬铝,用来评估各种材料在太空中的耐用性以及作为新的太空装置材料的可行性。

图6.9　从礼炮号空间站穿着奥兰D航天服进行出舱活动

灰尘、微流星体和太空垃圾的粒子被丢弃在宇宙飞船的轨道上,并且会污染宇宙飞船的表面、设备和出舱活动的航天员。体积较大的太空垃圾——例如:废弃的火箭残骸、报废的人造卫星和宇宙飞船的残留物——可以进行地面跟踪,但是无数的体积微小的太空废物和微粒与运行中的空间站碰撞可能导致严重的问题,因此严密监测空间站的状态成为一个非常重要的问题。人们曾经在礼炮6号空间站表面拆下的一个小的微流星体观测板上发现,在仅仅0.63 m^2 的区域中就有成百上千的小陨坑。

"Medusa"是一个研究生物多聚体的试验,它包括3部分,其中2个——1个开放,1个封闭——在空间站的外部运行,第3个作为对照组在空间站内进行。将包裹的核酸暴露于太空中可以给研究者提供信息,了解生命是否可在太空起源。飞行后的分析发现,暴露在太空中的样本含有与核苷相似的物质,并且直接的日照可以明显地刺激它们。Medusa试验在礼炮6号和礼炮7号空间站上进行,在1979年连续的出舱活动过程中,从礼炮6号空间站上面回收了一些太空暴露物质样本,其余的留在空间站上直至礼炮6号空间站结束,也没有再进行出舱活动回收它们。4年后的1982年7月,礼炮7号空间站的第1次出舱活动中重复操作了Medusa试验,回收了空间站发射时放置的样本,并重新放置新的样本。在1984年7月25日执行的出舱活动中,贾尼别科夫和萨维特斯卡娅(Savitskaya)置换了Medusa试验样本和其他试剂盒,第2批空间站的长期居住航天员(贾尼别科夫和萨温赫)1年后又重新置换了它们。

1978年在礼炮6号空间站上,科沃雷奥诺克的航天员组安装了一个装置来记录宇宙背景辐射,据1982年礼炮7号空间站上的第1次出舱活动报告记载,航天员(别雷佐沃夫和列别杰夫)在礼炮号空间站一侧再次安装了类似装置——1个10 m长的合成孔径雷达天线,并在2年后回收了该装置[21]。

1985年8月,贾尼别科夫和萨温赫安装了一个太阳能电池材料样本,它将在1986年由其他的航天员进行回收,在返回地球后,它将被用来评估真空和辐射效应，从而确定是否可以用于构建太阳能电池阵。他们同时还安装了一个称为“彗星”的法国试验装置，用来捕获彗星的尘埃颗粒。为此，他们制作了一个探测模块，由4个安装在中央骨架上的长方形盒子组成，在安装时盒盖是关闭的，安装后打开，来采集哈雷彗星和Giacobini－Zinner彗星的物质。

1986年，在礼炮7号空间站的最后一次探险的第1次出舱活动中，基齐姆和索洛维耶夫收集了暴露试验样本、样本盒和彗星试验的样本。在这次出舱活动的过程中，他们还在礼炮7号空间站的一个舷窗外安装了一个被称为“Boss”的光学装置，用来检测遥测传导光波发射器。在3天后的第2次出舱活动过程中，他们在收起的桁架上安装了Fon（背景）装置，用来测定空间站周围影响精确测量的空气密度，记录的数据通过Boss装置传送到地面接收站。

这个航天员组还安装了一个微型试验单元，用铝镁合金的样本，进行金属“拉伸”试验，以了解它在压力和负荷作用下的反应和表现。这些信息可以用来确定建造大型空间结构的材料。礼炮号空间站的最后一个出舱活动任务是回收1985年放置的太阳能电池阵材料，据一些报告记载，这些样本本应在下一个空间站任务中被回收——如用暴风雪号航天飞机造访礼炮号空间站的任务，但是，最终没有进行其他进入这个空间站的任务，1997年2月，其他的样本随同礼炮7号空间站一起消失了。

6.6.4　评估、检查和观察

礼炮6号和7号空间站的出舱活动是苏联第一次评估其支持性装置，并选择进入太空的方法。在1978年7月的第2次出舱活动过程中，航天员评估了Yakor（锚）固定装置的强度和安全性，以及空间站对舱外移动的反应，同时使用电视摄像记录他们的活动，科沃雷奥诺克将它评价为“非常令人激动……很困难,但是十分有趣”。在出舱活动的过程中,他们使用便携灯,以使航天员在夜间可以工作。沉醉于太空的景象,他们会摘下灯,惊叹美丽的恒星和它们投射在地球表面的光芒,他们还可以看到明亮的流星在他们的下面进入地球的大气层,在空间站外面的绝佳区域他们惊叹着太阳升起和落下的壮美景象。在刚刚超过 2 个小时后,航天员就成功地印证了奥兰航天服和礼炮号空间站出舱活动系统,从而增加了进行更加复杂和苛刻的出舱活动的信心。在提前完成任务后,航天员被命令返回舱内,但是他们表示希望在外面多待一会儿,因为这是 45 天太空飞行中第一次被允许在“外面散步”。

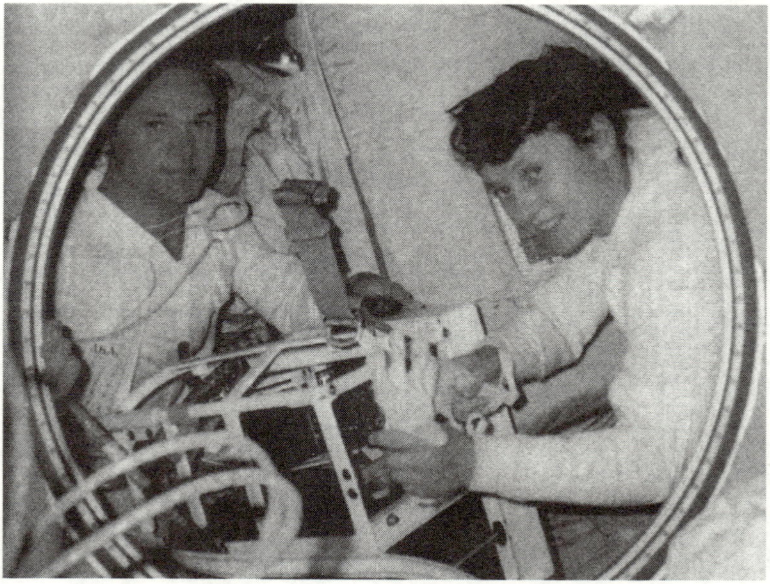

图 6.10　穿着冷却内衣的礼炮 7 号空间站航天员正在进行出舱活动准备

1982 年 7 月,礼炮 7 号空间站进行的第 1 次出舱活动情况与此类似。瓦列京 · 列别杰夫在他的指令长安纳托利 · 别雷佐沃伊的帮助下,在靠近太空舱的区域内执行了主要的出舱活动任务。在评估空间站外使用的工具的同时,也完成了对固定装置的进一步评估。使用改进的出舱活动扳手,列别杰夫通过 Istok 实验做了大量的证明性工作,扳手的中心杆的周围有一些小球,设计用来将螺丝拧紧,以避免金属带穿透航天服。他同时也进行了金属部件的连接,包括装置一定长度的管子和评估记忆合金,这些记忆合金在室温下可以还原成为预先确定的形状并形成密封。然后将它们的内部压力提高到 150 个大气压,以检查它们的完整性和特性。列别杰夫还评估了大量的柔性线状材料的使用,这是一个有价值的试验,用来确定哪种原料、程序和工具可以适合未来的出舱活动操作,包括连接和密封电、机械和水/气供应管线。

1984 年 7 月在一次出舱活动过程中,航天员检验一件被称为 URI 的多功能出舱活动工具,它可以用于焊接、软焊、喷雾和切割,从而避免活动对多个工具的需求,这些工具已在自 1969 年以来的多次任务进行了检测(依照 Vulkan 和 Ispaatel 自动程序)。被分配执行这项检测任务的航天员是斯维特拉纳·萨维特斯卡娅(Svetlana Svitskaya),她在 1982 年成为第 2 位进入太空的女性——在瓦列京娜·捷列什科娃太空飞行 19 年后。现在,在航天员凯思琳·沙利文将开始在 STS-41G 项目中进行太空行走的几个星期之前,萨维特斯卡娅要为苏联完成另外一项“伟大的”太空任务,成为第一位在太空行走的女性——在阿里克谢·列昂诺夫冒险进行人类的第一次出舱活动 19 年之后。

在这次出舱活动的过程中,有 6 名航天员在礼炮号空间站中,因此一旦出现航天员无法返回空间站的紧急情况下可以立即采取紧急措施,由于联盟号飞船仅能携带 3 名航天员,另外 4 名航天员仍将留在礼炮号空间站中,索洛维耶夫在出舱活动过程中,转移到联盟 T-11 号飞船中。转换舱减压以利于航天员进行短暂的出舱活动,如果出现问题,贾尼别科夫和萨维特斯卡娅可以乘坐联盟 T-11 号飞船返回。而基齐姆和驻空间站宇航研究员尤里·阿特科夫(Yuri Atkov)以及空

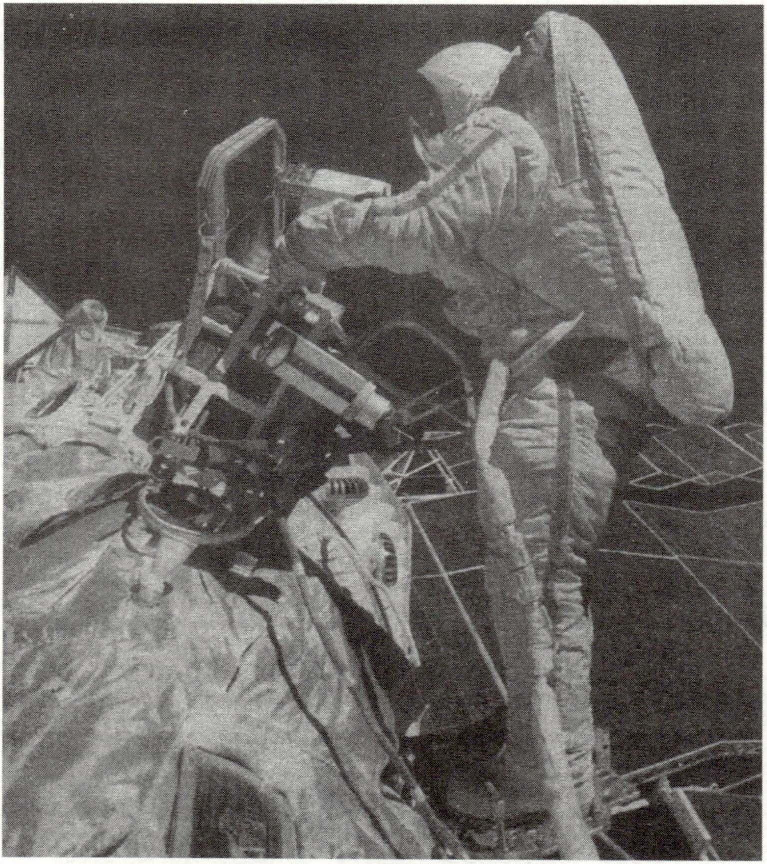

图 6.11　斯维特拉纳·萨维特斯卡娅在她历史性的出舱活动中

间站来访航天员伊戈尔·沃尔克(Igor Volk),只能使用停靠在另一个对接口的联盟 T－12 号飞船。结果,这次出舱活动胜利完成了。

萨维特斯卡娅使用 URI 切割了一个钛材料样本,并且在 1 分钟的时间内在 0.5 mm 厚的样本上做了一个 10 cm 宽的切口,接下来的任务是将 2 个预先切好的 1 mm 的样本焊接在一起,尽管有些不平整,但这 3 个部分被很好地连接在一起。在这些试验的过程中,萨维特斯卡娅完成了 6 个焊接试验,将 4 个不锈钢样本和 2 个钛样本焊接在 4 块样本板上。在 6 个软焊试验中使用了锡和铅的样本,并使用电子发射器在一个特制的坩锅里熔化焊料，这只需 45 秒。她还完成了 6 个切割试验——3 个钛样本和 3 个不锈钢样本。这些操作都是在白天进行的，但是萨维特斯卡娅抱怨阳光太晃眼阻碍了操作进程，然而在 2 名航天员交换位置，由贾尼别科夫操作 URI 后，她最终还是完成了任务。她将该任务比做在墙上涂颜料，并预测它可以广泛地用于未来的任务中（尽管事实上并没有怎么使用它）。在出舱活动结束时，装置被断开并回收到舱内。

1986 年 5 月，航天员列奥尼德·基齐姆和弗拉基米尔·索洛维耶夫完成了礼炮 7 号空间站的最后一次出舱活动，该任务原本计划由驻留在空间站的弗拉基米尔·瓦休京（Vladimir Vasyutin）、维克托·萨温赫和阿里克斯安德尔·沃尔科夫执行，但是他们的任务由于指令长瓦休京病倒而中止。1986 年 5 月 28 日航天员执行了第一次出舱活动任务，他们安装了一个称为"Ferma Postroitel"的直梁装置，它被放置在一个圆柱体内——直径 1 m、高 1 m、质量 150 kg——在该圆柱体内有一个称为 URS 的可折叠格子支架，它被安装在一个基底平台上，可用——手动、半自动和全自动——3 种方法展开，展开长度为 15 m，可在礼炮号空间站上支撑一个横断面为 40 cm × 40 cm、质量 20 kg 的网格，用来在太空中检测稳定性、展开和收回功能，并于 1986 年 5 月 31 日礼炮号空间站最后一次出舱活动中被检测研究。这类检测随着类似装置的不断研发而不断进行，利用这些装置可将航天员和仪器由空间站的一点移到另外一点。检测桁架在伸展时的摆动，并且基于 Mayak 试验，使用一个电视摄像机记录桁架末端光源的摆动，以便在飞行结束后进行分析。一个小型地震测量仪记录了结构的低频振动。出舱活动接近结束时，航天员基齐姆攀爬到距离桁架末端仅几米的地方，此时振动蔓延到整个装置。航天员还测试了改良的 URI 焊接枪，该焊接枪较它的前身更加易于使用。这些试验是焊接格子和钉子，用以组成更大的空间结构的一个步骤,这个空间结构由“太空建筑工人”来组装。

6.6.5 意外事件

在计划礼炮 6 号空间站的过程中,官方建议所有的太空漂移都要在考虑到各种“假想的突发事件”的情况下进行,因此,被分配执行任务的航天员应当进行一系列的突发事件培训,包括修复太阳能电池阵,以及为试验或望远镜开放和关闭舱门。

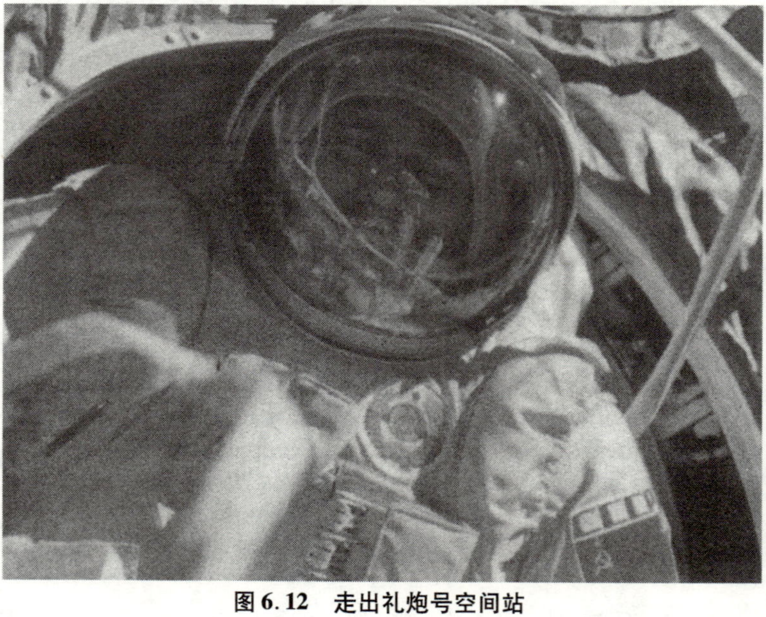

图 6.12 走出礼炮号空间站

1979 年 8 月,在礼炮 6 号空间站长达 6 个月的飞行任务的最后 1 个月中,进行了第 3 次出舱活动,航天员弗拉基米尔 · 雷阿科夫和瓦列里 · 雷乌明使用一个直径为 10 m 的碟形无线电望远镜 KRT – 10 做试验,计划在第 7 个分离步骤——货运飞船从对接口脱离时,从后部对接口将其展开,但是它显然没能正确展开。观察了 1 个月后,航天员激活了一个包含螺钉和弹簧的分离装置,用于抛弃无用的望远镜并使后部对接口空置,以备将来使用。他们期望可以看到天线漂走,但是却发现它还附着在空间站外,并且阻塞了后部的对接口,限制了进一步的操作。

航天员可以将天线留在原地不动,乘坐联盟号飞船从另外一个对接口离开空间站,但是之后定位系统就不能对空间站进行控制了,并且因用于飞船运行的燃料供应系统接口仅在后部,燃料的再供应将会被中断,从而该空间站将无法使用。唯一的选择就是走出空间站,将望远镜从后部对接口移开。但是这又引出了新的问题(正如雷乌明在他的任务日志中提到的),首先是这两名航天员都没有参加过执行计划外的出舱活动的训练;其次,在太空轨道生活6个月后,他们对奥兰D航天服和程序的使用已经生疏了。这些航天服与1977年以来使用的航天服都一样,但是由于需要清理的区域较远,他们之前没有穿越过这么长的距离。因此,这将是一项艰巨的具有挑战性的任务。尽管两名航天员都没有执行过出舱活动,而且这仅仅是苏联航天员进行的第5次出舱活动,但两名航天员均确信他们可以成功。1979年8月15日的日出时分,当航天员们开始在空间轨道上执行他们的任务时,空间站和地面指挥中心的气氛均十分紧张。雷乌明移动到空间站的尾部,雷阿科夫留在舱内,将系索递出并准备拉紧连接他的同事的安全线。当雷乌明最终到达礼炮号空间站的尾部时,他发现天线上的4根线缆已经穿透隔热层并纠缠在一起,因此他决定切断金属线缆,但是意识到所有的天线可能围绕在他的周围形成一个渔网,他必须小心操作。

当阳光照射在他的眼睛上时,他拉低了面窗,然而他急促的呼吸使面窗的内部结上了一层雾(双子星座号在10年前曾遇到了同样的问题),他只能将面窗再拉上来。当他切开第1根线缆时天线向他摆过来,在雷阿科夫的提醒下他避开了碟形卫星天线的摆动并切开了剩余的线缆,休息了一会儿后,他用 1.5 m 长的叉状棍将切开的结构拨离空间站。他惊讶于如此简单就完成了这项操作,于是他利用靠近尾部对接口的有利位置检查了空间站的状况,他后来描述“空间站已显陈旧,一些表面覆盖物脱落并且有些位置已经非常破旧。”作为空间站的设计者之一,他料想人们会对空间站外的尘埃样本感兴趣,他用一块布在舷窗上扫了一下,并将这块布放在航天服外面的口袋里。在返回的途中,他向地面汇报了该成果,通过耳麦他听到了地面任务控制中心传来的热切赞扬。地面上的人对任务执行得如此顺利感到非常惊喜,同时航天员的修复工作使空间站恢复了使用功能——并被继续使用了 2 年。

6.6.6 构建

在空间站中,科学和操作研究的一个局限性体现在对舱内系统和日益增加的科研硬件的能源供应上,因此,礼炮 7 号空间站的设计中包括在出舱活动过程中安装额外的小型太阳能装置,并将它们连接到空间站的 3 个大型主板上。礼炮 7 号空间站在 1982 年 4 月开始运行,但是直到第 2 批长驻航天员——弗拉基米尔·季托夫、根涅季·斯特卡洛夫和阿里克斯安德尔·谢列波罗夫在 1983 年春天到达该空间站后,才开始计划太阳能装置的安装。对航天员的训练项目包括计划外出舱活动的训练(针对季托夫和斯特卡洛夫),将前 2 套附加的平板连接到一个主电池阵中,由谢列波罗夫在礼炮号空间站的工作间中进行监测。不幸的是,1983 年 4 月联盟 T－8 号飞船并没有成功地与礼炮号空间站对接,从而大大改变了这些计划。

到了当年 6 月份,轮到雷阿科夫和阿里克斯安德罗夫执行一个替代的任务,但是他们没有接受过系统的连接附加的太阳能板的操作训练。因此,季托夫和斯特卡洛夫准备在 9 月份登陆礼炮 7 号空间站,执行太阳能电池板安装的出舱活动。9 月 9 日出现了另外一个问题,空间站的推进系统发生了氧气泄漏,导致该空间站几乎被废弃,然而,分析显示,在了解了损坏的程度后,该问题可以被解决。雷阿科夫和阿里克斯安德尔将继续留在空间站,由季托夫和斯特卡洛夫来完成出舱活动。可是坏运气又来了,1983 年 9 月 26 日,一个有缺陷的飞船在发射前 90 秒爆炸,幸运的是飞船逃逸救生系统中断了这次发射,并在爆炸前将航天员弹射到安全地点,但发射台被爆炸所引起的火球和残骸损毁。因此,指挥中心最后决定由雷阿科夫和阿里克斯安德罗夫来执行太阳能电池阵安装的出舱活动,不过出舱活动由 1 次改为 2 次。

附加的太阳能板已经储藏在空间站宇宙 1443 舱段的货舱中,该舱段是在 1983 年 3 月与礼炮 7 号空间站自动对接的,每一个太阳能板展开后为 5 m 长,1.5 m 宽,安装完成后,可提供高达主太阳能电池阵能量 50% 的能量。如果一切程序能够按计划实施的话,将附加的太阳能电池板安装,并将它完全打开的过程将由 48 个独立的操作步骤组成。如发生意外情况,操作步骤将增加到 189 个。设计师和任务计划者制定了一整套展开太阳能电池板的指南和规程,并且执行该任务的航天员必须经过严格培训,这就是季托夫和斯特卡洛夫需要再次发射登陆空间站的原因。因为该操作不是雷阿科夫和阿里克斯安德罗夫计划任务中的一部分,所以他们接受的有关该操作的训练非常有限,尽管雷阿科夫 4 年前曾经在礼炮 6 号空间站上进行出舱活动操作,但他只是留在舱门的附近,而没有做太多的工作。同时,这次安装太阳能电池板的任务是一个团队的工作,两名航天员要密切合作来完成它。

航天员在 1983 年 11 月 1 日和 3 日完成了 2 次非常复杂和消耗体力的出舱活动,但是航天员们明显缺乏出舱活动的训练,每次由舱口移至太阳能电池阵的基部都花费了超过40分钟的时间。他们携带了一系列手工工具和一个多功能的手动操纵器，从而可以横跨整个太阳能电池阵，折叠的太阳能电池板（DSB，一个俄语缩略语）被收放在一个金属盒子中。在工作地点，航天员们安装了2个足部约束装置来保持他们的位置，以便停留在安全的范围内，然后用一个连接器将附加的太阳能电池板安装在主太阳能电池阵上，随后再插入一个电子连接器。在第2次出舱活动中完全重复这个过程，并用任务控制器将太阳能电池阵旋转了180°，使其面对航天员所处的空间站方位，让他们不必移动到太阳能电池阵的后面去工作。

在出舱活动过程中，地面控制中心在控制台前同步复制了一个同比例的主要和附属的太阳能电池阵结构模型，以便能够跟踪2名航天员在空间轨道的操作。1组地面支持航天员——列奥尼德·基齐姆和弗拉基米尔·索洛维耶夫——在加加林航天中心的水下实验室也进行了同样的重复操作。尽管缺乏培训和出舱活动经验，航天员还是很好地完成了任务，但是需要2次出舱活动才能完成1块太阳能板的安装，增加了时间和资源支出，也加大了航天员的工作量，阿里克斯安德罗夫对出舱活动的过程感到非常好奇，因此他丢掉一个很小的废弃元件，想看看会发生什么事情，但指挥中心的控制人员斥责他的这一行为，因为丢弃物体上反射的光线可能会使恒星定位系统产生错误。

6个月后，在1984年5月，基齐姆和索洛维耶夫执行了他们的第5次出舱活动，他们之前进行的4次修补发动机系统上的推进作业线的出舱活动使他们获得了丰富的经验，加之他们接受过执行该任务的训练，使他们仅用3个多小时的时间就在空间站成功地完成了礼炮号空间站第2个主太阳能电池阵的2套附加太阳能电池板的安装。在他们捆绑一束附加连线——被他们形容为戴着手套将线穿在针里——的时候遇到了困难，其中1个提升手柄断裂了，但是他们只用1

次历时 3 小时 5 分的出舱活动就完成了以前没有经验的航天员需要用 6 个多小时，而且是 2 次出舱活动才能完成的任务。新的太阳能电池为礼炮号空间站在原有主太阳能电池阵电能基础上增加了 6 A 的电能。之后，在 1985 年的出舱活动过程中，贾尼别科夫和萨温赫安装了第 3 对附加太阳能电池板。

6.6.7　一个主要的修补

1983 年 9 月一个氧气管的泄漏给该空间站今后的操作带来了困难，当时该空间站仅在轨道上运行了 17 个月。调查显示泄漏发生在后转移舱的尾部发动机舱内，研究人员认为，对下一批登陆空间站的航天员进行足够的训练，他们就可以通过一系列的出舱活动，在受损部位安装旁通管并焊接泄漏的管子。但是要完成这一任务，就必须在空间站侧壁上开洞，因为航天员所要进行出舱活动的区域不在出舱活动支持系统的设计范围之内。按照官方的评论，这是一个压力很大、非常冒险，可以用来证实人们“在外太空进行技术性操作的能力和经验”的工作。基齐姆和索洛维耶夫增加了训练项目，并在水下实验室、伊尔—76 失重飞机训练参加了超过 30 次课程，并进行了 1 g 重力状态模拟和着装状态的演练。他们的训练项目还包括安装太阳能电池阵和超过 200 个应急预案。为了完成这个任务，为他们进入空间轨道制造了 1 套包括 30 件工具的装置(其中大部分是专为这个项目研发的)。航天员在 1984 年 2 月登陆空间站，并且整个操作过程——包括安装太阳能电池阵——进行了 6 次出舱活动，在 5 个月的时间里，出舱活动时间总计达 22 小时 45 分[22]。

前 4 次出舱活动包括准备工作区和观察空间站外壳，进步 20 号飞船对接到后部对接口用来支持出舱活动，并且在其前端安装了一个事先设计好的特殊平台，以便航天员可以站在上面。2 名航天员在最初的出舱活动中，通过安装一个 5 m 长的梯子和向空间站传递 1 个 40 kg 重的工具包来准备工作区。然后在空间站的无压区，刺穿切割出一块区域，加上一个塑料舱盖，这里有一个连接到空间站推进系统的水压连接器。在第 2 次出舱活动过程中，他们刺穿了推进系统的蓄水管道的外表面，在那里他们成功的安装了一个阀门，用于在该系统中使用氮气检查密闭性。在第 3 次出舱活动过程中，他们连接了 2 个漏斗管和一个金属旁路管，将这个新的管道放在主要的蓄水器中用于检测密封性能。在第 4 次出舱活动过程中，安装和检查了另一个管道，完成这项任务后，还要对工作站中由阿特科夫监测的泄漏控制板对整个系统的压力进行检查。这几次出舱活动只是对泄漏的确认和安装旁路系统，并没有真正的焊接泄漏管，焊接泄漏管是在第 5 次出舱活动中要做的。

一旦问题被确认，新的工具和程序将被研制出来，并在地面上进行模拟测试。模拟测试由弗拉基米尔·贾尼别科夫进行，他将作为联盟 T-12 号飞船的指令长访问空间站，并指导驻空间站的航天员进行焊接操作。在最初的计划中，贾尼别科夫会走出空间站进行实地演习并完成泄漏管焊接。基齐姆和索洛维耶夫非常坚决地反对这个计划，他们希望能够自己完成这个任务，因此贾尼别科夫将指导他们如何使用焊接钳和观看培训录像，培训的内容包括礼炮号空间站内部的模拟，航天员穿着完整的航天服在一个实物大小的模型中进行演习，这个模型事先已建立在空间站内。使用一对可移动的焊接钳对裂开的管子进行焊接，焊接钳气体连接在活塞状的压缩空气制动器上。当将它放置在管子上时，利用 250 个大气压将把它们压在一起。然而，这一次航天员没有模型的协助，也没有工作台，且需要将每一件工具都固定在礼炮号空间站工作舱的外边缘。在打开隔热舱盖和安装焊接钳后，航天员检查了密封设施，打开焊接钳，并最后一次将隔热舱盖热力学盖子恢复原位。在返回空间站的途中,他们使用特殊的切割工具从太阳能电池阵切割下4个部件,用于返回地球后的分析研究,来评估空间轨道上硅电池的破坏程度。使用这个切割工具,可以帮助他们在佩戴手套的情况下切割和拆除样本,而不破坏太阳能电池阵的其他部分。

为了完成这个任务,2名航天员在飞船外几乎花了1整天的时间,创造了一个新的苏联出舱活动纪录——22小时45分(仅有吉恩·塞尔南——双子星座9号和阿波罗17号——曾经在飞行器外停留更长的时间),并且他们的工作使人们可以再次拜访这个空间站。他们使礼炮号空间站恢复到的可操作状态,可惜空间站后来遭受严重撞击,在航天员返回地球后的几个月,人们发现这个无人空间站的能量耗尽,并失去了与任务控制中心的联系。因此,在1985年的夏天决定开始另一个拯救任务,试图登陆"失灵的空间站"恢复它的工作状态,以便它可以继续进行载人飞行,在1986年和平号空间站启动前,该空间站再次支持了2名常驻航天员的工作和接下来的3次出舱活动。

6.6.8　小结

到1986年夏天礼炮7号空间站项目的尾声,苏联航天员在不到9年的时间里,将出舱活动的持续时间由不到1小时增加到超过100小时。基齐姆和索洛维耶夫分别在2次任务中进行了8次出舱活动,给人留下深刻印象,并且2人的出舱活动累计时间均为31小时36分。在礼炮号空间站上获得的这些经验帮助人们更加详尽地计划在和平号空间站上的常规出舱活动,使用改进的奥兰航天服和更加多样的支持设备。尽管没能在1986年实现,但和平号空间站作为一个永久的载人空间站,将成为出舱活动的实验基地,为国际空间站的发展提供更多的经验。

礼炮号系列空间站提供了许多有用的经验：

1）出舱活动可以被用于部署和回收小型的实验装置，这些装置可以暴露在压力舱外，而不需要复杂的密封和回收技术，并且可以始终伴随飞行在空间站的外部。

2）航天员的观察技巧使他们可以汇报、照相记录和检查空间站的破损情况，并在各个时间段安装和测试样本材料，为未来航天器的建造技术服务。

3）对航天员的多种培训项目——地面上的培训和指导，拜访空间站航天员、观看模型和录像——可以用于提高他们的技术，可以灵活地提高那些没有受过某些出舱活动程序培训或培训和执行太空任务与新的任务之间相隔很长一段时间的航天员的技巧。

4）一些结构及其安装任务显示，它们可以被扩展为更大的空间结构。

5）在提供扶手、足部约束装置和适当的工具的情况下可以进行紧急出舱活动操作（由天空实验室的航天员认定）。

6）对空间站的修补和改善可以在不是设计用来进行出舱活动修补或太空轨道维护的区域进行（再次强调天空实验室航天员的观点）。

7）出舱活动提供了一种升级空间站系统的方法，来改善空间站的能力和执行科研任务的范围。

6.7 早期空间站的出舱活动：结论

通过天空实验室和礼炮号空间站的出舱活动，我们可以澄清一些事情。首先，当空间站面临系统衰竭或一些结构上的问题时，我们可以通过太空和地面的航天员的合作来挽救和延长空间站的使用寿命，同时要提供给他们足够的时间、培训和材料，这是全自动系统无法完成的。这已经在天空实验室的太阳能电池阵和防护罩的部署活动，以及礼炮7号空间站推进系统的维修中得到了证实。

在天空实验室和礼炮号空间站上，都曾进行计划外的小型舱外试验，对试验进行操作（有时是进行修补）并将样本回收返回地球。对大型仪器（例如天空实验室的阿波罗望远镜基座）可以在设备有操作性问题的时候（如礼炮6号空间站的 KRT－10 天线），由航天员进行维护。

受到空间站维护的限制，可以在多次出舱活动中使用同一件航天服，但必须给予充足的支持、维护和清洁，同时具有备用和可操作的系统。

由人来传输大型物品进出太空舱，增加了航天员的工作量，并突显出运输设备、合适的工作间、工具支持系统、达到不可及的地方所要使用的钩子和桁架以及节省航天员体力的必要性。提供明确的空间站表面通行路径以节省进入工作地点的时间，以及提供充足的照明保证航天员在昏暗条件下工作是十分重要的。

用水槽来训练航天员在空间站进行出舱活动，在天空实验室和礼炮号空间站项目中都被证明是非常重要的。地面支持小组航天员在轨道航天员努力解决问题之前在水槽中解决问题的能力，可以帮助太空中的航天员找到一切问题的可行的解决方案。当然，在地球轨道上，空中飞行器和地球之间的交流仅需几秒钟，地面支持小组解决问题的能力对出舱活动来说就更加重要了。只有地—月系统除外。

而且，航天员在遇到困难时，利用出舱活动一起工作和克服困难并继续工作的能力非常重要。自信建立在早期出舱活动的成功和失败的经验、教训之上，早期的出舱活动过程中克服失败的能力，为以后在更大的、更加持久的空间设施（如和平号空间站和国际空间站）中的工作提供了坚实的基础。

参考文献

[1] *Skylab:A Chronology*. NASA SP – 4011, 1977, p. 16, entry for 18 – 21 May 1961.

[2] Peebles, Curtis, 'The Manned Orbiting Laboratory', *Spaceflight*, 22, No. 6, June 1980, pp. 252; Preliminary Technical Development Plan for MOL Status as of 30 June 1964, SSM – 50A. pp. 6-22 – 6-23, Space Systems Division, USAF Systems Command.

[3] Preliminary Technical Development Plan for MOL Status as of 30 June 1964, SSM – 50A, pp. 6-23 – 6-24, Space Systems Division, USAF Systems Command.

[4] Shayler, David J., *Apollo:The Lost and Forgotten Missions*, Springer – Praxis, 2002, pp. 14 – 22.

[5] *Ibid.*, pp. 39 – 41.

[6] The Boeing Company Report, D2 – 84010 – 1, Multipurpose Mission Module, 0 – {?} Utilization Study, November 1965.

[7] Shayler, David J., *Apollo:The Lost and Forgotten Missions*, Springer – Praxis, 2002, pp. 61 – 62.

[8] Heckman, Richard T., Skylab EVA System Development, George C. Marshall Space Flight Center', paper (AAS 74 – 121) presented to the American Astronautical Society Twentieth Annual Meeting, Los Angeles, California, 20 – 22 August 1974.

[9] Memo from R. Bryan Erb, Assistant Chief, Structures and Mechanics Division, MSC, to Major William R. Pogue. CB. Subject: Access to ATM experiments from LM ascent stage hatch opening, dated 22 De-

cember 1966. Curt Michel Collection (ATM files/CB Memos), Fondren Library Archives, Rice University, Houston, Texas.

[10] Schultz, David C., Kain. Robert R. and Millican. R. Scott, 'Skylab EVA', in *The Skylab Results*. Proceedings, Volume 1, Twentieth AAS Meeting, 20 – 22 August 1974. NASA JSC, AAS74 – 120; Shayler, David J., *Skylab: America's Space Station*, Springer-Praxis, 2001.

[11] Portree, David S. and Treviño, Robert C., *Walking to Olympus: An EVA Chronology*, NASA Monographs in Aerospace History. No. 7, October 1997. pp. 30 – 32; Shayler, David J., *Skylab: America's Space Station*, Springer-Praxis, 2001, pp. 180 – 184.

[12] *Lessons Learnt on the Skylab Program*, MSFC Skylab Program Office, 22 February 1974, and JSC, Houston, Texas, 6 March 1974.

[13] Astro Info Service interview with EVA/Shuttle Flight Director Glenda Laws, Houston, Texas, 8 May 2002.

[14] Skylab 1/2 Technical Crew Debrief, 30 June 1973, JSC – 08053, Training Office, Crew Training and Simulator Division, NASA JSC, Houston, Texas.

[15] Shayler, David J., 'Resumption of Soviet EVA?', *Spaceflight*, 19, September 1977, pp. 317.

[16] Abramov, Isaak P. and Skoog, Å. Ingemaar, *Russian Spacesuits*, Springer-Praxis, 2003.

[17] *Ibid.*, p. 48.

[18] *Ibid.*, p. 150.

[19] Kidger, Neville, 'Above the Planet: Salyut EVA Operations'. *Spaceflight*, 31, No. 2, February 1989, pp. 45 – 49, No. 3, March 1989,

pp. 102 – 105, No. 4. April 1989, pp. 139 – 141, and No. 5, May 1989, pp. 154 – 155; *Walking to Olympus*, NASA Monograph No. 7.

[20] Astro Info Service interviews with Yuri Romanenko, July 1989, and Georgy Grechko, April 1994.

[21] Kidger, Neville, 'Above the Planet: Salyut EVA Operation', *Spaceflight*, 31, No. 3, March 1989, pp. 104.

[22] *Ibid.*, No. 4, April 1989, pp. 139 – 140, No. 5, and May 1989, pp. 154; Ovchinnikov V. S., 'Experience of the Salyut 7 Propulsion System Repair Operations', Moscow Aviation Institute, USSR, IAF Paper, Thirtieth-Eighth Congress, Brighton, England, October 1987.

第 7 章　空间服务需求

自第二次世界大战结束后的理论研究工作，经过 20 世纪 50 ~ 60 年代 X – 系列火箭研究阶段，到具有重返大气层及自行着陆等性能的航天与航空两用机，美国航天飞机系统的发展至少经历了 25 年的时间。在财政预算对峙和有关设计问题的辩论持续多年后，直到 1972 年才决定建造航天飞机系统，采用的外形形状，就是一直保留到今天我们所看到的航天飞机的样子：1 个可重复使用的有人驾驶的轨道飞行器，1 个可扩展的外部燃料箱和 1 对可复原的固体火箭助推器。做出这个决定的时候，阿波罗 16 号上的航天员们正在探测月球表面，并展示在前 10 年就已经建立起来的标准的出舱活动工艺和技术。

回顾一下 1972 年夏天出舱活动计划限定的范围。发射车上只保留了一台月球着陆器（阿波罗 17 号），计划经过 3 次在月球表面和深空的出舱活动来回收科学仪器舱内的胶片盒。随后在 1973 年，使用以前月球计划的硬件设备，发射了可容纳 3 组航天员的天空实验室，同航天器内操作一样，每组机组人员都要在空间站外完成几次舱外活动，其主要的目的是，回收和更换太阳能电子望远镜的胶片盒，并部署和回收科学实验装置。

天空实验室发射后，美国航天员们所能肯定的是，将与苏联联盟号飞船进行短暂的交会和对接飞行，在这次飞行中并未安排出舱活动。事实上，苏联当时由于一次灾难性的事故，失去了一组联盟号航天员，而无法进行出舱活动，新的航天员培养需要 4 年的时间。苏联人在开始实施他们自己的出舱活动计划以前，需集中精力研制安全可靠的、可以到达礼炮号空间站的联盟号货物运输系统。尽管礼炮号空间站上出舱活动的能力正处在发展之中，但要让下一个航天员进行出舱活动，还需要5年多的时间。

当飞船围绕着地球以25倍于声速的速度飞行时，航天员身穿航天服，走出飞船舱外，这向世人表明了航天员的出舱能力。航天员也在布满尘土的月球表面上行走，甚至跑动，这都创造了人类的奇迹。但在1973年后要继续进行出舱活动，其前景似乎有一点儿渺茫。广告和航天书籍的封面上，经常出现航天员们在太空中或月面上行走的画面，但是对于以后是否需要继续开展出舱活动，则存在着争议。当然，在新的航天飞机项目的计划中，再次出现了有些疯狂的梦想和愿望。就像在20世纪60年代，阿波罗飞船成功地进行了月球探险一样，航天飞机也被迅速地被塑造为一个似乎能够回答所有美国人关于如何能快捷、可重复而且廉价地到达太空的神话。

7.1 航天飞机时代（1981—2012年）

在随后超过30年的时间里，航天飞机系统发展形成了一种完全不同于其初始设计时所期待的模式。它被证实是昂贵的、复杂的。并且正如我们曾经看到的两次悲剧，在航天飞机的一些设计中存在着灾难性的缺陷，需要不断改变管理策略。从理论上讲，航天飞机硬件设备可以使用到大约2020年/2021年，但在2012年左右就准备要让它们退役。当然，在可以预见的将来，没有任何其他运载工具具有余下的3架航天飞机所具有的发射能力、灵活性和营救能力。不同于挑战者号航天飞机灾难后，在对事故进行回顾和总结时，所出现的重建航天飞机的呼声，哥伦比亚号航天飞机灾难后，并没有人要求重建。而且事实上，也没有可用来建造一架航天飞机所需的主要备件了。有一些人同意航天飞机应当停飞的观点；但是，什么样的航天器才能取代航天飞机呢？在没有航天飞机的情况下，如何才能完成国际空间站的建设呢？国际空间站的主体结构一旦完成，航天飞机的使用将告一段落，虽然某一架航天飞机也有可能被保存下来，在为空间站紧急传送急需更换的物件时，才能显示出它具有的“独一无二飞行”作用的价值。究竟结果如何，只有时间才能告诉我们一切。

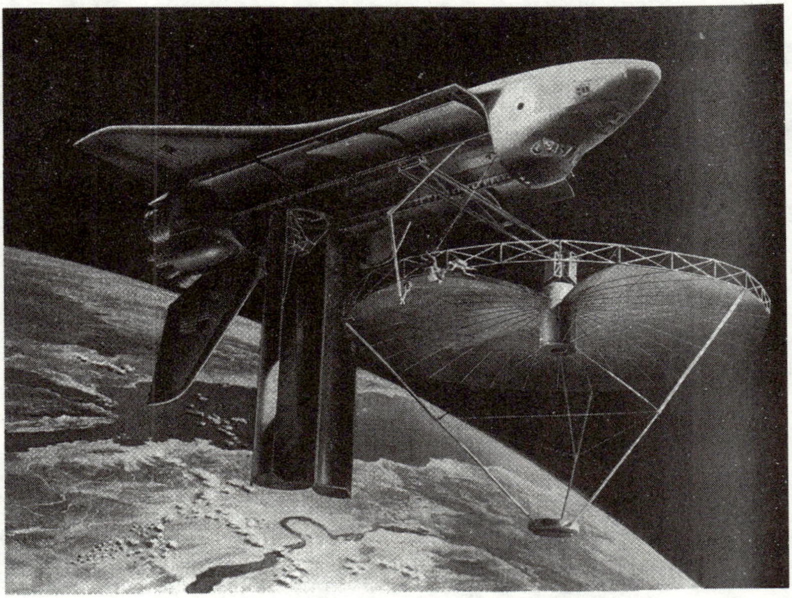

图7.1 20世纪70年代，由航天飞机提供支持的空间站建设过程中的出舱活动示意图

显然，航天飞机已经用迄今为止超过百余次的飞行，向人们展示了它的能力与适应性。作为大型载人运载系统，航天飞机一直是人们进行短期科学研究、部署和回收卫星时，往返穿梭于太空的运载工具。最近，航天飞机越来越多地显示出初始设计时赋予它的功能，那就是作为载人运输航天器，航天飞机可以为地球轨道中大型载人空间站的建设提供支持，还可以为空间站运输物资。

截至 1998 年,已经停止用航天飞机部署商用卫星,同时停止的还有为欧洲空间实验室舱科学研究所进行的飞行和“秘密”军事飞行,以及将航天器送入太阳系其他地方所需的飞行等。留给航天飞机要做的就是空间站建设和保持正常运转所需完成的任务。当时,有关方面还没有确定究竟对哈勃太空望远镜是进行 1 次还是 2 次造访。然而,从 1981 年航天飞机的首次飞行,到最后一次飞行(目前计划的时间是 2012 年),航天飞机能将所有的操作连接起来。即:无论计划中是否有出舱活动,每次航天飞机飞行都具有让航天员进行太空行走的能力。所有航天飞机航天员都以组为单位,接受过出舱活动训练,至少能在紧急情况下通过出舱活动完成相关工作。同时,航天飞机具有支持延长出舱活动时间的能力,以便能够有充足的时间为被困卫星提供维护、维修及回收,为哈勃太空望远镜进行维护保养,以及为国际空间站的创建和扩展提供支持。

7.1.1 航天飞机出舱活动时机

在做出开展航天飞机研制工作的决定后,除了所有的已建议的航天飞机应承担的任务,NASA 立即致力于提高航天飞机支持出舱活动的能力[1]。由于航天飞机有能力运载不同种类的有效载荷,出舱活动已经成为航天飞机的一种最基本能力,对此,NASA 有着精辟的论述:“出舱活动可以为有效载荷提供灵敏、可靠、低成本的服务操作,因为出舱活动使有效载荷的设计者们可以选择轨道上的设备维护保养方式,不需要把有效载荷送回地球就可以进行修理和更换,即使在最坏的情况下,还可以通过出舱活动把失去使用价值的有效载荷丢弃在太空里,使之变成太空垃圾。有了出舱活动的能力,就可以使航天飞机的每一次飞行,获得最大的科学回报。”

在上述言论面世 30 年后,它对航天飞机出舱活动的描述仍然是正确的。对于航天飞机的出舱活动,确定了以下3种类型。

(1)有计划的出舱活动

航天飞机发射前制订的飞行计划中,已经包含了出舱活动,以便乘员组能够完成主要的任务目标。

(2)未计划的出舱活动

在飞行前并没有做出预定的计划,但为了成功地部署有效载荷,或者要推进整体飞行任务取得更大的成就而需要进行的出舱活动。

(3)应急状况下的出舱活动

需要通过出舱活动安全地把航天员送回航天飞机。会有各种各样的应急状况出现,其中一些可以预见的情况,在发射前可以进行有针对性的训练。

有关方面决定,航天飞机每次飞行时,将至少携带可以支持3次2人出舱活动所需的补给和设备,每一次出舱活动的时间为6小时。其中2次出舱活动将被用来进行有效载荷的操作,第3次出舱活动是专为应急情况准备的(比如说需要人工关闭有效载荷舱门)。随着航天项目的不断发展,根据飞行活动的不同目的、乘员组和航天飞机的能力,以及飞行时间的长短,增加了许多额外的出舱活动次数。在项目早期,出舱活动作为提高航天飞机能力的商业手段的一部分,有效载荷操作中特殊的出舱活动所需的费用,将由NASA和拥有有效载荷的商家通过协商一致解决。

7.1.2 航天飞机轨道器为出舱活动提供补给

航天飞机双层甲板的设计,允许其将上层甲板作为观测平台使用(开有各种各样的窗口)。飞行甲板上安装着轨道器和有效载荷使用的控制、显示和监控设备,以及遥控操作系统的控制设备。中甲板有支持出舱活动设备的储藏室、出舱活动的准备区域,以及进出气闸舱的通道。

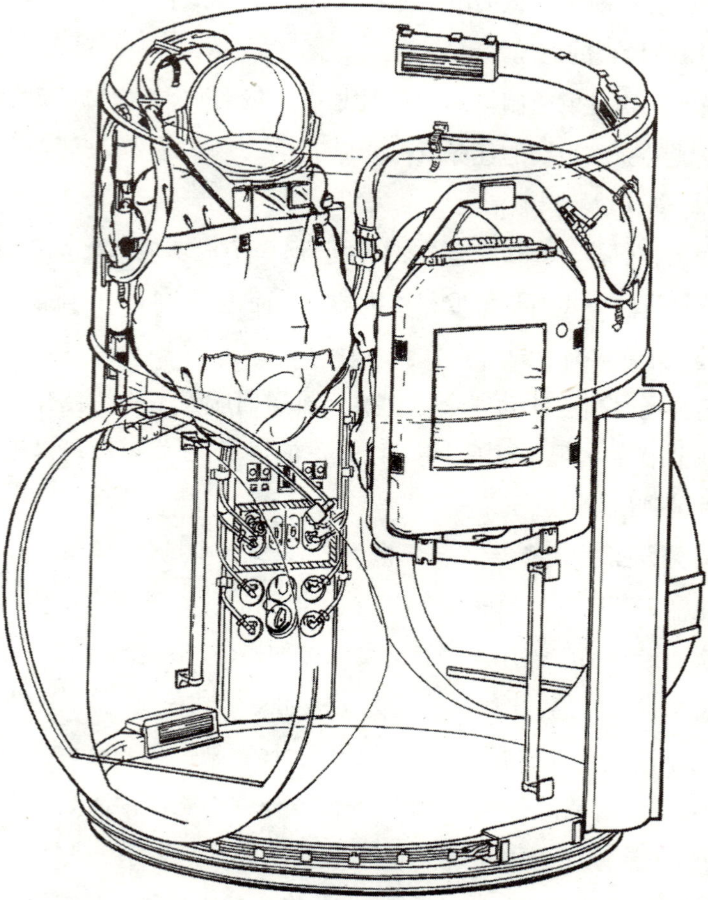

图 7.2　航天飞机上的气闸舱

在离开航天飞机进入空间真空环境时，利用气闸舱装置，就没必要对整个乘员分隔舱进行减压。气闸舱同时还是储存出舱活动单元的地方，它还包括支持出舱活动单元操作和维护所需要的接口和显示设备。气闸舱可以移动，根据所携带的有效载荷类型，有 3 个位置可供选择。气闸舱主放置位置在中甲板分隔舱内，这样可以为有效载荷舱提供最大的使用空间；若旋转 180°，气闸舱可以放在有效载荷舱内，但仍然与尾部机舱的舱壁相连接；为了进入适宜居住的有效载荷结构

(空间实验室)内部,或者是通过航天飞机对接适配器进入空间站,还可以把气闸舱放置在加压后的通道系统的顶端,此时它仍保留着支持航天飞机出舱活动的能力。气闸舱直径为160 cm,长度为211 cm,呈圆柱形,还有1对直径为1 m带有加压密封舱盖的D形通道。

没有经过加压的航天飞机有效载荷舱内,有一个直径为4.6 m、长为18.3 m,可使用的有效载荷外壳。出舱活动装置包括供航天员转移使用的扶手,分别分布在舱壁前部、后部以及每个有效载荷舱门轴旁。这些扶手被设计成可以承受由航天员产生的任何方向上的900 N的载荷。安装在有效载荷舱侧壁的可以收缩的系索及其滑线管理系统满足了安全需求,且不会对有效载荷的地面或在轨操作范围产生干扰。安全系索连接点的承受力设计高达2 550 N。有效载荷舱安装有7台探照灯,最多可达4台电视摄像机,还有1个出舱活动工具储存箱,这个储存箱将按照飞行架次的不同放置在不同的地方。一些有效

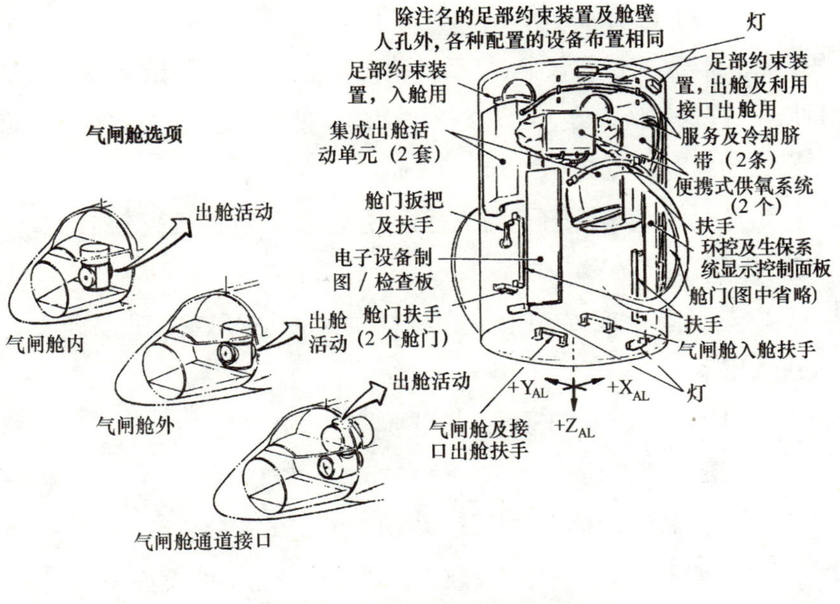

图7.3　航天飞机气闸舱的位置

载荷安放点把不同货物连接在有效载荷舱的龙骨或者舱壁上。

在紧邻舱门1.22 m处的有效载荷舱横梁下面，还有额外的可以使用的储存空间。在1984年的3次飞行任务中，载人机动单元被装载在有效载荷舱前端左舷及右舷的大梁上，而遥控操作系统也沿着左舷大梁放置和装载。航天飞机出舱活动航天员的通信模式，通过自动中继，用S－波段和Ku－波段语音传输。这样，进行出舱活动的航天员，航天飞机内的航天员和地面飞行控制中心人员之间可以进行相互的通话。航天飞机在部署飞行中使用的全球跟踪和数据中继卫星系统（Tracking and Data Relay Satellite System，TDRSS），逐步取代了许多早期项目所使用的地面传送站，为航天员提供了更好的通信功能。

7.1.3 航天飞机出舱活动能力要求

按照NASA早期的阐述，执行航天飞机出舱活动的目标是，不使用机械设备完成操作任务，降低自动化要求，以及简化试验和保证项目质量，降低制造成本，提高飞行成功的可能性。执行航天飞机出舱活动最初的能力要求有以下几个方面：

1）监视、拍摄记录任何对飞行器、有效载荷系统、机械系统和其他零部件不当的行为；

2）安装、拆除或传递胶片盒、材料样本、保护罩、测试设备及发射或进入用系索；

3）设备操作，包括工具、照相摄影器材和清洁设备；

4）清洁光学镜面；

5）连接、断开流体传输装置，关、开电路；

6）修理、替换、校准及检查航天器或有效载荷上的设备、仪表；

7）部署、回收、重新定位天线、吊杆和太阳能帆板；

图7.4　航天飞机乘员分隔舱尾部的出舱活动舱门区域

8)连接、解除航天员和设备的约束装置；

9)完成实验；

10)传送物资。

7.1.4　典型的航天飞机出舱活动时间表

按照早期的出舱活动指南，一次典型的航天飞机出舱活动将占据1个完整的飞行工作日。3小时用来为航天员清除血液中的氮含量，以防止出现减压疾病，至少用1.5小时来进行出舱活动的准备工作(穿上相应的航天服，进行气闸舱的减压)。出舱活动将长达6小时，随后还要用1.5小时进行出舱活动结束后的收尾工作。但在实际执行过程中，航天员往往在出舱活动前几天，就尽量完成较多的前期准备工作，操作程序的改变，使得舱内压力部分降低，从而减少了航天员出舱前进行的预呼吸所需要的时间。然而，即使是现在，在执行首次航天飞机出舱活动20年后，由于工作强度的突增，大多数的航天员需要花费1整个工作日，才能完成好3~8小时出舱活动的准备工作。

NASA声称，每一次航天飞机上的出舱活动，都将完成2次单人或双人长达6小时的任务，再加上提供出舱活动航天员所需的设施和训练，使用遥控操作系统支持出舱活动，为出舱活动供应支持设备（工具、约束装置、灯光，等等）。早期飞行中选择有效载荷时要考虑的因素包括：附加的出舱活动消耗品，飞行或特定的有效载荷出舱活动航天员的训练，特定的遥控操作系统末端效应器，特定的支持设备，以及载人机动单元的供应和使用。

在20世纪70年代，NASA分析费效比后认为：在有效载荷系统的设计里包含出舱活动的补给时，与不包含的情况相比，费用要少很多。即，如果削减自动服务设备，或者减少对运行已很久的有效载荷无法通过出舱活动进行维护和维修设计，将为NASA节省数百万美元。这些因素促使相关人员做出了一些重要的决定，为一些多任务航天器（如：Solar Max）、大型太空观测器（如：哈勃太空望远镜）和留轨的有效载荷（如：空间实验室）的设计增加出舱活动支持能力，尽管空间运输系统的有效载荷客户们在他们的航天器设计中，很少考虑需要通过出舱活动达到维护和维修的目的（正如在几颗卫星设计中所表现的那样）。

7.1.5 轨道器出舱活动计划飞行测试

在初始的文件中记载着这样的内容，当乘员组由4名或更多航天员组成时，任务专家将在出舱活动中发挥主要的作用，驾驶员次之。在航天飞机最先进行的4次轨道飞行试验（1981年4月~1982年7月）中，乘员组只有2人（指令长和驾驶员），因此只能进行单人的应急状况出舱活动。任务指令长有来自 STS－1 的约翰·扬(John Young)、STS－2 的乔·恩格尔(Joe Engle)、STS－3 的杰克·罗斯马(Jack Lousma)、STS－4

图 7.5　STS－1 指令长约翰·扬在进行水下出舱训练前做准备工作

的肯·马丁利(Ken Mattingly),他们都接受过有关出舱活动的训练,机上的主压力服就是为他们准备的。鲍勃·克里平(Bob Crippen)、迪克·特鲁利(Dick Truly)、戈登·富勒顿(Gordon Fullerton)和汉克·哈茨菲尔德(Hank Hartsfield)等驾驶员,作为指令长的后备人选,以便在应急情况下,也能参加出舱活动。还有一些报道宣称,航天飞机上还装有出舱活动单元,以应对万一。主航天服大小可调,但备用的第二套航天服则娇气一些,只在必要时才使用。这是一个明智的特殊决定,因为当时项目实施还处于早期的阶段,这 4 次飞行仅仅是用来学习如何让航天飞机在太空中运行。与更早些时候开展的项目不同,在 STS-1 之前没有进行无人的飞行试验。

为了遵守出舱活动必须是“双人”这一条安全规范,通常不允许进行只有 1 名航天员参加的出舱活动,但在应急情况下,在人手缺少时,则是例外。以前曾经有过一些 1 名航天员进行出舱活动的先例,比如在阿波罗号的月面着陆任务中,由 1 名航天员在有限的时间内在月球表面进行出舱活动[2],虽然这样做会有很大的危险性,但这是在航天项目发展过程中,人类必须经历的一个阶段,所以只能承担这种风险。每一个参与轨道飞行试验的航天飞机指令长,以前都参加过出舱活动训练,且除恩格尔外,都曾在以前的飞行任务中完成过出舱活动。而恩格尔也曾经作为阿波罗 14 号登月舱的替补驾驶员参加过有关训练。4 名驾驶员都曾经是载人轨道实验室航天员,有一些出舱活动的相关经验,但与恩格尔一样,他们都没有出舱活动的实际经验。而杰

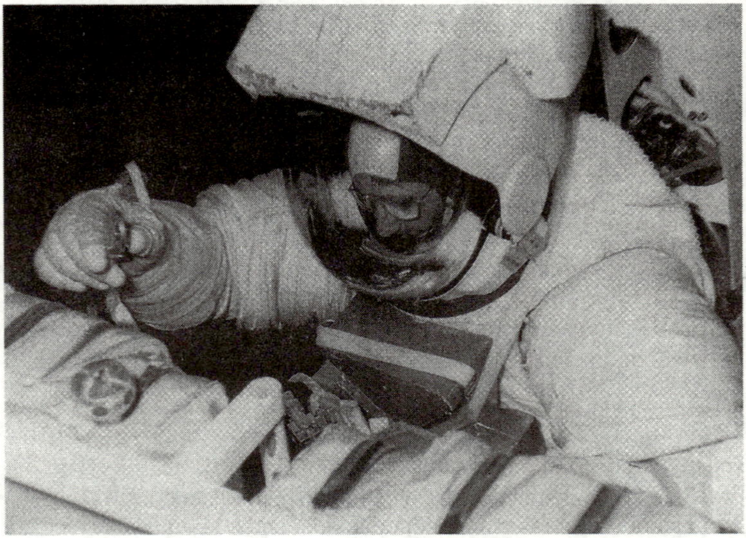

图 7.6　在约翰逊航天中心水槽中进行的应急情况出舱活动训练

克·罗斯马最富有出舱活动的经验(他的经验是在天空实验室上获得的),他被指定与斯托里·马斯格雷夫(Story Musgrave)一起,来做有关应急状况下出舱活动所涉及的技术、工具和设备方面的工作,包括在1 g和抛物线状态下训练,以及大约40~50小时的水槽模拟训练[3]。

7.1.6　早期应急出舱活动

参加轨道飞行试验的航天员,需做好准备应对以下意外情况。

1)有效载荷舱舱门故障。或是中心线的插销,或是舱壁出了问题,或者是两者同时出现故障。任何情况下,航天员携带4件左右的工具,即可在舱门关闭而没有销紧时,手动扣紧门闩装置。在安装门闩的过程中,航天员可以利用系索和便携式足部约束装置来保证他们身体的平稳。

2)天线盘故障。天线盘没能从远离有效载荷舱舱门的展开位置回到它们紧挨着舱门边的收缩位置上。航天员可以用工具来开启天线盘上的铰链锁,并旋转天线盘,将其收缩归位。

3)有效载荷舱舱门关闭故障。用力打开舱门铰链锁,随后,安装在每扇舱门边缘和舱壁末端之间的一套滑轮和滑车系统,可以单独提升每扇舱门,将其关紧。

4)无法把遥控操作系统重新放回到收拢后的位置上。航天员将首先用滑轮和滑车系统进行尝试,但如果遥控操作系统还不能被收拢起来的话,也可以试一下备用的丢弃功能。

5)当有效载荷舱舱门关闭的时候,舱内遥控操作系统收缩装置失去了旋转功能,无法为舱门的关闭清理出所需要的空间。这种应急情况的处理方法,与上述第4)种情况相同。

在过去几年的时间里,STS-4建造完成并开始飞行后,在有效载荷舱外壳的外部安装其他设备的做法,需要进行额外的应急出舱活动,来确保这些设备在有效载荷舱舱门关闭前,就已经被清除干净了。这些出舱活动还包括回收 Ku - 波段的天线和交会对接雷达,丢弃空间实验室科学实验气闸舱和实验台,降低惯性末级气浮倾斜装置,同时清理掉展开的对接接口。

7.1.7 出舱活动中航天员的作用及职责

大概在轨道飞行试验航天员接受训练期间(1978—1982 年),出舱活动航天员的配对原则由驾驶员/任务专家转变为任务专家/任务专家。人们越来越清楚地认识到,在航天器进出预定轨道及在太空中保持正常飞行的时候,驾驶员和指令长一直处于紧张忙碌的工作状态,没有时间进行出舱活动。把主要出舱活动的巨大工作负荷(以及后来的遥控操作系统操作和首席飞行工程师的责任)分配给乘员组中的任务专家来做,是明智的选择[4]。

轨道飞行试验任务训练的重点,主要集中在如何人工关闭有效载荷舱舱门上。对于更多的出舱活动操作,已经制定了包括 3 部分内容的训练规范。首先是事前训练(advanced training),仅仅进行一次,让航天员获取使用航天飞机出舱活动单元及轨道器出舱活动设备和程序的初步经验,这个过程也将成为航天员被选派成为正式飞行航天员前的先期训练的一部分;一旦航天员被确定将参加飞行后,将使用特定的有效载荷让他们进行针对性飞行训练(flight-specific training);在飞行间隙,让已有出舱活动经验的航天员继续进行恢复性训练(recurring training),以保持他们的技能。

随着航天飞机项目的不断发展,创建出舱活动支持系统的需求日益突出。这些支持系统包括出舱活动时进行遥控操作系统的运行、图像记录,以及舱内活动航天员帮助和支持完成出舱活动的准备工作、穿航天服和出舱活动结束后的扫尾工作等。最近,越来越多的飞行任务要求出舱活动与其他活动之间具有更高的艺术协调性，比如舱外进行的活动（按照时间表进行的）要和舱内遥控操作系统的运行者和航天飞机指令长之间有着相互一致的协调。由哈勃太空望远镜和国际空间站共同进行的出舱活动的展开情况如下：在一个飞行日里，由“某组”航天员进行出舱活动；然后在下一个飞行日，支持“第二组”航天员进行出舱活动。在一些飞行任务中，一部分航天员被指定为预备的出舱活动航天员，如果主出舱活动航天员无法完成预定的出舱活动，预备航天员就要作为替补来完成任务。在对航天员进行系统和有效载荷训练时，这种“预备职责”体现在大部分的训练内容中，同时交叉训练为航天员在执行实际飞行任务时提供了灵活性。此外，在一些以出舱活动为主要目的的飞行任务中（比如在哈勃太空望远镜任务中），航天飞机上有备用的出舱活动单元，以备紧急状况下使用。在执行哈勃太空望远镜任务时，通常的习惯做法是，让前一次参与飞行的一部分航天员，继续参与下一次的飞行任务（包括几名有出舱活动经验的航天员），这样有助于飞行工作能平稳地转交给新的乘员组。新老交替的过程中，传授了飞行经验，提高了成功完成飞行任务的可能性，还能减少专门用于训练航天员的时间。在这样的飞行中，这些航天员被指定成 EV1，EV2，EV3 和 EV4 共 4 组，他们通常按照表 7.1 的顺序来执行出舱活动的计划。

表 7.1　出舱活动计划表

出舱活动序号	主乘员组	替补舱内乘员组
1	EV1/EV2	EV3/EV4
2	EV3/EV4	EV1/EV2
3	EV1/EV2	EV3/EV4
4	EV3/EV4	EV1/EV2

在出舱活动进行时，还有几位有出舱活动经验的航天员，作为地面支持航天员为飞行操作提供援助，进行地面模拟，或在水下训练实验室待命，必要时进行水下模拟。有丰富出舱活动经验的航天员，在新的出舱活动的试验和发展过程中，作为航天员代表在航天员办公室工作，以便能够随时提出他们的意见和建议。

7.1.8 出舱活动技能的研发

在轨道飞行试验任务中，没有出舱活动的计划安排。飞行的目的是对航天飞机飞行器、各种系统和程序及遥控操作系统进行评估，以及全程检验运载有效载荷的能力，包括发射前的准备、倒计时、上升段、轨道运行段、再入返回、着陆及航天飞机的再次飞行准备。航天飞机在第5次飞行中，即1982年年底，进行了首次出舱活动演示验证。

紧随着1981年4月的STS-1飞行后，决定对这次飞行中使用过的一套出舱活动单元进行试验，确定它在使用后，能否继续正常工作，同时还要确定的是，它被储存在中甲板的气闸舱里时，飞行中所经历的严酷环境是否对它产生了损坏。试验显示，在正常飞行条件下，航天服储存系统没有出现过任何异常。

飞行前，主供应商汉密尔顿标准公司(Hamilton Standard)在向NASA交货前，对航天飞机出舱活动单元的扩展项目进行了验证试验。随后航天员乔治·纳尔逊(George Nelson)被指定在1980年10月的1周时间里，与参加轨道飞行试验的主、替补航天员一同合作，在约翰逊航天中心的真空舱里进行航天服的试验。试验是在普通的海平面压力下开始的(舱门是打开的状态)，随后进行的是关闭舱门后密闭状况下的舱内试验，这时为了把外部(舱内设备系统)动力转换成航天服内部和氧气供应的动力，压力降低到了5 psi(34.5 kPa)。为了评估航天服冷却性能和使用中的机动性，纳尔逊在踏车上尝试了行走。行走时，他手扶着舱内的扶手，航天服由一套减轻重力系统支撑着，模拟 1 g条件下的机动性。

出舱活动单元的演示验证计划定于 1981 年 11 月，即 STS－2 飞行任务的第 3 天进行。指令长乔·恩格尔将穿上出舱活动单元，按照出舱活动的程序进行操作，但由于气闸舱无法减压而停止了这项操作[5]。而且，由于燃料电池的失效，飞行只能坚持最短的飞行时间(54 小时)，不得不取消这次演示验证试验。试验转由 STS－4(在 1982 年 7 月)进行，指令长肯·马丁利在飞行的第 4 天，完成了气闸舱的减压后，成功地穿上了出舱活动单元，完成了出舱活动的演示验证。

7.1.9 STS－5：太空出舱活动尝试受挫

由于承担修复任务的出舱活动已经准备委派给 STS－13(Solar Max)任务来完成，并且已计划在 STS－11 任务中进行载人机动单元的试验飞行，于是完成 3.5 小时的出舱活动来验证出舱活动单元在真空状况下的操作性能，就变得尤为重要了。STS－4 已经进行了零重力条件下的操作试验，虽然在所有 4 次的轨道飞行试验中，都携带了出舱活动单元，但从未在舱外使用过。计划由 STS－5 的航天员比尔·勒诺雷尔(Bill Lenoir)和乔·艾伦(Joe Allen)来评估气闸舱、航天服和约束装置的功能，并试验便携工具和修理设备，其中一部分工具是针对修复 Solar Max(太阳峰年卫星)的飞行任务而专门研制开发的。这是自 1974 年 2 月以来，美国人首次在航天器的外部进行太空行走，这的确是个野心勃勃的计划，但却遭遇了挫折。飞行第 5 天，进行准备工作的时候，勒诺雷尔向地面报告说，他的出舱活动单元调节器和压力计出现了问题，后来，安装在乔·艾伦航天服里的风扇也发生了故障。飞行中，航天员所有试图解决这些问题的努力都没有取得成功。尽管航天服和气闸舱内活动均已完成，但出舱活动还是被迫取消了[6]。

7.1.10 STS－6:出舱活动首获成功

STS－5 出舱活动遭受挫折以后,STS－6 的指令长保罗·韦茨(Paul Weitz)向有关方面游说,要求把出舱活动的演示验证任务指派给他这次飞行任务完成。实施了一系列改进工作,确保 STS－5 飞行中出现的问题在此次飞行中不会再度发生,同时,鉴于这次出舱活动取得成功的重要性,最后果真把它指派给 STS－6 执行(1983 年 4 月)。这次飞行任务最初的计划是,为了改善地面控制人员与航天飞机上航天员之间的通信,准备由惯性末级火箭部署第 1 颗跟踪和数据中继卫星系统卫星(TDRSS－A),而后航天飞机将留轨几天,为新的挑战者号轨道器(OV－099)运行积累一些经验,并且完成一些小型实验[7]。

9 年来美国一直计划进行的首次出舱活动,终于在 1983 年 4 月 7 日在挑战者号有效载荷舱上实施(飞行日的第 4 天)。此次出舱活动由斯托里·马斯格雷夫和唐·彼得森(Don Peterson)具体完成,整个过程持续了 4 小时 17 分。出舱活动过程中,两名航天员完成了大量的工作来评估航天飞机出舱活动基础系统。他们沿着长长的货舱,从气闸舱转移到尾部舱壁进行工作,对转移速度、扶手、滑索和系索进行了评估。利用安装在左舷和右舷的系索,航天员从有效载荷舱的一侧转移到了另一侧,对安全系索的动态性能进行了评估。他们还评估了在零重力条件下出舱活动单元的机动性、便携式足部约束装置的使用性能。两名航天员操作了货舱储备组件(工具箱),对足部约束装置、工具箱盖的使用性能进行了评估。航天员还演示了降低未连接曲柄的惯性末级倾斜平台(惯性末级火箭/数据中继卫星已经在早些时候成功地部署了),完成了前舱壁模拟提升,演示了有效载荷舱保留(固定)装置,向下沿着有效载荷舱舱门的滑索,转移了一包大质量的物资(门闩工具)。最后,航天员存放好设备,重新返回了气闸舱[8]。

图7.7　首次航天飞机出舱活动的演示

一般来讲,航天员在货舱周围易于移动,可试验一系列将来可能要使用的各种各样的应急方案,以及测试针对出舱活动而专门设计的几种工具的性能。他们评估了设备操作的技术、安全系索的动态特性、足部约束装置、手扶轨道和头尾相连的滑索系统的可靠性,以及航天服、气闸舱和基础设备的操作性能等。有了这次成功的经验,飞行任务的制定者因此有信心决定在航天飞机上进行更加冒险的出舱活动。几乎在10年以后,美国航天员最终能够在他们新型航天飞机的外面进行工作,而且在其后的3年里使出舱活动能力得到了显著的扩展。

7.2 航天飞机出舱活动服务于卫星运行(1984—1997 年)

在用航天飞机发射商用卫星的年代(1982—1992 年),为出现运行问题或故障的卫星,进行回收、维护、修理和重新部署的机会越来越多了。曾经有一次,2 颗被困的卫星被带回了地球,后来又进行了重新部署。还有一次,航天飞机航天员评估了通过对轨道中的卫星重新注入燃料的方式延长其运行寿命的可行性。这些飞行和出舱活动,不仅为航天飞机出舱活动增加了经验,还为将来在更大的空间平台上进行服务性的操作积累了经验。

7.2.1 多任务模块化航天器

20 世纪 70 年代,在航天飞机系统发展的过程中,航天飞机可以与已经发射的卫星进行交会对接的性能表明,在一定条件下,卫星的设计将会受到航天员所能提供的维护和修理能力的影响。当然,以航天飞机为基础的硬件设施、设备和操作程序的研制开发过程,应该与这些卫星的发展过程相同步。

多任务模块化航天器(Multimission Modular Spacecraft, MMS)的研制和开发,标志着航天器研究向前迈出了具有重要意义的一步。从此,能把载人和非载人航天项目进行集成,通过充分利用可重复使用的空间平台在地球轨道上进行相当大范围的科学研究,还可以在航天飞机货舱上,对空间平台进行维护和修理并重新使之运行。航天飞机的航天员将根据卫星的任务要求和硬件的实时监测结果,对它们进行有计划的(主要是按照人的意愿制订的)周期性访问。多任务模块化航天器是一种标准的可重复使用的空间平台,它组合了模块化的子系统、操作动力、通信设备、数据处理系统、姿态控制设备和其他针对特定任务的科学仪器。卫星可以由一次性的无人运载火箭发射,也可以由航天飞机进行发射。卫星在航天飞机可以到达的轨道上运行,由航天飞机提供服务和修理;或在需要的时候回收,在完成修理后再次发射。当然,后一次发射的实验和研究目标也许会与前一次的目标不同。这种设计思路对航天飞机来说十分理想,航天飞机可以与要修理的卫星进行交会的理论,在航天飞机项目早期就得到了重视,并进行了相关的试验。

第一个多任务模块化航天器(Solar Max)在1980年初由无人运载火箭发射升空。它的目标是利用航天器上的7台设备,在太阳系活动周期最活跃的持续大约11年的时间内,完成一系列的观测任务,补充10年前从天空实验室项目和一系列无人轨道太阳观测仪(Orbiting Solar Observatory,OSO)中得到的相关信息。不幸的是,飞行只进行了几个月,动力突升引起保险丝烧毁,导致卫星出现了严重的动力故障。由于大多数的仪器都需要定向系统的动力来保持指向太阳的姿态,所以故障给卫星的飞行带来了威胁;但Solar Max的设计是以多任务模块化航天器为基础的,于是有关方面决定,让航天飞机航天员对它进行造访,尝试对它进行修理。

在任务开始前(起初把此次飞行任务命名为STS-13),首先需要解决一些问题。为了让Solar Max获得某些科学结论,卫星被置于旋转姿态。卫星的转动速度为1 r/min,超出了遥控操作系统的使用工况,使其无法捕获到卫星并把它送回航天飞机的有效载荷舱。于是研制开发出了一种耳轴钉,试图用这种装置与卫星进行连接。在这种装置上再次安装了遥控操作系统末端效应器,放在操作载人机动单元的航天员的前面,与卫星的转动速度相匹配。这样即可与卫星进行人工对接,再用载人机动单元的推力器把卫星的速度降下来,将卫星与遥控操作系统紧固相连,使得机械臂能够抓住卫星,并把它送入舱内。问题在于,耳轴钉连接装置(Trunnion Pin Attachment Device,TPAD),

尤其是载人机动单元，仅在 STS－6 任务中进行过出舱活动的演示验证，从未在太空中进行过试验。更有甚者，遥控操作系统也几乎没有经过类似的试验，于是一些与 Solar Max 有关的评估工作被安排到以后的飞行试验中进行。

图 7.8　Solar Max 修理过程中所使用的任务模块化套装工具

1984 年早期执行该飞行任务时，NASA 已经更改了航天飞机的任务编号方式。在 STS－9 飞行后，飞行任务开始采用 3 位数字符号表示，为计划中（但从未实现过）的每周 1 次飞行任务的发射速度做好准备。按照这种速度，佛罗里达州的卡纳维拉尔角发射场将有高达 26

次的飞行，位于加利福尼亚的范登伯格空军基地也将有高达 26 次的飞行。3 位数字代码基于一个财政年度（从 9 月开始计算）中已经排列好的发射顺序。例如：STS－，紧跟着 4（1984 年），1（卡纳维拉尔角发射）或 2（范登伯格发射），及 A（一个财政年度内的首次飞行）或 B（一个财政年度内的第 2 次飞行）。STS－9 即为 STS－41A。尽管后一种命名方法对 STS－9 几乎就没有使用过。然而，由于推迟飞行，一些航天飞机的飞行任务不在预定顺序之列，或者根本就被取消了。这种命名方法给人带来了困惑。STS－11 变成了 STS－41B（STS－10 已经被取消），STS－13 变成了 STS－41C，并在 STS－12（STS－41D）之前进行了发射飞行。在 1986 年 1 月挑战者号航天飞机失事后，停止使用该命名方法。人们尝试以有效载荷命名飞行任务，人们不清楚为什么下一次航天飞机飞行代码不分给成功的发射。在航天项目进行的早期，对无人行星探测器（如水手探测器）的命名，曾采用该方法。

7.2.2　开创新局面

在为后来的飞行做准备工作时完成出舱活动任务的做法，从 Solar Max 修复飞行开始，逐步成为了一种惯例。由于在 STS－4 飞行时对出舱活动单元进行了舱内试验及评估，加上取消了 STS－5 飞行，结果，出舱活动的演示验证被安排在 STS－6 飞行中进行。在随后进行的 STS－7 飞行中，航天员演示了舱内气压从 14.7 psi（101 kPa）降低到 10.2 psi（70.3 kPa）的过程，但保持了 20% 氧气和 80% 氮气的气体混合比例。另外，航天员还演示了用遥控操作系统捕获已经在轨运行的卫星的能力。航天飞机托盘式卫星（Shuttle Pallet Satellite，SPAS）是一颗可以自由飞行的，为一系列科学实验提供支持作用的卫星，这次任务向人们展示了在以后与卫星交会和对其进行捕获时，航天飞机所具有的机动和控制能力。这是航天飞机第一次携带着另一个物体，重新进行了轨道提升，这次操作很清楚地向人们展示了航天飞机与更大型的卫星（如 Solar Max）进行交会的能力。

在 STS－41B 飞行任务中，航天员成功地演示了载人机动单元的作用（参见下文）。布鲁斯·麦坎德利斯（Bruce McCandless）2 次乘载人机动单元从轨道舱分别飞出去 50 m 和 100 m，鲍勃·斯图尔特（Bob Stewart）后来也进行了载人机动单元的飞行试验。飞行试验完成后，航天员也完成了与 Solar Max 飞行有关的试验和评估工作。在把足部约束装置安装在遥控操作系统末端后，斯图尔特把他的双脚放在装置里边，由遥控操作系统的操作者罗恩·麦克奈尔（Ron McNair）推动着他围绕着有效载荷舱移动。这个过程可以用来评估航天员进行出舱活动时，遥控操作系统的支持能力。足部约束装置已经在以前的出舱活动中进行过评估，在双子星座号飞船飞行期间，已经证实，航天员在零重力环境下进行工作时，足部约束装置是他们保持稳定的必要手段之一。使用安装在遥控操作系统上的足部约束装置的不同之处在于，操作者可以在舱尾飞行甲板上控制遥控操作系统，把出舱活动的航天员移动到有效载荷舱的任何一个位置上，可以为航天员提供一个更大的出舱活动的操作空间，而静止不动的足部约束装置就不可能具备这种功能。出舱活动的航天员还评估了为 Solar Max 任务特制的工具的使用性能，以便确定它们在真空和零重力环境的条件下，都能适合于航天员的操作。在进行第 2 次出舱活动时，航天员将通过载人机动单元的飞行，试验耳轴钉连接装置与缓慢旋转着的、连接在遥控操作系统末端的航天飞机托盘式卫星的对接功能；但这个设想，由于遥控操作系统上的电路故障而未能进行，同时演示试验也只能局限于静态安装在航天飞机有效载荷舱上的不能旋转的航天飞机托盘式卫星上。在这次飞行中，航天员几次完成了把耳轴钉连接装置连接到耳轴钉上的操作过程。

这次飞行完成了航天飞机向卫星重新注入燃料系统的评估工作，实际上并不是Solar Max需要重新注入燃料，而是另外一颗有麻烦的卫星(Landsat 4)需要进行这项工作。Landsat 4的通信系统出现了问题，系统的一部分已经失效。卫星所在的轨道高度对于航天飞机来讲太高，无法直接到达，卫星可以被地面控制人员移动到较低高度的轨道上，但这样做会减少卫星上的推进剂数量。如果修复工作可以进行的话，那么就必须完成对卫星重新注入燃料的工作。对在轨道燃料重新注入系统进行评估的时候，航天员成功地使用阀门和泵传送氟利昂红色染料。在确定进行Landsat 4的修复和重新注入燃料的飞行之前，在后面的飞行中，还要努力完成肼推进剂的传送工作。飞行中最后一项演示工作，能够体现出舱活动中航天员的价值，就是当便携式足部约束装置松开后航天员漂浮在太空中时的营救方法。麦坎德利

图7.9 1984年2月，在进行STS-41B飞行时，首次完成了未系安全索的航天飞机载人机动单元的演示飞行

斯试图降低他的高度，到达有效载荷舱的大梁上，以便能够到装置，但经过努力，他还是没有够到。快速思考后，他要求指令长万斯·布兰德（Vance Brand）移动一下挑战者号航天飞机的位置，以便让他能够到约束装置，这个要求后来被证明很有实际效果。NASA 认为，当载人机动单元出现故障时，可以利用这个方法，来解救被困的航天员。

7.2.3 再创佳绩

仅仅在 2 个月后，STS－41C 任务开始在位于 560 km 高度的轨道上追逐 Solar Max 卫星，这条轨道是迄今为止高度最高的一条轨道。挑战者号航天飞机停留在远离卫星 100 m 的位置上。戈达德航天飞行中心（Goddard Spaceflight Center）已经把 Solar Max 的动力降了下来，消除了卫星大部分的旋转速度，但它仍在缓慢转动。乔治·纳尔逊用载人机动单元飞行装置靠近了卫星，为了确保太阳能电池板不会撞击到他的头盔，纳尔逊慢慢地接近位于耳轴钉上方的耳轴钉连接装置。由于密封舱的存在，他无法控制耳轴钉连接装置，在第 2 次努力失败后，纳尔逊只能向回撤离，在这个过程中，他下意识地抓住了一块太阳能电池板的顶端，希望能停止它的转动。然而这个动作产生的后果却是，卫星由原来的绕轴旋转变成了俯仰旋转，这可能会导致卫星损毁。因为失去了太阳定向锁定，蓄电池的电能很快就会耗尽。而此时纳尔逊唯一可以做的就是返回航天飞机，与此同时，地面控制人员将试图确定出用什么样的办法才能捕获到卫星。由于纳尔逊所用的飞行装置里的氮气越来越少，他只得返回了航天飞机，为自己没能成功捕获卫星而感到垂头丧气。这个事件对公众产生了不利的影响，媒体迅速抓住航天员的失利，认为他们没有能力完成航天飞机出舱活动应达到的主要目标：完成回收和重新修复有效载荷的任务。但这仅仅是人类历史上进行的第 4 次航天飞机的出舱活动（STS－6 飞行进行了 1 次，STS－41B 飞行进行了 2 次），即使在以前的出舱活动中，航天员也没有进行过类似的操作。况且，这次飞行是第 2 次在出舱活动中使用载人机动单元，人们期待每次飞行都要取得成功的愿望，实在是太过于乐观了。幸运的是，在航天飞机上的航天员进行睡眠休息的整个晚上，戈达德航天飞行中心的地面控制人员一直在试图让 Solar Max 重新获取正确的定向。2 天后，当卫星进入更加稳定的状态后，航天员再次进行了努力，但这次改为使用遥控操作系统。航天员在操作中分外小心谨慎，以防止卫星残留的运动会使遥控操作系统受阻。不过特里·哈特（Terry Hart）发现，他把卫星从轨道上捕获，降低后放入有效载荷舱，与把它送入 U 形的飞行支持站的操作相比要容易一些。这个支持站安装在一个倾斜的平台上，平台可以转动和倾斜，为正在工作的航天员提供了便利。与航天飞机连接的脐带供应动力，卫星现在已经做好了让航天员在进行第 2 次出舱活动时对它进行修复的各种准备。

多任务模块化航天器的设计特点是有一台支持车，由 3 个 1 m 见方、呈 120°角极向分布的盒子组成，它的倾斜平台可以转动，让它面向航

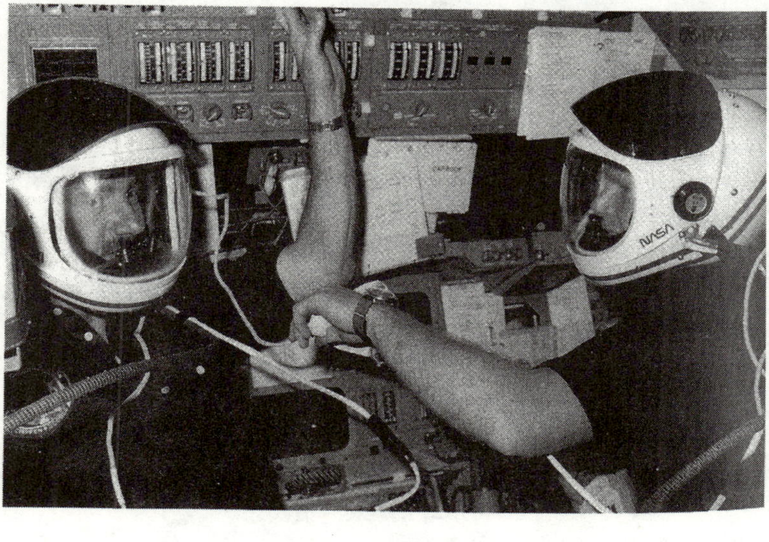

图 7.10　出舱活动前进行的预呼吸过程（摄于 1984 年）

天员,减少航天员的工作量。松开一排螺栓后,盒子就可以完全取下,还可以更换为新的单元。航天员使用遥控操作系统,在 1 小时内更换了 227 kg重的姿态控制装置和电子装置,比预定完成任务所需的时间短。有了充足的时间,又重新获取了信心,航天员随后准备对飞行一开始就始终没有正常运行的日冕仪进行修复。这个单元在初始设计中,没有考虑要在轨道上进行更换,而它现在需要的是进行修理,而不是互换,要想接近它将是一个十分艰难的过程。

图 7.11　STS –41C 飞行时,乔治 · 纳尔逊试图用手停止 Solar Max 的旋转并捕获它

正是这次操作，建立了一项非正常程序的先例，突出强调了未来航天飞机出舱活动技术服务的重要性。第一个要解决的问题就是如何才能接近实验对象。用改进后的剪子，剪开一层层的热防护层后，航天员用吸附带把剪下来的热防护层移走。拆除6个小螺母是另一个难题，尤其是在每个航天员都戴着加压后的航天服手套使用扳手的情况下；而且每一个螺母必须回收，以防它漂回航天器内部，而诱发其他潜在的问题。必须完成的还有一项工作，就是拆除仪器控制装置周围的22个螺母，并重新连接上11条线路。重新使用拆下来的螺母是不现实的，所以要用吸附带把它们拿走，并密封住工作区域。随后，航天员更换了绝缘材料，把它们铺在工作区域上并进行了固定。当卫星处于运行模式时，这片工作区域不处在面向太阳的位置，所以不必担心在对防热层进行相关工作后会降低仪器的性能，或者在没有使用螺母进行单元紧固时，会产生防热性能的变化。

拆卸下来的零部件将被送回地面，分析它们在卫星制造中的使用价值，即费效比。从逻辑上讲，如果航天器上的某些零件出现功能下降，那么就可以通过航天飞机飞行对这些零件进行更换。可以安排航天飞机对卫星进行非经常性的维护、更换和升级，延长一些卫星的使用寿命，而不是重新发射卫星，这样可以提高费效比。另一方面，一旦发现卫星上的零部件出现性能降低，要想延长卫星的使用寿命，就只能选择对零部件进行升级或者是全部更换，这需要进行更加精确的安排和计划。Solar Max在轨道中已经运行了4年，作为计划中的一部分工作，航天员对它的热防护层以及返回地球时要使用的铝质结构进行了修复。当航天员在有效载荷舱进行工作的时候，他们对所使用工具的设计和使用效果大加赞赏，在使用这些工具过程中始终未出现任何问题。

但是能否就认定此次出舱活动完全成功了呢？第2天，也就是4

月 12 日，航天员重新部署了 Solar Max，它将继续留在轨道上完成观测计划。Solar Max 再次成为在轨道上能够全面运行的卫星，它能够调整自身的方向，日冕仪的运行效果比人们预期的还要好。2 个星期后，卫星记录下了自 1978 年以来发生的最大的一次太阳耀斑的产生过程；而具有讽刺意义的是，正是由于太阳系活动急剧增加，使包括 Solar Max 在内的卫星位于大气层内的轨道发生了衰退。在 1990 年 STS－32 飞行期间，曾试图通过重新注入燃料，让卫星获取额外的动力，上升到更高的轨道；但这种设想没有付诸实施，Solar Max 最终在 1989 年 12 月，在再入大气层时出现解体而终止了飞行。

通过所有的出舱活动，航天员可以评估他们所使用的设备及操作程序，并对有关系统的改进提出建议。在 STS－41B 飞行中，安全系索的张力几乎是收缩旋转轴所需要的张力的 2 倍。对于航天员来讲，这种状态下的操作让他们感到既心烦意乱，又疲惫不堪，这说明系索的张力必须要降低。为出舱活动设计的设备，应具有足够大的体量，确保航天员在戴着太空手套与它们接触时，不至于太困难。有效载荷舱的灯光对于夜间操作来讲，已经足够使用了，但工作点上的灯光还需要进一步加强。安装在出舱活动单元上的灯光设施工作得很好。航天员在报告中提到，带动力的工具“表现得极好，应该成为航天飞机出舱活动和舱内活动标准成套工具的一部分”。另一方面，为航天飞机应急状况而准备的灰色带子根本不起作用，航天员建议应该用在 Solar Max 上使用的三层聚酰亚胺薄膜带子来替代。航天员还建议将来可以使用普通的约束装置。过去常常用来固定可移动的、有 3 个支架的足部约束装置的腕部系索，在每次调整约束装置的时候，都必须先将它摘下来，说明这项措施既浪费时间，又十分烦琐。足部约束装置的控制器工作得很好，在 Solar Max 上完成更换任务时，为航天员提供了很大的帮助。要移动大质量（226.8 kg）的物品而不出现任何问题，就一定要保持较低的移动速度。航天员报告说："只要有足够的扶手，就可以处理更大质量的物品。"出舱活动中使用的剪子，有加长的钝边，对于撕裂和切割带子的操作来讲，并不十分理想。在物体表面被切开前，必须把它们插到捆得很紧的物体中，这时航天员必须格外小心，防止出现意外损伤[9]。

7.2.4　轨道服务站

1984 年 10 月进行的 STS－41G 飞行任务，准备演示燃料再注入系统对有毒的肼燃料的转移过程，同时对安装在有效载荷舱上备用的储藏库和装配工具箱进行评估。由于航天飞机上的科学试验物资，即 10.7 m×2.1 m 的航天飞机图像雷达 B 天线，不得不被放置在有效载荷舱尾部的飞行任务特殊设备支持结构（Mission Peculiar Equipment Support Structure，MPESS）处。出舱活动使航天员获得了更多的向轨道上的卫星可能重新加注燃料，以及在满载的有效载荷舱里进行操作评估的经验。NASA 指出，将在有效载荷舱里安装 1 台重 2 268 kg 的容器，使用的是标准的挂钩设备，在向诸如 Landsat 卫星和康普顿 γ 射线观测仪重新加注燃料的时候使用。出于对航天员安全方面的考虑，在出舱活动完成后，从尾部飞行甲板处发出了经 Landsat 4 卫星许可的、转送燃料的指令，转送燃料演示验证取得了成功。然而，由于此时的卫星正处于极地轨道上，这次必须在 1987 年完成发射的飞行，不得不从位于加利福尼亚的范登伯格空军基地发射升空；但由于受到 1986 年挑战者号航天飞机失事的影响，所有从范登伯格空军基地发射的飞行任务都被取消了，后来虽然恢复了飞行计划，却又被迫推迟，对 Landsat 4 卫星进行重新加注燃料试验的可能性也就不存在了。

这次出舱活动为出舱活动程序和设备的评估提供了机会，这些设备是为在今后的飞行中，进行更大胆的出舱活动而准备的。航天员戴夫·莱斯特马(Dave Leestma)建议,更加实用的做法是把所有的工具放在出舱活动工作地点的外部,或把它们放在储藏物资的装配区里,而不是把它们从气闸舱中运出,于是1台35 mm的照相机、闪光灯和液晶显示评估箱被系在进入气闸舱的戴夫·莱斯特马的手腕上。鉴于有效载荷的具体配置,两根系索都是沿着左舷滑索进行部署的,尽管这种排布方式没有产生什么不恰当的问题,但仍然需要两名航天员(莱斯特马和凯思琳·沙利文)在操作中要格外的小心,以避免系索之间的交叉和缠绕。航天员还发现,系索收拢时张力太大,使航天员在操作中备感疲惫和心烦意乱,于是他们要求在今后的出舱活动时,一定要减小系索的张力。

航天员发现,液晶显示评估箱在明亮的太阳光和阴影下,都是可读的,但在黑色阴影中及夜间使用时,需要有背景灯光。当出舱活动时间延长时,背景灯光能帮助航天员看清消耗品上所标明的数据。对储藏物资的装配区的评估表明,门闩的固定带很容易就能解开,再想系上却十分困难,结果就只能让它处于打开状态。航天员建议,用一个具有锁定功能的、与收拢轴系索箱相似的拉襻来替代门闩,不仅能保证门的安全,还能使安全固定装置标准化,而不是不同的储藏设备使用不同的固定装置。航天员发现箱子中的工具就很容易被固定住。

使用一组7件套独特的工具,打开在轨燃料加注系统的手动加注阀门,为航天员的安全提供了额外的保护,并控制"卫星"接收的燃料总量。一旦连接好,燃料输送单元和阀门就进入准备加注状态,为加注提供一个标准的接口。航天员只需连接燃料管道,所有其他工作都按计划进行,直至解开足部约束装置与水下再现训练过程完全一致。曾经有人提议,应该发明一种足部约束装置的安全装置,确保足部约束装置保持在所要求的位置上,在出舱活动期间,航天员正进行工作的时候,不会出现松动。人们发现,在轨道燃料加注系统工作期间,安全系索一直保持着明显的张力。有一次，系索把莱斯特马拽向滑索的速度太快，使他一下子失去了对系索的控制，这种情况的出现，再次向人们强调，需要降低系索的张力。

在结束出舱活动之前，航天员人工收起了在飞行任务的早期就已经出现问题的 Ku－波段天线，并向地面报告说，操作（一次应急状态的出舱活动）顺利完成。航天员从遥控操作系统末端关闭了航天飞机图像雷达 B 天线。航天员目视检查了天线，发现在外部和内部叶片之间的绝缘层已经被挤压在一起了，这也许就是导致闩锁产生问题的原因。航天员先用探入式肼蒸气探测器确定没有出现肼泄漏，然后再用出舱活动单元将它们带回到乘员分隔舱[10]。

7.2.5　营救与修复

1984 年 2 月，在 STS－41B 任务期间，有两颗卫星被成功地部署；但这两颗卫星辅助舱的固体火箭发动机都未能正常工作，计划应该工作 83 秒，而实际只工作了 10 秒。卫星按照计划被弹射了出去，但由于发动机工作不充分，卫星被困在了无法发挥作用但还可以接近的轨道上。结果，STS－51A 作为营救性的飞行，被指定从低轨道上回收被困的卫星。两颗卫星的型号是相同的（HS－376），于是，为这两颗卫星专门设计了一套通用的工具和捕获装置。当卫星从航天飞机上被释放出去以后，人们就没有想着要再次见到它们，在它们的原始设计中，并没有考虑营救和捕获的功能，因此，需要重新研制开发出一种新的装置。用载人机动单元向卫星进行转移的时候，安装在载人机动单元前部的远地点辅助发动机上的捕获装置（被称做“刺头”，因为它的外形与昆虫的刺相类似），将捕获住卫星，把它送到靠近遥控操作系统所在的地方。一种 A 型构架将用来把它们锁在有效载荷舱里，然后送回地球进行重新修理，并有可能再次发射。

图 7.12　在 STS－51A 飞行任务期间，用载人机动单元和“刺头”捕获失效的通信卫星

1985 年 4 月，美国海军的 Leasat/Syncom 通信卫星被送入轨道，但从航天飞机上释放出去之后不久，它的运行就出现了异常。这次，美国进行了第一次计划外的出舱活动，试图重新让卫星恢复功能，但不幸的是，航天员和地面控制人员的努力被证明都是无效的。于是决定在下一年安排一次修理卫星的飞行，在 1985 年 8 月进行STS－51I飞行时成功实施了这项计划。在出现了大量卫星部署的困难以后，航天员对 Leasat 3 卫星的修复成功，再次展现了航天飞机出舱活动操作的灵活性和在太空项目中的使用潜力。

1991 年，STS－37 任务的航天员帮助具体实施了康普顿 γ 射线观测仪的部署，1 年后，他们首次开展了三人参与的出舱活动，并成功地捕获和部署了 1 颗被困的 Intelsat 卫星。这是国际空间站时代到来之前为回收和修复卫星所做的最后一次出舱活动，他们代表了出舱活动服务技术未来进一步发展的方向。从这些飞行任务中得到的技能和教训将在下文中分述。

7.2.5.1　STS－51A

"刺头"发挥了设计功效，通过把这个装置插入卫星的远地点发动机，成功地捕获了卫星，并通过合拢环状锚，把航天员与卫星"对接"在一起。载人机动单元消除了旋转速度，随后航天员慢慢地移动靠近遥控操作系统，通过固定在"刺头"一边的锚来捕获卫星。在与卫星保持接触的时候，其他航天员把一个托架安装在卫星的上端，然后载人机动单元驾驶员通过俯仰，在以前已经安装好的固定锚结构上重新确定遥控操作系统的位置。随后由载人机动单元的驾驶员进行最后一步的分离操作，并用遥控操作系统把卫星降低，送入有效载荷舱内。然而，由于托架上一般常用的夹子的尺寸，与卫星上固定环的大小有些出入，托架并没有发挥出设计功效。这再一次表明，文件中的详细设计说明书并没有预想的那样准确。人们发现，波导延伸装置阻碍了托架固定装置的使用，使它不能固定锁在卫星的顶端。于是，几个星期前刚刚设计出来的一个备用方案投入了使用。代替使用托架捕获锚，遥控操作系统继续使用"刺头"捕获器，同时载人机动单元驾驶员不用机动单元，而是用便携式足部约束装置向前行进，抓住了仍然处于收拢状态的主天线。遥控操作系统然后被释放，第2名航天员安装了一个喷管护套和一个A型结构的底座。两名航天员同时把卫星推向有效载荷舱，把A型架安装在有效载荷舱的甲板上。第1次的出舱活动，乔·艾伦利用载人机动单元去捕获Palapa，同时戴尔·加德纳(Dale Gardner)仍然留在有效载荷舱内；第2次进行出舱活动时，航天员颠倒了执行任务的顺序，采取了直接捕抓的过程，而不是试图先抓住托架，于是把卫星装进有效载荷舱的过程就变得更加平缓了。为了让有效载荷舱的舱门得以关闭，锯掉了所有卫星顶端的天线。回收后，两颗卫星都被送回了地球，进行了重新修理，出售后又以新的名字进行了重新发射。从这次任务中可以总结出以下几点建议。

1）应该设计出气闸舱中保护装置的合理使用方法。由于储藏的备用物资有限，航天员在需要的时候，不得不借助于胶带、绳索和捆扎物。

2）液晶显示器必须进行改进，以便能在太阳光直射下阅读。在两次出舱活动期间，加纳德带的出舱活动手套都遇到了很大的麻烦，扭矩扳手突出的硬柄，使手套失去了作用价值。航天员建议在将来的工具上不要再安装类似的硬柄。

3）单手的系索挂钩应该改进一下，使航天员在使用系索的时候，可以让一只手自由活动。在早期的出舱活动中，航天员经历了过大的系索张力，这种现象直到 STS－51A 时才得到改变。航天员还建议，应该改进安全系索的收拢轴。

4）在预定出舱活动计划中，应该增加可以额外使用的系索的数量，“刺头”和 A 型结构也应该得到改进（尽管它们再也没有出现在后来的飞行中）。

5）在所有出舱活动要使用的助力机械中，应该配备加长手柄。

航天员总结指出，对于穿着航天服进行出舱活动的航天员来说，要想站稳或缓慢移动，相对来说是比较容易的，只要有足够的约束装置，同时在第 2 名航天员的引导下，控制高达 3 m、重 900 kg 的物体也是相对容易的事情。航天员发现，在零重力环境下，处理大一些的物体比处理小一些的物体还要容易一些。即使是表面根本就没有合适的扶手的 HS－376卫星，由于它较大、着力点较多，也使人轻而易举就能抓住它，所以移动起来也就比较容易了；航天飞机上小型游动推力器的点火，或者是遥控操作系统的移动，不会影响航天员对卫星的捕获。与只有 1 名航天员来捕获、引导卫星相比,由2名航天员协同操作会更容易一些,他们可以一手移动卫星归位,而另一只手抓住支撑结构,保持稳定。

整个STS－51A的操作过程显示,它无论从体力上还是精神上,都使全体5名航天员感到精疲力竭。指令长和飞行工程师(MS2)都参与了与卫星的交会,通过保持工作站的稳定、操作遥控操作系统和摄取图片,来协助出舱活动的顺利进行;同时,航天飞机驾驶员也通过指引和监控出舱活动航天员的活动来支持他们。出舱活动需要3小时的时间来完成准备工作,随后要连续进行10小时的不间断工作,没有休息和进食的时间。参与出舱活动的航天员都备感疲惫,而留在航天飞机上的航天员,必须紧盯着亮度很大的有效载荷舱,忍受着眼睛的疲劳和长时间的头痛。航天员建议,这样的活动不应该在飞行日的第4天之前进行,应该让航天员有足够的时间来适应航天飞行,进行休息。他们还建议应该按照表7.2中出舱活动和飞行工作日的关系来安排有关工作。

表7.2　出舱活动与飞行工作日关系对照表

飞行工作日	出舱活动类型
第1天或第2天	仅仅进行应急状况下的出舱活动
第3天	简单的、短时间的、计划中的出舱活动的最早工作日
第4天	复杂的、计划中的出舱活动的最早工作日
第5天	复杂的、计划中的出舱活动的最佳工作日

航天员还建议,在两次出舱活动之间,绝对需要有1天的时间用于休息,这次休息应该是强制性的。对于复杂的出舱活动来说,最佳参与人数为6人,一旦航天器出现问题时,多余的人手可以为解决问题提供帮助,他们还可以帮助记录文件,在需要的时候帮助实施舱内的操作。舱内航天员的作用也是必不可少的,在STS－51A飞行中,舱内活动的航天员戴夫·沃克(Dave Walker),同时也是驾驶员,在执行

驾驶操作和出舱活动的训练之间,就曾经出现了冲突。把舱内活动航天员和出舱活动航天员的人员、设备和任务结合在一起,极有可能增加出舱活动的复杂性。曾经计划让 STS－51A 的驾驶员,作为与卫星交会时和出舱活动操作时的后备指令长/飞行工程师(MS2),但当驾驶员投入到出舱活动的时候,他根本不可能有能力完成这些任务。交叉训练可以使航天员受益,作为飞行工程师(MS2)/遥控操作系统主操作员,安娜·费希尔(Anna Fisher)和驾驶员一起接受了出舱活动和载人机动单元的训练。在出舱活动期间,进行出舱活动的航天员通过舱内活动的航天员,才能与飞行控制中心之间进行通信联系,这样做的结果往往会妨碍其他航天员之间同时进行通信联系[11]。

7.2.5.2　STS－51D

STS－51D 的航天员与操作程序没有正常启动的 Syncom 卫星进行了交会,当时,航天员认为,他们将进行某种形式的出舱活动,毕竟人工操作的灵巧性大,比使用机械臂要敏捷得多。但航天员很快接到指示,地面控制人员要求他们用柔软的塑料文件封面制作出一个类似“苍蝇拍”一样的装置,上面带有裂缝,可以让遥控操作系统抓住卫星上人们认为已经出现了故障的开关。还准备了一个很像是长曲棍球球棒的装置,作为激活卫星的备用设备。航天员向地面报告,地面给予的指示,使用效果很好,使用骨锯、刀子和黏性胶带制作该装置的过程,没有出现真正的困难。由于这是第一次进行事先没有计划的出舱活动,所以地面与航天飞机上的通信联系就显得非常重要,用它可以对出舱活动的每一个细节进行回顾和分析,理解活动所需要的各种条件,并评价最后活动产生的结果是否与计划相符。航天员也向地面控制中心建议,依靠他们自己在为出舱活动准备过程中得到的几个小时的应急出舱活动的训练经验来进行工作,尽管他们还没有经历过正式的出舱活动训练。

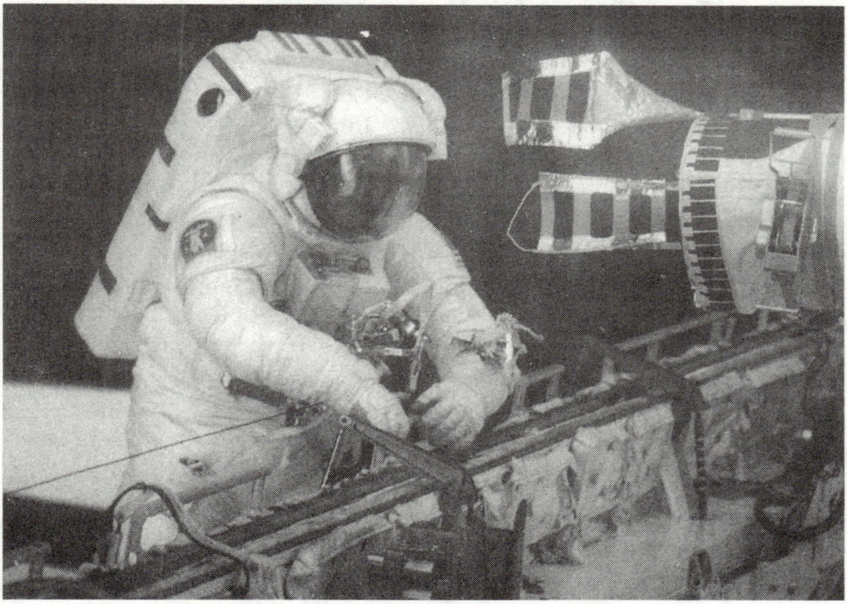

图7.13　在STS－51D飞行期间，一个“苍绳拍”装置被安装在遥控操作系统上

高度舱的正常运行和应急状况出舱活动的训练，帮助这些还没有经历过出舱活动的航天员建立起了信心。尽管由于在水槽模拟出舱活动与实际发生的情况有些不同和出入，产生了“陀螺旋转”效应，但走出舱后，航天员还是感到非常舒适。然而，他们仍然建议，在储藏区回收工具时，应该增加附加的固定装置。在连接“苍蝇拍”和“曲棍球棒”的时候，参与出舱活动的航天员杰夫·霍夫曼(Jeff Hoffman)和戴夫·格里格斯(Dave Griggs)报告了与飞行控制的地面支持航天员杰里·罗斯(Jerry Ross)进行实时通信联系的作用，当时杰里·罗斯正在评估为了保证装置安全而捆绑在遥控操作系统上的带子。霍夫曼注意到，他的头盔几次碰到了“苍蝇拍”，他认为，如果航天员事先在水中进行了模拟训练，他们还能更清楚地知道如何在出舱活动中进行障碍清除。

他的视线由于头盔和监视出舱活动的地面支持航天员杰里·罗斯呼叫的影响，而受到了限制。可以让舱内活动航天员和飞行控制中心人员同时观察到出舱活动航天员的行动，这种团队行为为出舱活动提供了更多的安全保障，在需要的时候，出舱活动的航天员也可以有更多的其他帮助的形式作为选择。已经证明，这样做对出舱活动的实施很有意义。然而，航天员再次提出了在一些设备上设计安装咬合锁的建议。在以前的飞行中对此有些关注，但还没有正式进行相应的修改设计[12]。

7.2.5.3 STS-51 I

在对 Syncom IV/Leasat 卫星进行修复飞行任务的初期阶段，遥控操作系统出现过保险丝被烧毁的事故。由于没有计算机的帮助，限制了机械臂的移动，一次只能到达一个连接部位，这样只得安排进行 2 次而不是 1 次出舱修复操作。过去曾经经历过修改出舱活动计划的事件，在出舱活动期间由具有丰富的出舱活动经验的航天员担任地面支持航天员（STS-41C 任务的航天员乔治·纳尔逊被指定为这次出舱活动的地面支持航天员），以及对航天员使用航天飞机上的支持设备和程序完成出舱活动的信心，所有这些因素都使曾经参加过 Solar Max 修复工作的范·霍芬（Van Hoften），在第一次尝试出舱活动的时候，就成功地用一根经过特殊设计的捕获棒，把两个地面加工时使用的座套之间的间隙连接起来，然后，用手抓住了正在进行下一个周期慢速旋转的卫星。紧接着，把第二根捕获棒连接到卫星上，同时，第一根捕获棒已经被一个遥控操作系统抓捕固定装置替代了，这样可以由机器人的机械臂抓住卫星，把航天员们解脱出来，以便他们可以完成对卫星的修复工作。在进行出舱活动的某些环节时，航天员报告说，像以前飞行中的航天员一样，他们也感觉到了寒冷。由于航天员长时间地站在足部约束装置里，手握物件长达几分钟的时间，所以他们的上肢和下肢此时都无法自由运动,结果航天员们的体温下降得很快。根据这种情况,有关方面很快就制订了新的计划,准备在将来进行出舱活动时,对航天员使用的手套、靴子和航天服的四肢进行热特性方面的研究。当航天员在出现故障的开关周围安装一个旁路电子设备的时候,一些诸如保证卫星的安全、使用特制工具和安装短接插头的操作进展得都很顺利。航天员向地面控制中心报告说,卫星上的电池并没有像人们担心的那样出现结冰现象,全向天线已经展开,表明卫星仍然保持着继续运行的能力,于是航天员把卫星放置在遥控操作系统上,让它在安全模式中度过那一夜。第二天,航天员对卫星的发动机喷管进行了检查,它"看上去很干净"。在给旋转旁路施加动力后,正如人们所期待的那样,装置上的灯开始亮了起来,表明旁路系统具有正常的功能。随后捕获棒被撤了下来,范·霍芬把卫星重新部署到轨道当中,他用遥控操作系统抓住一根捕获棒,人工把卫星旋转起来,达到3 r/min的速度。航天员向地面报告,卫星上的太阳能电池没有遭到损坏,他们还从"苍蝇拍"上取下了一片黏性的胶带。由于直径为4.3 m的卫星体积庞大,隔着卫星,航天员们彼此之间无法看见,这给他们努力控制卫星的状态带来了一些困难;但他们仍然成功地捕获、修复和部署了卫星,这颗卫星在以后几个月的时间里,慢慢地进入了地球同步静止转移轨道。在不到14个月的时间里,航天飞机的航天员已经与4颗走入歧途的卫星实施了交会,通过出舱活动重新恢复了它们的功能。人们对未来出舱活动成功的信心空前高涨。

7.2.5.4　STS-37和STS-49

1986年挑战者号航天飞机的失事,对航天飞机项目,甚至对美国载人航天飞行项目都产生了灾难性的影响。在对事故进行全方位调查期间,航天飞机被暂时停止飞行,乘员组被解散,飞行任务也被取消。为增加安全性能，规定未来的出舱活动局限在有效载荷舱内进行，用系索加以保护，载人机动单元也被停止使用；在航天飞机没有恢复全面飞行之前，不会再进行大胆的出舱营救活动。将要有6年的时间，航天飞机上的航天员不能离开气闸舱，进入太空。

在1991年4月进行的STS－37飞行，对康普顿γ射线观测仪进行部署后，它的天线一直处在收拢位置上。按照已经制订好的计划，航天员将对空间站所使用的工具和操作程序进行评估。于是有关方面决定利用这次机会，临时进行一次计划外的出舱活动，试图人工展开天线。这项操作不需要特制的工具和设备，只要航天员手带航天手套，在天线上找到恰当的位置，用手晃动天线，就能把它打开。杰里·罗斯用一只手抓住了观测仪的飞行支撑结构，用另一只手晃动天线的基座。两名航天员同时安装好了一架足部约束装置，然后取下了观测仪上的一个固定销，便把天线拉了出来。这个过程他们在应急出舱的水下失重模拟训练中，已经实践过，这次操作证明这种训练是很有用的。虽然航天员都抱怨说，在黑暗中要找到卫星上的扶手很困难。出舱活动结束的时候，气闸舱中的两名航天员仍然穿着出舱活动的航天服，以防在部署卫星的时候出现新的问题，他们好随时提供支持。幸运的是，他们的预防措施并没有派上用场，当卫星从航天飞机旁漂走的时候，航天员在舱门边，一直目送着它消失在太空中。

在国际空间站时代到来前的最后一次商用卫星的回收和修复飞行任务，是在1992年5月进行的，这颗商用卫星，自1990年3月以来，就一直被困在低地球轨道上。当初在发射卫星的时候，由于有效载荷的部署系统出现了故障，卫星没有被正常地释放出去。为了营救卫星，地面控制人员下达指令，将其与近地点发动机分离，只让卫星使用自身的小型推进器进入低地球轨道，为航天飞机航天员实施营救活动提供机会。虽然制订挽救 Intelsat VI 卫星计划的时间很充足，但细化、完善这个营救及出舱活动计划，却整整用了2年的时间。有关方面根据种种迹象认为，要在Intelsat卫星上安装一台新的辅助发动机，才能使它有足够的动力进入运行轨道，但用来进行营救工作的航天飞机有效载荷舱，必须要用足够大的空间来放置及维修5.2 m×3.2 m大的卫星。在正式操作之前，航天员还必须有一定的时间，进行相关的训练。新航天飞机轨道器的首次飞行是STS－49任务，已经安排了为国际空间站的出舱活动提供技术发展支持的出舱活动任务。这次飞行采用了一个新创意，在遥控操作系统末端，由一名航天员手持捕获棒，把它连接在卫星下部的支撑环上。还要安装一个遥控操作系统抓捕固定装置，这样才能把卫星移到位于有效载荷舱新发动机所在的位置上，再利用发动机上的一个接头和捕获棒把卫星和发动机连接在一起。这个过程看上去简单易懂，但正如在以前飞行中所演示的那样，这类出舱活动实际操作起来，并不简单。

Intelsat卫星正在做缓慢的旋转，转速为0.5 r/min，没有超出水下失重模拟试验的参数范围，允许手持捕获棒进行操作。航天员第一次尝试时，由于缺少力量，没有打开捕获棒的插销，它没有抓到任何东西。第二次的尝试取得了令人欣喜的成功，但当位于机械臂末端的皮埃尔·图奥特（Pierre Thuot）试图抓住捕获棒降低卫星转速的时候，卫星突然滑脱了，作用力还使本来旋转着的卫星出现了锥形运动。在随后3个小时的时间里，图奥特一直重复尝试把捕获棒连接到卫星上，但都没有成功。这次行动再次表明，轨道上进行的活动不会完全重复在地面上进行训练时的模拟状况。另外，由于遥控操作系统放置的位置不是很理想，使它的驱动连接无法提供支持，所以几次停止了移动。显然，卫星上的液体推进剂正在影响着卫星的稳定，而且每当航天员松开手后，卫星就会晃动。图奥特必须牢牢地抓住卫星，直到它里面的液体停止晃动，然后极其小心地进行操作，以免给卫星施加上新的动力，再次让它出现不应有的运动，才能对卫星实施营救。尽管水下再现训练设施较好地模拟了捕获的基本操作和出舱活动进程，但无法真实再现飞行器里液体的动态特性。第二天，图奥特和理查德·希贝(Richard Hieb)再次走出机舱进行了尝试。此时，Intelsat卫星的地面控制人员已经降低了卫星的运动，但即使是遥控操作系统上的图奥特小心翼翼地确定位置，尽量轻柔地操作捕获棒，捕获棒还是无法按照

图7.14　在STS-49飞行任务中，首次进行了由3名航天员参加的捕获Intelsat卫星的出舱活动

设计中的那样，连接到卫星上。5次尝试都没有获得成功，航天员再次放弃了修复任务。此时，的确应该对整个操作过程好好进行一下反思了。

地面支持团队开始研究问题所在。显然，捕获棒是无法发挥作用了，于是无论是地面上的工作人员还是轨道上的航天员，都想到了一个新的主意。利用已安装的出舱装配实验站(Assembly of Station by EVA Methods,ASEM)设备上的支柱，可以在位于有效载荷舱中央的飞行任务特殊设备支持结构顶部，组装一个三角形结构，使用连接在飞行任务特殊设备支持结构、遥控操作系统和右舷上的足部约束装置，可以允许3名而不是2名航天员进行出舱活动。奋进号航天飞机将移到卫星的下方，这样3名航天员的双手可以同时向上抓住卫星。但这个过程也存在一些问题。如：该如何替换带有遥控操作系统捕捉器的捕获棒，才能允许卫星降落到有效载荷舱中？两名航天员能否手工保证卫星安全，并对其进行营救和维修，还是需要第三名航天员给予帮助？为了完成好出舱活动，航天飞机上是否需要第三名航天员帮助供应补给，气闸舱能否支持这样的操作？

鉴于航天飞机上有一套备用的出舱活动单元，于是机上的航天员都竭力建议进行三人参加的出舱活动。由于事先已经安排好汤姆·埃克斯(Tom Akers)和凯西·桑顿(Kathy Thornton)完成空间站出舱装配的演示活动，于是决定由埃克斯随同图奥特和希贝出舱进行最后一次捕捉Intelsat卫星的尝试。奋进号上有足够的推进剂允许航天员再做一次尝试，但在正式下达操作指令之前，将在位于休斯敦的水下再现训练设施上先进行有关技术的验证试验。这个评估过程由理查德·克利福德(Richard Clifford)、斯托里·马斯格雷夫(Story Musgrave)和詹姆斯·沃斯(James Voss)完成，他们将模拟航天飞机气闸舱里的三名航天员的状况，以便确定每一位航天员究竟应该处在什么样的位置上才能保证最终能够捕获到卫星。他们认为,尽管三人都进入气闸舱,确实有一些拥挤,但进行三人出舱活动是可行的。最后,这个计划得到了有关方面的批准。

图 7.15　三人出舱活动技术

当埃克斯、图奥特和希贝离开气闸舱,调整好各自的位置准备捕获卫星的时候,开始了世界上首次由三人参加的出舱活动,也是第 100 次出舱活动。图奥特站在遥控操作系统上,希贝让自己位于接近有效载荷舱右侧舱壁的位置处,埃克斯位于出舱装配实验站的顶部,出舱装配实验站则由横跨在有效载荷舱中心的飞行任务特殊设备支持结构支撑着。三名航天员先是都抓住了卫星,然后希贝把捕获棒连接在卫星上,同时另两名航天员努力保持着卫星的稳定。地面试验已经确定,他们在用手接触卫星进行操作的时候,温度不会超出手套的耐温范围(160 ℃)。用遥控操作系统把卫星下降到辅助发动机上方,航天员成功地把发动机单元安装到了卫星上,然后返回了气闸舱。桑顿第三次尝试着把卫星发射回它的轨道,这个过程着实让人们的心跳骤然加剧，心情格外紧张。2天后，辅助发动机点火，终于把卫星送入了预定的地球同步静止轨道。航天飞机上的航天员和NASA团队，再次向世人展示了他们具有战胜出舱活动困难并最终取得成功的能力。这使人们对在10年后将要进行的国际空间站出舱活动增添了无穷的信心。这也是迄今为止航天飞机计划中为商用卫星所进行的最后一次出舱活动。在1984年到1992年期间，航天飞机上的航天员和为他们提供支持的地面团队，通过14次航天员出舱活动，展现出了交会、捕获、修复、回收和重新部署卫星的能力，同时也证明了航天员有能力克服地面试验中没有遇到过的困难，有能力适应程序、工具和设备的使用要求。这些技能一直被应用在1993年至2002年期间进行的哈勃太空望远镜系列服务性飞行任务中。

7.2.5.5 载人机动单元活动

在双子星座9号飞船上，吉恩·塞尔南没能完成对航天员机动单元的评估。天空实验室飞行期间，对机动装置在加压的轨道车间中进行的评估显示，航天员背包装置比脚控装置的使用效率要高得多，在零重力环境下，已经有几名航天员试用了载人机动单元，其中，加里奥特(Garriott)以前没有进行过载人机动单元的训练。1984年在3次飞行中，航天飞机上的载人机动单元充分显示了其在远离航天飞机有效载荷舱进行出舱活动时所能发挥的作用。虽然最后在捕获Solar Max的时候，它没有派上用场，但那是由于耳轴钉连接装置，而不是载人机动单元出现了故障。在STS－51A飞行任务中，捕获2颗通信卫星，并把它们送入有效载荷舱，载人机动单元发挥了关键作用。对载人机动单元的评估工作，是在STS－41C飞行任务期间，由6名航天员完成的，在这次飞行中该单元没有出现任何问题，所消耗的推进剂比预估的低7%。这与STS－41B飞行任务形成了强烈反差，在STS－41B飞

行中，消耗的推进剂几乎超出预定量的50%。人们发现，这主要是由于实际飞行与预定的飞行出现了较大的偏差而引起的，实际飞行中要完成试验所需要的时间比预计的要长，因此往往需要延长飞行时间。由于人们对飞行任务的预测越来越准确，出舱活动中可以使用的推力剂的数量也就越来越多了，这一点在STS－41C的飞行任务中得到了证明。到执行STS－51A飞行任务的时候，对载人机动单元操作的理解使相关的训练程序和驾驶技术都逐步得到了改善。有两种方法可以节省燃料，一种是为了实现从有效载荷舱上转移，采取对有效载荷舱的结构施力的方法；另一种方法是，在启动单元的推力器之前，在轨道上等待太阳升起。这次飞行中，由于采取了与以往不同的驾驶技术，同时试图让太阳远离驾驶员的视线，结果两名驾驶员的载人机动单元上的推进剂都少估计了3%～19%。所有的6名驾驶员都说，使用载人机动单元是飞行中的一种乐趣，在STS－51A飞行任务中，用载人机动单元比用遥控操作系统可以更快、更准确地改变卫星的姿态以及实现对卫星的定位。使用载人机动单元所遇到的问题是它的体积。在有限的空间内，比如说在国际空间站中即将所处的环境里，载人机动单元笨重的体积将会使它在靠近空间站时的操作受到限制。同时，随着1986年挑战者号航天飞机失事，人们也无法期待着它在回收和修复飞行中能发挥更大的作用，并作为一种营救系统或监测系统来使用了。与苏联和平号空间站上的载人机动单元一样，美国的载人机动单元，在经历了几年发展和评估的漫长岁月后，也渐渐变得过时了。无论是在航天飞机上还是在国际空间站进行出舱活动，以及营救被困的航天员时，需要配备的是更加小型化和轻型化的单元。这种需求促成了出舱活动救援简化辅助设备（SAFER）单元的研制和开发。

7.2.5.6 出舱活动意外

在几次出舱活动中，航天员纷纷抱怨手套和靴子热性能方面的问题。当航天员长时间地待在一个地方时,手套和靴子根本起不到保暖的作用,他们感到极度的寒冷。STS－41C飞行任务中,在进行第2次出舱活动的时候,纳尔逊的尿液收集器出现了故障,大量的尿液流入了出舱活动单元中。然而,液体冷却器和具有通风性能的航天服吸收了全部的液体,尿液并没有到达排出口。虽然出舱活动单元中流动的氧气和氢氧化锂/木炭软片去除了衣服中大部分的气味,但在飞行结束后,等待着航天员的将是一个无法令人愉快的清理工作。在感觉到寒冷以后,纳尔逊减少了冷却剂的流量,同时导致了通风效果降低,出

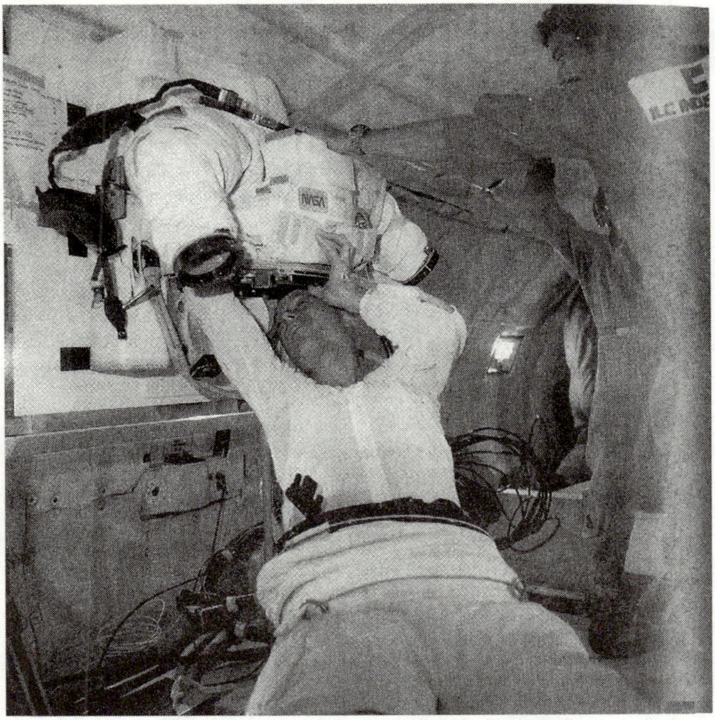

图7.16　对航天飞机上的出舱活动进行重复性的训练,
比如在航天器内进行微重力飞行环境下的出舱活动单元穿入训练,
可以确保航天员在进入轨道后,熟悉操作程序和设备

现冷凝,结果在他的头盔上产生了雾气凝结。在 STS-41G 飞行任务期间,戴夫·莱斯特马在把他的右脚从足部约束装置中抽出来的时候,碰到了一些困难。这是由于叠加后附在靴子后跟上的微流星体热防护罩,被卡在足部约束装置的后跟襻里了。在 STS-51A 飞行任务中,对改进后的靴子后跟进行了评估。戴尔·加德纳的出舱活动手套的掌心在执行任务时,由于工具上的突出物而被磨损了,但并没有影响到它们的完整程度。

7.2.6 小结

从 1983 年到 1992 年,进行了 19 次航天飞机的出舱活动,其中有 14 次是为卫星提供服务的。在哈勃太空望远镜运行期间,太空服务的作用发生了一些变化,但这 14 次出舱活动显然为航天飞机的出舱活动树立了典范。到了 20 世纪 90 年代中期,对在航天飞机上进行预定的、临时的以及应急状况下的出舱活动的限制条件进行了修改,无论哪种类型的出舱活动,都明确地规定了一系列的操作程序以及详细检查清单。

1)预呼吸时快速戴上面罩:为预呼吸和舱内减压戴上面罩。

2)舱内减压:从 14.7 psi(101 kPa)降到 10.2 psi (70.3 kPa)。

3)检查出舱活动单元:在穿上航天服之前,全面检查出舱活动单元系统和零部件。

4)将中甲板及航天服准备到备用待命状态:检查航天员穿着航天服所需要的出舱活动单元、附属零部件及其他出舱活动的设备。

5)穿上航天服:在舱内活动航天员的帮助下,让每一个出舱活动航天员进入航天飞机的出舱活动单元及附属零部件,这个过程大约需要 40 分钟。

6)检查出舱活动单元:在清洗出舱活动单元前,对其进行装配及检查。

7)清洗出舱活动单元:在预呼吸前用氮气对出舱活动单元进行清洗。

8)预呼吸:让航天员适应舱内的低压状态(需要持续 40 ~70 分钟)。

9)准备减压:把气闸舱置于可出舱状态,在对气闸舱进行减压之前,先关闭内部舱门。

10)对气闸舱减压:装配及检查出舱活动单元,对气闸舱减压,打开气闸舱外部舱门。

11)出舱活动:走出气闸舱,按照事先制订的飞行计划或在飞行过程中临时制订的计划,由指定的航天员完成预定的、临时的及应急状况下的出舱活动(最长 8.5 小时),然后航天员再次返回气闸舱,并关闭外部舱门。

12)对气闸舱重新加压:对气闸舱重新加压后,打开气闸舱内部舱门。

13)出舱活动后续工作:关闭出舱活动单元系统,脱掉出舱活动单元和附属零部件。

14)出舱活动单元的保养和重新充电:更换出舱活动单元的锂氢电池或者再充电,为随后要进行的出舱活动作好准备,进行常规清洗,为水系统重新注水。

15)出舱活动后准备再入返回:重新装配和储藏好出舱活动单元以及气闸舱的设备。

尽管对给定的飞行任务没有特殊的规定,但对一般飞行任务所设定的飞行限制条件,同样适用于航天飞机的出舱活动。这些指导性的意见有一定的普适性。

1)预定的出舱活动最长持续时间为 6 小时。

2)所有预定的和临时的出舱活动都需要有 2 名航天员参加。

3)无论是预定的还是临时性的出舱活动,都不能在飞行日的第 1 天进行(MET 长达 24 小时)。

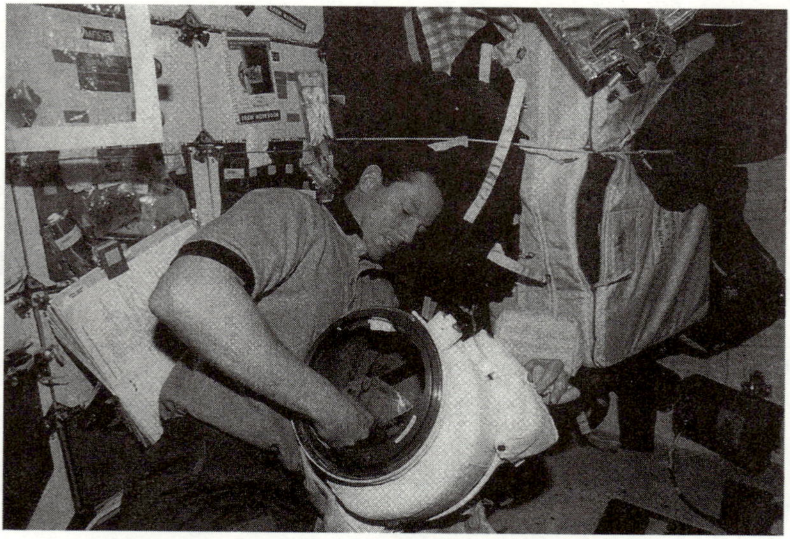

图 7.17　出舱活动之间，对出舱活动单元的头盔进行维护保养

4）预先计划的出舱活动，不会出现在飞行日的第 4 天前（MET 72 小时），除非是这次出舱活动需要特定的飞行条件；或者是有效载荷客户与 NASA 已经事前达成了特定的协议，允许作为例外处理。

5）飞行前就已经设定好的最后一次出舱活动，要在飞行任务结束前 2 天进行（着陆前 48 小时）。

6）计划外的出舱活动，不会安排在飞行日的第 3 天前进行（MET 加上 48 小时），除非某个特定的有效载荷没有其他的选择，为了防止有效载荷损失，只能把出舱活动作为第 3 种冗余，执行紧急部署/运行任务。有效载荷客户应清醒地认识到，由于航天员的状况，总会存在着无法完成有效载荷部署的固有危险，并且有效载荷客户应当承担这一风险。有效载荷客户事先已经与 NASA 达成了协议，有可能需要计划外的出舱活动，并允许适当的例外处理。

7）计划外的有效载荷出舱活动，所需要的准备时间是：一旦发现故障而需要进行出舱活动，以便对发生故障的部件实施维修，需要有大约24个小时的提前量。如果上述情况发生在发射的当天，就需要用44个小时来进行出舱活动的准备工作。如果有效载荷只允许更短的出舱活动准备时间，这时候一定要与NASA达成协议，这种例外的行动要得到批准后才能进行。

8）在飞行任务即将结束的时候，如果有效载荷需要进行计划外的出舱活动，那么可能要延长飞行时间，这就必须有足够的可消耗物资和着陆的机会，才可能实施。至少要有2天的解决危机时间。

9）只要可能，对任何一名出舱活动的航天员来讲，1个飞行日至少分隔成2次出舱活动时间。

10）应急状况下的出舱活动，只要能保证轨道器可以安全返回地面，可实时进行调整。在下列轨道器系统出现故障的情况下，才能考虑应急状况下的出舱活动：天线传动装置、有效载荷舱舱门、舱壁上的门闩、中线门闩、气闸舱舱门、遥控操作系统、舱壁摄像装置、Ku－波段天线及出舱门。

还有几项有关出舱活动操作的指导意见。

1）坚守风险控制底线原则："在皮带断裂之前，完成所有的工作。"

2）绝不要把出舱活动的手套当作锤子使用。

3）出舱活动航天员和设备始终要用系索进行保护。

4）缓慢、谨慎的动作的稳定性，比快速、鲁莽的动作的稳定性要大得多。

5）出舱活动中90%以上的任务是对航天员的身体位置进行定位。

6）每一名出舱活动航天员，都应该自己检查他/她的出舱活动单元和其他出舱活动设备。

从航天飞机出舱活动中获取的经验，强调了以下工作的重要性：训练和模拟实验中使用的模型应与飞行条件相吻合；用水下再现训练设施来完成出舱活动的模拟试验；要有足够的、安全的手、足和身体约

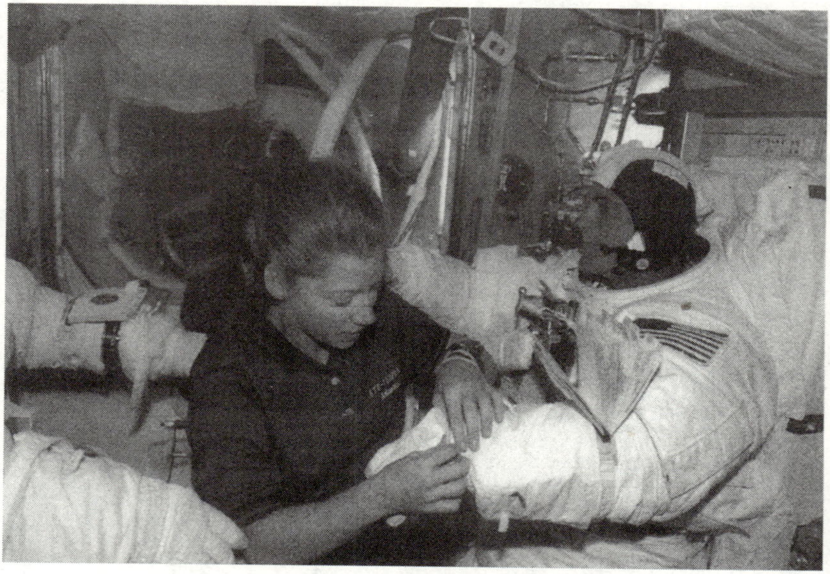

图 7.18　为出舱活动提供帮助的舱内活动航天员，
是每一次出舱活动不可缺少的组成部分，他们同时还经常承担着
作为替补出舱活动航天员的作用及出舱活动摄影师的职责

束装置；培养航天飞机舱内活动航天员为出舱活动提供支持的能力，以及在出舱活动前/后提供帮助、监控出航活动进程、保持地面团队与航天飞机及出舱活动航天员之间的通信联系；把舱内活动与地面可视性设备结合在一起，为出舱活动航天员提供帮助；合理分配、管理好出舱活动时间日程和任务计划，确保无论是舱内活动还是出舱活动航天员都不会出现疲劳和精力衰竭的情况；要保证有效载荷舱和有效载荷/工作站灯光的亮度；随时可以用遥控操作系统来支持出舱活动任务；出舱活动时间表在设计和执行上要有足够的灵活性；在 1 g 环境和水下再现训练设施中安排支持航天员进行实时模拟；指定经验丰富的出舱活动航天员参加后期进行的其他的飞行任务，或在航天飞机飞行时担当地面支持任务（在水下再现训练设施中进行模拟或在飞行任务

中充当地面支持航天员角色。);航天员的交叉训练包括舱内活动与出舱活动航天员之间,以及遥控操作系统、硬件设备及操作程序的使用;坚持在飞行前和飞行后向航天员询问情况、评估程序、检查硬件设备等,取得飞行任务成功的新方法、新经验,使任务能得到持续的发展。上述这些经验总结,不但对航天飞机出舱活动有参考价值(尤其是在哈勃太空望远镜飞行期间),还为20世纪90年代后期开始进行的出舱活动,确立了如何制订以航天飞机为基础的国际空间站出舱活动计划的基础。

7.3　为哈勃太空望远镜提供服务的能力

在太空轨道上检验让航天飞机上的航天员提供维护、修理和升级活动能力的航天器,最典型的例子就是哈勃太空望远镜。从太空望远镜硬件设备研制开始,就对出舱活动可以提供的维护和修理工作进行了评估。哈勃太空望远镜采取了冗余设计技术,高达90%的设备和仪器都有备用件或者共享单元。在设计的初期,人们就已经认识到,航天飞机空间运载系统的发展可以定期对设备进行修理或更换。哈勃太空望远镜的延期发射,给航天飞机系统提供了飞行验证和改进时间。同样,为了延长仪器和设备的在轨使用寿命,可以考虑安排用于维修的飞行任务,以更换望远镜上的设备和仪表。在设计望远镜的时候,在确定需求和条件约束的过程中,考虑了由航天飞机进行在轨部署、维修,以及由航天飞机实施回收等因素[13]。

7.3.1　出舱活动计划

20世纪70年代后期,有关为哈勃太空望远镜提供服务的出舱活动的细节开始浮现。第一次飞行将是把哈勃太空望远镜部署到轨道上,如果那时出现了任何意外情况,航天飞机将有能力进行一定范围内的应急状况下的出舱活动，来解决出现的问题，或者是把无法正常部署的哈勃太空望远镜重新带回地球。哈勃太空望远镜在轨道上运行的全部时间里（至少要运行 15 年），将进行一系列经过事先计划的

图 7.19　在大部分的出舱活动中，会有另外一名舱内活动航天员担任遥控操作系统的操作员。图为南希·柯里（Nancy Currie）正坐在位于飞行甲板尾部遥控操作系统操作员的位置上。遥控操作系统操作员作为航天飞机出舱活动不可分割的一部分，与出舱活动和舱内活动航天员一起进行训练和工作

为其提供服务的飞行任务。这些飞行任务的目的，主要是使用精密的传送装置，以及利用望远镜结构中的服务门为望远镜提供维护、服务、修理、更换和拆除特定的零部件。利用遥控操作系统来完成捕获、出舱活动支持和有效载荷部署。有效载荷舱里放置特殊的支持飞行的设备，为的是让轨道器的服务能持续几天的时间。最初制订的计划，要求望远镜在1979年返回地球，重新修整后，每隔5年再发射一次，每隔2.5年为其进行一次服务性的飞行任务。以此为基础，硬件寿命和系统可靠性条件也以2.5年为基础。因此，贯穿于哈勃太空望远镜15年的运行寿命中，除了最初部署及最终回收飞行任务外，应该还有2次回收任务，2次重新部署，及至少3次轨道上的服务飞行任务，也就是说航天飞机至少要为它进行9次飞行。部署和回收任务，每次需要最多5名航天员参加（涉及30名航天员），3次轨道上的服务飞行每次要有7名航天员参加（涉及21名航天员）。尽管一些航天员可以多次参与飞行，但仍然需要对超过50名的航天员进行有关的训练。这给有限的航天员训练设备带来了很大的压力，还涉及更多的飞行准备工作，至少需要有1架航天飞机为这些特定的飞行任务提供支持和保障。

然而，到了1985年，人们开始逐渐关注让望远镜返回地球和重新发射过程中带来的污染和结构负荷问题，人们担心可能的发射事故会失去望远镜，而且没有备份的望远镜。于是NASA决定，从该项目中取消地面服务的概念，取而代之的是，以每3年为1个周期，实施轨道上的服务。挑战者号航天飞机的失事，导致整个哈勃望远镜项目的实施延期了，当望远镜在1990年发射后，按照初始的计划，第1次轨道上的服务应该在1993年进行，第2次在1996年进行，第3次在1999年进行，第4次在2003年进行，回收及项目终止工作大概在2005年/2006年进行。针对哈勃太空望远镜出舱活动的研制工作一直持续着。计划在1990年

4月执行STS－32飞行任务时，把望远镜部署入轨，而相应的出舱活动准备工作有所超前。由于哈勃太空望远镜在轨运行状况出现的变化、维持庞大航天飞机机群带来的财政困难，以及其他一些不利因素（比如在1999年出现的电路和燃料管道的故障、2003年哥伦比亚号航天飞机的失事等）的影响，而且几年来对哈勃太空望远镜项目未来发展的争论一直没有停止，使得对此项目计划必须做出相应的修改。

在维护期间，由一个飞行支撑结构将哈勃望远镜固定在某一位置上，这个支撑结构包括1根支撑锁定横梁的马蹄式支架，1根枢轴臂和1个可以旋转、倾斜的平台。还有1个托架用来装载在轨道上要更换的零部件，这是一种经过修改的有一定倾斜度的空间实验室支架，经过修改后的容器用来保存安装在望远镜上需要更换的部件，或要带回地球的部件。这种装置还有几个带盖的分格、1套保护系索，以及在维护飞行任务中航天员需要使用的物品。

早在哈勃太空望远镜设计的初期，如何选择在轨道上可以更换的部件，对于制订飞行计划和航天飞机空间运载项目中的服务任务是十分关键的。通过为关键的子系统选择模块化零部件，在哈勃太空望远镜运行期间，如果哪个零部件功能退化，或需要更换，就可以换掉。这些零部件被设计成了一个完整单元，形成一个盒子，上面有简单的接口，可以相对简单地更换。总共有70个约26类可以在轨更换的单元，从小型的保险丝插头，到电话插头大小的低亮度目标照相机（Faint Object Camera）。根据不同的飞行任务需要以及设备性能降低的程度，可以有几种不同的在轨更换单元配置。

除了遥控操作系统、出舱活动单元和航天飞机空间运载出舱活动工具箱，哈勃太空望远镜服务飞行拥有一套专用的、特制的工具和设备，供航天员在望远镜上及其周边移动和工作时使用。不仅针对哈勃太空望远镜，而且针对其他的航天飞机飞行任务，及计划中的轨道机动飞行器

(这个项目后来被取消了)和国际空间站,对共用单元进行了性能评估。在哈勃太空望远镜中安装了超过 68.5 m 长的出舱活动扶手(被刷成明亮的黄色),以及导轨、耳轴棒,还有安装在望远镜前后部的磨盘。在望远镜的结构上排列着 31 个足部约束装置底座,还有几个便携式手足约束装置,可供临时使用。可以人工或使用电动扳手转动曲柄把天线和太阳电池阵打开或合拢,在望远镜孔径门和太阳电池阵的插座上都安装了抛弃把手。在望远镜的结构周围还安装了便携照明灯和其他设备。所有这些设备都是为了保证服务和维护保养的高效进行。

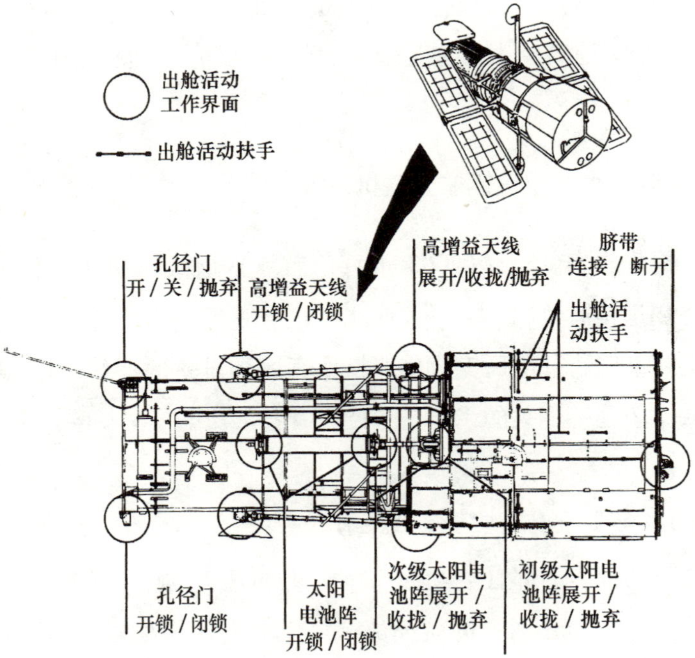

图 7.20　哈勃太空望远镜出舱活动的供应系统,示意出舱活动扶手

在部署飞行任务中航天飞机不会携带更换的部件,回收飞行任务也同样如此。其他的哈勃太空望远镜出舱活动,包括与脐带的连接和断开、展开太阳电池阵(锁扣、初级和次级)、收拢太阳电池阵(次级、初级和锁扣)、抛弃太阳电池阵的能力,打开、关闭或是抛弃孔径门,闭锁、打开、展开、收拢或抛弃2根高增益天线。

在为部署哈勃太空望远镜所进行的10年努力中,在水下再现训练设施中完成了大量的训练工作。在航天员被指定参加飞行任务之前很长一段时间里,由测试潜水员、退役和现役的航天员完成了大量的模拟试验工作,如望远镜的部署、回收、服务和应急任务。一旦指定航天员,针对特定飞行任务训练,产生大量基础性试验数据。越来越明显的是,当航天员在参加以前的哈勃太空望远镜飞行任务后,被指定为进行服务性飞行任务时,航天员的训练和飞行表现都将从中受益,于是在实施哈勃太空望远镜服务性飞行任务期间,就采用了这种方法。

7.3.2 哈勃太空望远镜航天飞机飞行任务

在写作本书的时候(2003年),已有5次航天飞机飞行任务与哈勃太空望远镜有关,其中1~2次飞行任务是经过事先计划的。另外,几次支持性飞行任务所完成的对操作程序和设备的评估工作,也会对哈勃太空望远镜相关的飞行任务产生有益的影响。

7.3.2.1 部署哈勃太空望远镜飞行任务(STS-31)

长时间推迟的部署哈勃太空望远镜的任务,终于在1990年4月实施了。参加出舱活动的航天员布鲁斯·麦坎德利斯和凯西·沙利文已经完成了大量的应急出舱活动训练,除了普通的航天飞机应急出舱活动,他们的训练还包括人工部署哈勃太空望远镜的附属设备(太阳电池阵、高增益天线和孔径门)、计划外的维护保养,以及如果需要把哈勃太空望远镜在同一次飞行任务中重新送回地球时,所必须进行的收拢或抛弃可展附属设备;对回收后的哈勃太空望远镜的安置和维护;从哈勃太空望远镜捕捉固定器上断开遥控操作系统末端效应器;人工断开或再连接哈勃太空望远镜的脐带;重新连接热防护罩的维可牢尼龙搭扣。

在遥控操作系统上进行部署的时候,航天器无法与轨道器的动力供应连接上,因此在机载电池的电量耗尽之前(8 小时内),整个部署工作必须全部完成。只要太阳电池阵展开,航天器就可以使用它自身的动力;但是如果做不到这点,那么麦坎德利斯和沙利文就只能通过出舱活动连接上脐带,来供应电源。自20 世纪 70 年代以来,麦坎德利斯就一直参与为哈勃太空望远镜所进行的出舱活动的研制开发工作,他对设备相当地熟悉。

按照展开程序中设定的那样,两名航天员在中甲板和气闸舱中进行出舱活动的准备工作,准备着一接到指令马上出舱。即使在监测到控制线路出现一些安全问题后,他们仍然把问题搁置在一边,进行了太阳电池阵的展开。在成功地由遥控操作系统完成展开后,航天飞机仍然保留在原来的位置上,以防在展开过程中和轨道上运行的启动程序开启之前出现什么问题需要处理。直到从哥达德航天飞行中心传来消息,证实望远镜已靠自身电源正常运行,地面已收到了信号。于是航天飞机结束了飞行任务,开始返航,参加出舱活动的航天员也脱下身上的装备。虽然为出舱活动做了如此多的训练和准备,但在这次飞行中根本就没有派上用场。

7.3.2.2 哈勃太空望远镜出舱活动准备工作

发现哈勃太空望远镜的主镜头存在缺陷,需要进行光学校正的过程被详细地记录了下来。第一次服务性飞行任务的目的是向太空运送已修改的光学器件,作为这次飞行任务(STS－61)准备工作的一部分,安排2 次航天飞机飞行来测试所计划的出舱活动程序,称之为"详细测试目标项目(Detailed Test Objective,DTO)”。STS-57(1993年6月)飞行任务要完成DTO 1210和DTO 671(将来计划的出舱活动用硬件设备)。这些试验包括对用于哈勃太空望远镜服务飞行任务01(SM-01)和国际空间站飞行任务的设备和操作程序进行测试。航天员轮流围绕着有效载荷舱驾驶遥控操作系统,来判断他们移动大型物资的能力,并对工具、足部约束装置和系索进行评估。航天员还发现,当他们处在遥控操作系统末端,离开有效载荷舱进入太空时,手会感觉到非常的冷,航天员在飞行结束后提交的报告中指出,他们的手都失去了知觉,伴有疼痛感,而且颤抖不已。

1993年9月,在STS-51飞行任务中,进行了第2次哈勃太空望远镜的模拟试验。航天员对存放在临时存储装置内的工具进行了评估,用有效载荷舱里的灯光进行了对手套的加热实验,检测了为哈勃太空望远镜服务飞行任务01(SM-01)而研制的便携式足部约束装置的功能,对他们过去在飞行活动期间在高空舱里和在水下再现训练设施中训练的情况进行了评估,还对高、低扭矩系索固定装置进行了评估。这些工作在DTO 1210和DTO 671项目中继续进行,试验和评估的结果为已经确定在3个月后即将进行的哈勃太空望远镜服务飞行任务增添了信心。1998年在STS-95飞行任务中,对哈勃太空望远镜进行了进一步的评估工作。这次飞行任务包括了为第3次服务性飞行任务进行的哈勃太空望远镜轨道系统试验(Hubble Space Telescope Orbital Systems Test,HOST),但没有计划中的出舱活动。哈勃太空望远镜轨道系统试验携带着近红外线摄像和多目标分光仪(Near-Infrared Camera and Multi-Object Spectrometer,NICMOS)冷却系统、哈勃太空望远镜486计算机、光学纤维样本,以及1台半导体数据记录仪,用来试验和修正未来哈勃太空望远镜服务性飞行任务中将要使用的新型零部件和技术的性能。

7.3.2.3 服务性飞行任务1(STS-61)

1993年12月的这次飞行，通过安装校正光学太空望远镜轴向替代装置(Corrective Optics Space Telescope Axial Replacement, COSTAR)，对哈勃太空望远镜的光学系统进行了修复。在5天的时间里完成了5次出舱活动。12月3日，用遥控操作系统捕获了哈勃太空望远镜。12月4日，在第1次出舱活动期间，航天员准备好了工作场地，调整了陀螺仪、电子控制单元和保险丝插头。第2天进行的出舱活动，主要集中进行更换太阳电池阵的工作。第3次出舱活动用一个经过改进的部件，更换了广角星际摄像仪(Wide Field Planetary Camera)，安装了更多的保险丝插头，还提前完成了计划在下一次出舱活动中要进行的部分任务。在进行第4次出舱活动时，用校正光学太空望远镜轴向替代装置更换了哥达德高速光度计(Goddard High Speed Photometer)。在最后一次出舱活动时，更换了太阳电池阵电子驱动(Solar Array Drive Electronics, SADE)组件，换下来的设备被放置在有效载荷舱里带回地球。望远镜在12月9日被重新部署入轨。

7.3.2.4 服务性飞行任务2(STS-82)

仅仅3年后，也就是在1997年2月，哈勃太空望远镜又被收回到了航天飞机有效载荷舱，由不同的航天员完成了5次出舱活动，对望远镜进行维修。在第1次出舱活动中，用近红外摄像和多目标分光仪替代了低亮度目标分光计(Faint Object Spectrometer, FOS)，用太空望远镜图像分光摄像仪(Space Telescope Imaging Spectrograph, STIS)替代了哥达德高分辨分光计(Goddard High-Resolution Spectrometer)。在第2次出舱活动中，航天员用改进型号替换下了已经磨损的精确导向传感器，安装了1台光学控制电子存储增强装置，对原来的 20 世纪 70 年代制造的单元进行升级，用具有 20 世纪 90 年代最新技术的单元替代，则可以收集 10 倍于以前收集的数据，同时还更换了 1 台出现故障的工程与科学数据磁带记录仪。第 3 次出舱活动更换了 1 台秒磁带记录仪、1 个数据接口单元，以及 1 台反应轮组件；第 4 次出舱活动更换了太阳电池阵电子驱动组件和磁力仪护套，安装了新的防热保护套；最后一次出舱活动中，在望远镜的结构上增加了许多热防护套。

图 7.21　在一次服务性飞行任务中进行的哈勃太空望远镜出舱活动操作

7.3.2.5 服务性飞行任务3A(STS－103)

第3次服务性飞行任务计划在2000年6月进行,但在望远镜上的6个陀螺仪中的3个出现了故障以后,这次飞行任务只能被分成2次进行。飞行任务STS－3A被提前到1999年的10月14日进行,第二次飞行任务STS－3B定在2001年进行。然而,按照有关规定,必须对航天飞机机群进行线路检修,于是飞行任务先是延迟到了10月28日,后来又被推迟到11月19日。哈勃太空望远镜至少需要有3台陀螺仪处于正常的工作状态,这样才能保持其精确地指向目标的姿态,11月13日当第4台陀螺仪发生故障后,望远镜被置于“安全模式”,在这种模式下,它的太阳电池阵将一直指向太阳。经历了9次发射推迟和取消后,航天飞机终于在12月19日起飞,几天后望远镜第4次被收回到航天飞机有效载荷舱。这次飞行还有一个特别之处,即它是自1973年以来,美国第3次在圣诞节期间进行的载人飞行,其他2次分别是1973年的天空实验室4号的飞行(这次飞行还在太空中度过了1974年的新年),以及1968年12月进行的阿波罗8号的飞行。航天员约翰·布拉哈(John Blaha,1996)和戴夫·沃尔夫(Dave Wolf,1997)也曾经在圣诞节和新年期间在和平号上执行飞行任务。计划中要进行3次出舱活动。第1次出舱活动包括更换2台陀螺仪的3台速率传感器的零件,还要在太阳能电池板和已经使用了10年的电池之间安装电压/温度补偿装置。这些装置可以用来防止电池过热或过量充电,每一台装置的大小只有移动电话那么大。第2次出舱活动时,航天员安装了新型的、先进的计算机,这种计算机的运行速度比以前老式的计算机要快20倍,还安装了1台250 kg重的精确导向传感器;最后一次出舱活动主要是安装数据传送装置,它把科学试验数据传送到地面接收站,以更换1台在1998年发生故障的数据传送器,并用1台固态数字记录仪取代老式的机械转轴记录仪。在1999年圣诞节那天将望远镜放回了轨道。由于航天飞机的计算机无法自动将日期从12月31日转换到1月1日,航天飞机在太空中飞越新年,会给系统运行带来不必要的复杂操作,NASA不想冒险,于是航天飞机只得在12月31日返回了地面。

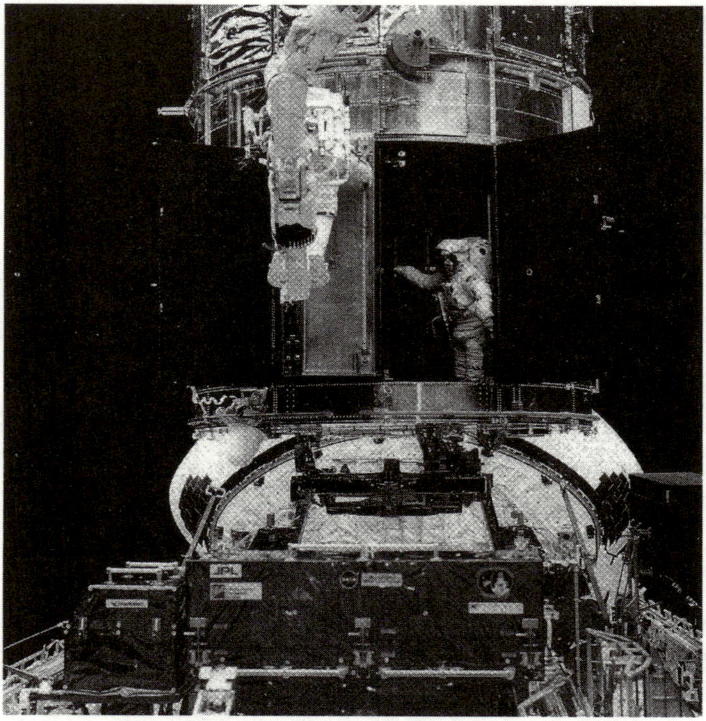

图7.22 出舱活动技能和技术的不断发展,以及多年来为哈勃太空望远镜服务所做的先进计划,使NASA从中获得了足够的信心,允许出舱活动航天员小心地进入望远镜的内部,进行关键设备的更换工作,这样也扩大了参与完成精细、关键任务的范围,来确保太空飞行任务的成功

7.3.2.6 服务性飞行任务3B(STS-109)

这是第3次服务性飞行任务的第2部分,于2002年3月实施。这次飞行任务中共完成了5次出舱活动。第1次出舱活动用第三代太阳电池阵对2块第二代太阳电池阵中的1块进行了更换,安装了1个新的二极管组件,并为后续活动准备了一个工作区域。第2天进行的第2次出舱活动,完成了第1天未完成的工作,更换了第2块第三代太阳电池阵和它的二极管组件,并更换了1号反应轮组件。第3次出舱活动更换了4号舱上的动力控制单元,并对下一次出舱活动将要使用的内部扶手进行检查。第4次出舱活动用新型的探索者号先进摄像机更换了低亮度目标照相机,在航天器尾部整流罩上安装了电子支持模块,并完成了尚未建成的动力控制单元的清洗工作。在最后1次出舱活动中,航天员安装了1台近红外线摄像和多目标分光仪低温冷却器及其冷却系统散热器。在飞行任务临近尾声,准备将望远镜重新部署入轨的时候,有关方面已经开始计划,大约在2004年和2006年分别进行第4次和最后一次的服务性飞行任务,最终整个项目结束时间定在2010年,那时哈勃太空望远镜将结束历时21年的运行使命。然而,2003年2月哥伦比亚号航天飞机的失事,引起了人们对未来服务性飞行任务中将会出现的问题的关注,太空望远镜未来的命运成为了人们争论的焦点。

7.3.3　从哈勃太空望远镜出舱活动中获得的经验和观察

为哈勃太空望远镜提供服务的出舱活动项目的整个来龙去脉超出了本书所述之范围。然而,从中获取的有益的东西可以归纳成以下几个方面。

(1) 人的因素

使用经验丰富的航天员,以及让以前参与过哈勃太空望远镜出舱活动的航天员继续参与后面的飞行任务,有助于飞行任务训练,因为在太空轨道上取得的经验通常与地面训练中碰到的情况有所不同。

熟知哈勃太空望远镜和服务性飞行任务的程序，将有助于把飞行任务从一名航天员平稳地传递给下一名航天员，指定有出舱活动经验的航天员担当支持角色将有助于飞行航天员与地面支持航天员之间的沟通。比如在STS－61的飞行任务中，格雷格·哈鲍夫(Greg Harbaugh)是替补出舱活动航天员，同时他还是出舱活动的地面支持航天员。在哈勃太空望远镜飞行中航天员之间默契配合的作用得到了充分体现。当出舱活动的航天员骑在遥控操作系统臂上时，操作遥控操作系统的人员可以估计这时候出舱活动的航天员需要什么，他们之间几乎不需要任何的通信联系，就会完成应该做的机动配合。哈勃太空望远镜出舱活动的航天员还发明了多次出舱活动系统，以及航天员团队的循环工作方法。每一天每一个团队将轮流为出舱活动或舱内活动提供支持，第2天以支持或出舱活动航天员的身份参与工作，然后在第3天为出舱活动或舱内活动提供支持。这不仅扩展了出舱活动的能力，同时也可以让一名航天员工作的时候，另一名航天员休息，并把出舱活动持续的时间控制在航天飞机飞行期间内完成。航天飞机在国际空间站的早期建设任务中就采用了这个原则。

(2)时间表

在早期的飞行任务(例如STS－41G和STS－51A)中，航天员曾建议，如果工具被存放在有效载荷舱的外边，气闸舱和舱门的操作过程就会更容易一些。然而，杰夫·霍夫曼并不认同这种看法。在哈勃太空望远镜飞行的时候，他更喜欢把工具放在中甲板的里边，这样在进入气闸舱之前，它们就能连接在航天服上了。这样做可以节省1小时的出舱活动时间，节省下来的时间可以用来完成其他的工作，而不是处理工具。霍夫曼一直声称，通常在进行出舱活动时，被忽略的最关键的消耗品之一其实是时间，如果在进入气闸舱或出舱活动前将准备工作做得足够充分的话，那么待在舱外的那段时间将会有更高的工作效率[14]。由于每一次飞行持续的时间及用于出舱活动的时间都是有明确规定的,所以对每一次出舱活动来讲,严格遵守时间表是非常重要的,因为还要保证有一定的用于应急状况下出舱活动的时间。经常是,当航天员先于时间表的规定完成工作后,一个未曾料到的问题或

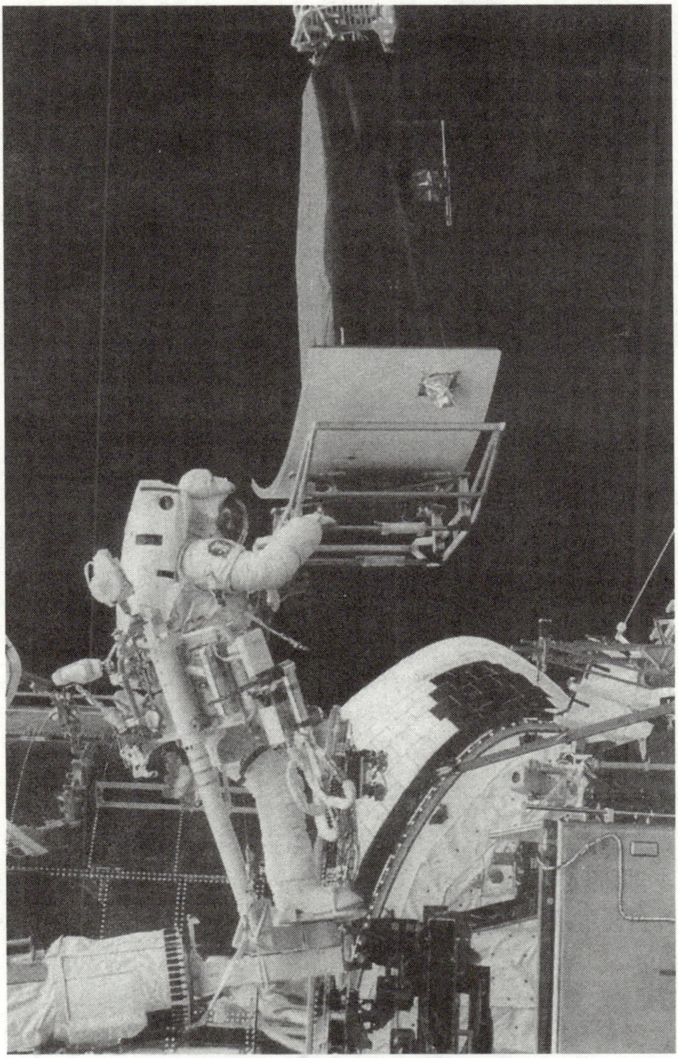

图 7.23 在哈勃太空望远镜上为更换设备而小心地移动

事件会使后面的工作速度放慢下来,结果他们又将落后于时间表的安排;但是如果能提前完成任务,就会为下一次的出舱活动提供更多的时间,哪怕出现新的问题。然而有时候,必须要把任务转移到下一次出舱活动进行时完成,或者甚至要等到下一次服务性飞行任务时才能完成,就像哈勃太空望远镜遇到的情况那样,它遭遇的极度高温使舱门变形,太阳电池阵也因此发生了扭曲。

(3) 轨道上的磨损和撕裂

几年后仍然可以对哈勃太空望远镜进行重新回访,这给人们提供了一个机会,利用出舱活动对设备的退化情况进行调查,还可以由轨道器上的航天员对其进行照相记录。航天员观察到,在哈勃太空望远镜上,有许多因碎片撞击造成的凹坑,他们向地面报告了这个现象。他们发现,比较有规模的撞击分别发生在尾部整流罩、天线、太阳电池阵及热防护套上。热防护套的裂口和撕痕,在随后进行的几次飞行任务中进行了更换或修复。大部分的损坏部位都位于结构的向阳面。把哈勃太空望远镜的这些数据与天空实验室、Solar Max、长期暴露设备卫星的返回、通信卫星的修理和回收、航天飞机的和平号飞行及其他航天飞机飞行所收集的数据结合在一起,可以判断国际空间站在轨道上可能会产生的磨损和撕裂情况。

(4)在轨更换

决定对哈勃太空望远镜进行修理、维护投资的最重要的一点,就是研制可人工更换的部件。这些部件可以延长、升级和改进望远镜的飞行性能,还能清楚地反映在轨修复和服务项目的可改进之处,这是20世纪70年代航天飞机飞行任务的主要目标之一。这项技术在1984年为Solar Max所做的修复性飞行任务中得到了首次演示。

7.3.4 小结

在8年多一点儿的时间里,为哈勃太空望远镜进行了4次服务性飞行任务，双人组合总共完成了 18 次出舱活动，共计 129 小时，共有 14 名航天员分成 8 个双人组合参与了这些活动。出舱活动使哈勃太空望远镜重新回到了正常的运行状态，扩展并提升了它的性能。此外，航天员在一个有限的区域里，使用一系列工具、辅助设备和一部分硬件的工作也验证了出舱活动技术的进步，说明航天员有信心、有能力去计划、训练并完成几天的连续出舱活动和复杂任务。自从 1965 年早期的出舱活动开展以来，随着技术和技能的不断提高，先进的航天服在使用上越来越多地表现出其可靠性和灵巧性。

7.4　对航天飞机出舱活动的评价

与国际空间站有关的航天飞机出舱活动将在下一个章节里进行简要叙述，但只要太空项目还没有结束，就不可能对航天飞机的出舱活动进行全面的回顾与总结。用航天飞机来支持空间站的建设和运行的设想较早就有，但在这种想法正式变成现实之前，航天飞机的出舱活动主要集中在进行一系列的为卫星提供维护、回收、修理和恢复性的工作上。由 STS－6 和 STS－41B 任务进行的出舱活动项目，向人们演示了在未来 20 多年的时间里，用于支持空间站发展、修理 Solar Max、回收 Palapa 和 Westar、修理和重新发射 Leasat/Syncom 和 Intelsat、延长哈勃太空望远镜轨道运行寿命和科学研究目的的技能、技术、操作程序和硬件设备。在 1983 年 4 月至 1997 年 12 月期间，共完成了 41 次航天飞机的出舱活动，其中 29 次与卫星的维护、修理或回收有关。航天飞机在世人的口碑中毁誉参半，它在发展过程中也确实遇到过一些困难，人们曾经做出的错误决定对它的发展产生了不利影响，出现过停滞不前甚至退缩的现象。但目前，航天飞机依然取得了令人瞩目的成就，获得了超凡的业绩，并创造了许多探索太空领域的新纪录。当航天飞机项目最终结束的时候，在记录有关航天飞机最新成果的书中,我们可以看到它最突出的贡献,就是在轨道器的有效载荷舱里有完成一系列不同性质出舱活动的能力。以航天飞机为平台的出舱活动已经成功地部署了多个有效载荷,这些有效载荷都达到了任务目标。而且自从1998年以来,航天飞机还为国际空间站建设提供了一个操作平台,开启了出舱活动技术的新纪元——创建轨道综合设施。

参考文献

[1] Band, Daniel, *Space Shuttle EVA Opportunities*, NASA JSC-11391, mid-1970s.

[2] Shayler, David J., *Apollo: The Lost and Forgotten Missions*, Springer-Praxis, 2002, pp. 294 - 295 and 299 - 300.

[3] Private correspondence from Jack Lousma, 15 September 2003.

[4] Private correspondence from Bob Crippen, 20 August 2003.

[5] STS - 2 Press Kit, September 1981, p. 3.

[6] STS EVA Report No. 1, STS - 5, Astro Info Service Publications, January 1984; STS - 5 EVA Mobility Unit Anomaly, JSC-18698, NASA JSC, January 1983.

[7] Private correspondence from Paul Weitz, 28 August 2003.

[8] STS EVA Report No. 2, STS - 6, Astro Info Service Publications, April 1984.

[9] STS - 41C Flight Crew Report, CB Memo, 24 May 1984.

[10] STS - 41G Flight Crew Report, CB Memo, 20 December 1984; Astro Info Service interviews with Dave Lesstma and Kathy Sullivan.

[11] STS - 51A Flight Crew Report, CB Memo, 28 March 1985; Astro In-

fo Service interviews with Joe Allen.

[12] STS – 51D Technical Crew Debrief, NASA JSC – 20536, May 1985; Astro Info Service interviews with Jeff Hoffman.

[13] *Hubble Space Telescope*, *Media Reference Guide*, Lockheed Missile and Space Company, *c*. 1990.

[14] Astro Info Service interviews and correspondence with Jeff Hoffman.

第 8 章　空间综合基础设施

和平号空间站(1986—2001 年)和国际空间站(1998 年投入运行)的在轨运行,使出舱活动的运用进入了一个新的阶段。同时,这两个空间站作为人类长期在空间运行的基地,出舱活动的运用已经成为它们扩展和支持运行手段中不可分割的一部分。

在人类真正开始航天探险之前,航天项目决策者们的脑海中就一直浮现着建立大型空间站的设想,但在第一个大型的空间站平台建立之前,太空时代已经经历了 25 年的发展历史。经过多年的研究,依靠从礼炮号系列获得的飞行经验,以礼炮号系列为基础的和平号,亦即苏联空间站的核心舱,于 1986 年 2 月发射升空。随后 10 多年的时间里,又发射了其他一些舱段来扩大空间综合基础设施的规模。尽管曾经遇到了一些灾难性的困难和阻碍,但 15 年以来,空间站一直保持着运行,有航天员参与的空间站运行也持续了 10 年。从礼炮号项目中得到的经验,为和平号空间站出舱活动项目的开展提供了帮助,而和平号空间站又为下一个长期投入使用的空间综合基础设施——国际空间站的准备工作积累了经验。

美国人也曾经计划建立在轨道上运行的大型空间站,但由于缺乏资金而没有付诸实施。在 20 世纪 60 年代后期和 70 年代初期进行的阿波罗项目之后的大多数有关计划当中,都能看到基于土星 5 号空间站研究成果的影子,设想中这个空间站的乘员组将有 12 人、50 人、100 人,甚至是 200 人,但美国总统批准建造的、命名为自由号的空间站,直到 1984 年也没有进一步的进展。在后来 10 多年的时间里,无数次对设计和构形的修改,使项目的费用支出大大地超出了预算,项目基本上被取消。1993 年,由包括俄罗斯在内的国际同行们共同参与设计的空间站——国际空间站,从自由号空间站的困境中摆脱了出来。需要用 5 年的时间,国际空间站的第一组成部分才能被送入轨道,再经过 4 年时间,空间站的综合性能不断得到加强,规模持续扩大,使得空间站即使在科学活动不充足时,也可以长期居住。在这个不断得到改进和发展的空间站上进行出舱活动,是整个航天项目中不可分割的、具有重要意义的一部分,同时出舱活动项目的成功,使这个构形酷似核心舱的空间站在 2002 年得以顺利创建。已经计划在 2003 年到 2006 年间,为空间站送去其余还未安装的太阳电池阵和科学舱,但是 2003 年 2 月哥伦比亚号航天飞机的失事,严重地影响了空间站的建设,竣工日期不得不被推迟。航天飞机机群全部暂停了飞行,整个项目都受到放弃甚至被取消的威胁。作者写作本书的时候(2003 年),全面评估国际空间站的建设阶段还为时尚早,因为还有许多工作没有来得及完成。所以,这一章节主要展现给读者的是,从设想建设自由号空间站起,到 2002 年年末国际空间站出舱活动实施的发展历程,并简要地分析将要达到的目标。

8.1 和平号空间站(1986—2001 年)

1986 年发射的和平号空间站核心舱(基础舱),其特点是有一个带有 5 个对接口的节点。前部对接口可以接泊来访的飞船,或连接上新的舱段,该舱段在必要时还可以被重新安置在外围位置的对接口上。后部对接口可以接泊运送乘员组的货运飞船或小型舱段,它的上面还有进步号货运飞船向空间站输送给养时所必需的对接连接装置。空间站增加的第 1 个舱段,就是量子号(Kvant)天体物理实验舱,在

1987 年 4 月 11 日与和平号空间站位于尾部的对接口进行了对接，之前由于一块太空碎片的存在，它未能按预定计划在 4 月 5 日进行对接，在安排了临时出舱活动清除该碎片后对接得以实施。空间站增加的第 2 个舱段——量子 2 号，在 1989 年 12 月 8 日被永久地对接在空间站上，使空间站得到扩展，出舱活动舱门也被扩大，还安装有出舱活动时所需要使用的设备。晶体号（Kristall）工艺舱在 1995 年 7 月 17 日被永久地连接在和平号空间站上，它上面还有一个对接口，可以与苏联的暴风雪号（Buran）航天飞机对接，尽管它从未发挥过这个作用。取而代之的是在 1995 年 11 月 15 日，在空间站上连接上了一个美国产的对接模块，设计了用来与美国航天飞机进行对接的对接口。光谱号（Spektr）舱段在 1995 年 6 月 2 日被永久地对接在空间站上，最后一个对接的是自然号（Priroda）舱段，它是在 1996 年的 4 月 27 日完成对接的，这些对接完成后，空间站的构形在以后的轨道运行中就基本没有改变过。和平号空间站原计划进行 5 年的轨道运行，但当它在 2001 年 3 月 23 日最终离开运行轨道时，从其核心舱的发射之日算起，它已经在轨道上飞行了整整 15 年，取得了卓越的成就。

8.1.1　和平号空间站上的出舱活动（1987—2000 年）

仅仅经历了 8 年，也就是在 1977 年 12 月至 1986 年 5 月期间，苏联在礼炮 6 号和礼炮 7 号空间站上完成了 16 次单独的出舱活动。但是在和平号空间站上进行的出舱活动，使以前进行的出舱活动都相形见绌。1987 年 4 月至 2000 年 5 月期间，苏联/俄罗斯和其他国家的航天员在和平号空间站上进行了 72 次出舱活动和 7 次舱内活动，再加上在对接的美国航天飞机上进行的 2 次出舱活动，在 13 年的时间内，总共完成了 81 次出舱/舱内活动。

8.1.2 走出和平号空间站

和平号空间站首次出舱活动是在1987年进行的，这次出舱与礼炮号空间站的出舱活动不同，航天员不是从出舱活动的出舱口进入太空的，而是穿过前部节点处尚未进行对接的对接口出舱的。直到量子2号与和平号空间站对接后，航天员才能在出舱活动中频繁使用出舱活动设备，尽管没有这些特制设备，也未发生问题。

2003年6月在星城（Star City）接受采访时，和平号空间站的航天员尤里·乌萨乔夫（Yuri Usachev）向大家解释了和平号空间站出舱活动的准备过程[1]。在计划的出舱活动进行前大约1星期，空间站的航天员收到了地面传来的出舱活动时间表，那一周的大部分时间都被用来准备压力服、出舱活动设备和量子2号舱的气闸舱。航天员对出舱活动计划进行了检查，他们经常穿着加压航天服预演计划中的一些活动内容。

空间站上如果只有2名航天员（在这种情况下，2名航天员都要参加出舱活动）或者是3名航天员，其出舱活动的操作程序将是不同的。对于2名航天员参与的出舱活动来说，航天员将把和平号空间站置于“空间站空置模式”，实验设备和系统都将被关闭，装备将被收起，对空间站系统的监测任务只能由地面控制人员完成。如果在和平号空间站上有多于2名的航天员，那么空间站将全部继续正常运行，第3名航天员将作为空间站的“看守人员”，当另外2名航天员进入空间站外面的太空时，他在和平号空间站内通过不同的舱段观察出舱活动的情况。

航天员穿上生物医学水下冷却服，漂浮到气闸舱的区域并关闭内部舱门后，就开始启动出舱程序。在对设备进行最后检查后，航天员之间互相帮助穿上奥兰航天服，关闭并密封好后舱门，开始为航天服加压,同时降低气闸舱内部的气压。此时,航天员把他们要在出舱活动时使用的设备准备好,放在靠近舱门的地方,按照可能的使用顺序进行排列放置。在一名航天员控制航天服和气闸舱压力值的时候,另一名航天员关注着条件的变化,一旦达到安全条件,就打开舱门锁并打开舱门。

图8.1　和平号空间站的节点在加加林航天训练中心 1 g 状态下的模型

1996 年,在和平号空间站工作生活期间,乌萨乔夫和他的指令长尤里·马莱琴科(Yuri Malenchenko),与美国航天员香农·露西德(Shannon Lucid)一同协作,完成了出舱活动,其中香农·露西德留在空间站内监视出舱活动的进展情况。露西德说,考虑到出舱活动前准备工作和活动后期所要做的工作数量,她认为每隔 4 天由同一名航天员完成出舱活动是不可能的,但后来她意识到,在零重力环境下,由于失重，当然还包括精心的准备工作、合理的计划和丰富的经历，都使完成这些工作的劳动强度减小了许多。平均来讲，从和平号空间站准备出舱及正式出舱的过程要占用60～90分钟的时间。但在紧急情况下，对气闸舱重新加压的时间可在7分钟内完成。乌萨乔夫发现，在出舱活动进行前，多摄入一些食物热量，会有助于在令人疲劳的出舱活动中，保持清醒、良好的精神状态。要知道，每一次出舱活动的体液消耗约为2～3 kg。

图8.2　在加加林航天训练中心的1 *g* 状态下的和平号空间站模型上的出舱活动扶手

一旦走出舱门,2 名航天员将按照事先设计好的时间表进行出舱活动。对他们来说,1996 年进行的出舱活动是他们首次出舱,无论事先经过了多少训练,他们仍会自然而然地担心技术的可靠程度。他们身上拴着稍短的固定系索和手工使用的钩子,用来保证他们能够安全地从一个位置移动到另一个位置,并渐渐跨过空间站。他们身上还连接着 1 条 100 m 长的系索,通过螺栓固定在航天员的航天服和飞船船体上。航天员担心如果系索一旦发生脱落,他们漂离空间站进入太空后,会发生什么情况。航天员反复考虑如果发生上述情况,他们能否将脱落后的螺栓尾部当做“套索”扔向和平号空间站,来重新钩住空间站的某一部分;但幸运的是,由于他们的出舱活动进展顺利,没有出现意外情况,因此也增强了航天员对系统可靠性的信心。然而,他们特别注意到了在太空中松开一个物体时产生的奇怪现象,那就是当航天员在太空中接触或推动物体时,它们会漂浮远去,但随后又会缓慢地返转回来。

一般来讲,在结束出舱活动的时候,头一个出舱的航天员也应该第一个返回气闸舱。在返回空间站主体结构后,航天员首要的任务是恢复精力,痛痛快快地洗个澡,然后清理和收藏航天服和设备,为下一次的出舱活动做好准备工作。航天员保持个人卫生和清洁,仔细地对航天服上沾上尘埃的地方进行消毒清洗,都可以防止空间站遭到污染,并防止空间站上潮湿的环境滋生出真菌。为了防止发霉,航天服的内部、饮用水的容器、升华物及航天服的通风系统也全部进行了干燥和清理。

8.1.3　和平号空间站的经验

和平号空间站上的出舱活动,可以总结为几种类型,所有这些活动都为航天员在空间站外进行长期的出舱活动提供可借鉴的重要的经验和教训。这些因素也会直接影响到国际空间站以及未来长期空间平台的发展[2]。

8.1.3.1 应急出舱

1986 年,同一组航天员列奥尼德·基齐姆(Leonid Kizim)和弗拉蒂米尔·索洛维耶夫(Vladimir Solovyov)两次进入了和平号空间站的核心舱,这两名航天员在访问和平号空间站期间,还进入到礼炮 7 号空间站上,去完成最后的礼炮号空间站上的出舱活动,并收回了留在那里的实验品。在他们两次短暂的访问中,没有进行出舱活动,在和平号空间站上停留 50 天后,又在礼炮号空间站上待了 50 天,返回地球之前,又回到和平号空间站停留了 20 天,在他们离开之后,和平号空间站再次被空置。

和平号核心舱的发射日期比预定的计划有所拖延,于是有关方面决定,将发射前一些电路方面的测试放在发射基地进行,而不是在工厂里进行,这样可以节省下几个月的时间用于发射前的准备工作。与此同时,需要在空间站上增加的科学舱,也没有按预定的日程完成工作,但由于和平号空间站核心舱在轨道上所花的费用,要比它在地面上时所花的费用少得多,所以有关方面决定,把已经确定的礼炮 7 号空间站最后一批航天员的飞行任务,与对新的和平号空间站进行检查的任务结合在一起完成,在新的空间站建立起来之前,先完成一系列前期的工作。结果,和平号空间站第一批航天员——罗曼年科(Romanenko)和拉维金(Laveikin)直到 1987 年的 2 月,在和平号空间发射后 1 年,才到了那里。4 月初,他们已经做好了空间站接收量子号实验舱的准备,届时,量子号将自动地与空间站后部的对接口进行对接。

为安全起见,航天员进入了联盟 TM 号飞船的返回舱,以防无人的量子号会撞击空间站,这将迫使航天员实施紧急分离程序和着陆。

这是一个明智的决定，因为当量子号在 4 月 5 日试图与和平号空间站进行对接时，它的交会和对接系统出现了故障。量子号飞临和平号空间站时，与之相距 120 m，两名航天员看到它离空间站那么远，感到非常吃惊。4 天后，在经过第二次尝试后，量子号才成功地与空间站实施了软对接，没有出现什么意外情况，但是硬对接却没有成功。不知出于什么原因，对接探测器的反应系统没有与插销咬合住，无法把量子号拉到和平号空间站尾部对接口的对接环上。从和平号空间站的观察窗口向外望出去，航天员无法找到明显的故障。

地面工作人员针对这种情况的应急出舱活动方案已经形成，由航天员走出空间站，调查出现的问题。这仅仅是苏联第 19 次出舱活动，同礼炮号一样，第一次和平号空间站出舱活动，为的是挽救空间站未来的运行能力。具有讽刺意味的是，两次事件罗曼年科都参与其中。4 月 11 日，两名航天员已经做好了从和平号空间站进行第一次出舱活动的准备，但由于量子 2 号实验舱及专用的出舱活动舱门还有 18 个月才能发射升空，同时空间站后部对接口已经被进行软对接的量子号舱占据了，于是出舱活动只得从前部节点上 4 个预留对接口中的 1 个中进行。

航天员打开了一个对接口，沿着 13 m 长的核心舱走向量子号。为了协助这组航天员的活动，另一组航天员在星城水下实验室里重复着他们同事在太空中的一举一动。当航天员到达工作区域时，拉维金穿着的奥兰航天服，由于一次不正确的开关启动，出现了一次瞬间的压力下降。这个现象顿时引起了人们极大的担忧，但问题很快就解决了，出舱活动继续进行。地面控制人员把量子号上的对接探测器伸了出去，以便航天员有更多的活动空间来寻找并确定问题所在。当他们对两个航天器中间部分进行仔细地检查后，发现了一块“外来的白色物体”，塞在对接机械装置里，使对接口无法保持清洁。在清理碎片的过程中,拉维金碰到了一些困难,但他最后还是努力地把外来物体设法抽了出来。这块物体后来被确认是一片白色衣服的袖口(更早一些的报道说,是一个没有使用过的卫生袋),应该来自于装载在进步 M－28 货运飞船上的垃圾,这艘飞船在 3 月 26 日已与空间站脱离。航天员把这块碎片扔向太空,随后他们远离对接区域,让地面飞行控制人员操纵着量子号完成了与空间站的对接。这之后没有再出现其他的问题,于是两名航天员重新回到了和平号空间站,他们圆满地完成了出舱活动的任务,对接也最终得以顺利实现。在和平号空间站后来的运行岁月里,量子号始终在这个位置上伴随着它运行。

1989 年 7 月,在对此活动进行回顾时[3],罗曼年科说,在制订飞行计划的后期,才决定利用空间站的节点进行出舱活动。(可能是由于量子 2 号气闸舱发射日期的推迟。)他说,航天员发现,在那样一个地方进行工作,尤其是在进出空间站时,感觉到有些困难,行动受到了限制。在空间站后部的工作要比想象中的容易得多,尽管感觉拥挤,行动受到了一定的限制,罗曼年科在操作的时候只能越过拉维金的肩膀向外看。这次出舱活动是罗曼年科过去在地面训练中从未经历过的,谈到它时,罗曼年科认为:“在所有的飞行任务中,都会遇到困难,当然同时也存在着某些危险因素,但只要经过充分的常规的和轨道上的训练,并持续得到来自地面控制人员的支持,这些困难和危险都能被克服。”

随后一次在和平号空间站进行的应急出舱活动,发生在 1990 年,这次活动并不是在空间站上实施的,而是在联盟号飞船上实施的,同年的 2 月,联盟号飞船为空间站送来了安纳托利·索洛维耶夫(Anatoli Solovyov)和阿列克桑德尔·巴兰丁(Aleksandr Balandin)。飞船在飞往空间站的初期,就已经发现有一些热防护材料从联盟 TM－9 号飞船的返回舱上脱落下来,后来人们发现,这是 6 块安装在联盟号返回舱上的热防护材料中的 3 块。在它与和平号空间站对接,处于静止后，热防护材料的脱落，会严重地影响航天器的热防护能力乃至内部系统，于是只得把空间站转向，让联盟号飞船尽量不处在太阳光的照射范围内。与此同时，开始制订一个出舱活动计划，在可以用一艘无人的联盟号飞船对已经损坏的联盟号飞船进行替代前，通过出舱活动来修复太阳能电池板。没有了热防护层的保护，航天器内部的温度下降了，内部电子设备也出现了冷凝现象。极限温度还给防热罩和点火装置带来了威胁，并使在再入大气层时必须使用的定向传感器出现了模糊。

这组航天员没有进行过大量的出舱活动训练，因为他们这次在太空停留期间，按照预定计划没有出舱活动。由于在此之前他们也没有进行过出舱活动，于是他们只好观看他们的同事在星城水下实验室里进行出舱活动模拟训练的录像。为有利于航天员们做好准备工作，联盟 TM 飞船被从后部对接口挪到了前部对接口，使他们在出舱活动期间进出更方便。当航天员打开外部舱门时，很明显地暴露出他们缺少出舱活动操作经验的弱点。他们原本完全可以先把舱门打开一条 1 ~ 2 mm的缝，让舱内空气流出去的同时，仍然用钩子将舱门保持在原位，但他们没有这样做，在全部减压完成前，由于手动轮转动过大，结果松开钩子的时间早了一些，使舱门又重新弹了回来，并在铰链上施加了巨大的作用力。

由于航天员经验不足，穿过量子号舱及和平号空间站所花费的时间，大大超出了预先计划的时间。当他们到达联盟号飞船上的时候，发现防护层已部分萎缩，不可能进行简单的重新安装了。使用了特制的梯子后，航天员越过联盟号的轨道舱，到达了返回舱（那里没有提供出舱活动的扶手），他们发现航天器没有明显的损坏痕迹。但是，他们仍然无法接触到所有的热防护层。他们折叠处理好了 2 块热防护层，但第 3 块“很不好对付”，只好又放回了原处。随后航天员撤回到气闸舱,继续完成他们在太空中的居留活动。8 月份,他们成功地再入大气层,并顺利着陆,终于使人们对联盟 TM 飞船的防热完整性的忧虑得到解除[4]。

8.1.3.2 空间站建造工作

按照计划,和平号空间站在轨道上进行扩建时,所增加的舱段可以自动地与空间站实施对接,并机动到它们最终应处的位置。但还有一种方法,就是通过出舱活动完成一系列空间站建设任务,实现扩建空间站的目标。这种方法的第一步工作,就是在空间站上安装附加的太阳电池阵,增加可以使用的动力。为了减少运载载荷,发射升空时舱段的基座上只安装了 2 块太阳电池阵,于是第一批在太空中停留的航天员——罗曼年科和拉维金被指定在 1987 年 6 月,通过出舱活动安装第 3 块太阳电池阵。这块即将安装的太阳电池阵就放在最近刚刚完成对接的量子号天体物理实验舱里,在进行太空出舱前,航天员做了几天准备工作。

首先,安装铰链连接的网状大梁结构,用来支撑折叠起来的太阳电池阵,并在第 2 次出舱活动时将其安装好。航天员发现,他们在用杠杆把太阳电池阵移出空间站时,要通过和平号空间站狭小的节点处,需要占用联盟 TM -2 号轨道舱上的一块空间。为节省时间,不再增加出舱活动次数,航天员在空间站的节点部位使用了多个舱门,来移动太阳电池阵,并同时出舱。罗曼年科解释说,如果他们不这样做,“用来布置太阳电池阵的出舱活动数量,显然将要增加 1 倍(达 4 次),工作效率会很低。”2 名航天员花费了大约 5 个小时,完成了 2 次出舱活动,从而圆满地结束了任务。随后一批在太空居住停留的航天员——弗拉季米尔·季托夫(Vladimir Titov)和穆萨·马纳洛夫(Musa Manarov),在 1988 年 2 月进行的首次出舱活动中,用新的太阳电池阵替换掉了这块太阳电池阵的一部分。在做这次替换之前，这两名航天员重温了有关轨道出舱活动的所有课程，其中包括观摩他们自己的水下模拟训练录像。

在 1988 年 12 月进行出舱活动期间，让卢普·克雷斯蒂安（Jean-Loup Chrétein）和阿里克斯安德尔·沃尔科夫（Alexander Volkov）安装了一个被称做欧洲机械臂（European Robotic Arm，ERA）的折叠六角形结构，它是用来评估用折叠起来的展开机构部署通信卫星上大型天线技术的使用价值的。240 kg 重的机械臂最初由空间站发送指令展开，但它拒绝正确展开。沃尔科夫向地面控制中心建议，可以由他去踢它一下，但他的建议遭到了否决。航天员接到指示，如果不能展开的话，就丢弃这套设备。航天员等待着，直到和平号空间站飞出了与地面进行通信联系的范围，于是沃尔科夫几次用他的出舱活动靴子，想使机械臂达到全部展开的姿态，但没有成功。在结束实验的时候，机械臂还是被和平号空间站丢弃了。

1991 年 1 月，在和平号空间站居住的航天员，在和平号基座发射整流罩的接头上安装了可伸缩桁架。它可以帮助航天员把 2 块重达 500 kg 的可折叠太阳电池阵从晶体号移到量子号的新位置上。新的舱段对接上去之后会阻挡太阳光的照射，所以，就必须最大程度地提高效率。被称做“箭”（Strela）的 45 kg 重的机械臂，装在一个 6 m 长的盒子中。展开后其最大长度将达 14 m，可“运载”的质量达 700 kg。除了可用于移动太阳电池阵外，还可以把它当做可移动的航天员扶手使用，用来搬运笨重的仪器和设备。操作时，一名航天员在机械臂的基座上操纵一台手动升降机，同时另一名航天员“骑在”另一端。在第 2 次出舱活动中，迁移太阳电池阵的支撑物都准备完毕。2 次出舱活动总耗时将近 12 小时。

1993 年 4 月和 6 月进行的 2 次出舱活动（总共持续了 11 小时），

把新的太阳电池阵驱动装置安装到了量子号上，它可以帮助收回太阳电池阵。由于 2 个桁架把手中的 1 个损坏，只得推迟第 2 次出舱活动，等到下一次发射进步号飞船时送来新的替代品。2 年后，在总共持续 18 小时的 3 次出舱活动中，第 1 批投入使用的太阳电池阵被替换下来。第 1 个桁架只能接触到和平号空间站的 – Z 边，于是只能在 1996 年 2 月进行的一次出舱活动时，安装了第 2 个桁架。在 1997 年 11 月进行的 2 次超过 12 小时的出舱活动中，第 2 块太阳电池阵最终被重新安装完毕，这时离重新开始安装太阳电池阵已经过去了几乎 7 年的时间。

1991 年 7 月，为了建成被称做 Sofora 的 14.5 m 长的大梁，将需要进行 4 次出舱活动，这根大梁横跨在量子号上，设计安装它的目的是为了支撑一个推力装置，增强空间站姿态控制系统的能力。进行这一系列操作前，要做一些准备工作，要先在量子号上安装一架可以为航天员提供手扶位置的梯子，建造起一个结构支撑平台，并利用 Strela 桁架重新进行设备的放置。Sofora 大梁结构由 20 个部件构成，在随后进行的 3 次出舱活动中，分别组装了 3 个、11 个和 6 个部件。在最后一次出舱活动接近尾声的时候，航天员进行了一项计划外的操作，在金属构架的顶端，插上了一面苏联国旗。新的一组航天员在 1993 年 9 月，被指派来完成在 Sofora 大梁顶端上安装推力装置的工作。这个 700 kg 重的单元是由进步 M – 14 号飞船运送到太空的，通过地面控制人员的操作，从飞船上经过改进后的运输舱自动展开，使出舱活动航天员可以很容易地靠近推力装置单元。安装工作总共进行了 3 次出舱活动，航天员先用一根铰链在 Sofora 1/3 处的地方进行了结构固定，这为今后重新放置推力装置及安装沿结构分布的电缆提供了更多的方便。当时，苏联已经解体，航天员摘下了那面苏联国旗，它已经被太空中的微流星和轨道残骸撞击得支离破碎了。整个过程 4 名航天员分成 2 批完成了 7 次长达 38 小时的出舱活动。1998 年，在太空中居留的航天员通过 5 次出舱活动，把从 Sofora 顶端换掉的旧推力装置单元，抛向了太空，并用新的单元替代。

一个被称做 Rapana 的新的构架，被安装在 Sofora 后面的平台上。这个重 26 kg 的圆柱形结构上（原想与拟建中的和平 2 号空间站相关）有“记忆合金制成的连接部件”，受热时会展开，使它能够从储存的容器里自动展开。3 分钟的时间里，它就能伸展到 5 m 长。1998 年 4 月，在 Sofora 上进行出舱活动试验时，解体后的 Rapana 被回收。

8.1.3.3　试验和评估

在 1987 年 6 月进行的出舱活动中，罗曼年科和拉维金评估了他们只使用系索而不使用足部约束装置，在空间站外进行活动的能力。这样做，使他们在移动过程中有了更多的自由，但航天员仍然有一只手通过系索与航天器相连接着。从联盟号飞船开始，航天员一直在做一项工作，回收安装在空间站外面的材料曝光暗盒。在和平号空间站出舱活动时，这些暗盒曾被多次安装和回收，和平号空间站的外部空间被很好地利用，作为有人参与的科学实验平台，并根据已经获得的结果及未来新的任务需要，不停地更换试验样本和试验设备。

挑选出 5 种试验样本安装在 Echantillons 空间照射托架上，该托架由克雷斯蒂安放置在和平号的扶手上。1990 年 1 月，苏联航天员在出舱活动中把它们回收。TREK 慧星射线收集器是在 1991 年 6 月安装的，1995 年 7 月进行的一次出舱活动中被回收。2 天后，为比利时安装了 MIRAS 光谱仪，这个光谱仪是由两部分组装而成的，连接在光谱号舱尾部的桁架上。原计划为了延长只有 1 年的光谱仪的使用寿命，要进行在轨修理工作，但由于俄罗斯航天局向比利时政府收取出舱活动的服务费而未能实现。1994 年 9 月，在和平号空间站基座的外面安装了一台欧洲航天局的辐射传感器,1996 年 7 月,在自然号舱上人工部署了 Travers 合成孔径雷达天线。和平号空间站进行了最后一次探险,航天员评估了 Germatisator 密封实验,确定机身的密封出现刺破时的效果(比如光谱号舱)。1984 年曾经在礼炮 7 号飞船上使用过的、经过改进的电子束焊接枪的试验计划,将在和平号空间站上完成。这些试验被指定在 STS－87 飞行任务中实施,但后来为了支持 NASA 的国际空间站出舱活动工具验证试验,STS－87 飞行任务中取消了该项试验。

许多年来,来自于俄罗斯、欧洲和美国的科学家在和平号空间站上进行了大量的材料辐射试验,这些材料在和平号空间站所在的太空中,经受辐射的时间长短不一,可以作定量的数据分析。得到了他们所需的试验数据。这些试验对象包括太阳电池阵的样本、涂料、镜头玻璃、轻型碳纤维、不同类型的电子零部件、热防护材料,以及一系列各种不同型号的连接装置。Kozma 试验包括让以金属箔为背景的多个暗盒,暴露在中性星际原子流中数百小时。1995 年 8 月至 10 月又进行了比对试验,新的试验盒在 1996 年 1 月至 5 月投入,最终在 1996 年 6 月被收回。

8.1.3.4　载人机动单元试验

1990 年 2 月,阿列桑德尔·谢列布罗夫(Aleksandr Serebrov)成为第一批使用载人机动单元飞行的俄罗斯航天员。在进行苏联的载人机动单元(YMK)试验飞行的时候,他从和平号空间站飞出 33 m 的距离,但在这次机动过程中,仍通过系索与空间站连接在一起。4 天后,他的指令长阿里克斯安德尔·维克托连科(Alexandr Viktorenko)也尝试了一次,机动出 200 m 的距离,当然还是用系索与空间站相连。在这些取得巨大成功的试验飞行中,航天员对该单元进行了评估,甚至还在飞行中演示了一次"成功翻滚"动作。第 2 次飞行时，维克托连科携带着 Spin－6000 慧星辐射测量装置，该装置用于测量空间站附近的辐射强度。YMK 单元最初是为暴风雪号航天飞机与和平 2 号空间站设计的，后来被存放在量子 2 号的气闸舱里，直到 1996 年的 2 月才被取了出来，存放在外部支撑设备上，以便气闸舱有更多可以使用的空间。后来再也没有使用过 YMK 装置。与美国的载人机动单元一样，YMK 完成了一些有用的工作，而且时间比载人机动单元还早。

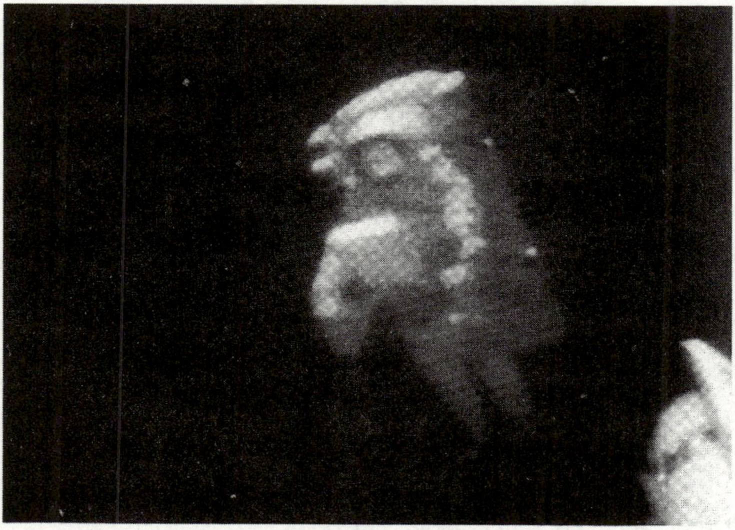

图 8.3　1990 年 2 月，苏联载人机动单元（YMK）从和平号空间站进行的飞行

8.1.3.5　修理和检查

作为一种大型并长期投入使用的空间设施，和平号空间站第一次为人类提供了进行全面检查和检验的机会，对空间站外部的检查包括对硬件设备、子系统和材料进行评估，并对即将进行或以前曾经试图进行的出舱活动进行评估，并且贯穿于空间站的整个运行期间。

首次外部摄像是由 Okean 乘员组完成的（1988 年），他们还用小型手刷清扫了落在几个舱口上的尘土。和平号空间站进行的多次出舱活动中,也完成了几次对附属设备的检查和维修,同时,由于磨损、系统故障和偶然的破损,又给后来的出舱活动增加了新的工作内容。用电视摄像头对空间站外部进行检查,是在全景试验中完成的,这次检查向人们揭示了不同的材料和设备,暴露在太空环境(太阳的加热/遮蔽、重复着地球轨道运行的白天/黑夜、太空微小流星的撞击、人为的损坏,以及进行出舱活动时由于航天员重复穿行产生的磨损等)中后,所表现出的不同状况。

首次"广泛的"的出舱活动修复工作,是在 1988 年 6 月进行的。那一次,航天员试图修复位于量子舱的伦琴观测器上的 TTM(俄语,意指望远镜、遮蔽和伪装——编码型伪装望远镜)。这是由荷兰和英国共同进行的一项实验,在设备设计的时候并没有考虑要进行轨道上的服务飞行。航天员随身携带着 1 台新的探测器、特制的工具以及便携设备,所有这些东西加起来有 40 多 kg 重,航天员从空间站核心舱一端到达另一端,需要穿行 25 m 的距离。尽管在航天员工作区域没有安装足部约束装置,他们仍然努力地切开了 20 层厚的热防护层,断开了插销,并把出现故障的探测器上的固定卡子拆开了。但是,卡子实际的数量超出了航天员的想象,经过再次检查原始图纸和模拟模型,发现飞行模型与准备用来进行出舱活动模拟的模型有所不同。

航天员接到指示,要求他们不要去管那些多出来的卡子,继续他们原定要完成的工作。当航天员戴着出舱活动手套时,虽然可以用小型扳手松开那些直径只有 25 mm 的小螺栓,却无法将其取下来。而且,由于航天员的工作区域并不是预先计划的出舱活动服务区域,所以他们接到了直接把螺栓切断的指令。航天员在有些螺栓上发现了树脂,这个现象让设备制造者和在飞行控制中心监视出舱活动进展情况的人们感到十分吃惊。树脂显然是在小型修理时使用的,但在有关的生产制造记录中并没有记载下相关的内容。航天员用锯刮掉了大部分的树脂,使他们能够清楚地看到里面的情况,然后开始移动探测器。但这时,特制的工具却被卡住了。无论是太空中的航天员还是地面上的飞行控制人员,看到这种情况后无不感到十分沮丧,无奈地结束了这次出舱活动修理工作。航天员随后对热防护外层做了临时性的处理,并完成了出舱活动的其他工作。出了问题的工具的替代品只有在下一次发射进步号飞船时,方能送到太空,这使修理工作只能再度延期了。但在几个月后进行第二次尝试时,取得了圆满成功[5]。

当安纳托利·索洛维耶夫和阿列克桑德尔·巴兰丁在 1990 年 7 月,进行他们第一次出舱活动,对联盟号飞船进行检查和修理的时候,在量子 2 号气闸舱压力完全释放之前,就把舱门打开了,不经意间损坏了舱门。他们的工作也因此拖延了,于是,在太空中停留了 5 个多小时,已接近于他们所穿的奥兰 DMA 航天服 6 个小时的使用极限,航天员们不安地发现气闸舱的舱门已经弯曲变形,无法关闭了。幸运的是,量子 2 号的设计允许在应急状况下,可以选择设备科学分隔舱作为气闸舱使用,让专用的气闸舱暴露在太空的真空环境里,与此同时,地面人员研究其他可行的修理方案。此时,俄罗斯官员声称,这个附加的气闸舱的体积允许在出舱活动时把更大的物资带到太空中,尽管这样的操作在和平号空间站使用期间从未尝试过。

在联盟 TM 飞船的工作并没有结束,1 星期后,航天员进行了第 2 次出舱活动,回收梯子和用来固定飞船热防护外层的工具,它们在上次出舱活动中为保证航天员能在航天服的安全使用时间内返回气闸舱而被留在了工作区。航天员还对舱门损坏部位进行了电视摄像,并将图像中继到了地面。地面上的工程师据此设计出了一种关闭故障舱门的方法,来试验它的整体性和密封性,尽管杠杆使用起来有些难度,但航天员仍然设法关闭了舱盖。经过 24 小时的加压试验显示外部舱盖没有泄漏的现象。这给即将来临的更长时间的修理过程带来了信心，航天员于是又一次打开了内部连接舱门，继续完成他们的飞行任务。舱门的修理工作将交给下一批的航天员来完成。

1990 年 10 月，新一组航天员——根纳季·马纳科夫（Gennadi Manakov）和根纳季·斯特列卡洛夫（Gennadi Strekalov），对铰链进行了仔细的调查和研究，并且发现它的实际情况远远超出了此次飞行可以修理的范围。即便如此，他们仍然安装了一个特制的插销，确保舱门能够正确关闭并继续使用。1991 年 1 月，另一组航天员——维克托·阿法纳斯耶夫（Viktor Afanasyev）和穆萨·马纳洛夫，安装了一个新的铰链，修复了舱门。新安装的铰链不再采用为飞行提供服务的原始设计了。整个修复过程持续了 4 小时。最后检查确认舱盖可以正常关闭、开启后，航天员又继续完成其他的出舱活动任务。

1997 年在和平号空间站上进行的最后一次出舱活动修复工作，是修理损坏的光谱号舱。对电缆重新布线，确定了压力分隔舱上的泄漏点，重新布置调整了太阳电池阵连接电缆，以获得尽可能多的能量。

8.1.3.6 舱内出舱活动

与和平号空间站前部对接节点对接的大型太空舱设施，扩大了在空间站进行科学研究的能力。停靠在前部对接口的新到达的太空舱，随后将被用一个 Lyappa 机械臂移到位于空间站周边的对接位置。因此，必须把“锥体”（Konus）对接装置从一个接口移到另一个接口，这样才能把太空舱从前对接口移到周边的对接口。要完成这项任务，穿着奥兰航天服的航天员，必须密封好空间站主舱和其他舱之间的舱门，对空间站前部节点部位进行减压后，重新安置对接设备。1995 年完成了 3 次舱内活动，不过其中第一次移动“锥体”对接设备，也是维克托连科（Viktorenko）和谢列波洛夫（Serebrov）第 2 次出舱活动的一部分,在1990年1月,最后一次使用前部节点进入了太空,这次行动没有被划为舱内活动。

其他3次舱内活动,隔离了光谱号实验舱,恢复了因1997年6月与进步号飞船发生碰撞而出现故障的动力系统。由于光谱号处在真空状态,无法使用航天服的升华式热交换器,于是用星星公司设计的10 m长软管作为替代品,来支持航天服的冷却设备运行。3次舱内活动的第1次是在1997年8月进行的,安装了新型的"hermaplate"密封舱门,重新接通了一些被切断的电缆线。在密封太空舱前,航天员对舱内进行了短暂的检查,收回了个人用品和其他设备,并向地面控制人员报告了太空舱的具体情况。2个月后进行的第2次舱内活动,重新接通了新铺设的动力电缆。在1998年9月进行的第3次舱内活动期间,完成了与hermaplate舱盖的连接。光谱号将不再载人,但是一系列的出舱活动和舱内活动都没有注意到由碰撞引起的损坏,那时候和平号空间站的其他部分还能够继续使用。

计划在1998年3月进行的另一次出舱活动,由于量子2号舱门仍然存在着问题,最后演变成了在量子2号舱门内进行舱内活动。航天员发现10个安全螺栓中的1个出现了泄漏,在修理安全螺栓的过程中,航天员连续弄折了3个扳手。进步号飞船随后的一次飞行,带来了一些更加坚固的扳手,修理工作才得以完成。

8.1.3.7　与其他国家航天员在和平号空间站上进行的出舱活动

法国和俄罗斯之间的空间合作项目,促成了法国航天员在和平号空间站上进行了几次长期居住。1988年,让卢普·克里斯蒂安成为第1个除了俄罗斯航天员和美国航天员外,完成出舱活动的航天员,1999年让皮埃尔·艾涅尔(Jean-Pierre Haignere)在空间站上完成了第2次由法国人进行的出舱活动。德国航天员托马斯·赖特尔(Thomas Reiter)也分别于1985年10月和1996年2月,在和平号空间站上完成了2次出舱活动。

图8.4　从和平号空间站上部署欧洲实验设备

由美国—俄罗斯合作进行的航天飞机—和平号空间站合作项目(1995—1998年),为美国人提供了一次机会,使美国自20世纪70年代初期开展天空实验室项目以来,首次把航天员送入空间站进行长期的航天飞行。美国人起初计划让航天飞机与自由号空间站进行对接,在自由号项目被取消后,美俄合作项目促成了航天飞机与和平号空间站的对接,这对即将进行的国际空间站项目有着极其重要的意义。在这个项目里,俄罗斯在空间站的建造和运行方面,将发挥举足轻重的作用。合作项目还为美国几次出舱活动提供了机会,并为建造国际空间站安装飞行试验用的外部设备提供了机会。NASA还可以从合作的项目中,得到许多可用于比较的数据,使国际空间站在投入使用前,进行的一系列以航天飞机为基础的出舱活动实验项目有了实验基础。

第1次在和平号空间站上进行的由美国航天员参加的出舱活动，是在1996年3月STS－76任务中，航天飞机与和平号空间站对接时进行的。在那次出舱活动中，琳达·戈德温（Linda Godwin）和理查·克利福德（Rich Clifford）从对接的亚特兰蒂斯号航天飞机上进行了出舱活动，在返回舱外部安装了和平号空间站环境影响有效载荷（Mir Environmental Effects Payload，MEEP）操作板（1995年11月由STS－74任务负责运送，被长期地放置在晶体舱的尾部）。然而，航天员并不熟悉晶体舱外部的结构，也没有进行过相关的出舱活动训练，同时由于俄罗斯的航天员为避免可能引起的损坏，不允许他们穿过返回舱/晶体舱门的舱门。戈德温和克利福德用的是适合在和平号空间站返回舱扶手上使用的新型系索钩子，所用的足部约束装置也可以同时适用于奥兰航天服和航天飞机出舱活动单元使用的靴子；但由于和平号空间站外部出舱活动灯光有限，航天员必须借助于安装在头盔上的灯光和航天飞机有效载荷舱上的灯光。由于和平号空间站必须指向太阳的方向，所以操作中航天员手部温度很高。当他们终于看到日落的时候，感到十分高兴，他们手背的温度终于可以降下来了。空间站和航天飞机联合体的巨大外形给美国航天员留下了深刻的印象（亚特兰蒂斯号与和平号空间站加起来的总重达到了237 494 kg），但核心舱在太空中已经运行了10年的时间，尽管新安装的设备状况还比较好，但一些热防护材料和空间站的表面已经出现了性能退化的迹象。

1997年10月，美国航天员斯柯特·帕拉曾斯基（Scott Parazynski）和俄罗斯航天员弗拉季米尔·季托夫在对接后的亚特兰蒂斯航天飞机上进行第2次出舱活动时，从返回舱的外部收回了和平号空间站环境影响有效载荷试验设备。这是第2次2名俄罗斯航天员（同时还是1名和平号空间站上经验丰富的出舱活动航天员）使用出舱活动单元，从航天飞机上完成出舱活动，这也是当初航天飞机与和平号空间站联合飞行项目的一部分内容。

由长期在和平号空间站居住的美国航天员完成的3次出舱活动，也是航天飞机和空间站合作项目的一部分。1997年4月29日首次进行这项活动时，杰里·林南格尔(Jerry Linenger)成为第一个身穿俄罗斯奥兰航天服进行出舱活动的美国航天员，他与一名俄罗斯航天员瓦希里·齐波利耶夫(Vasily Tsibliyev)一同从俄罗斯空间站上完成了出舱活动。在这次出舱活动中，这一对航天员对计划在国际空间站使用的奥兰航天服进行了评估，并部署和回收了一些试验品。1997年9月，迈克尔·福尔勒(Michael Foale)成为第2个与俄罗斯航天员一同进行出舱活动的美国航天员，这次他同安纳托利·索洛维耶夫一起把光谱号舱外边的太阳电池阵转动了起来，寻找并检查被损坏的加压分隔舱出现泄漏的部位。1998年1月，索洛维耶夫再次与一名美国航天员戴夫·沃尔夫一同进行了出舱活动，用NASA提供的分光反射计进

图8.5　美国航天员(杰里·林南格尔)在和平号空间站上首次使用奥兰航天服进行出舱活动

行了实验。整体来讲，这些合作进行的出舱活动是成功的，但它们更加突显了美国和俄罗斯航天员在训练和操作上存在的差异，这些问题必须在国际空间站的出舱活动开展之前得到有效解决。

8.1.4　小结

和平号空间站最后一次打开舱门是在 2000 年 5 月 12 日，由 Enisei 乘员组航天员萨金 · 察勒金（Sergei Zaletin）和阿列克桑德尔 · 卡涅里（Aleksandr Kaneri）进行了长达 4 小时 52 分的出舱活动，测试了 Germatisator 密封实验的硬件设备，检查了出现故障的太阳能电池，在他们长达 73 天的飞行时间里，完成了对空间站 Panorama 内部的最后检查。这批航天员是自 1986 年空间站投入运行以来，第 28 批在空间站长期居住的航天员，从 1989 年 9 月到 1999 年 8 月，10 年间航天员不间断地在空间站生活和工作。他们对空间站上进行的出舱活动和其他操作有着重要的影响，因为没有这些航天员的不懈努力，这些任务是无法完成的。空间站的存在还使航天员在太空中得到出舱活动训练，而不仅仅是在地面上完成一些模拟性试验。

和平号空间站出舱活动项目，为在轨道上进行更长期的和系列的出舱活动提供了基本的、有价值的科学数据，尽管俄罗斯的有关方面曾经希望，和平号空间站的经验会被使用在他们自己的和平 2 号空间站上，但未能如愿，现在它为国际空间站上的出舱活动提供了有用的参考经验，尤其对于俄罗斯方面来讲，他们可以在国际空间站的建造中发挥更大的作用。和平号空间站的运行经验，还为居住在空间站的航天员，如何在来访的航天飞机航天员完成主要结构搭建后，完成修理和维护工作提供了可借鉴的经验。

在和平号空间站上每年进行的出舱活动见表 8.1。

表 8.1　和平号空间站出舱活动年谱

年份	出舱活动次数	舱内活动次数	总计时间/小时:分	重要事件
1986	—	—	00:00	和平号空间站发射
1987	3	—	08:48	
1988	4	—	19:43	
1989	—	—	—	和平号空间站空置
1990	8	—	32:14	量子 2 号气闸舱投入使用
1991	10	—	52:57	
1992	6	—	24:36	
1993	7	—	24:11	
1994	2	—	11:07	
1995	7	3	39:00	
1996	9	—	43:04	
			06:02	美国航天员从 STS－76 任务对接的亚特兰蒂斯号上进行出舱活动
1997	4	2	33:03	与进步号飞船发生碰撞
			05:01	美国与俄罗斯航天员联合从 STS－87 任务对接的亚特兰蒂斯号上进行出舱活动
1998	8	2	51:43	
1999	3	—	17:48	
2000	1	—	04:52	
2001	—	—	—	和平号空间站陨落
总计	72	7	374:09	

从和平号空间站学习到的许多经验已经被直接应用在国际空间站的操作上了，同时还被应用在计划建造的其他未来太空基地上，以及目前所进行的深空探测出舱活动中。美国航天员的介入和参与，通过与他们所熟悉的短期、集中式的航天飞机出舱活动相比较，更多地揭示了俄罗斯长期在空间平台上进行出舱活动的心理特征和执行力。

(1)制订计划

出舱活动计划制订工作贯穿于和平号空间站项目全过程，计划内容包括：评估需要完成的任务，从气闸舱到工作点的距离，工具的提供，支援和其他辅助设备，航天员承担所计划的出舱活动已有的经验，为生命保障系统保留20%的安全余量，应急计划和几种可能出现的应急预案。高达30%的出舱活动时间，都被用在完成出舱活动所需的支持性工作上，如：在空间站和工作点之间来回穿梭，建立工作平台，重新布置工具的位置，铺设梯子和扶手。航天员有过在太空中迷失方向的经历，于是俄罗斯航天员在空间站表面，为出舱活动的路线做了明显的标记，为航天员标示出到某一特定工作点最佳的转移路线。不过识别这些标记有时会遇到困难，至少曾有一名美国航天员(林南格尔)有过这样的经历。

(2)训练

除了在星城的水槽失重训练实验室里进行训练外，航天员还通过以下方式提高他们的在轨训练水平：观摩地面模拟试验的录像，通过在轨道舱里的工作来体验修理和维护的特定要求，在更为复杂的出舱活动中借助地面团队的支持作用。俄罗斯为长期飞行任务所进行的出舱活动训练是共性的，而不是针对某一特定任务的针对性训练，这与美国航天飞机出舱活动训练有本质不同。当美国航天员在和平号空间站进行出舱活动时，凸显了这种差异。出舱活动过程中，俄罗斯航天员已经熟知如何操作航天服和支持设备，而不必了解出舱活动任务的细节和活动的节奏。地面指挥人员总是鼓励他们出舱并独自完成好工作。

(3)在轨的维护和准备工作

每一次出舱活动的准备工作需要花费大量的时间,这导致人们对准备出舱活动设备的能力产生了担忧,目前仍然在开展一些可行性研究项目,尤其是对两人的乘员组照管空间站的能力进行研究。对奥兰航天服的改进,已经减少了准备时间,但仍然需要几天的时间来准备好所有出舱活动所需的设备、航天服和人员,出舱活动完成后还需要一段恢复时间。在出舱活动中,每一套航天服的状况和使用间隔,都会影响到维护保养量。向空间站输送一套新的航天服,或是重新使用一套长期没有使用过的航天服,所需要做的工作(大约6.5小时)远远大于同一组航天员在系列出舱活动间隙所做的维护和保养工作(平均1.5~2小时)。当新的航天员组接过和平号空间站的运行控制时,需要对奥兰航天服进行适当的调整,以适应新的航天员的穿着。在出舱活动结束后,需要有3个小时为航天服做维护和保养工作,比如航天服的干燥和清洗,这项工作通常是在出舱活动结束的第二天就要完成的。

(4)失灵

在和平号空间站上进行数年的大量出舱活动,不可避免地会引起一些硬件设备出现失灵或故障,比如冷却剂回路的泄漏和水温监测装置的失灵。长期使用及延长暴露在太空中的时间给航天服带来的影响,要求设计人员为今后项目中所要使用的航天服进行改进和升级,和平号空间站的航天员可以为此提供有价值的信息,在对航天服的设计进行评估的时候,和平号空间站也为部件和系统飞行试验提供了检验的机会,并让它们能在真正的飞行条件下经受考验。安纳托利·阿特塞巴斯基(Anatoly Artsebarski)在1991年7月进行的出舱活动中,他的奥兰航天服曾经出现了过热现象,有一段时间使他几乎无法呼吸，于是他不得不被他的同事萨金·克里卡列西（Sergei Krikalex）牵引着返回了舱口附近。1992年2月，阿里克斯安德尔·沃尔科夫的航天服发生了问题，迫使他提前结束了预定的出舱活动计划。1993年9月，瓦西里·齐波利耶夫（Vasily Tsibliyev）的航天服出现的过热现象，又一次提前中止了出舱活动。1995年7月，阿里克斯安德尔·沃尔科夫的航天服出现的问题，使他无法走出气闸舱，无奈之中，他只能待在舱口附近，协助尼古拉·布达林（Nikolai Budarin）尽可能多地完成本来规定由他们两人共同完成的出舱活动任务。

（5）设备

有几次，出现的故障或被损坏了的设备，挫败了航天员进行出舱活动的努力，只好重新设计完成任务的日程，需要改变整个项目计划，或者是把任务推迟到下一次出舱活动时来完成，这样做不仅浪费时间，也耗费了许多消耗品。在1997年4月进行出舱活动后，林南格尔评论他在Strela桁架间转移时，桁架就像一根灵活的钓鱼竿，让他前后不停地晃动。他认为，用Strela桁架来精确定位，并不是一个有效的方法[6]。和平号空间站较美国航天器（比如哈勃太空望远镜）在扶手、足部约束装置和系索位置等装置配置上要少得多。

（6）出舱活动路线

林南格尔在回忆中说，和平号空间站外部给他印象最深之处是，太阳能帆板、不再使用的设备、安装设备的设施、还没有使用过的设备、桁架、天线和其他附属设备等都互相地缠绕在一起，航天员必须十分小心，才能不陷入其中，尤其是那些带有剃刀形状的锋利边缘的设备，危险性更大。这种场景可以说在水槽失重模拟试验中是无法经历的，以前出舱活动放置的一些“路标”也已明显不再清晰了。

（7）地面模拟和实际飞行中硬件设备的不同

地面训练使用的设备和飞行中实际使用的硬件设备的不同，给航天员开展工作带来了难度，同时还必须对出舱活动的时间表做出必要的修改。然而，这种不正常的现象却不止一次地出现在美国人参与的出舱活动中。

(8)时间表

在和平号空间站里，为出舱活动提供支持的飞行文件太小，比如护腕的检查程序及出舱活动时间表等。航天服穿着程序只有在量子2号舱内仪表盘上的一本翻页书中才能找到。与美国制订的日程表不同，这里的出舱活动时间表制订得不详细。由于在建立工作站的时候，总是重复着往返穿行，耗费了太多时间，使得航天员不得不在夜间借用头盔上的灯光，进行挑灯作业。

(9)通信

由于与和平号空间站缺少连续性的轨道上的通信联系，在超出通信范围时，航天员将有很长一段时间与空间站失去联系，只能按照自己的决定和直觉来进行活动。当空间站里有第3名航天员时，在进行舱内活动的航天员与进行出舱活动的航天员之间也缺乏通信联系(虽然在和平号空间站上的美国航天员，当他们观察出舱活动和为进行出舱活动的同事拍照的时候，可以与地面进行通信联系)。

(10)工资和广告

1992年，有报道称，每一次在和平号空间站上进行的出舱活动，平均价格为每小时100万卢布(2003年时，100万卢布=13 350英镑)。这促使航天员与地面控制人员一起加快完成指定的出舱活动任务的速度，尽管这样做会增加活动的危险性；为了节省费用而加快速度的做法既不合理也不安全，尤其是在航天飞行这样的活动中，航天员要走进那样一种无情的太空环境里，当他们进行出舱活动时，完全超出了航天器可以给予保护的范围。当苏联变成“新的俄罗斯联邦”的时候，引进推行了一种新的付费方式。航天员以合同为基础实行雇佣制,如果完成了额外的工作,包括成功地完成出舱活动,将另外支付奖金给他们。1993 年,未经证实的报道称,完成 3 次出舱活动,2 名航天员可以挣 100 万卢布。1996 年,为给资金紧缺的俄罗斯太空项目筹集更多的资金,有关方面与百事可乐有限公司达成了一项协议,在出舱活动期间用录像机记录下展示一个百事可乐饮料罐模型的过程。这个 1.2 m 高的模型是进步 M－31 号飞船在 1996 年 5 月送到太空的,航天员用铝支架和尼龙绳把它进行了固定。这段通过 2 次出舱活动摄制完成的商业影片,其中就有模型罐在空间站外 2 个航天员中间的镜头。

(11)丢弃航天服

1991 年 7 月,穿破的奥兰 DMA 10 号航天服,被不同的航天员使用了 9 次,在清理完毕后,被释放进太空(《真理报》曾经建议,在太空项目和国家都在寻找商业机会以便得到更多的资金来维持太空项目运转的时候,更好的处理方法应该是把它送回地球,出售给博物馆,获取的利润可以再用于太空项目的进行)。由于航天服留存在轨道上,有时候可以长达几年的时间,这样很难发现航天服上已经出现的破损,对它使用性能的判断,只能依据飞行中的照片和航天员的意见。航天员呼吁对航天服进行改进,以便使他们穿着起来可以更加舒适,同时他们要求更换系统,对故障设备进行维修等,这些都需要对航天服进行各方面的评估。于是,第 18 号航天服,在 1995 年 12 月最后一次使用后,被航天飞机重新带回了地球用于评估和研究[7]。

总而言之,航天员在超过 13 年的时间里,在和平号空间站外进行的活动,为人类积累太空活动的经验做出了贡献。由于延长了评估和研制开发的工作,在轨道空间站上超长使用奥兰航天服的技术得到了验证,通过和平号空间站项目对系统和航天服的升级改进,证明它们能够满足国际空间站运行早期对航天服和支持设备的需求。奥兰系统的可靠性和灵活性，对航天飞机出舱活动单元的复杂性和持久性是一种完善，为国际空间站早期的运行提供了最现代化的增压航天服技术及经过飞行验证的可使用设备。与此同时，对支持延长空间站上的出舱活动的改进方法的调查研究工作仍然在继续，人类也没有放弃评估未来在其他星球进行出舱活动项目的可行性研究。

8.2 国际空间站的出舱活动：大规模建设

1958年，NASA在成立之初就迅速开展了建立大型空间站的研究工作，在20世纪60年代和70年代，曾经提出了若干个空间站的设计方案，并对它们进行了评估和否决。在大多数方案里，空间站由几个部分组成，分别进行单独的发射，在轨道上通过几组出舱活动航天员的工作，再把它们连接起来。最早期的概念之一是，空间站应该一件一件地组建和扩大，这样做主要是为了克服运载能力不足和设计工作量太大等困难。

20世纪70年代的时候，空间站的设计研究主要集中在运载能力和航天飞机有效载荷的性能上，并且描绘出未来空间站的建设模式应该是，将航天飞机遥控操作系统和以航天飞机为平台的出舱活动结合起来，进行建造工作。空间站的结构中有一些构件巨大，有一些稍小，采取的是航天员分批在空间站工作的模式，而不是进行长期太空工作的方式。然而，NASA在研制航天飞机时遇到了困难，在商用有效载荷发射、提升国内国际竞争能力与机会等方面都有其难处，费用不断增加，也累及自身。

20世纪60年代，NASA采纳的建造空间站硬件方案是利用阿波罗登月技术，将较小的月球登陆项目进行延伸发展。以阿波罗/土星项目为基础的空间站项目，在NASA以外的公众眼里，是作为阿波罗探月项目的延伸被加以宣传的，应用的是已有的硬件，这样可以得到研发资金。如果 NASA 把阿波罗延伸项目(Apollo Extension Program)或阿波罗应用项目(Apollo Applications Program)作为一项“新”的空间站项目,那么资金将没有来源,这种情况会严重地影响阿波罗项目最初要实现的主要目的:登月。于是,开始被作为阿波罗计划延伸项目的初始建议,没有完全实施,最后演变成了天空实验室。

图 8.6　可以自由飞行的增压空间设备的早期(70 年代?)设计(图片提供:格鲁门公司)

1984 年 1 月,美国总统里根要求 NASA 在 1994 年之前建成大型空间站。然而,这个想法后来被证实,实施起来比最初设想的要困难得多,代价也要昂贵得多。改变设计,超出预算,项目在困难中挣扎着前进的故事层出不穷,但在所有的设计中,出舱活动成为空间站建设和扩大,以及在它使用期间正常运行的关键因素。

8.2.1 早期的研究和模拟

在里根总统批准研制国际空间站项目时,出舱活动技能在项目计划中占有非常重要的地位。以前,美国航天员太空漫步经验来自于5次双子星座号飞船飞行、1次阿波罗飞行、10年前进行的3次天空实验室飞行。即使是苏联,自1965年以来,也只完成了8次地球轨道上的出舱活动。因此很显然,需要获取更多的、复杂的和重复性的出舱活动建设经验。甚至作为新的空间站出舱活动项目将要依赖的基础——航天飞机,只进行过一次3小时的出舱活动演示性飞行。纸面上完成的研究和技术工作都很完满,但NASA在宣布建立空间站的设想后,它必须要付诸实施。要完成空间站的建设,以建设为基本内容的出舱活动,将成为几次航天飞机飞行的主要任务目标,为的是研制开发建设空间站的技术,形成一支可以建设空间站并能够决定什么是最好的空间站建设方法的航天员队伍。当总统关于建立空间站的指示正式下达后,人们很清楚地意识到,在航天飞机航天员能够开始空间站的建设之前,还要做相当多的各种各样的工作,但起码项目已开始启动了。

1978年位于麻省理工学院的系统实验室,开始研究人的因素对太空结构组装技术的影响。很显然,在以前的研究中,很少强调进行出舱活动结构组装的航天员的创造性,尽管在此之前,所进行的多次太空行走已经建立起了计划中要建立的结构[8]。随后2年多的时间里,麻省理工学院加快了相关的研究,并提交了一份建议,主张在1979年和1980年,在马歇尔航天飞行中心大型水槽中进行中性浮力模拟试验。

8.2.1.1 飞行演示验证项目

1983年10月,位于NASA总部的航天飞行办公室(Office of Space

Flight)制订出飞行演示验证项目计划(Flight Demonstration Program)，这项计划将支持开展一系列的研发活动，为NASA“年轻”的工程师们提供机会，让他们直接参与飞行硬件设备的研发工作，空间运输系统项目的商业发展，以及激发消费者使用航天飞机独特性能等工作，使他们从工作中获取相关的经验。这些活动中的大部分(尽管不是全部)都与出舱活动有关，例如：卫星服务和重新供应、大型空间结构的建设等。第1个进行的项目是在STS-41B和STS-41G飞行任务中，完成在轨重新加注燃料的操作；第2个项目是出舱活动中对结构的实验性组装(Experimental Assembly of Structure of EVA，EASE)；第3个项目是建设可直立空间结构的组装概念(Assembly Concept for Construction of Erectable Space Structures，ACCESS)。EASE是一项用来证实麻省理工学院研究成果的飞行实验，对中性浮力模拟试验和轨道结构组装进行比较研究。1985年11月，把EASE和ACCESS结合在一起，作为STS-61B任务的飞行演示目标。

8.2.1.2　水下模拟

1979年3月至9月期间，在位于马歇尔航天飞行中心的水槽内完成了17次水下试验。这些试验主要研究利用出舱活动组装可直立构架的可能性，这些构架被认为是形成不同类型太空结构基础的最好材料[9]。其他的试验涉及了由36个部分组成的四面体构架和天线的水下安装、一个梯形构架平台的建设，以及对训练和模拟设备进行评估。这些设备中包括由麻省理工学院设计的一台个人水下机动设备(Personal Underwater Maneuvering Apparatus，PUMA)，用于在中性浮力试验中模拟载人机动单元，个人水下机动设备是由2台手动控制器进行操纵的(每臂有1台)，与当时正处于研发阶段的载人机动单元极为相似。它被设计成，所有的运行控制都是由1台控制器来完成，这样航天员可以用另一只手把硬件的组成部件从储存区域转移到工作地点；它还有一个特点，就是在单元的每一角都安装着4台可用于机动的马达，以便在水中可以移动。但是，还是无法确定使用这种设备是否能提高工作效率。

图8.7　早期空间站建造技术的水下试验

大型四面体桁架结构的“基本元”由6根规则的柱体组成，柱体外形为四面体，每根支柱长5.4 m，共进行了17次组装试验。这个项目最终是由2名身穿航天服的航天员在航天飞机有效载荷舱的模型上完成试验的。第1次到第11次的试验，建立了一系列不同的人工组装模式，根据任务的不同及完成任务所要进行的程序不同，所花费时间从26分钟一直到87分钟不等。这些模拟试验也包括对程序的修改，调整下次试验任务的安排。未经修改的人工模拟试验是在第12次到第14次试验中完成的，每一次试验持续的时间有29～30分钟。第15次到第17次试验，没有进行程序修改，但是使用了遥控操作系统辅助设备,试验持续了大约15分钟。通过这些及其他的水下试验,逐步修改了操作程序,提高了系统的性能。试验证实便携式足部约束装置和遥控操作系统很有作用,它可以使航天员腾出手来完成组装任务,对他们在水槽内移动时产生的作用力有相应的反应。

EASE/ACCESS 硬件的部件的研制得益于这些模拟试验,从中发现的信息对 STS-61B 飞行任务也有用处。在如何保护航天员手足、熟练操作大小型物体、掌握重复性和复杂任务的处理方法,以及确定操作过程是否一步一步按程序规定完成等方面得到了很多的经验。原始计划中,在每根支杆从储存装置中取出来之前都是用绳系的,直到它就位,试验表明十分不方便,耗时、工作量大,使参与试验的人员疲惫不堪。对硬件稍作修改后,航天员在最后安装过程中,使用错开的支杆储藏设施来存放这些支杆,而不是使用几根系绳,可以使航天员的操作更容易。由于有太多的金属表面将承受滑动、旋转,还有许多的紧固件,所以支杆表面材料的选择和涂膜必须仔细斟酌,以减少磨损。节点导向装置将在12.5 mm直径的不锈钢杆上滑动,材料选用7075-T73铝,钢杆与组装固定装置末端相连。在水槽和1 g 状态的模型里,对它们进行了严格的试验,尽可能减少桁架的结构应力,这受到建造过程中累积公差的限制,还要考虑轨道上受热产生的影响。还进行了模拟发射载荷的振动试验和用来确定每根支杆最佳长度和加固所需支杆数量的试验。由于结构模型对于水槽来讲太大,所得试验数据需经相应的理论建模分析后才能使用,但那时得到的数据,已经与20世纪80年代、90年代用于太空建设的数据相似了。

这些研究证实,“尽管受到航天服能力的制约,但通过出舱活动,航天员进行大型空间站结构组装工作,已力所能及。组装四面体桁架圆柱结构需要29分钟(每根需要5分钟),如果使用机械作业,比如遥控机动装置,组装时间将会大为缩短,组装每根圆柱的时间减少到3

分钟，这样可以减少航天员出舱活动的次数。”

8.2.1.3 开启轨道上建设试验

1983 年 12 月 14 日，约翰逊航天中心收到了飞行申请，将在 1985 年夏天进行一次特别的航天飞机飞行（STS－25），安装 EASE/ACCESS。然而在接下来的 2 年时间里，出现的一系列问题改变了这个计划，结果 EASE/ACCESS 被重新指定给 STS－31 任务（就是后来的 STS－61B）进行，这次发射最后是在 1985 年 11 月完成的。位于约翰逊航天中心的水下再现训练设施太小，无法装下大型三维结构，于是训练只能在位于马歇尔航天飞行中心稍大些的中性浮力模拟水池中完成。另外，水下再现训练设施没有可以使用的遥控操作系统模拟器，而且马歇尔航天飞行中心也仅仅有工作模型，没有逼真的“类似飞行”的控制。于是在约翰逊航天中心 9 号楼的操作系统研发设施（Manipulator Development Facility，MDF）上安装了一台 MPRESS 模型和用于遥控操作系统操作员训练的“模拟航天员”。

发射前 8 个月，对航天员进行了 EASE/ACCESS 安装训练，将有 9 名为研发任务工作的航天员轮流进行出舱活动。这里边包括负责大部分研发工作的出舱活动飞行航天员杰里·罗斯和舍伍德·斯普林（Sherwood Spring），他们的工作得到了约翰·巴拉哈（John Blaha）、戈登·富勒顿（Gordon Fullerton）、罗恩·麦克奈尔（Ron McNair）、布赖恩·奥康纳（Bryan O'Connor）、埃利森·奥尼祖卡（Ellison Onizuka）、罗伯特·斯普林格（Robert Springer）和乔治·纳尔逊（George Nelson）的支持。这次训练清楚地确定了计划中第 1 次和第 2 次出舱活动的时间表，确定了如何把可控式足部约束装置（Manipulator Foot-Restraint）作为远程工作平台的方法，解除了丢弃硬件后存在的安全隐患，确定并模拟了在拍照记录区域里舱内活动航天员的作用、舱内活动设计和遥控操作系统操作方法,以及与替补角色进行交叉训练。工作和程序的分类,是把轨道上建设技术从航天飞机技术中分离出来的第一步,将近20年后航天飞机继续为国际空间站的建设提供支持。STS-61B(只进行EV1和EV2,包括应急状况下的运行)航天员训练的总时数达到了55.25小时,舱内活动电视拍摄训练10.5小时,遥控操作系统训练达33.25小时。在航天飞机任务规划、硬件设备建造,以及飞行乘员组与管理人员和技术团队在卡纳维拉尔角发射基地(STS-61B出舱活动官员和地面支持航天员组成)双向通信联络系统建设中,航天员积累了相关经验。

图8.8 在STS-61B飞行任务中进行的EASE/ACCESS演示出舱活动

STS－61B 乘员组在飞行日的第 4 天进行了第 1 次出舱活动。航天员在水槽模拟训练时花费了 58 分钟，一片一片地组装 3.4 m 长的 ACCESS 桁架，于是，在出舱活动中为装配工作预留了 2 小时的时间。然而，在轨组装过程只用了 55 分钟，于是把结构解体后又重复进行了试验。3.6 m 长的三边金字塔形 EASE，原计划组装 6 次，但航天员完成了 8 次组装操作。航天员注意到，在出舱活动接近尾声的时候，他们的双手感到非常疲劳，原因是工作时要克服手套内的压力。飞行日的第 5 天，航天员休整。飞行日的第 6 天进行第 2 次出舱活动，继续进行 EASE/ACCESS 设备组装试验（DTO 0817 项目）。在组装完 ACCESS 大梁后，航天员借助遥控操作系统，通过在结构上连接一条系索的方法，模拟了电缆的连接安装。通过更换横梁及对 EASE/ACCESS 结构的大量操作，模拟了结构修理，还对单人工作和两人成组工作，使用及不使用遥控操作系统等情况进行了演练。用来评估一个准备设计成自由号空间站操作规程的操作流程。航天员在飞行后的汇报中说，ACCESS 工作状况良好，但 EASE 需要过多的自由浮动，可能不是建造空间站的最好方式。他们尝试在这次飞行中安排使用载人机动单元，以便在超出遥控操作系统的操作范围时，辅助他们进行出舱活动，但没有成功。

8.2.1.4　经验与教训

依靠 ACCESS 结构，在轨道上成功完成了由出舱活动建设太空设施的基础性实验。这些实验同水槽里进行的模拟试验的对应度很高，尽管飞行时间比模拟试验中的最短耗时时间要稍稍长一些。这是因为飞行的硬件设备很“新”，比几个月前在水槽中进行训练时使用的已经磨损的设备的配合度要好得多。以每分钟安装 3.6 根支柱的速度组装 14 m 长的桁架，平均组装时间是 25.5 分钟。出舱活动航天员对实验得出的判断是，手工操作强度太大，尤其是对处于较低位置的航天员来说更是如此，他要承担 70% 的工作负荷而不能进行休息。手套里的多处压力点，使航天员的手失去了知觉，在修改航天飞机出舱活动单元手套组件时已经考虑这个因素。最值得关注的是第一次对 500 多个质量为 0.5 kg、未加拴系的零件进行了组装。在太空中操作桁架要比在水槽中容易，因为水的黏性会影响活动性，两名航天员都报告说，只要放慢速度，在太空中装配大型构件也不成问题。尽管在出舱活动期间，轨道器飞行姿态调节处于自动控制状态，两名航天员都没有感觉到姿态控制发动机点火。遥控操作系统的速度比以前飞行任务中使用的速度增加了 1 倍，航天员仍感觉“舒适”，在 14 m 长的桁架顶端进行工作，没有失去方向感。EASE 结构强调的是飞行后的结果，未列入结构实验中。它就是一个单纯性出舱活动实验，为飞行结果与地面模拟和研究结果对比提供手段，为今后在麻省理工学院所进行的对空间站不同结构外形和操作程序的继续研究提供数据来源。

总结 EASE/ACCESS 实验，得到的重要结论是：“ACCESS 的成功，证明利用出舱活动对可直立构架进行太空组装是可行的，在最终决定为自由号空间站建立一条 5 m 长的可直立结构基线的过程中发挥了关键作用。”

8.2.2　出舱活动和自由号空间站

自由号空间站外形的不断改变，它所遭遇的预算困境以及不确定的未来，已经被大量的媒体报道(参阅参考文献)。在经过 10 年的计划后，从自由号空间站向国际空间站的转换，部分反映了原始设计中所需要的大量的出舱活动。选择 5 m 长的可直立桁架作为空间站整个结构的基础，在它上边连接不同的实验舱，以及其他的设备、系统和设施，这对所有参与项目计划和制订日程的工作人员来说，是一个“难以逾越的挑战”。为了完成这些工作,几家合同商(一些合同商邀请了当时和以前的航天员加盟,包括许多天空实验室的航天员)和NASA开始着手对自由号空间站上的出舱活动问题进行评估,在1984年至1994年期间,随着设计及预算的不断变化,也不停地对出舱活动内容进行修改。

随着出舱活动研究与人因工程研发工作的进展,在1985年12月3日~6日在NASA艾姆斯研究中心召开了为期4天的会议,总结创建自由号空间站第一年的相关研究工作[10]。这次深层次的研究,对一系列的课题进行了评估,涉及航天员的行为,尤其是出舱活动的日程、操作和具体任务。还有一些领域包括:工作地点、设备和工具、加压航天服(照料、维护保养和航天服选择,包括对航天飞机的出舱活动单元、俄罗斯奥兰航天服和先进的航天服进行的评估)、出舱活动的总时间、出舱活动方案、出舱活动时需要国防部提供的条件,以及在国际空间站上预期要进行的建设和维护保养的工作负荷。另外,会议还讨论了空间站出舱活动项目对其他以航天飞机为基础的出舱活动需求产生的影响。以航天飞机为基础的出舱活动一般是用来为大型和小型卫星提供服务和维修,为地球同步轨道和极地轨道上的设备提供人工服务,为新的在研出舱活动硬件和程序提供验证和评估。人们越来越对航天员超长的训练时间,及在相当长的时间内缺乏用于出舱活动航天员训练的设备表现出了担忧。另外,要维持如此大的出舱活动项目,需要投入的硬件设备和人力资源(包括航天员、合同商和技术支持人员等)都很庞大,在1985年的夏天让人们对太空项目的未来产生了一丝忧虑。

从兰利公司完成概念性和规划性的研究开始,基于约翰逊航天中心提供的数据,人们估计,如果所有已列入计划和预定的用于出舱活动的小时数,都加到空间站和其他项目的飞行时数里的话,那么1992年1年用于出舱活动的时间将达到2 864小时,到2001年将增加到

4 013小时！时间计算是以“100%”的成功率为基础的，不考虑应急情况下的出舱活动时间，不考虑设备不能投入使用的时间，不考虑航天员因病无法工作的情况，不考虑任何故障情况。以 2 组双人乘员组为单位，每 6 天为 1 周，每天 6 小时计算，最少估计需要 1 872 小时的出舱活动时间(3 744 人 · 小时)，如果以 6 组双人乘员组为单位，时间将升至最高为 5 616 小时(11 232 人 · 小时)。这些时间是以所有出舱活动都全部成功为基础的，很显然这正是人们对出舱活动时间忧虑的主要原因。当然，这是具体实施项目之前若干年得出的理论研究结果，但它也反映出空间站设计的复杂性和人们在当时(1985 年)对航天飞机飞行能力增长的期待。

出舱活动次数显然将会逐渐增加，不仅为航天员提供积累经验的机会，还将训练出一批航天员骨干，他们经历了多次出舱活动，设备和流程也经过了飞行检验。一份详细的出舱活动训练计划将为空间站建设任务的准备工作提供帮助，并为在 20 世纪 90 年代即将进行的其他出舱活动培养一批有经验的航天员。鉴于多项研究，1986 年 2 月，也就是在挑战者号航天飞机失事 2 周后，空间站结构和动力学技术一体化小组(Space Station Structures and Dynamics Technical Integration Panel)开会，讨论将由航天飞机完成的一体化结构飞行实验(如 EASE/ACCESS)所需的数据，并确定可以用于飞行实验的设备，在为空间站生产出多批可靠的主要结构之前，验证设计程序、工具、组装流程和地面试验技术。NASA 兰利公司和波音公司经过 3 个月概念性研究后，形成了这个结构组装验证性实验(Structural Assembly Verification Experiment，SAVE)的相关内容[11]。

这项被设计成 2 天的出舱活动项目，每一次出舱活动时间持续大约 5.5 小时，由 2 名航天员来完成。第 1 次出舱活动时将搭建 8 个隔间结构，在顶端的两边再各搭建 2 个隔间结构，从航天飞机有效载荷舱延伸出去形成T形结构；第2次出舱活动将再组装8个隔间结构，把结构总高度提高为16个隔间结构，在用遥控操作系统从有效载荷舱把柱子弹射出去以前，将完成结构动力分析、拍照记录、应变计读取和热性能检查等工作。这是ACCESS实验的延续，按照任务文件要求，在2次持续6小时的出舱活动时间里完成20个支柱的建设是“可行的”。

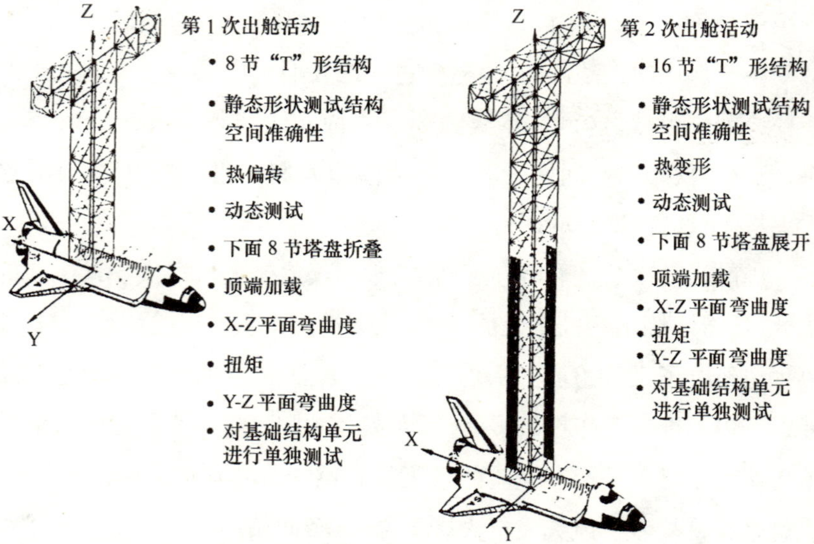

图8.9　为EASE/ACCESS验证实验所计划的结构组装验证性试验示意

1986年，为1991年6月9日的发射制订了实验计划，(在航天飞机第一次飞往空间站前18个月)，但在检查飞行计划时，才开始显现实验真正的规模。20根桁架结构中的每一根，展开后都有5 m长，于是当所有16根桁架全部组装完毕后，形成的塔身从有效载荷舱上伸展出去将达到80 m高，这个高度远远超出了航天飞机单个遥控操作系统能够到达的距离。实际上，有关报告建议使用遥控操作系统来加快组装速度，而要确定这种做法是否可行，还要做更多的研究工作。然而，在进一步的分析和评估后，对自由号空间站的看法发生了变化，最后这项实验在20世纪90年代初期就被有关方面中止了。如果飞行能够正常进行,并且取得成功的话,它将会是一个非常激动人心的场景。人们对它的关注之一是,计划在 8 个隔间结构和 16 个隔间结构上进行的结构性试验,"每一个隔间结构(构架)都要从有效载荷舱底运送出来"。你可以想象,当 80 m 高的结构在航天员的头顶上摆来摆去,航天员办公室将会是何等忧心!

对于自由号空间站出舱活动所能产生的不同作用,有关方面进行了系列报道、研究和评估,包括:使用机器人和可以自由飞行的装置为航天员的操作提供帮助及建立移动工作站的概念[12]。对移动工作站的研究主要集中在调查可移动转移装置在出舱活动航天员需要穿过空间站桁架进行建设和服务,减轻航天员的劳动负荷,以及到达增压舱远不能到达的空间站外部区域时的作用。在建立国际空间站时,这些想法经过修正,形成了航天员和设备转移装置(Crew and Equipment Translation Assembly,CETA),研制开发了加拿大移动服务系统(Canadian Mobile Servicing System)和可以"行走"的空间站机械臂。

另一项重点研究内容是由波音公司和政府/工业咨询组制定的人—系统一体化标准文件,文件共分 4 卷,1987 年出版。这项研究主要针对人—系统一体化和设计要求的各个方面,为"未来"载人航天系统(主要是空间站)研制开发具体解决方案,包括人体测量学、生物力学、人类行为能力、自然和诱导环境、航天员的安全、健康管理、建筑设计、工作站、活动中心和子系统、硬件设备、维护保养的设计、设备管理,以及出舱活动等方面[13]。

然而,至今为止最受到广泛关注(和公众讨论)的文件,是在 1989 年由外部维护任务组(External Maintenance Task Team,EMTT)完成的两卷报告,它对设计自由号空间站所累积的日益增多的出舱活动进行了评估。这个在 1990 年 7 月发表的报告,就出舱活动问题,对 NASA 官方的估计与 NASA 研究团队得到的结果之间的差异进行了讨论[14]。

人们一直以来计划使用机器人来进行自由号空间站的外部维护保养的操作,但并没有考虑到应承担的外部活动量。1989 年 10 月,NASA 指示由 C·布赖恩特·克拉默(C. Bryant Cramer)博士领导的团队,对空间站需要通过出舱活动维护的时间进行估计。研究结果表明,每年将需要 432 小时的出舱活动时间用于空间站的维护;当考虑应急状况和“不确定”因素时,预计的出舱活动时间将达到 1 732 小时,也就是仅仅为了保持空间站的运行,每星期就要进行 2.8 次双人组的出舱活动。当然,这项研究主要关注的是在空间站运行期间的外部维护保养,并没有考虑在空间站运行的前几年,要进行的轨道设施建设等其他有关组装和建设的任务。当时,NASA 每年只安排了 132 小时的出舱活动,也就是双人航天员小组每月进行 1 次出舱活动,来完成空间站外部的维护保养。显然,这两种意见之间存在着差异。于是在 1989 年 12 月,成立了由约翰逊航天中心机器人系统分部主任查尔斯·R·普赖斯(Charles R. Price)和航天员威廉姆·F·费希尔(William F.

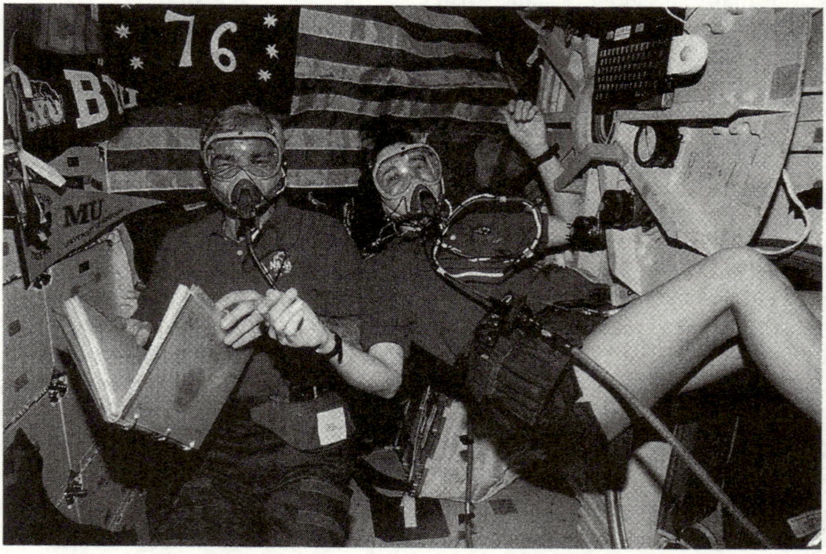

图 8.10　在进行航天飞机出舱活动前,航天员正在进行预呼吸操作(摄于 1996 年)

Fisher)共同担任主席的9人小组——外部维护任务组,代表来自于与自由号空间站项目相关的各部门,得到了33名捐助者的支持,其中有7名航天员(迈克尔·福尔勒、迈克·杰哈尔特、琳达·戈德温、塔玛拉·杰尼根、戴维·利斯特马、戴维·洛和杰里·罗斯)。

外部维护任务组对自由号空间站的设计、组装、可能的系统故障、轨道更换部件的数量和维护保养的水平等10个方面进行了审查。为了尽可能准确地确定人和机器人的任务,还进行了一些模拟试验,由此得出了一些有价值的建议。总体上讲,该组织确定了空间站的大小、建成空间站所需要的部件数量,也加大了空间站维护保养所需要的小时数。尽管数量相当大,但只要将航天员和机器人系统结合起来,共同参与空间站的维护保养,这个问题也不是不能克服的。对空间站的维护保养和组装需要的出舱活动次数量太大,是令人头痛的问题,还需要做进一步的研究。此外,在轨道飞行中需要更换出现故障的部件,必须有一大批备件。

以自由号空间站35年的运行寿命估计,每年用于维护保养的出舱活动,平均大约在507小时,等同每年平均625小时出舱工作时间。这样算来,出舱活动时间是3 276小时,也就是每年双人航天员小组要进行273次出舱活动,或者是双人航天员小组每周进行5.3次出舱活动。这远远大于克拉默报告中提出的估计数,无疑对NASA官方的估计数提出了质疑。报告还对首个部件的发射和空间站可长久居留期间(头30个月),以及从第一次长久居留到空间站组装完成之间(24个月)的出舱活动情况进行了评估:1 752次维护保养需要11 517小时的出舱活动,也就是需要960次双人航天员小组的出舱活动,或者是双人航天员小组每周出舱4.1次,坚持4.5年时间。随后,根据已计划的外部维护保养量,次数少的一年(2003年)将有189次双人航天员小组出舱活动(每周3.7次),到了高峰年(2005年)将增加到每周双人航天员小组出舱10.4次,因为那时候的空间站将已经老化,零部件也开始出现退化。这并不是NASA所想要听到的消息,但它的确是引起人们担忧的因素,自由号空间站太大、太复杂、太昂贵了。NASA开始考虑与包括俄罗斯在内的国际同行们进行合作建立国际空间站,最后获得了新任总统比尔·克林顿的批准。尽管出舱活动在国际空间站的计划中仍然占有很重要的位置,但它不再像已经取消的自由号空间站所作设计中那么复杂了。

8.2.3 技术研发

1986年至1991年期间,主要由于挑战者号航天飞机的失事,暂停了航天飞机的出舱活动。在恢复航天飞机飞行后的包括一些科学试验和有效载荷部署飞行任务中,也没有进行出舱活动。1991年4月在STS-37任务中进行了第1次恢复后的航天飞机出舱活动。这次出舱活动是为了部署康普顿γ射线观测仪而进行的应急出舱活动,第2次出舱活动是用来评估计划用于自由号空间站的航天员和设备转移装置。还对新的手套装置进行了评估,尽管地面模拟试验表明性能有了改进,但飞行试验结果令人失望。在飞行结束后的简报中,航天员(包括杰里·罗斯,由他进行了EASE/ACCESS实验,并有几年的时间从事自由号空间站出舱活动研究)强调,在STS-61B和STS-37飞行任务的5年时间里,在设备设计、硬件的建造和试验、出舱活动规划、航天员训练等方面,浪费了大量的有天赋、有经验和有技能的人力资源。在飞行任务控制中心和参加飞行的航天员里,则缺乏经验。对自由号空间站出舱活动数量之多,担忧日增,而对如何提高效率和保证安全则没有安排针对性的研究计划,“尽管这次飞行任务对获得一些经验有所帮助,但也同时说明,需要通过一些出舱活动来掌握出舱活动技能,这样才能为自由号空间站的装配和操作提供必要的支持。”航天员在评论中建议，每年进行的飞行任务中应该包括 1～2 次出舱活动，以便积累经验，同时在装配自由号空间站前，加强出舱活动所用系统和硬件设备的飞行试验。他们还认为，连续进行出舱活动，只要可能，在空间站更为复杂的运行中将是不可避免的。

依据各项研究成果，NASA 为了在空间站运转以前研制完成出舱活动程序，启动了系列详细试验计划，项目名称为 DTO 1210 出舱活动操作程序/训练项目（EVA Operations Procedures /Training program），借助于计划和出舱实践，将会扩展航天员对出舱活动的认知。然后他们可以在将来的出舱活动中应用这些新知识，加深理解人类在太空的行为能力，并通过与模拟训练的对比，完善出舱活动日程。这些经验也可以应用在空间站硬件设备和服务飞行中，比如说哈勃太空望远镜。

在 STS－37 出舱活动和首次 DTO 1210 出舱活动之间，进行了 STS－49 飞行任务。完成 Intelsat 卫星回收及重新部署后，进行了第 4 次出舱活动，其目的是利用出舱活动的方式进行空间站的组装工作（Assembly of Space Station by EVA Methods，ASEM），这是麦道公司的一项实验，是为了对自由号空间站的桁架做评估（比 SAFE 的规模要小得多）。ASEM 是自由号空间站项目下与桁架装配相关的一项实验，但在进行这项实验时，NASA 决定发射的空间站桁架是已预装配的组合块，以减少装配桁架所需要的出舱活动次数。然而，尽管 ASEM 与 STS－61B 任务中的 EASE/ACCESS 有不同的设计特点，但 ASEM 任务的完成仍然提供了经验和可对比的数据。对航天员而言，超长时间地用手操作，是一件令人心烦意乱的事，这促使设计人员做出了预装配桁架的决定。

1992 年 11 月 25 日，NASA 宣布决定在即将进行的航天飞机飞行任务中进行出舱活动，以获取经验，训练航天员和飞行控制人员，并开发空间站建设的技术[15]。在随后的 5 年多时间里，完成了一系列的出舱活动，以支持国际空间站和哈勃太空望远镜的出舱活动要求。

(1) STS－54(1993 年)

对携带大型物资(另一名航天员)进行评估；演示验证出舱活动时使用大型工具的情况；并试验提升笨重物体的能力。

(2) STS－57(1993 年)

从作为航天飞机有效载荷舱延长通道一部分的气闸舱首次出舱。该气闸舱是为了提供更多的空间，从航天飞机中甲板上挪出的。当操

图 8.11　为国际空间站出舱活动做准备工作时，20 世纪 90 年代执行了出舱活动研发项目，图为在遥控操作系统末端进行的寒冷浸泡热力学试验

作遥控操作系统时对大型物资(另一名航天员)做出评估。当航天员走出有效载荷舱,面对深空(没有太阳光)时,他们经历了低温,航天员都禁不住地哆嗦,双手也感到了麻木和疼痛。

(3)STS-51(1993年)

评估了补给储存组装系统;评估了使用有效载荷舱的灯光加热手套的实验;试验了高、低扭矩下的系索;对比了水下再现训练设施和出舱活动飞行试验结果。

(4)STS-64(1994年)

这是自STS-51飞行任务和1984年使用载人机动单元以来,第一次无系索的出舱活动。这次航天员做了4组试验,第1次使用了出舱活动救援简化辅助设备(Simplified Aid For EVA Rescue,SAFER)。4组试验为:适应性试验、收集工程数据的程控射流试验、翻跟头试验及一系列精确机动试验。当一名航天员站在遥控操作系统上的足部约束装置里时,另一名航天员进行试验,两人轮流试验。航天飞机上的航天员则随时准备,通过航天飞机机动"把航天员拽出来",实现对出舱活动救援简化辅助设备上航天员的"营救"。已经确定,出舱活动救援简化辅助设备使用的氮气比最初预计的要少,这是个令人欣喜的发现,不过人们同时发现新型电子护腕清单没有预期的表现,人们原来一直想用它来替代自阿波罗12号以来就在使用的电子护腕清单。

(5)STS-63(1995年)

这是新的出舱活动研发飞行试验(EVA Development Flight Test,EDFT-01)项目下的首次出舱活动,它的目标集中在为国际空间站项目做好准备工作。出舱活动航天员对航天飞机出舱活动单元的热力学性能改进进行了评估,还在航天服上安装了液体冷却和通风的旁路开关,它可以减少冷却水的流动,但不会降低航天服的通风能力,航天员还试穿了更厚的内衣,试戴了绝缘性更好的出舱活动手套。出舱活动的目的包括:使用 1 363 kg 的 Spartan－204 自由飞行器来处理大型物体;确定当白天有效载荷舱指向太阳或者在夜间面向深空时,在遥控操作系统上或者是足部约束装置上的出舱活动单元的热力学特性。(迈克尔·福尔勒)站在有效载荷舱上面 9.1 m 高处的遥控操作系统上,持续了 15 分钟的时间,对足部约束装置和手套内的传感器所收集到的数据进行了对比,并为观测提供目标。试验期间,福尔勒所戴手套的温度下降到了－6 ℃,当伯纳德·哈里斯(Bernard Harris)的脚接触到温度为－148 ℃的轨道器的时候,感觉非常寒冷。曾要求航天员将他们的舒适度设定在 1～8 级范围内,但调到 3 级时,航天员就已经感到了"无法忍受的寒冷",只好提前中止出舱活动。

(6)STS－69(1995 年)

EDFT－02 项目的作用是在遥控操作系统上安装热传感器,并为国际空间站建立微流星体/轨道碎片防护罩和绝缘套开展研发工作。在反复使用工具的过程中,每名航天员都完成了热特性评估,并在有效载荷舱上面 9.1 m 高处,进行了 45 分钟的寒冷环境试验,还使用电动工具、捆绑器、电子导管和系索完成了一系列不同的维护保养和组装任务。航天员报告说,有了套在指尖的加热器为双手加热,他们在操作过程中双手感到很舒服。

(7)STS－72(1996 年)

EDFT－03 项目通过在有效载荷舱对角线位置上安装刚性连接脐带,进行国际空间站组装的演示验证实验。对洛克希德·马丁(Lockheed Martin)公司的便携式工作平台进行了评估,该平台将约束援助和设备转移过程中的临时存放设施组合在一起,是一种便携式足部约束工作站,为绞接式便携足部约束装置。在第 2 次出舱活动中,航天员穿着航天飞机出舱活动单元,进行了有/无日照情况下的热环境试验,为保持航天员的温度,对航天服系统进行了改进。还试验了为国际空间站研发的夹具和电缆盘。

(8) STS－60(1996 年)

EDFT－04 项目包括计划中的对国际空间站移动笨重部件用起重机的评估。然而,当出舱活动舱门无法打开时,取消了该项试验。后来发现,是一个小螺母松开了,卡住了开门的棘轮机构。如果需要进行应急出舱活动,航天员根本不可能走出轨道器。于是 NASA 增加了一套应急舱门工具,使航天员可以在气闸舱里打开舱门的机械装置。

(9) STS－87(1997 年)

EDFT－05 项目是为了在国际空间站建成前的出舱活动中做一次太空行走。这次,航天员在 2 次出舱活动中的第 1 次开始时,先进行一次应急出舱活动,人工捕获 Spartan－201 自由飞行器,使其安全地回到有效载荷舱里。航天员随后成功地完成了EDFT－05项目所计划的任务,包括:对望远镜起重机吊杆的评估,模拟更换国际空间站太阳电池阵电池,对电缆盒、人体约束系索、多功能系索和其他操作与约束辅助工具进行评估。这次任务也验证了斯普林特自动舱外照相机的使用,该装置计划用于空间站外部遥控检查,是典型的自由飞行照相机,其直径为 35.5 cm,重 15.8 kg,包括 2 台电视照相机,12 台小型的以氮气为动力的助推器,1 个电子控制系统(它的外形像个足球,从航天飞机尾部飞行甲板进行自动控制),1 台手动控制器,2 台便携式计算机和 1 根安装在尾部飞行甲板窗口的天线。动力供应可以保证这台设备运行 7 小时,这个时间的长短,正好就是正常的以航天飞机为平台的出舱活动的持续时间。

8.3　国际空间站出舱活动情况(1998—2002 年)

与国际空间站实体建设有关的第 1 次出舱活动,是在 1998 年 12 月 STS－88 飞行任务期间完成的。在随后的 4 年多时间里,大量的出舱活动继续为空间站的扩展和运行提供支持。然而,2003 年 2 月哥伦比亚号的失事,不仅让航天飞机暂时停止了飞行,同时由于航天飞机停飞后没有能输送大型物资的合适运载工具,使得空间站的发展受到严重影响。无疑,从空间站上进行的出舱活动也随之受到了牵累。随着 2001 年第 2 批在太空长期居留的航天员组的到来,以空间站为平台的出舱活动即将开始,且随着空间站的不断扩大,也将得到不断的发展和改进。当人们寻求让航天飞机重新恢复飞行的同时,也继续维持着空间站项目的进行。

8.3.1 气闸舱或对接舱

所有在国际空间站进行的初期出舱活动,都是借助于航天飞机的气闸舱来完成(1998—2001 年);但在 2001 年,美国的气闸舱(Quest)和俄罗斯的带有气闸舱设施的对接舱(Pirs)送入轨道后,出舱活动在没有对接航天飞机的情况下,也可以从国际空间站上进行了。在航天飞机停飞情况下,这种能力被证明很有实用价值,它可以使国际空间站上长期居

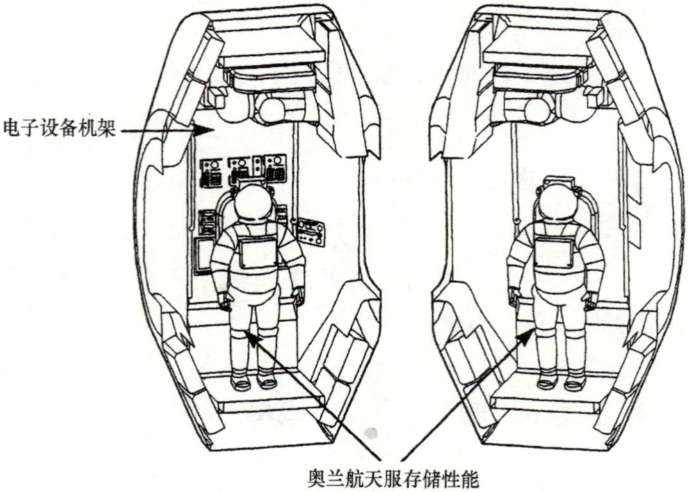

图 8.12 在国际空间站气闸舱(Quest)内配备的出舱活动设备物资

留的航天员,在需要的时候,进行出舱活动,并在航天飞机出舱活动至少要被拖延到 2004 年秋天的情况下,还能继续扩展空间站。

Quest 是一种连接型的气闸舱,可支持穿上美国的出舱活动单元或者是俄罗斯的奥兰航天服的航天员,进行出舱活动。它长 6 m,直径 4 m,由两部分构成。设备闸舱是出舱活动准备区和预呼吸操作区,也可储存设备;而乘员闸舱是按照美国人的要求建成的,在出舱活动开始和结束时可作为气闸舱/舱门通道。它于 2001 年 7 月由 STS – 104 任务运送到太空,停靠在联合号节点舱的右舷。

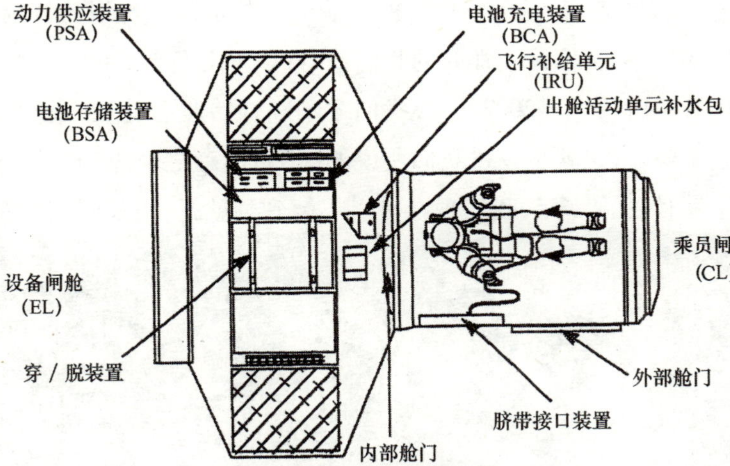

图 8.13　气闸舱内部布局

对接舱(Pirs)于 2001 年 9 月由进步 M 货运飞船运送到国际空间站,停靠在星辰号服务舱最低点的接口上。这是联盟 TM 和进步号货运飞船的第 3 个对接口,在俄罗斯舱段一侧,为身穿奥兰航天服的出舱活动提供支持。对接部分长 4.85 m,直径 2.1 m。

8.3.2　出舱活动之屏障

到了 1998 年,空间站的第一个舱段准备发射。尽管以往 4 年出舱活动进展顺利,但在1999年,航天飞机推进系统和电子线路子系统,以及俄罗斯星辰号服务舱发射出现问题,拖延了航天员进行空间站长期居留的时间。早期空间站的出舱活动,也就是为了建立空间站,存在操作和技术上的难题。由于无法回避所需要的出舱活动的巨大数量和复杂性,在NASA这已经被称做国际空间站上的"出舱活动之屏障"。出舱活动飞行指挥员格伦达·劳斯(Glenda Laws)在2002年的访谈中解释了该术语[16]:"你在国际空间站出舱活动中竭尽全力,但真的非常艰难,每一个人都知道我们什么时候开始建造空间站。我们有一些图表,显示每年进行的出舱活动数量以及规划的数量,如果用爬山来形容,实际上那时的我们,一直处于山底平缓地带,到了去年(2001年)和今年(2002年),我们才刚刚开始爬上陡坡,我们必须翻过这个陡坡,也就是越过我们所说的'出舱活动之屏障'。随后,在顶峰上将停留许多年,我们现在可以了解到的就是,很长时间内都不

图8.14　位于休斯敦的飞行任务控制中心,在国际空间站出舱活动期间,研究"出舱活动之屏障"

会再回到从前平缓地段，因为那时大量有关维护保养的出舱活动会纷至沓来。”在实际所需的运行费用和预算之间的矛盾也越来越明显。如果 2002 年年底 NASA 处于“出舱活动之屏障”的底部的话，那么在 2003 年年初由于哥伦比亚号航天飞机的失事，国际空间站出舱活动将进一步滑落。毫无疑问，以保证安全和谨慎为前提，越过这道屏障尤显紧迫。

8.3.2.1　以航天飞机为平台的出舱活动建设工作

1997 年 6 月 NASA 宣布，将训练 14 名航天员，为初期利用航天飞机组装国际空间站中的大量项目做准备。这些航天员中的许多人已经训练了几年，在以往的飞行中完成过出舱活动[17]。在 1988 年 12 月至 2002 年 11 月期间，航天飞机航天员从轨道器或者是空间站气闸舱，完成了 39 次出舱活动。

下文对这个时期里航天飞机出舱活动的第一阶段做一个总结。从STS－88到 STS－106 飞行任务，最先进行的 5 次出舱活动，安装了联合号节点舱和曙光号(Zarya)功能货舱之间的连接通道，并为以后的出舱活动安装了工具、硬件设备和在空间站外部使用的约束装置，还完成了星辰号和曙光号舱段的连接。从 STS－92 到 STS－97 任务中的 7 次出舱活动，主要致力于准备和安装 Z1 桁架、P6 太阳电池阵及 PMA－3。STS－98 任务进行的 3 次出舱活动用于安装命运号实验舱、连接通信天线的加强杆、安置 1 台冷却散热器。STS－102 任务进行的 2 次出舱活动，把以前安装好的硬件设备进行了转移，并安装了 1 个外部储存平台。STS－100 任务进行的 2 次出舱活动，用来在空间站安装由加拿大制造的遥控操作系统，而 STS－104 任务进行的 3 次出舱活动，安装了 Quest 对接舱和 1 对氧气罐和氮气罐。对包括科学实验包在内的其他硬件设备的安装，是在 STS－105 任务的 2 次出舱活动和

STS－108 任务的 1 次出舱活动中完成的。2002 年期间,STS－110 至 STS－113 任务所进行的 13 次出舱活动,完成了桁架和太阳电池阵及与之相关的电路和液体管道连接装置的扩建,完成了 Canadarm 2 和移动式基础系统及其传送系统的安装。

图 8.15　1999 年 STS－96 任务进行的出舱活动为国际空间站输送补给和出舱活动所需设备

虽然每次出舱活动都遇到了一些小的困难和故障,但唯一一次灾难性的失败发生在 2001 年 2 月 STS－98 任务的第 1 次出舱活动中,当时 1 条由罗伯特·柯比姆(Robert Curbeam)连接的冷却剂管道泄漏出少量氨的结晶。随后，这次泄漏很快就被阻止了，泄漏出的晶体分散并蒸发掉。飞行任务安全条例要求柯比姆进行 30 分钟的“日光浴”，让太阳能热量把可能残留在他的航天服上或身后所连接的设备上的晶体都蒸发干净。为小心起见，他的同事托马斯·琼斯(Thomas Jones)也对自己的航天服进行了刷洗。重新进入航天飞机气闸舱也需要进行部分的加压，把有可能进入气闸舱的任何残留颗粒用气体冲刷出去。然后轨道器上的航天员要戴上氧气面罩 20 分钟，同时打开气闸舱，由轨道器环境控制系统向舱内输送空气，进行进一步的空气清洗。这个过程使出舱活动的持续时间延长了 100 分钟，但没有出现什么副作用，还为多年来研制的应急出舱活动程序提供了一次演示验证的机会。

图 8.16　2001 年在进行 STS－104 飞行任务时，转移 Quest 气闸舱

8.3.2.2 基于国际空间站的出舱活动

国际空间站上由长期居留的航天员进行的第 1 次出舱活动，由于结构负荷的问题，从 ISS－1 拖延到 ISS－2 航天员小组完成。这次出舱活动是一次较为短暂的内部出舱活动，在星辰号舱的对接点安装了一个对接锥形物，以便能与 Pirs 对接舱相连接。ISS－3 航天员小组从对接舱上完成了 4 次出舱活动，在星辰号的外部安装了各种设备，以及安装连接对接舱及星辰号的装置。这个小组还从国际空间站上进行了首次计划外的出舱活动，由于以前没有对接上的货运飞船留下了 O 形密封圈，这会使下一次无人驾驶的进步号飞船在与星辰号的尾部硬对接时产生困难，航天员在出舱活动中将其取下。ISS－4 航天员小组完成了 3 次出舱活动，重新放置了 Strela 起重机，并开始在星辰号的后部，安装 6 台推力导向装置。他们还为以后的出舱活动完成了一部分准备性的家务劳动和前期工作。ISS－5 航天员小组继续完成这项工作，安装了星辰号外部 23 块太空碎片防护罩中的 6 块，还在空间站外部安装了其他设备和俄罗斯的实验仪器。

2003 年 1 月，ISS－6 航天员小组继续完成 P－1 桁架的安装和建设，并把工具箱从 Z1 桁架重新放置到航天员和设备转移装置上。同年 2 月哥伦比亚号航天飞机失事，使有关方面必须对国际空间站的轨道运行进行全面的评估，结果国际空间站上长期居留的航天员人数从 3 人减为 2 人，并在恢复航天飞机飞行前，用联盟号 TM 飞船运送和接回在国际空间站上长期居留的人员。这对轨道上的科学研究和出舱活动项目都产生了影响，严重地推迟了利用航天飞机扩展国际空间站建设的进程。2003 年 4 月，ISS－6航天员小组为力矩控制陀螺仪提供了一个次级电源，完成了国际空间站动力系统的重新设置，原计划在 STS－114 任务（该任务被推迟）中更换该陀螺仪。ISS－7 航天员小组在太空停留期间,虽然航天员完成了舱内活动的训练及奥兰航天服的性能试验,但他们没有进行出舱活动。2003 年 11 月,ISS－8 航天员小组完成了另一次舱内活动训练,内容涉及当航天员穿着奥兰航天服时,从 Pirs DC－1 气闸舱撤离到对接在 Pirs 对接舱尾部的联盟号飞船的返回舱里。作为首次演示验证,验证练习航天员进入轨道舱的能力,在出舱活动期间,若发生了故障,无法正常完成时,就得重新进入国际空间站的居留舱段。在水槽实验室里从来没有模拟过这种形式的应急出舱活动,于是航天员组装并检查了奥兰航天服,在里面没有航天员的情况下,对它进行了加压和放气,推着它穿过了连接舱门。

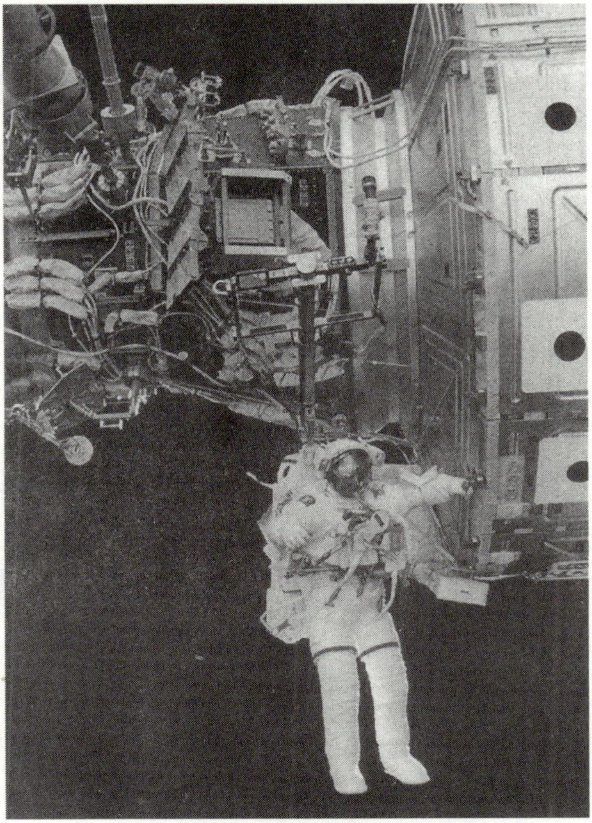

图 8.17　国际空间站上的出舱活动

由于还有可以清理空间的余地，于是第二天对试验进行修订后，飞行工程师（卡列里）穿上了航天服，试图完成太空舱之间的穿越。这个过程需要没有穿航天服的（迈克尔·福尔勒）推着他穿过狭窄的舱门进入到联盟号飞船里。结果分析表明，联盟号货运飞船需要被重新放置在靠近曙光号节点舱舱门最低点的较宽位置上[18]。航天飞机在2004年第4季度到来之前是无法投入运行的，在等待航天飞机重新投入飞行的过程中，国际空间站准备有限度地继续进行一些出舱活动。

8.3.3 小结

1984年，曾期待能在1994年建成国际空间站，但实际上在1998年才开始空间站的建造，在写作本书的时候（2003年），只完成了50%的建造任务。如果航天飞机在2004年年底重返飞行（正如目前计划中声称的那样），需要超过2年的时间才能恢复国际空间站在这2年期间停止进行的建设任务。4年多的国际空间站出舱活动，仅仅是大量出舱活动的开始。时至今日，以航天飞机和国际空间站为平台的出舱活动尽管已取得了许多辉煌成就，但是要加以评说，仍为时尚早。的确，在设施建设完成之前，仍然还有大量的出舱活动需要完成；在此之后，才能将重点转移到长期的在轨维护保养项目上（10～15年?）。在国际空间站项目结束的时候，在超过20年的时间里，都将依靠出舱活动来实现空间站的建设，同时出舱活动还将不仅在地球轨道进行，还将在穿越太阳系飞行的长期发展中，发挥其重要的、有价值的作用，而太阳系是人类航天飞行和出舱活动要实现的下一个目标。

参考文献

[1] Astro Info Service interview with Yuri Usachev, TsPK Moscow, 19

June 2003.

[2] Shayler, David J., 'Outside Mir: Ten Years of EVA Operations', *Journal of the British Interplanetary Society*, 51, 1998, pp. 27 – 36.

[3] Astro Info Service interview with Yuri Romanenko, London, July 1989.

[4] Shayler, David J. and Hall, Rex D., *Soyuz: A Universal Spacecraft*, Springer-Praxis, 2003, pp. 336 – 339.

[5] Salmon, Andy, 'The TTM Repair EVA: An Insider's View', *Zenit*, No. 22, December 1988, pp. 8 – 12.

[6] Portree, David S. F. and Trevino, Robert C., *Walking to Olympus*, NASA Monograph No. 7. pp. 127 – 129.

[7] Information revealed during Astro Info Service visit to Zvezda facility, Moscow 16 June 2003; Abramov, Isaak P. and Skoog, Å. Ingemaar, *Russian Spacesuits*, Springer-Praxis, 2003, pp. 186.

[8] Proceedings of a Conference [on space construction] held at NASA Langley Research Center, Hampton, Virginia, 6 – 7 August 1986, NASA Conference Publication CP – 2490, 1987.

[9] *EVA Assembly of Large Space Structure Elements*, NASA Technical Paper TP – 1872, June 1981.

[10] *Space Station Human Factors Research Review*, Vol. 1, EVA Research and Development; Vol. 2, Behavioural Research; Vol. 3, Space Station Habitablity and Function, Architectural Research, NASA Conference Publication CP – 2426, 1988.

[11] *A Space Station Structure and Assembly Verification Experiment: SAVE*, NASA Technical Memorandum TM – 89004, August 1986.

[12] *A Mobile Work Station Concept for Mechanically Aided Astronaut*

Assembly of Large Space Trusses, NASA Technical Paper TP – 2108, March 1983; *Tests of an Alternate Mobile Transporter and EVA Assembly Procedure for SS Freedom Truss*, NASA TP – 3245, October 1982.

[13] *Man-Systems Integration Standards*, 4 vols., NASA STS 3000, March 1987.

[14] *Space Station Freedom External Maintenance Task Team Final Report*, 2 vols., July 1990.

[15] NASA News, 92 – 066.

[16] Astro Info Service interview with Glenda Laws, NASA Shuttle/EVA Flight Director, Houston, Texas, 8 May 2002.

[17] Shayler, David J., 'NASA Shuttle Missions to ISS, 1998 – 2001', in *ISS: Imagination to Reality*, British Interplanetary Society, 2002, pp. 81 – 118.

[18] ISS On Orbit Status Report, 18 November 2003.

第9章 展望未来

本书不想详细地描述每一次出舱活动(作者准备在其他的研究中进行这项工作),而是想告诉大家,在太空真空环境里,安全并成功地完成出舱活动究竟应具备何种条件。硬件设备、航天服和操作程序的研发和试验,花费了科研人员许多年的时间。目标确定了,时间日程也设立了,出舱活动和舱内活动的航天员以及飞行控制人员,都必须接受训练。每一个因素在飞行任务中,在出舱活动前后,乃至飞行的全过程,都必须正常发挥功能,所有这些因素加在一起,才能完整地展现一次成功的太空飞行。当然,有些事情会出差错,计划会受到干扰,设备会出现故障,但在大多数的情况下,只要尽可能多地留有灵活性和冗余度,就会是一次成功的飞行。

出舱活动的故事起源于文学作品和电影,太空先驱者们相信,在航天员得到恰当保护的前提下,人类能够用火箭推进的飞行器探索太阳系,能够走出舱外,进入真空,探索月球和其他行星。1965年当人类第一次把试探性的脚步踏入太空后,大多数的宇宙飞船外的活动都是在地球轨道上完成的。我们曾经15次登陆月球,但深空出舱仅仅进行过3次。虽然在可预见的将来,我们会讨论探索火星计划,并期待着重返月球,但所有人类航天飞行的经历仍将局限在地球轨道上。我们还没有真正地对太空进行过探索。但至少我们已经起步。

在作者所著《阿波罗:逝去并被遗忘的飞行》一书的序言中这样写道,前航天员唐·林德(Don Lind)回忆说,发现和探索太平洋花去了

250 多年的时间。与之相比,人类只用了不到 1/5 的时间,就进入了太空,为什么我们不能有更多的期待呢? 有了好的时机,抱持愿望,付出艰苦的努力,再加上军事上的压力驱动,在不到 12 年的时间里,从第一颗苏联人造地球卫星到阿波罗 11 号,人类就从地球登上了月球。2003 年,我们庆祝航空飞行的百年史。如果能够付出像阿波罗登月那样的努力,在这些庆祝活动中就应该包括载人的火星探索飞行。事实上,当地球围绕着太阳旋转的时候,我们每天都在对太空进行着探索。由于对我们周围环境和所生活的星球的担忧,人类必须探索和了解太空是如何"运转"的,它对地球上的生命究竟会产生什么样的影响。太空总是离我们很近,就在我们头顶上方 80 km 的地方,如果能够直接到达,其路程不到 10 分钟。未来对太空的探索应该包括明确的目标和对象,人类太空探险计划应该把无人的卫星与机器人探索装置和载人航天器结合在一起。与这种计划密不可分的将是由人类或机器进行的出舱活动,由于预计将有非常频繁的出舱活动,考虑到未来我们要探索的太空环境的条件,这个领域里存在着不可估量的发展潜力。那么,未来能给予我们什么承诺呢? 人类航天飞行的下一步,究竟会把我们带向何方呢?

9.1 国际空间站:轨道上的前哨地带

在未来 10 年或者更长的时间里,大量的出舱活动项目将集中在国际空间站上。虽然空间站的扩大还要依赖于航天飞机重新投入飞行,但正是在这个轨道前哨站上,目前计划中的大多数出舱活动都将在此进行。根据 2003 年 10 月得到的信息,恢复组装将在 2005 年年初开始,美国建造的核心舱将在 2006 年年底完成。随后国际空间站合作方的组件将在 2010 年完成,此后,国际空间站的设施和部件将在其寿命周期内投入使用,这段时间至少要再持续 10 年。

在哥伦比亚号航天飞机失事的时候，在 2003 年和 2004 年要进行的空间站组装飞行任务，都集中在余下的桁架和太阳电池阵安装上，目前的计划表明，在恢复飞行的首次飞行任务 STS－114（这次飞行仍将运送和安装最重要的力矩控制陀螺）及新增加的 STS－121 飞行任务中，以及后面 5 次飞行任务将试图运送和安装剩下的桁架和太阳电池阵。从以往的经验看，可以估计每一次飞行任务需要完成 3～4 次的出舱活动。大约还需要进行 17 次的飞行，才能完成国际空间站的建设任务。出舱活动将再一次在每一次飞行中发挥重要作用，并跨越“出舱活动之屏障”。

下一批长期居留的乘员组（ISS－9），将在 2004 年的 4 月成行，希望他们能够完成 1 年多来首次的国际空间站上的出舱活动。当国际空间站乘员组不断轮换，并且航天飞机重新恢复飞行后，乘员组又重新恢复到 3 人小组的组成，就像在和平号空间站上一样，出舱活动将开始成为长期飞行任务期间的常规任务。

9.2　航天飞机：重返飞行

航天飞机重返飞行的一个关键因素是，要在航天器热防护系统中加入修复系统，在这套系统正式投入飞行使用前，将在 STS－114 和 STS－121 飞行任务中进行试验。用于更换丢失的防热瓦的修理工具，起初在 20 世纪 70 年代后期的轨道飞行试验中已经做过评估，但由于已经研制开发出了航天飞机上安装防热瓦的更先进的系统，所以它从未投入使用。从 4 次轨道飞行试验得到的数据也显示，虽然有防热瓦丢失和损坏的现象发生，但丢失防热瓦的地方都不在关键的区域（至少在这几次飞行中是这种情况）。从 100 多次航天飞机的飞行和 20 多年从航天飞机上进行出舱活动中得到的经验，以及新材料和新技术的应用，使人们研制开发出一种新型的材料，可以用它来填补缺口或用它的成形过程来修补已经丢失的防热瓦。但是,如何修复经过加强的碳高温区域,NASA 仍然在继续攻关,有证据显示这个区域是导致哥伦比亚号航天飞机失事的主要原因。为了能对轨道器展开全面的调查,在所有的飞行任务中将可能携带质量为 500 kg 的遥控操作系统。新增加的出舱活动防热瓦修理设备的质量超过 300 kg,还有其他相关的设备,使每一次航天飞机飞行任务的起飞有效载荷增加了,而且随着一系列需要修理项目的增多,要携带的材料将不断增加,所有这些因素将对运送到空间站的有效载荷产生不利的影响。无论最后采取什么样的计划,出舱活动补给品和出舱活动支持设备的提供,将在每一次航天飞机飞行任务中起支配作用。

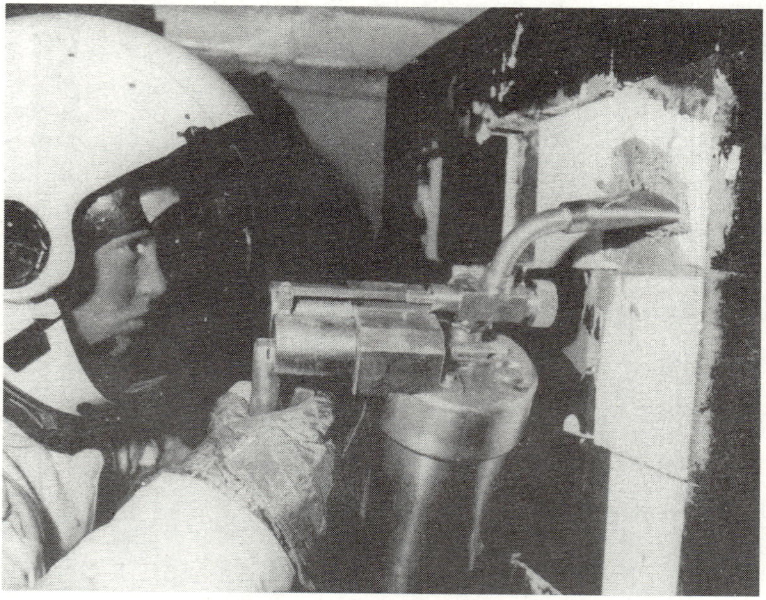

图 9.1　安娜·费希尔在 STS－1 飞行任务前的水下出舱活动模拟试验中对计划中(还没有参加过飞行)的防热瓦修理工具进行评估

NASA 计划到 2007 年完成 7 次飞行任务，到 2012 年大概进行 15～25 次的飞行(每年 5 次)。出舱活动将对航天员探索飞行器的设计提出要求，这种飞行器作为航天员运送或营救飞行器，需要具有应急出舱活动的能力。在发生事故后，曾有人建议执行 STS－107 任务进行出舱活动营救，但如果航天员探索飞行器保留其简单、不太复杂的设计，只具有有限飞行能力的话，那么出舱活动、气闸舱、航天服和相关设备等就会增加成本、复杂性、发射载荷和机组人员的人数。我们将非常有兴趣地发现，出舱活动的作用，在 2012 年后，将仅次于航天飞机。

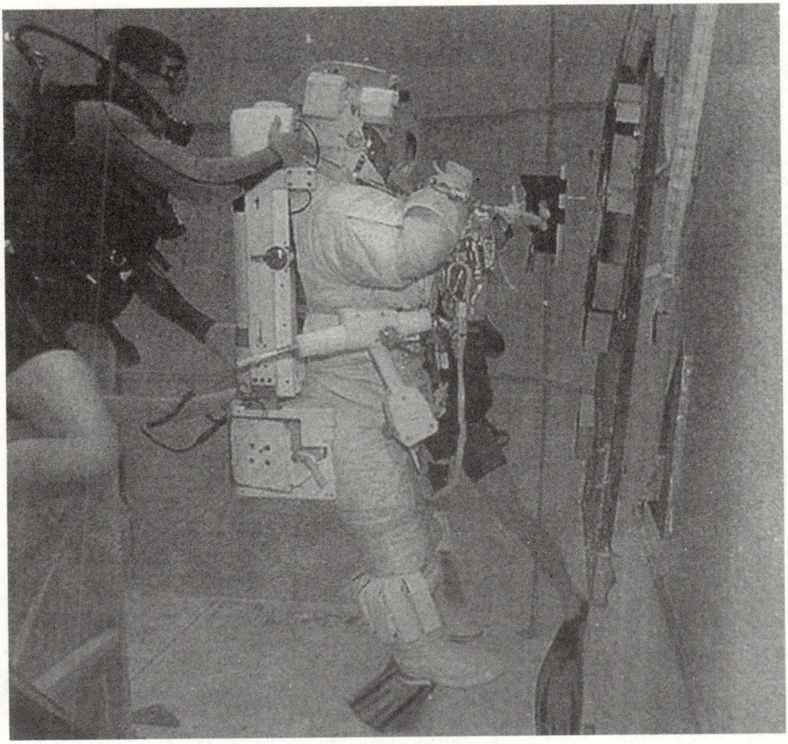

图 9.2　在哥伦比亚号航天飞机失事后，2003 年进行了对航天飞机防热瓦修理模拟的评估

9.3 太空舱撞击外部修复工具:修理国际空间站

马歇尔航天飞行中心正在进行修复补丁工具的研究,这种工具可用来封住碎片撞击给国际空间站造成的破损,即太空舱撞击外部修复工具(The Kit for External Repair of Module Impacts,KERMIt),它包括外部填补材料,可以密封住直径在 10 cm 以内的破洞或长度在 20 cm 以内的裂缝。1999 年时人们认为,再大一点儿的破损将"不大可能"修复,或在修复中会遇到无法克服的困难。正如 1997 年和平号空间站表现的那样,只要给予足够的时间和运气,遭受小型撞击的空间站是可以生存下来的,但并不是所有的情况都是如此。太空舱撞击外部修复工具是由 3 个部分组成的系统,有一个完整的聚碳酸酯纤维圆盘,一侧有一个密封环,穿过中心有一个套环插销,以及用来注入密封剂的装置。它还配备了特制的工具,对空间站舱体上的修复补丁进行平整与加固。在进行出舱活动的时候,航天员将检查洞口的情况,清理撞击区域以及热防护层。将需要修复的区域清理干净,是为了提高接触度,以贴得更牢。使用一种特制的工具确定洞口的大小和形状,在洞口周围做好相应的标记,确定需要的补丁大小。随后进行第 2 次出舱活动,把套环插销插入洞口,把密封补丁紧紧地粘贴在空间站的结构上,并把堵缝用的环氧树脂填进洞口并密封好,修复工作就完成了。

然而,这种修复方式也存在问题。已经完成的试验表明,一个 2.5 cm大小的洞,在 1 个小时内,会导致压力的大幅下降,此时,航天员必须逃离太空舱,并封住洞口以保留剩余空气,使航天员可以做 2 天多的修复工作。如果航天员受伤或者子系统受到损坏,就会带来严峻的挑战。解决这些问题需要 2 ~7 天的时间,而且密封后的效果,必须至少在 6 个月里,能承受内部压力。但如果航天员知道他们是在打过补丁的太空舱里进行工作,他们还会感到舒适和安全吗? 无疑,任何用于修补的工具都必须在出舱活动中接受检验。很明显,在把这些修复工具作为空间站设备使用之前,需要对它们进行更多的研究工作。

对空间站撞击的风险评估已经开始进行,利用低地球轨道上粒子流的数据和约翰逊航天中心的试验数据,进行风险概率分析,确定撞击对出舱活动的航天员产生的长期风险。这些试验数据给出了出舱活动单元承受撞击载荷的能力、微陨石流发生的频率和轨道碎片的数量。这些不断积累的数据,可用于未来航天服的设计,来确定航天员防护装置方案、空间站建设和使用期间出舱活动的数量、安排及频率等。

9.4　利用出舱活动能否实施太空营救

哥伦比亚号航天飞机失事后,一些新闻报道认为 NASA 当时应该发射第 2 架航天飞机来营救乘员组。从理论上讲,这样做是可行的。于是,为 STS－114 飞行任务制造了 1 台飞行器,为了能够尽快发射,整个流程都将以最快的速度进行。但用出舱活动进行营救,仍然受到某些因素的制约。航天新闻分析人士讨论了如何使航天员生存下来,如何由第 2 架航天飞机提供营救支持等问题。其中,吉姆·奥贝格(Jim Oberg),在对 34 页长的,作为哥伦比亚号事故调查委员会工作的一部分的有关文件进行了审阅,考证了哥伦比亚号航天飞机乘员组所做的检查和修复工作,或亚特兰蒂斯号所做的营救工作后,认为,航天飞机受损程度比向公众披露的要严重得多,也配备了某种营救方式,提供足够的补给,使航天员能在太空生存。飞向国际空间站不是理想的选择,因为它们飞行的轨道不同。通过调整航天员工作/睡眠的模式,使用氢氧化锂霰弹及降低动力等使航天员幸存问题,都反射出 NASA 在 1970 年中和阿波罗 13 时期的思维方法。假如有充足的时间、正确的信息、畅通的通信和足够的运气,NASA 也许会获得成功。但现在我们永远都无法知道真正的结果是什么。

然而，人们还从没有尝试过，在两个相邻运行的轨道器上进行出舱活动，并靠出舱活动来营救航天员，虽然在20世纪70年代做过这种模式设计，但从未实施过。而且，出舱活动航天服的缺乏也使这种营救方式变得更加复杂。7名航天员都有橙色增压服，尽管这些服装都是为适应真空而制的，但它们独立的生命维持能力有限，也没有热防护装置。尽管亚特兰蒂斯号可以携带着额外的出舱活动航天服，为哥伦比亚号提供2套应急出舱活动航天服做为补充，但是用出舱活动分3批转移哥伦比亚号的7名航天员将要花费几个小时，并且还要有足够的消耗物资，以便对气闸舱进行减压，并保持两架航天飞机能够成纵列飞行。而且，由于在最后一次转移中哥伦比亚号将处于无人操控状态，所以即使是在最佳状况下真的实施，这样的操作也将是甚为困难的。

20世纪70年代，在项目早期，NASA为这种转移设计了可载一人的营救舱(球状物)。航天员可以手动从一架航天飞机转移到另一架航天飞机上，但是虽然建造出了2个营救舱，但从未在太空中做过试验，封存至今。1985年，一份IAF报告建议，载人机动单元可以用来转移这些营救舱，或者是被困的出舱活动航天员，但这种设想也从未实施[1]。同样，载人机动单元也封存了数年。

因俄罗斯载人机动单元出现故障，失去了另一个可以用来进行太空营救的机会。在暴风雪号航天飞机与和平2号空间站研制过程中，一直在开发相应的载人机动单元，航天飞机上的气闸舱演化成了国际空间站上的Pirs对接舱。如果数年前美国和苏联就开始相互合作的话，可能就会避免暴风雪号的停飞。要是将暴风雪号发展成为美国航天飞机的一种补充，并具有"太空营救"能力，那么在资金充足的情况下，就可能已经用于支持国际空间站的建设了。

多少年来，提出了多种营救系统方案，但只有对接系统在20世纪

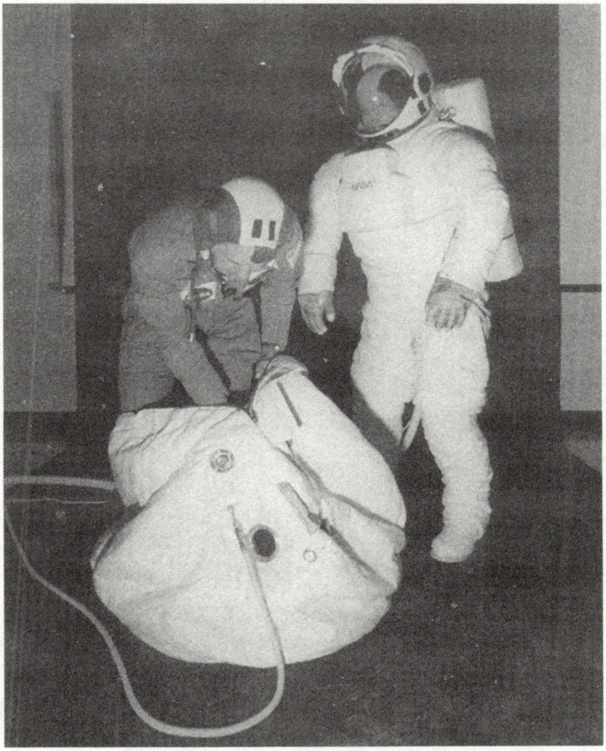

图9.3 图为 NASA 设计的单人救生圈,可用来通过出舱活动把已损坏的航天飞机上被困的第Ⅳ组航天员转移到一个营救飞行器(最好是另一架航天飞机的轨道器)上

70年代的阿波罗—联盟号试验项目、20世纪90年代的航天飞机—和平号试验项目以及目前的国际空间站中得到过检验与评估。甚至在科幻小说中,在1969年的名为“孤立无援(Marooned)”的电影中还展示了出舱活动的营救过程,由此,出舱活动成为无数影片想要描绘的一个主题。还是在1969年,联盟4/5号飞船上的航天员完成了一次出舱活动,这次活动被形容为通过出舱活动营救航天员技术的进展。存在着的唯一问题是,从那时起发生的所有主要事故中,包括联盟11号、挑战者号和哥伦比亚号事故,航天员都没有足够的时间和物资来实施“营救方案”。在上述这些事例中,缺乏清晰的信息、不知道事故的确切位置、缺少快速应对的程序、没有充足的时间,使得所有的营救努力都无法实施。如果有充分的时间,通过出舱活动实施营救是一种可靠的选择。但鉴于目前的航天器系统和加压航天服的现状,救援时间严重受限。

9.5 哈勃太空望远镜营救或再入

STS－122 任务作为第 4 次哈勃太空望远镜服务性飞行任务,目前正在接受评估。但是如果可能,也别指望它能在 2006 年前投入飞行!如果飞行继续进行,在服务性飞行任务完成后,将有 4 ~5 次的出舱活动,对设备进行升级、服务和更换,这样可以使这项科学研究项延长至 2010 年,那时望远镜的运行寿命也将到期。在哥伦比亚号航天飞机失事前,曾有过对 2010 年以后望远镜命运的讨论。有人认为可以用另外一架航天飞机为它提供燃料,把它推到更高一些的轨道,或者在再入过程中破坏掉它;也可以把它回收,对它在超过 20 年的时间里,长期暴露在太空环境中的结果进行研究。后一种方法将给未来的载人和无人航天器的发展提供一个很有价值的试验平台。然后把它送入博物馆,向公众展览。

然而,在哥伦比亚号航天飞机失事以后,人们对太空望远镜的未来进行了更深入的研究。由于航天飞机的数量由 4 架减少到 3 架,而且它们还担负着为国际空间站服务的重任,根据挑战者号和哥伦比亚号事故的情况,在它们为哈勃太空望远镜做飞行服务时,风险在加大。有一些人认为,从太空望远镜已经取得的成果和它还能为人类提供的价值来看,虽然存在着风险,但仍然值得尝试。但另一些人则有不同的看法,他们认为 2010 年在它结束运行寿命后,要安装 1 台发动机才能把它送入储备轨道,如果放弃它,就可以节省 1 次服务/回收飞行任务。还有一种选择，就是在2009年进行一次服务性的飞行，把它的运行寿命延长到2011年，到那个时候，詹姆斯·韦伯太空望远镜(James Webb Space Telescope, JWST)就能投入运行使用了。但是，詹姆斯·韦伯太空望远镜毕竟不是哈勃太空望远镜，而且从詹姆斯·韦伯太空望远镜计划的运行状况看，如果发生什么情况，目前所能进行的出舱活动的服务和修复能力，将远远不能达到为詹姆斯·韦伯太空望远镜提供服务性飞行的要求。还有一种选择是把它留在轨道上，一直到至少能确定詹姆斯·韦伯太空望远镜能正常运行后，再放弃使用。为哈勃太空望远镜所做的服务性飞行任务仍然存在着诸多不确定因素。

9.6 机器人和出舱活动

我们已经知晓在出舱活动的初期，在航天飞机和国际空间站的遥控操作系统中，斯普林特舱外自动照相机以及其他几项为国际空间站提供维护、保养、援助的装置设计方案中，已经开始使用机器人了。1972年影片“静静地奔跑(Silent Running)”中，已经出现了3个机器人，它们可以在航天器外部穿越“行走”，在没有人参与的情况下，独立进行航天器的维护、保养和修复工作。其他一些科幻影片也出现了在深空和“奇异的新世界里”，机器人和人类共同合作进行极富冒险性的出舱活动的场面，但并不是所有场景都只能在科幻影片中出现。

2003年7月2日，NASA发布了一条消息，报道了人类和机器人共同参与“太空行走”的新闻，这项计划主要是为了提高航天员在国际空间站外、其他航天飞行器上或其他行星表面进行工作的能力。约翰逊航天中心和高级防务产品研究局(Defense Advanced Research Products Agency)组成了联合项目组，对灵巧的、具有人性特点的、被叫做“Robonaut”的机器人的研制开发工作进行了数年，为了取代目前的出舱活动航天服，一段时期以来，在美国、俄罗斯和欧洲，进行了具有机器人特性的先进增压航天服的试验。在最近的试验中,航天员南希·柯里(Nancy Currie)与2个“Robonaut”机器人共同组装桁架。通过几次试验发现,与通常的出舱活动航天员团队进行的操作用时相比,明显地减少了完成组装任务所需要的时间。居里报告说,试验非常成功,在随后的5年时间里,经过进一步的评估工作,在建立或关闭工作站,或是帮助移动和更换大型及笨重的硬件设备时,使用“Robonaut”机器人会使出舱活动时间减少20%。

图9.4 试验新型的出舱活动航天服。新一代的容积不变的出舱活动航天服在地球上已经进行了几十年了的研制工作,但还没有参加过飞行试验。在未来的10年里,这项技术的发展将在人类重返月球和对火星进行探险活动中起到里程碑的作用

在航天员不适合到达的危险区域，可以使用机器人出舱活动系统，这些不安全的区域不仅包括国际空间站上的，还包括行星表面的区域，那里的大气和压力条件给航天员的出舱活动增加了巨大的困难。与航天员组成工作团队，"Robonaut"机器人可以像手术室里的护士一样，为出舱活动的航天员提供帮助，它可以根据航天员的语音指令，递送和收起工具，同时，在不依靠航天员的情况下，它们可以完成轨道上或者是低地球轨道上的大型组装任务（比如詹姆斯·韦伯太空望远镜）。当然，它们无法取代人类，但在人类出舱活动时，它们可以提供帮助，这是一种真正意义上的机器人和人类联合进行的太空探险。

9.7 中国人的出舱活动

2003年10月，杨利伟搭乘神舟5号飞船实现了中国人的载人飞天梦想，为中国未来的载人航天计划积累了财富。多年来，中国一直表现出建立一个长期的国家空间站和把航天员送上月球的愿望。根据中国人取得的成功和进步，这两项计划中将包括出舱活动计划，以期获得最大的投资回报。就短期而言，神舟飞船的下一步计划将包括交会、对接，以及可能的出舱活动演示验证，或者是航天员的转移（与1969年联盟号飞船的出舱活动相似），以此来实验出舱活动航天服和支持系统。在神舟5号的飞行中，没有携带或考验出舱活动航天服，杨利伟在21个小时的航天飞行中，只穿戴一件个人救生压力服（与俄罗斯的Sokol相似）。基于最近中国官方的报告，似乎有理由推测，下一次神舟飞船的飞行，将会把交会、对接放在优先的地位，这样可以增加飞船中航天员的留轨时间，并对出舱活动能力进行演示验证。

9.8 重返月球

对于在探索火星之前，是否要返回月球，一直存在着正反两方面的意见。毫无疑问,从某些方面讲,我们将会重返月球,因为它在太空中是离地球最近的邻居,且更容易抵达。同时我们已经证明,人类可以在那里短期生活和工作。下一步就是要建立一个研究站,即月球基地,把20世纪50年代和60年代在月球表面进行的那种短暂的探险活动,延长到几周或者是几个月的时间。出舱活动肯定是这个过程的一个关键因素,但是,在阿波罗号上最后一名航天员离开月球以后,尽管已经有了阿波罗飞行的经验,有关航天服、设备和操作程序的研究工作至少还要经历40~50年的时间。科学技术已经发生了巨大的变化,我们不会按阿波罗时代的方式重返月球,只作短暂的探险,而不是居留。究竟是美国人、俄罗斯人、欧洲人、中国人,还是其他国家的人可以成为新的月球探险者,存在一些不确定因素。

9.9 探索火星

有人说第一个将要踏上火星表面的人已经出生,正在地球上的某个地方上学。这种说法的含义是,人们希望在未来的30年里,将看到人类对这个红色星球的第一次探险活动。航天服技术的新进展,可靠性提高,增强了空间任务的执行能力,使我们能够远离地球这个家园,在火星上进行出舱活动将是人类要迈出的下一个“大步”[2]。

9.10 探索无际

阿波罗计划完成以后,人们自然会把火星看做是人类太空探索的“下一个合理的步骤”,现在,阿波罗飞行30年后的今天,当我们正在思考要迈出那一步时,好奇心又驱使我们不禁要问,这一步以后,我们迈向哪里?

在探险办公室1988年的年度报告中,帕特·罗林(Pat Rawling)画出了一张图表,装备着“出舱活动单元和载人机动单元”设备的航天

图9.5　人类重返月球将不会是这样的“一小步”，但它会是长期的吗

员，携带新增加的“缓冲装置”来探索火星的卫星——火卫一和火卫二。苏联设计了火卫一着陆器，特点是将无人的航天器牢牢地套在这个小型物体上，但这对于人类的探险活动来讲，是极其不切合实际的！使用返回式火箭来阻止航天器的跳动，也可能会搅起裂缝中厚厚的尘土，这些尘土反过来会妨碍航天员的视野和设备的使用。（在阿波罗飞行任务中，月球上的尘土也一直是个问题。）当阿瑟·C·克拉克（Athur C. Clarke）在描写“月球尘土降落”的时候，他写道，非常害怕在深坑中充满着柔软的“细沙状”的物质，这种物质将会对月球探测器产生危害。尽管阿波罗之行证明这种现象在月球上远不会出现，但这种危险在人类探索其他星球的时候也许会遭遇到。因此人类在探索太阳系更遥远的星球的时候，“Robonauts”机器人就有可能被派上用场，此处，将遭遇辐射和极端寒冷（或者是在朝向太阳时会极端炎热），这些都将妨碍人进行出舱活动。

人们认为火星的卫星可能被小行星捕获，它们也是人类长期计划用于提取矿石的对象。已经有航天器飞到小行星表面上，并进行了着陆，因此人类在不远的将来对此进行探险也将成为现实。然而，通过出舱活动来探索小行星的内部或外部似乎是不太可能的。

尽管“Robonauts”机器人可能能在接近金星的地方进行出舱活动，但如果返回火星的航天器也采取同样的方法，那么在靠近太阳的地方，温度就会太高。在金星表面上的运行，就是由于有极高的空气压力和内部热量，而受到了严格的限制。在金星表面着陆一架自动探测器，来获取金星的照片和进行测量，就已经困难重重，在金星表面取样，然后把它送入到地球轨道上，再回收到地球，则又是一个完全不同的问题。水星更靠近太阳，即使机器人能够对它进行探险，并取回样本，但由于完全超出了目前人类航天飞行能力所及，所以对水星的探险将是 21 世纪晚期可能的选择。

离开太阳，往太阳系深处进发，温度将会骤然跌落，辐射上升。由于轨道位置的问题，木星的卫星——木卫一受潮汐影响，持续地处于高强度的辐射当中，并令人恐惧地喷发含硫物质。土星最大的卫星——土卫六，含有甲烷大气层，其他的卫星，呈现出完全不同的环境和景象。20 世纪 70 年代初期，人们艺术地表现了对深空的探索工作，身着出舱活动航天服，在土星、天王星和海王星的卫星表面穿行。从旅行者（Voyager）、伽利略（Galileo）和卡西尼（Cassini）探测器的探测结果看，这些艺术创作是远离实际情况的。影片“土星 3 号”、“2001：

图9.6　下一“大步”，人类对火星的探索
将引入一个新词——火星漫步

太空奥德赛”和“2010 年”等都刻画了远离太阳系的出舱活动，但时至今日，这些场景仍然只能属于一种想象。

如果我们真的想要探索太阳系，在人类有信心起程之前，必须要研制出新型的飞行推进手段、生命保障系统、防护技术和探测技术。前文提到过，人类探索太平洋用了 250 年的时间，而从人造地球卫星和加加林到航天飞机和国际空间站，只花了 50 年。那么，在未来 200 年的时间里，我们又能作出何种预测呢？尽管出舱活动可能被限制在金星与小行星带之间的区域内进行，但从 1965 年到 2005 年间出舱活动先驱者们得到的第一手经验和教训，从航天员列昂诺夫和怀特，再到阿波罗飞船的冒险和兴奋，一直到礼炮号、天空实验室、和平号空间站及国际空间站的诞生，这些都将促进出舱活动技术不断地发展。

9.11 从出舱活动中得到的经验和教训

在本书中，我试图向大家阐明出舱活动技术的发展过程，向大家描述我们是如何从科学幻想和理论而逐步发展到登陆月球的，如何从空间站的发展推进到建立国际空间站。在几乎 40 年的出舱活动中，可以得到一些关键的经验和教训，正是这些关键因素，我们在未来几十年的时间里都将不断地加以利用，使我们对太阳系的探索活动能更加向前迈进。

1）水下模拟试验为出舱活动提供了最佳的地面训练方法。

2）飞行训练准确地模拟了零重力环境任务。

3）约束装置和系索在保证出舱活动航天员有效地承担工作负荷与航天员的安全方面，起到了重要的作用。

4）在不同的飞行任务中，或为舱内活动航天员提供支持的时候，或在飞行任务控制中心工作时，有经验的出舱活动航天员可以为实施出舱活动的航天员提供有效的帮助。

5）确保飞行硬件设备能和地面训练模型一致可以节省出舱活动时间，减少因为差异而带来的困难。

6）在正式应用前，为了确保出舱活动技能、试验和出舱活动技术评估的进程顺畅，应致力于新型工具、航天服、设备和操作程序的研制开发。

7）飞行出舱活动硬件设备的供给会使服务和修复更加容易，还会增加飞行成功的概率。

8）绝不应该忽视人的决策能力，即使在使用遥控机器人出舱活动程序时，让航天员与机器人联合组成出舱活动小组，不失为一种改进的方法。

9）尽管飞行当中会遭遇各种困难，但应急程序和冗余设计为实现出舱活动目标提供了选项。

10）出舱活动进行前、进行中和进行后的通信畅通与否，会是未来出舱活动计划和实施成功的关键。

11）出舱活动航天员参与技术和程序研制过程，对后续进行的出舱活动有益。

12）根据已经完成过出舱活动的航天员的感受，在任何航天飞行中，出舱活动仍能带来最大的快乐。

40多年来，奔向太空的大门一直处于半开的状态，我们也在探索中经历了无数次的前进和倒退。现在是迈向深空的时候了，不但要让人类的脚印再次留在月球表面，还要留在火星布满尘土的表面，以及其他的星球上。出舱活动可以帮助我们实现在星际探索的梦想，由此发展所形成的新技术将使人类可以到更远、更深的太空中遨游。在不久的将来这些将成为现实，尽管我们当中一些人可能在有生之年看不到这些成就，但我们可以自豪地说，是出舱活动真正开启了人类探索宇宙之门。

参 考 文 献

[1] Rogers, L., 'Use of the MMU for On-Orbit Rescue Operations', presented at the 36th Congress of IAF, Stockholm, 7 - 12 October 1985, IAA - 85 - 332.

[2] Shayler, David J., Salmon, Andy, and Shayler, Michael, *Marswalk One*, Springer-Praxis, (due in 2004). This book includes discussion on martian EVAs - the first 'samll steps' on the Red Planet.

附录 A　完成太空行走的航天员

出舱活动技术发展进程中具有代表性的重大事件(1965—2001 年)

1965 年 3 月 18 日	苏联航天员阿里克谢·列昂诺夫成为第一位完成太空行走的航天员(12 分钟)。
6 月 4 日	航天员埃德·怀特成为第一名完成太空行走的美国人(21 分钟);在首次由两名航天员进行的出舱活动操作中,麦克迪维特进入真空环境。
1966 年 6 月 5 日	吉恩·塞尔南成为单次出舱活动超过 2 小时的第一人。
7 月 20 日	迈克·科林斯是第一位在同一次飞行中分别完成 2 次独立太空行走的航天员(太空行走的总时间为 1 小时 29 分)。
11 月 14 日	布兹·奥尔德林创造了 3 次出舱活动持续 5 小时 30 分的纪录。
1969 年 1 月 16 日	航天员叶夫格尼·赫鲁诺夫和阿里克谢·叶利谢耶夫完成了首次由联盟 5 号到与之对接的联盟 4 号的舱外转移。
3 月 6 日	戴夫·斯科特和鲁斯蒂·施韦卡特分别从两架分离的航天器出舱,进行了双人出舱活动;麦克迪维特在首次 3 人出舱活动操作中在登月舱中进入真空环境。

7月20日	尼尔·阿姆斯特朗和布兹·奥尔德林(阿波罗11号)完成了在月球表面的首次出舱活动(2小时32分)。
11月20日	皮特·康拉德和阿尔·比恩(阿波罗12号)进行了第二次月球表面的出舱活动。
1971年7月30日	戴夫·斯科特(阿波罗15号)进行了首次(也是至今为止仅有的一次)月球上的直立出舱活动。
7月31日	戴夫·斯科特(阿波罗15号)成为在月球表面驾车行驶的第一人。
8月2日	戴夫·斯科特和吉姆·欧文(阿波罗15号)成为首次在同一次飞行中完成第3次月球表面探索的航天员。
8月5日	阿尔·沃登进行了首次深空出舱活动。
1972年12月13日	吉恩·塞尔南和杰克·施米特完成了他们这次飞行任务中的第3次(总第14次,也是最后一次)在月球表面进行的阿波罗出舱活动(7小时15分)。
1973年5月25日	保罗·韦茨从阿波罗指令舱舱门进行了第一次与空间站有关的(直立)出舱活动。
6月7日	皮特·康拉德和乔·克尔温进行了首次由空间站指挥的出舱活动。
1974年2月3日	杰里·卡尔和埃德·吉布森进行了最后一次天空实验室出舱活动。
1977年12月20日	自1969年以来苏联首次进行出舱活动;首次从礼炮号空间站(礼炮6号)进行的出舱活

	动。
1979 年 8 月 15 日	雷乌明和雷阿科夫首次进行计划外的出舱活动(从礼炮 6 号上进行)。
1982 年 7 月 30 日	瓦列京·列别杰夫和安纳托利·别雷佐沃伊首次从礼炮 7 号空间站进行出舱活动。
1983 年 4 月 7 日	斯托里·马斯格雷夫和唐·彼得森进行首次航天飞机出舱活动(从挑战者号)。
1984 年 2 月 7 日	布鲁斯·麦坎德利斯驾驶载人机动单元飞离航天飞机轨道器 300 ft(≈90 m),进行了首次未拴系的出舱活动。
4 月至 8 月	列奥尼德·基齐姆和 V·索洛维耶夫对礼炮 7 号进行大量修复工作。
7 月 25 日	斯维特拉纳·萨维特斯卡娅成为首名进行出舱活动的女航天员(3 小时 35 分)。
10 月 11 日	凯思琳·沙利文成为进行出舱活动的首名美国女航天员(3 小时 27 分)。
11 月	乔·艾伦和戴尔·加德纳使用载人机动单元营救了 2 颗被困的卫星。
1985 年 4 月 16 日	杰夫·霍夫曼和戴夫·格里格斯从航天飞机完成了首次计划外的出舱活动。
1987 年 4 月 11 日	尤里·罗曼年科和亚历克斯安德尔·拉维金从和平号空间站上进行了首次出舱活动计划外。
1988 年 12 月 9 日	让卢普·克里斯蒂安(法国航天员)成为第一名苏美两国以外的进行出舱活动的航天员。

1990 年 2 月 1 日	亚历克斯安德尔·谢雷波罗夫从和平号空间站进行苏联载人机动单元的首次飞行（系索）。
1991 年 4 月 7 日	杰里·罗斯和杰伊·阿普特在 64 个月后完成第一次基于航天飞机的出舱活动。
1992 年 5 月 13 日	第 100 次出舱活动：皮埃尔·蒂特、理查·希贝和汤姆·埃克斯进行了首次 3 人舱外活动（8 小时 29 分）创造了新的纪录。
1993 年 12 月 4 日	杰夫·霍夫曼和斯托里·马斯格雷夫完成了哈勃太空望远镜的首次出舱活动服务。
1995 年 10 月 20 日	托马斯·赖特尔成为第一位完成出舱活动的德国航天员。
1996 年 5 月 27 日	琳达·戈德温和理查·克里福德在和平号空间站完成首次基于航天飞机的出舱活动。
1997 年 4 月 29 日	杰里·林南格尔成为第一名身着俄罗斯奥兰航天服从俄罗斯和平号空间站进行出舱活动的美国航天员。
1997 年 10 月 1 日	弗拉基米尔·季托夫成为在（与和平号空间站对接的）航天飞机上进行出舱活动的第一位俄罗斯航天员。
1997 年 11 月 24 日	土井隆雄（Takio Ooi）成为第一个进行出舱活动的日本人。
1998 年 12 月 7 日	杰里·罗斯和吉姆·纽曼从航天飞机完成首次与国际空间站有关的出舱活动。
1999 年 12 月（?）	克劳迪亚·尼科尔洛利尔（?）成为第一名（从航天飞机）完成出舱活动的瑞士航天员。

2001 年 4 月 22 日	克里斯·哈德菲尔德成为第一名完成出舱活动的加拿大航天员。
6 月 8 日	吉姆·沃斯和尤里·乌萨乔夫完成首次基于国际空间站的舱内活动。
10 月 8 日	弗拉基米尔·杰茹罗夫和米哈伊尔·蒂乌林完成第一次基于国际空间站(没有对接的航天飞机)的出舱活动。

单次出舱活动持续时间纪录(1965—2001 年)

1965 年 3 月 18 日	12 分	阿里克谢·列昂诺夫
6 月 4 日	21 分	埃德·怀特
1966 年 6 月 5 日	2 小时 10 分	吉恩·塞尔南
11 月 12 日	2 小时 29 分	布兹·奥尔德林
1969 年 7 月 20 日	2 小时 32 分	尼尔·阿姆斯特朗和布兹·奥尔德林
11 月 19 日	3 小时 56 分	皮特·康拉德和阿尔·比恩
1971 年 2 月 5 日	4 小时 48 分	阿尔·谢泼德和埃德·米切尔
7 月 31 日	6 小时 33 分	戴夫·斯科特和吉姆·欧文
8 月 1 日	7 小时 12 分	戴夫·斯科特和吉姆·欧文
1972 年 12 月 12 日	7 小时 37 分	吉恩·塞尔南和杰克·施米特
1992 年 5 月 13 日	8 小时 29 分	皮埃尔·蒂特、理查·希贝和汤姆·阿克拉
2001 年 3 月 11 日	8 小时 56 分	吉姆·沃斯和苏珊·赫尔姆斯

附录 B　世界出舱活动日志(1965—2003 年)

在出舱活动和舱内活动的官方记录中,很难达成一致的是对活动的定性和分类;由于信息来源不同,即使是官方记录也存在细节不同。记录中的活动时间可能是指从减压到增压的时间,也可能是指从穿着航天服到返回航天器系统的时间,或是从打开舱门到关闭舱门的时间。

在下面的附表中,航天员排名是按着出舱或是按指令规定顺序先后排列的,因为很难确定是谁最先出舱或是否按照飞行计划执行的。所有正式出舱活动都列出了,也包括穿着太空服在真空环境的舱内活动,即使当时的出舱活动舱门处于关闭状态。

在双子星座系列飞行中,出舱活动航天员完成了出舱活动,而指令长则留在舱天器内,但也处于真空环境中。在阿波罗系列飞行的出舱活动中,阿波罗 9 号的航天员麦克迪维特穿上了压力航天服,但没有走出登月舱;阿波罗 15 号的航天员欧文在他的同伴斯科特进行直立出舱活动时自己留在增压的登月舱内;阿波罗 15 号 ~ 17 号的每个指令舱航天员都完成了转移到地球(trans-Earth)的出舱活动,每个登月舱航天员都完成了在指令舱门内的直立出舱活动,每个指令长都未出舱但处于真空环境内。在天空实验室 2 号的直立出舱活动中,航天员康拉德和克尔温都处于真空环境。这些细节并未包括在官方的记录中。

在和平号空间站和国际空间站操作中,有记录的内部出舱活动是在对接设备的节点中进行的,一些舱内活动是为了营救 1997 年发生撞击的空间站而进行的。在 2003 年 11 月国际空间站第 8 批乘员组(ISS－8)进行的应急演示中,其中一名航天员穿着压力服从 Pirs 舱段走入联盟号的轨道舱;该过程中内部乘员舱中并未减压,而且为了协助同事,另外一位航天员没有穿航天服。这个演示活动并未作为内部出舱活动正式列出。

（附表 1 为正式记录的出舱活动）

附表 1　出舱活动列表

序号	起始日期	持续时间/小时:分	航天员	任务/航天器代号	备注
001	1965-03-18	0:12	列昂诺夫(Leonov)	上升 2 号	完成出舱活动第一人(苏联);在返回气闸舱时遇到困难
002	1965-06-04	0:21	怀特(White)	双子星座 4 号	首次美国出舱活动;利用拉链枪机动;麦克迪维特处于太空真空环境,但未出舱(舱内活动)
003	1966-06	2:10	塞尔南(Cernan)	双子星座 9A 号	试穿载人机动单元,由于航天服过热而失败;斯塔福德完成舱内活动;出舱活动首次超过 1 小时
004	1966-07-19	0:39	科林斯(Collins)	双子星座 10 号	直立出舱;恒星背景拍照;由于供氧不纯而临时中止活动;扬做舱内活动
005	1966-07-20	0:50	科林斯(Collins)	双子星座 10 号	撤掉阿金纳 8 号实验装置;使用了手持机动单元;从打开的舱门丢掉了静止相机;扬做舱内活动
—	—	—	—	双子星座 10 号	丢弃设备;科林斯打开舱门并抛弃无用的设备; 扬所在的乘员舱是关闭的
006	1966-09-13	0:33	戈登(Gordon)	双子星座 11 号	跨过双子星座号把 100 ft(≈30 m)长的绳索系到阿金纳上;为“太空牛仔”配音;康拉德做舱内活动
—	—	—	—	双子星座 11 号	丢弃设备;戈登打开舱口并抛弃无用的设备; 康拉德所在的乘员舱是关闭的

续表

序号	起始日期	持续时间/小时:分	航天员	任务/航天器代号	备注
007	1966-09-14	2:08	戈登(Gordon)	双子星座11号	直立出舱拍摄太空真空中的恒星背景;康拉德做舱内活动
008	1966-11-12	2:29	奥尔德林(Aldrin)	双子星座12号	直立出舱拍摄太空背景;为下一次出舱活动准备设备;洛弗尔做舱内活动;出舱活动录像
009	1966-11-13	2:09	奥尔德林(Aldrin)	双子星座12号	评估完成出舱活动时绳索及限制物的作用;洛弗尔做舱内活动
010	1966-11-14	0:59	奥尔德林(Aldrin)	双子星座12号	双子星座号的最后一次出舱活动;太空拍照;洛弗尔做舱内活动
011	1969-01-16	0:37	赫鲁诺夫/叶利谢耶夫(Khrunov/Yeliseyev)	联盟5/4号	4年来苏联首次进行出舱活动;首次在两个飞行器间进行出舱转移;与月球计划有关
012	1969-03-06	1:07	施韦卡特/戴维斯科特(Schweickart/Seott,D.)	阿波罗9号/登月舱/指令舱	在地球轨道首次做阿波罗月球舱外航天服试验;斯科特从指令舱舱门出来进行直立出舱活动;施韦卡特展示进出登月舱走廊,部分航天员转移到登月舱;麦克迪维特留在登月舱做舱内活动
013	1969-07-20	2:32	阿姆斯特朗/奥尔德林(Armstrong/Aldrin)	阿波罗11号/登月舱	首次月面行走;出舱活动摄像;进行实验和采样;迄今为止世界上最安静的录像资料
—	1969-07-20	—	—	阿波罗11号/登月舱	丢弃设备;阿姆斯特朗和奥尔德林在登月舱做舱内活动

续表

序号	起始日期	持续时间/小时:分	航天员	任务/航天器代号	备　注
014	1969-11-19	3:56	康拉德/比恩(Conrad/Bean)	阿波罗 12 号/登月舱	第 2 次月面行走;设置第 1 个阿波罗月面实验装置;着陆点附近采集地质样本;出舱活动录像
015	1969-11-20	3:49	康拉德/比恩(Conrad/Bean)	阿波罗 12 号/登月舱	第 3 次月面行走;步行地质勘探;从无人勘测仪 III 取回样本
—	1969-11-20	—	—	阿波罗 12 号/登月舱	丢弃设备;康拉德和比恩留在登月舱做舱内活动
016	1971-02-05	4:48	谢泼德/米切尔(Shepard/Mitchell)	阿波罗 14 号/登月舱	第 4 次月面行走;部署第 2 个阿波罗月面实验装置和完成短时地质勘探;出舱活动录像
017	1971-02-06	4:35	谢泼德/米切尔(Shepard/Mitchell)	阿波罗 14 号/登月舱	第 5 次月面行走;用模块化设备运输装置携带设备对火山口进行地质勘探(徒步)
—	1971-02-06	—	—	阿波罗 14 号/登月舱	丢弃设备;谢泼德和米切尔留在登月舱做舱内活动
018	1971-07-30	0:27	戴维·斯科特(Scott,D.)	阿波罗 15 号/登月舱	从登月舱顶部舱门直立出舱拍摄观察哈得利溪(Hadly Rille)着陆点,欧文留在登月舱做舱内活动
019	1971-07-31	6:33	戴维·斯科特/欧文(Scott,D./Irwin)	阿波罗 15 号/登月舱	第 6 次月面行走;安装第 3 个阿波罗月面实验装置,乘坐第 1 辆月球车在月球表面活动,创造出舱活动新纪录

续表

序号	起始日期	持续时间/小时:分	航天员	任务/航天器代号	备　注
020	1971－08－01	7:12	戴维·斯科特/欧文（Scott,D./Irwin）	阿波罗15号/登月舱	第7次月面行走;乘月球车进行地质勘探,往返于哈得利溪和亚平宁山前,创出舱活动新纪录
021	1971－08－02	4:50	戴维·斯科特/欧文（Scott,D./Irwin）	阿波罗15号/登月舱	第8次月面行走;乘月球车至哈得利溪
—	1971－08－02	—	—	阿波罗15号/登月舱	丢弃设备;斯科特和欧文留在登月舱做舱内活动
022	1971－08－05	0:39	沃登/欧文（Worden/Irwin）	阿波罗15号/指令舱	首次深空出舱活动;沃登回收科学仪器舱胶片盒;欧文装胶卷并在指令舱舱口站立着帮忙;斯科特露在真空环境但未出指令舱
023	1972－04－21	7:11	扬/杜克（Young/Duke）	阿波罗16号/登月舱	第9次月面行走;部署了第4个阿波罗月面实验装置;驾驶第2辆月球车至旗形坑（Flag Crater）
024	1972－04－22	7:23	扬/杜克（Young/Duke）	阿波罗16号/登月舱	第10次月面行走;驾驶月球车到达石头山,创造新的出舱活动纪录
025	1972－04－23	5:40	扬/杜克（Young/Duke）	阿波罗16号/登月舱	第11次月面行走;驾驶月球车到达 House Rock;阿波罗航天员访问过的最大的岩石块
—	1972－04－23	—	—	阿波罗16号/登月舱	丢弃设备;扬和杜克在登月舱内做舱内活动

续表

序号	起始日期	持续时间/小时:分	航天员	任务/航天器代号	备　注
026	1972 - 04 - 25	1:24	马丁利/杜克(Mattingly/Duke)	阿波罗 16 号/指令舱	第 2 次深空出舱活动;马丁利从服务舱回收科学仪器舱胶片盒;杜克装胶卷并在指令舱舱口站立着帮忙;扬处在真空环境但未出指令舱
027	1972 - 12 - 11	7:12	塞尔南/施米特(Cernan/Schmitt)	阿波罗 17 号/登月舱	第 12 次月面行走; 部署了第 5 个也是最后一个阿波罗月面实验装置;驾驶第 3 辆月球车作短途旅行
028	1972 - 12 - 12	7:37	塞尔南/施米特(Cernan/Schmitt)	阿波罗 17 号/登月舱	第 13 次月面行走; 驾驶月球车在月面穿行;发现“黄土壤”;创造新的出舱活动纪录
029	1972 - 12 - 13	7:15	塞尔南/施米特(Cernan/Schmitt)	阿波罗 17 号/登月舱	第 14 次即最后一次月面行走; 驾驶月球车在月面穿行;举行了阿波罗终结典礼
—	1972 - 12 - 13	—	—	阿波罗 17 号/登月舱	丢弃设备;塞尔南和施米特在登月舱内做舱内活动
—	1972 - 12 - 13	—	—	阿波罗 17 号/登月舱	第 2 次丢弃设备;塞尔南和施米特在登月舱内做舱内活动
030	1972 - 12 - 17	1:06	埃文斯/施米特(Evans/Schmitt)	阿波罗 17 号/指令舱	第 3 次深空出舱活动;埃文斯回收科学仪器舱胶片盒;施米特装胶卷并在指令舱舱口站立着帮忙;塞尔南暴露在真空环境中但未出指令舱;最后一次阿波罗出舱活动
031	1973 - 05 - 25	0:37	韦茨(weitz)	天空实验室 2 号/指令舱	从打开的指令舱舱口出来做直立出舱;尝试部署太阳电池阵支架;克尔温和康拉德在指令舱内部做舱内活动并提供帮助

续表

序号	起始日期	持续时间/小时:分	航天员	任务/航天器代号	备注
032	1973－06－07	3:25	康拉德/克尔温（Conrad/Kerwin）	天空实验室2号/轨道车间	成功部署太阳帆板；营救了天空实验室；系索的康拉德随电池阵的移动弹入太空
033	1973－06－19	1:44	康拉德/韦茨（Conrad/weitz）	天空实验室2号/轨道车间	回收并置换了阿波罗望远镜基座的胶片盒；检查了太阳电池阵及以前部署的太阳伞遮板
034	1973－08－06	6:31	加里奥特/罗斯玛（Carriot/Lousma）	天空实验室3号/轨道车间	在太阳伞遮板上竖立了一对柱子组合以改善天空实验室轨道车间的环境温度
035	1973－08－24	4:30	加里奥特/罗斯玛（Carriot/Lousma）	天空实验室3号/轨道车间	回收并置换阿波罗望远镜基座的胶片盒
036	1973－9－22	2:45	比恩/加里奥特（Bean/Carriot）	天空实验室3号/轨道车间	回收并置换阿波罗望远镜基座的胶片盒
037	1973－11－22	6:33	吉布森/波居里（Gibson/Pogue）	天空实验室4号/轨道车间	回收并置换阿波罗望远镜基座的胶片盒；常规修理任务
038	1973－12－25	7:01	卡尔/波居里（Carr/Pogue）	天空实验室4号/轨道车间	回收并置换阿波罗望远镜基座的胶片盒；第一次在圣诞节期间进行出舱活动；观察了科胡特克彗星
039	1973－12－29	3:38	卡尔/吉布森（Carr/Gibson）	天空实验室4号/轨道车间	回收并置换阿波罗望远镜基座的胶片盒；进一步观察科胡特克彗星

续表

序号	起始日期	持续时间/小时:分	航天员	任务/航天器代号	备 注
040	1974-02-03	5:19	卡尔/吉布森(Carr/Gibson)	天空实验室4号/轨道车间	最后一次回收阿波罗望远镜基座的胶片盒;从天空实验室的外部回收实验装置;最后一次天空实验室出舱活动
041	1977-12-20	1:28	格雷克科(Grechko)	EO1/礼炮6号	联盟25号对接失败后,直立出舱活动检查对接口;罗曼年科进行舱内活动;是9年来苏联的第一次出舱活动;首次礼炮号空间站的出舱活动
042	1978-07-29	2:05	伊万琴科/科瓦连奥克(Ivanchenko/Kovolenko)	EO2/礼炮6号	从礼炮6号表面取下并置换样本;科瓦连奥克完成直立出舱
043	1979-08-15	1:23	雷乌明/雷阿科夫(Ryumin/Lyakhov)	EO3/礼炮6号	临时安排的出舱活动从后部对接口拆除KRT-10望远镜天线
044	1982-07-30	2:33	列别杰夫/别雷佐沃伊(Lebedev/Berezovoi)	EO1/礼炮7号	在礼炮号外部收集并置换样本
—	1982-11	—	勒努瓦/艾伦(Lenoir/Allen)	STS-5/OV102	取消原定出舱活动,航天员留在气闸舱内
045	1983-04-07	4:17	马斯格雷夫/彼得森(Musgrave/Peterson)	STS-6/OV099	首次航天飞机验证出舱活动;评估新出舱活动航天服及约束装置
046	1983-11-01	2:50	阿里克安德罗夫/雷阿科夫(Alexandrov/Lyakhov)	EO2/礼炮7号	首次在系列出舱活动中给太阳电池阵增加备用板;给中心阵安装了附加板

续表

序号	起始日期	持续时间/小时:分	航天员	任务/航天器代号	备　注
047	1983-11-03	2:55	阿里克安德罗夫/雷阿科夫（Alexandrov/Lyakhov）	E02/礼炮7号	给中心阵安装了第2块附加板
048	1984-02-07	5:55	麦坎德利斯/斯图尔特（McCandless/Stewart）	STS-41B/OV099	首次不系索出舱活动；麦坎德利斯第一次驾驶载人机动单元从轨道器飞出300 ft（≈90 m）；斯图尔特也试飞了载人机动单元
049	1984-02-09	6:17	麦坎德利斯/斯图尔特（McCandless/Stewart）	STS-41B/OV099	继续试飞载人机动单元；并对计划由后续任务完成的卫星维修程序进行了评估
050	1984-04-08	2:57	纳尔逊/范·霍芬（Nelson/Van Hoften）	STS-41C/OV099	纳尔逊驾驶着载人机动单元，尝试捕捉Solar Max卫星；失败；后来由航天飞机遥控操作系统捕捉
051	1984-04-11	6:16	纳尔逊/范·霍芬（Nelson/Van Hoften）	STS-41C/OV099	在有效载荷舱内修理Solar Max卫星；并重新部署它；范·霍芬在有效载荷舱进行无系索的载人机动单元飞行
052	1984-04-23	4:15	基齐姆/V·索洛维耶夫（Kizim/Solovyov, V.）	E03/礼炮7号	6次出舱活动中的第1次；把梯子和出舱活动工具运到工作区，并准备了工作场地
053	1984-04-26	4:56	基齐姆/V·索洛维耶夫（Kizim/Solovyov, V.）	E03/礼炮7号	通过切入空间站外层安装推进剂阀门
054	1984-04-29	2:45	基齐姆/V·索洛维耶夫（Kizim/Solovyov, V.）	E03/礼炮7号	安装了新管道；更换了空间站热防护层

续表

序号	起始日期	持续时间/小时:分	航天员	任务/航天器代号	备　注
055	1984－05－03	2:45	基齐姆/V·索洛维耶夫(Kizim/Solovyov,V.)	EO3/礼炮 7 号	安装了第 2 根管道;检查新安装的管道;确认泄漏点
056	1984－05－18	3:05	基齐姆/V·索洛维耶夫(Kizim/Solovyov,V.)	EO3/礼炮 7 号	为主电池阵配置了第 2 套太阳电池阵
057	1984－07－25	3:35	萨维斯特卡娅/贾尼别科夫(Savitskaya/Dzhanibekov)	T12/礼炮 7 号	第一位女航天员完成出舱活动;试验多用途焊枪
058	1984－08－08	5:00	基齐姆/V·索洛维耶夫(Kizim/Solovyov,V.)	EO3/礼炮 7 号	堵上漏油管;回收太阳电池阵上的样本用于地面评估
059	1984－10－11	3:27	莱斯特玛/沙利文(Leestma/Sullivan)	STS－41G/OV099	首位美国女航天员完成出舱活动;在航天飞机有效载荷舱完成卫星燃料加注演示
060	1984－11－12	6:00	艾伦/加德纳(Allen/Gardner)	STS－51A/OV103	用载人机动单元回收失控的 Palapa 通信卫星
061	1984－11－14	5:42	艾伦/加德纳(Allen/Gardner)	STS－51A/OV103	用载人机动单元回收失控的 Westar 通信卫星
062	1985－04－16	3:00	霍夫曼/格里格斯(Hoffman/Griggs)	STS－51D/OV103	美国首次进行计划外(紧急状况下)出舱活动;航天员在遥控操作系统上安装试图能启动 Leasat 的“蝇拍”装置

续表

序号	起始日期	持续时间/小时:分	航天员	任务/航天器代号	备注
063	1985-08-02	5:00	萨温赫/贾尼别科夫(Savinykh/Dzhanibekov)	E04/礼炮7号	在主电池阵上安装第3套也是最后一套太阳能附加板;评估新型奥兰出舱活动航天服
064	1985-08-31	7:08	范·霍芬/费希尔(Van Hoften/Fisher)	STS-51I/OV103	人工捕获在STS-51D任务中部署的Leasat卫星;开始在有效载荷舱里进行修理工作
065	1985-09-01	4:26	范·霍芬/费希尔(Van Hoften/Fisher)	STS-51I/OV103	完成了Leasat卫星的修理并在遥控操作系统的末端人工进行了重新部署
066	1985-11-29	5:30	斯普林/罗斯(Spring/Ross)	STS-61B/OV104	在有效载荷舱用出舱活动中对结构的试验性组装和建设可直立空间结构的组装概念为未来空间站的工作进行太空建设试验
067	1985-12-01	6:30	斯普林/罗斯(Spring/Ross)	STS-61B/OV104	用出舱活动中对结构的实验性组装和建设可直立空间结构的组装概念进行与自由号空间站项目有关的太空建设试验
068	1986-05-28	3:50	基齐姆/V·索洛维耶夫(Kizim/Solovyov,V.)	E05/礼炮7号	从空间站外部收集实验设备;评估用于未来空间站建设的桁梁建造物
069	1986-05-31	5:00	基齐姆/V·索洛维耶夫(Kizim/Solovyov,V.)	E05/礼炮7号	完成其他的太空建设试验;使用改进后的URI焊枪;礼炮号空间站的最后一次出舱活动
070	1987-04-11	3:40	罗曼年科/拉维金(Romanenko/Laveikin)	E02/和平号空间站节点	通过计划外的出舱活动把和平号空间站的后部对接口外妨碍量子号天体物理实验舱硬对接的外来物体清除;和平号空间站上的首次出舱活动

续表

序号	起始日期	持续时间/小时:分	航天员	任务/航天器代号	备　注
071	1987-06-12	1:53	罗曼年科/拉维金(Romanenko/Laveikin)	E02/和平号空间站节点	在和平号空间站外部加装1套附加的太阳能帆板
072	1987-06-16	3:15	罗曼年科/拉维金(Romanenko/Laveikin)	E02/和平号空间站节点	在和平号空间站外部加装第2套附加的太阳能帆板
073	1988-02-26	4:25	V·季托夫/马纳罗夫(Titov,V./Manarov)	E03/和平号空间站节点	更换由E02乘员组竖立的太阳能帆板的零件
074	1988-06-30	5:10	V·季托夫/马纳罗夫(Titov,V./Manarov)	E03/和平号空间站节点	试图修理量子1号舱上的X射线望远镜;由于扳手损坏,活动中止
075	1988-10-20	4:12	V·季托夫/马纳罗夫(Titov,V./Manarov)	E03/和平号空间站节点	完成了量子号上的TTM望远镜的修理
076	1988-12-09	5:57	A·沃尔科夫/克雷蒂安(Volkov,A./Chrétien)	E04/和平号空间站节点	首次非美国/非苏联航天员进行的出舱活动;法国航天员克雷蒂安首次进行出舱活动;安装法国欧洲机械臂结构和法国实验设备
077	1990-01-08	2:56	维克托连科/谢列波罗夫(Viktorenko/Serebrov)	E05/和平号空间站节点	在和平号空间站外部部署2台星体传感器并从空间站的桁架上回收样本
078	1990-01-11	2:54	维克托连科/谢列波罗夫(Viktorenko/Serebrov)	E05/和平号空间站节点	回收1988年12月部署的法国实验设备并安装新的实验装置

续表

序号	起始日期	持续时间/小时:分	航天员	任务/航天器代号	备注
079	1990-01-26	3:02	维克托连科/谢列波罗夫(Viktorenko/Serebrov)	EO5/量子2号	首次在量子2号舱上使用特制的气闸舱;为使用苏联的载人机动单元准备对接装置;拆除Kurs天线;安装新的电视系统并测试改进后的出舱活动航天服
080	1990-02-01	4:59	维克托连科/谢列波罗夫(Viktorenko/Serebrov)	EO5/量子2号	苏联载人机动单元首次飞行;谢列波罗夫从和平号空间站上(系索)飞起30 m高
081	1990-02-05	3:45	维克托连科/谢列波罗夫(Viktorenko/Serebrov)	EO5/量子2号	维克托连科(系索)从和平号空间站上驾驶载人机动单元飞出45 m远;为了庆祝还表演了一个“胜利翻滚”动作
082	1990-07-17	7:00	A·索洛维耶夫/巴兰丁(Solovyov,A./Balandin)	EO6/量子2号	试图修理已遭损坏的联盟号飞船热防护瓦;量子2号外部舱门的损坏意味着要用备用手段进入和平号空间站
083	1990-07-26	3:31	A·索洛维耶夫/巴兰丁(Solovyov,A./Balandin)	EO6/量子2号	收拢和平号空间站外部梯子以备将来使用;完成量子2号外部已损坏舱门的临时性修理
084	1990-10-30	3:45	马纳科夫/斯特列卡洛夫(Manakov/Strekalov)	EO7/量子2号	部分成功地完成了量子2号外部舱门的修理工作
085	1991-01-07	5:18	阿法纳谢夫/马纳罗夫(Afanasyev/Manarov)	EO8/量子2号	完成量子2号外部舱门的修理;为了能把晶体号实验舱上的太阳电池阵改装到量子1号实验舱上而安装了起重机的支撑架

续表

序号	起始日期	持续时间/小时:分	航天员	任务/航天器代号	备注
086	1991-01-23	5:33	阿法纳谢夫/马纳罗夫(Afanasyev/Manarov)	EO8/量子 2 号	在和平号空间站核心舱前部多功能适配对接节点附近安装了起重机的第 1 根升降臂
087	1991-01-26	6:20	阿法纳谢夫/马纳罗夫(Afanasyev/Manarov)	EO8/量子 2 号	为了将来重新安装太阳电池阵,在量子 1 号上安装了第 2 根升降臂
088	1991-04-07	4:38	罗斯/阿普特(Ross/Apt)	STS-37/OV104	64 个月以来美国首次进行出舱活动;用计划外的出舱活动展开卡住的 γ 射线观测器高增益天线
089	1991-04-08	6:11	罗斯/阿普特(Ross/Apt)	STS-37/OV104	完成了包括航天员及设备转移装置的机动试验在内的与未来空间站建设有关的出舱活动试验
090	1991-04-25	3:34	阿法纳谢夫/马纳罗夫(Afanasyev/Manarov)	EO8/量子 2 号	检查出故障的 Kurs 天线,发现丢失了接收罩;更换了外部电视摄像系统
091	1991-06-25	4:58	阿尔特谢巴尔斯基/克里卡列夫(Artsebarsky/Krikalev)	EO9/量子 2 号	更换损坏的 Kurs 天线
092	1991-06-28	3:24	阿尔特谢巴尔斯基/克里卡列夫(Artsebarsky/Krikalev)	EO9/量子 2 号	在和平号空间站外部安装美国的慧星射线检测器实验设备
093	1991-07-15	5:55	阿尔特谢巴尔斯基/克里卡列夫(Artsebarsky/Krikalev)	EO9/量子 2 号	在量子 1 号舱外部开始安装 15m 长的 Sofora 桁架
094	1991-07-19	6:20	阿尔特谢巴尔斯基/克里卡列夫(Artsebarsky/Krikalev)	EO9/量子 2 号	继续安装 Sofora 桁架

续表

序号	起始日期	持续时间/小时:分	航天员	任务/航天器代号	备　注
095	1991-07-23	5:34	阿尔特谢巴尔斯基/克里卡列夫(Artsebarsky/Krikalev)	EO9/量子2号	继续安装Sofora桁架
096	1991-07-27	6:49	阿尔特谢巴尔斯基/克里卡列夫(Artsebarsky/Krikalev)	EO9/量子2号	完成了Sofora桁架的安装;阿尔特谢巴尔斯基的航天服温度过高,汗水阻碍了他的视线;他由克里卡列夫引导着返回到舱门
097	1992-02-20	4:12	A·沃尔科夫/维克托连科(Volkov,A./Viktorenko)	EO10/量子2号	在量子2号外安装了新的实验设备;沃尔科夫的航天服出现故障,迫使出舱活动提前结束
098	1992-05-10	3:43	索特/希贝(Thout/Heib)	STS-49/OV105	试图捕获Intelsat VI卫星,失败
099	1992-05-12	5:30	索特/希贝(Thout/Heib)	STS-49/OV105	再次试图捕获Intelsat VI卫星,失败
100	1992-05-13	8:29	索特/希贝/埃克斯(Thout/Heib/Akers)	STS-49/OV105	首次3人出舱活动;3人用手捕获了Intelsat VI卫星,在其上安装了1台新辅助发动机然后将其重新部署,这是第100次的出舱活动也是历史上最长的一次出舱活动
101	1992-05-14	7:45	K·托恩顿/埃克斯(Thornton,K./Akers)	STS-49/OV105	试验自由号空间站建设技术和航天员营救程序;托恩顿创造了新的女航天员进行出舱活动的时间纪录
102	1992-07-08	2:05	维克托连科/卡列里(Viktorenko/Kaleri)	EO11/量子2号	完成量子2号实验舱的外部修理

续表

序号	起始日期	持续时间/小时:分	航天员	任务/航天器代号	备　注
103	1992-09-03	3:56	A·索洛维耶夫/阿弗杰耶夫(Solovyov, A./Avdeyev)	EO12/量子 2 号	开始在 Sofora 桁架上安装新 VDU 推进系统
104	1992-09-07	5:08	A·索洛维耶夫/阿弗杰耶夫(Solovyov, A./Avdeyev)	EO12/量子 2 号	继续在 Sofora 桁架上安装 VDU;降下和平号空间站外的苏联国旗
105	1992-09-11	5:44	A·索洛维耶夫/阿弗杰耶夫(Solovyov, A./Avdeyev)	EO12/量子 2 号	继续在 Sofora 桁架上安装 VDU
106	1992-09-15	3:33	A·索洛维耶夫/阿弗杰耶夫(Solovyov, A./Avdeyev)	EO12/量子 2 号	为了给计划中的暴风雪号和美国航天飞机对接雷达提供帮助,在晶体号实验舱上安装了天线
107	1993-01-17	4:28	哈博/朗科(Harbaugh/Runco)	STS-54/OV105	为建设自由号空间站和进行哈勃太空望远镜修复活动而演示和试验正在研发的技术
108	1993-04-19	5:25	马纳科夫/波列什丘克(Manakov/Poleshchuk)	EO13/量子 2 号	在和平号空间站外部开始转移太阳电池阵
109	1993-06-18	4:18	马纳科夫/波列什丘克(Manakov/Poleshchuk)	EO13/量子 2 号	开始进行了即将由下一乘员组完成的和平号空间站外部建造出舱活动
110	1993-06-25	5:50	洛/威索夫(Low/Wisoff)	STS-57/OV105	航天员安装 EURECA 天线;评估自由号空间站出舱活动任务和哈勃太空望远镜修复方法

续表

序号	起始日期	持续时间/小时:分	航天员	任务/航天器代号	备注
111	1993－09－16	4:18	齐波利耶夫/谢列波罗夫（Tsibliyev/Serebrov）	EO14/量子2号	在3次出舱活动的第1次中，在和平号空间站外部安装Rapana杆；检查外壳被英仙座流星雨损坏的情况
112	1993－09－16	7:05	华尔兹/纽曼（Walz/Newman）	STS－51/OV103	进一步试验哈勃太空望远镜修理工具和技术
113	1993－09－20	3:13	齐波利耶夫/谢列波罗夫（Tsibliyev/Serebrov）	EO14/量子2号	继续安装Rapana杆；安装可回收的样本装置
114	1993－09－28	1:52	齐波利耶夫/谢列波罗夫（Tsibliyev/Serebrov）	EO14/量子2号	计划内的出舱活动完成Rapana的安装，并为空间站外部摄影；因为齐波利耶夫的航天服温度过高，缩短了出舱活动时间
115	1993－10－22	0:38	齐波利耶夫/谢列波罗夫（Tsibliyev/Serebrov）	EO14/量子2号	在量子2号上安装新设备装置；完成空间站外部的摄影
116	1993－10－29	4:12	齐波利耶夫/谢列波罗夫（Tsibliyev/Serebrov）	EO14/量子2号	检查太阳电池阵和外部天线；检查Sofora桁架并回收材料样本以便确定和平号空间站未来的运行寿命
117	1993－12－04	7:54	霍夫曼/马斯格雷夫（Hoffman/Mysgrave）	STS－61/OV105	首次哈勃太空望远镜服务性任务；首次包括更换出现故障的陀螺仪的服务性出舱活动
118	1993－12－05	6:36	K·托恩顿/埃克斯（Thornton，K./Akers）	STS－61/OV105	第2次哈勃太空望远镜服务性出舱活动，拆除旧的并安装新的太阳电池阵

续表

序号	起始日期	持续时间/小时:分	航天员	任务/航天器代号	备　注
119	1993-12-06	6:47	霍夫曼/马斯格雷夫(Hoffman/Musgrave)	STS-61/OV105	第3次哈勃太空望远镜服务性出舱活动;安装新摄像设备
120	1993-12-07	6:50	K·托恩顿/埃克斯(Thornton,K./Akers)	STS-61/OV105	第4次哈勃太空望远镜服务性出舱活动;安装校正镜头太空望远镜轴替代装置和一台新计算机;切断松开的太阳能帆板
121	1993-12-08	7:21	霍夫曼/马斯格雷夫(Hoffman/Musgrave)	STS-61/OV105	第5次哈勃太空望远镜服务性出舱活动;安装新型控制系统
122	1994-09-09	5:06	马连琴科/穆萨巴耶夫(Malenchenko/Musabayev)	EO16/量子2号	检查与进步M-24号飞船碰撞后的对接口;修理被联盟TM-17号飞船撕裂的热防护瓦;连接新的太阳能帆板;为计划中的美国航天飞机的对接确定和平号空间站的构形
123	1994-09-13	6:01	马连琴科/穆萨巴耶夫(Malenchenko/Musabayev)	EO16/量子2号	从Rapana收回样本;完成Sofora桁架上的维护工作;在量子2号实验舱外部维护太阳能帆板
124	1994-09-16	6:51	李/米德(Lee/Meade)	STS-64/OV103	第1次试验出舱活动救援简化辅助设备,即自由飞行航天员营救喷气装置(更小型的载人机动单元)
125	1995-02-09	4:39	哈里斯/福尔勒(Harris/Foale)	STS-63/OV103	评估航天员转移大型物资的能力与未来阿尔法空间站任务有关;(EDFT-3);低温出舱活动手套的试验,没有成功
126	1995-05-12	6:15	杰茹罗夫/斯特卡洛夫(Dezhurov/Strekalov)	EO18/量子2号	为了让美国航天飞机对接,准备拆除和平号空间站外部的太阳电池阵

续表

序号	起始日期	持续时间/小时:分	航天员	任务/航天器代号	备注
127	1995-05-17	6:30	杰茹罗夫/斯特卡洛夫(Dezhurov/Strekalov)	EO18/量子2号	开始拆除太阳电池阵,但没有完成
128	1995-05-22	5:15	杰茹罗夫/斯特卡洛夫(Dezhurov/Strekalov)	EO18/量子2号	完成上次出舱活动拆除第1块太阳电池阵的任务
129	1995-05-28	0:21	杰茹罗夫/斯特卡洛夫(Dezhurov/Strekalov)	EO18/和平号空间站节点	内部出舱活动(和平号空间站上的第1次),在前部转移舱中穿着全套出舱活动航天服为6月1日进行的光谱号实验舱对接重新放置Konus设备
130	1995-06-01	0:24	杰茹罗夫/斯特卡洛夫(Dezhurov/Strekalov)	EO18/和平号空间站节点	第2次内部出舱活动把Konus对接锥体放回5月28日之前的位置上
131	1995-07-14	5:34	A·索洛维耶夫/布达林(Solovyov,A./Budarin)	EO19/量子2号	检查对接帽泄漏情况;为随后转移晶体号实验舱移动2块太阳能帆板
132	1995-07-19	3:08	A·索洛维耶夫/布达林(Solovyov,A./Budarin)	EO19/量子2号	布达林开始安装和平号空间站AS红外分光仪;由于航天服有问题索洛维耶夫没能出舱,仍停留在转移舱内
133	1995-07-21	5:50	A·索洛维耶夫/布达林(Solovyov,A./Budarin)	EO19/量子2号	完成和平号空间站AS红外分光仪的安装
134	1995-09-15	6:46	沃斯/杰哈尔特(Voss/Gernhardt)	STS-69/OV105	试验出舱活动热力传动装置;继续试验阿尔法空间站技术(EDFT-2)

续表

序号	起始日期	持续时间/小时:分	航天员	任务/航天器代号	备　注
135	1995-10-20	5:16	阿弗杰耶夫/赖特尔(Avdeyev/Reiter)	EO20/量子 2 号	欧洲航天局的航天员赖特尔(首位进行出舱活动的德国航天员)在和平号空间站外安装了欧洲实验设备
136	1995-12-08	0:29	吉申科/阿弗杰耶夫(Gidzenko/Avdeyev)	EO20/和平号空间站节点	第 3 次和平号空间站内部的出舱活动;为了自然号实验舱的对接,把 -Z 对接锥体放置在 +Z 口
137	1996-01-15	6:09	基奥/巴里(Chiao/Barry)	STS-72/OV105	空间站硬件设备评估,第 3 次出舱活动研发飞行试验(EDFT-3)练习;这次使用了脐带、多功能箱和工作平台
138	1996-01-17	6:54	基奥/W·斯科特(Chiao/Scott,W.)	STS-72/OV105	继续进行前一次出舱活动开始的出舱活动研发飞行试验项目;另外斯特科的出舱活动单元进行了 30 分钟“冷浸”,试验它的热力学性能
139	1996-02-08	3:06	吉申科/赖特尔(Gidzenko/Reiter)	EO20/量子 2 号	回收在 1995 年 10 月 20 日 EO20 任务第 1 次出舱活动中部署的外露 ESEF 装置;航天员把 Ikarus 载人机动单元放到量子 2 号外部一个不变的位置上,让气闸舱里有更多的空间;载人机动单元一直保留到 2000 年 3 月和平号殉落;没能从太阳电池阵上拆除天线
140	1996-03-15	5:51	奥努夫列恩科/乌萨赫夫(Onufrienko/Usachev)	EO21/量子 2 号	在和平号空间站基础部分安装第 2 台 Strela 起重机;航天员还为量子号上的新太阳电池阵铺设了电缆

续表

序号	起始日期	持续时间/小时:分	航天员	任务/航天器代号	备　注
141	1996－03－27	6:02	戈德温/克里福德(Godwin/Clifford)	STS－76/OV104	美国航天员首次在与和平号空间站对接的航天飞机上进行出舱活动;航天员把 MEEP 尘土收集器安装到和平号空间站对接舱的外部,但没能横向穿过和平号空间站;他们还对用于国际空间站的出舱活动操作的通用足部约束装置和系索挂钩进行了评估
142	1996－05－20	5:20	奥努夫列恩科/乌萨赫夫(Onufrienko/Usachev)	EO21/量子 2 号	把和平号空间站对接舱外部的太阳能电池移到量子 1 号舱的外部
143	1996－05－24	5:43	奥努夫列恩科/乌萨赫夫(Onufrienko/Usachev)	EO21/量子 2 号	在量子 1 号舱的外部安装苏联/美国太阳能帆板
144	1996－05－30	4:20	奥努夫列恩科/乌萨赫夫(Onufrienko/Usachev)	EO21/量子 2 号	在和平号空间站外部安装 MOMS－2 摄像机和一个出舱活动扶手
145	1996－06－06	3:34	奥努夫列恩科/乌萨赫夫(Onufrienko/Usachev)	EO21/量子 2 号	在和平号空间站外部安装 SKK－11 实验设备并更换 KOMZA 实验装置。他们还完成了百事可乐广告活动的部分拍摄
146	1996－06－13	5:46	奥努夫列恩科/乌萨赫夫(Onufrienko/Usachev)	EO21/量子 2 号	航天员安装和部署 Ferma－3 桁架并修理 Travers 天线;他们还完成了百事可乐广告活动的第 2 部分拍摄
—	1996－11－28	0:48	琼斯/杰尼根(Jones/Jernigan)	STS－60/OV102	由于气闸舱的舱门无法打开,航天员没能完成计划内的出舱活动;在气闸舱的真空环境里待了 48 分钟

续表

序号	起始日期	持续时间/小时:分	航天员	任务/航天器代号	备　注
147	1996-12-02	5:57	科尔尊/卡列里(Korzun/Kaleri)	EO22/量子 2 号	把太阳能电池的电源线连接到和平号空间站主电力总线上
148	1996-12-09	6:36	科尔尊/卡列里(Korzun/Kaleri)	EO22/量子 2 号	完成了上次出舱活动开始的电源线的连接
149	1997-02-13	6:42	李/史密斯(Lee/Smith)	STS-82/OV103	第 6 次哈勃太空望远镜服务性出舱活动;用新型的太空望远图像分光摄像仪(STIS)和近红外照相机及多目标分光仪(NICMOS)更换了老式的高分辨分光摄像仪及非清晰目标分光摄像仪
150	1997-02-14	7:27	哈博/坦纳(Harbaugh/Tanner)	STS-82/OV103	第 7 次哈勃太空望远镜服务性出舱活动;更换了远程引导系统(FGS)和过时的录像机;安装光学控制电子增强元件(OCE-EK);航天员还注意到了望远镜上绝缘体的损坏
151	1997-02-15	7:11	李/史密斯(Lee/Smith)	STS-82/OV103	第 8 次哈勃太空望远镜服务性出舱活动;更换了数据界面单元(DIU)并安装了新的固体数据记录装置
152	1997-02-16	6:34	哈博/坦纳(Harbaugh/Tanner)	STS-82/OV103	第 9 次哈勃太空望远镜服务性出舱活动;更换了太阳能帆板驱动电子器件(SADE);为地磁仪安装了外套;开始修理 2 月 14 日出舱活动中发现的绝缘体损坏
153	1997-02-17	5:17	李/史密斯(Lee/Smith)	STS-82/OV103	第 10 次哈勃太空望远镜服务性出舱活动;这是飞行计划中增加的一次出舱活动,为的是在望远镜外部贴上热力绝缘防护瓦

续表

序号	起始日期	持续时间/小时:分	航天员	任务/航天器代号	备注
154	1997-04-29	4:48	齐波利耶夫/林南格尔（Tsibliyev/Linenger）	EO23/量子2号	首次美俄联合出舱活动；美国航天员首次使用俄罗斯出舱活动航天服（奥兰M）；回收和平号空间站外部的实验设施
155	1997-08-22	3:16	A·索洛维耶夫/维诺格拉多夫（Solovyov, A./Vinogradov）	EO24/和平号空间站节点	第4次和平号空间站的舱内活动；把损坏的光谱号实验舱的电源线连接到和平号空间站的基体上
156	1997-09-06	6:00	A·索洛维耶夫/福尔勒（Solovyov, A./Foale）	EO24/量子2号	次美/俄联合出舱活动；航天员在光谱号实验舱的构架上寻找断裂的痕迹但没有找到；完成太阳电池阵的人工排列
157	1997-10-01	5:01	帕拉曾斯基/V·季托夫（Parazynski/Titov, V.）	STS-86/OV104	第3次美俄联合出舱活动；第1次从航天飞机上完成；从和平号空间站外部回收了MEEP装置
158	1997-10-20	6:38	A·索洛维耶夫/维诺格拉多夫（Solovyov, A./Vinogradov）	EO24/和平号空间站节点	第5次和平号空间站的舱内活动；完成了光谱号实验舱电源线的连接
159	1997-11-03	6:04	A·索洛维耶夫/维诺格拉多夫（Solovyov, A./Vinogradov）	EO24/量子2号	取下量子号实验舱的旧太阳电池阵并进行更换；人工发射微型人造地球卫星的复制品，纪念太空时代40周年（10月4日）
160	1997-11-06	6:17	A·索洛维耶夫/维诺格拉多夫（Solovyov, A./Vinogradov）	EO24/量子2号	转移太阳能帆板；临时为修理光谱号实验舱泄漏安装了一个罩；舱门泄漏延长了出舱活动的时间
161	1997-11-24	7:43	W·斯科特/土井（Scott, W./Doi）	STS-87/OV102	第一位日本航天员（土井）进行出舱活动；计划外的Spartan回收；国际空间站的出舱活动硬件设备的进一步试验

续表

序号	起始日期	持续时间/小时:分	航天员	任务/航天器代号	备　注
162	1997-12-03	4:59	W·斯科特/土井(Scott,W./Doi)	STS-87/OV102	第2次日本航天员出舱活动;继续进行先前未完成的国际空间站的出舱活动硬件设备/程序试验
163	1998-01-08	4:04	A·索洛维耶夫/维诺格拉多夫(Solovyov,A./Vinogradov)	EO24/量子2号	试图修复泄漏的气闸舱舱门
164	1998-01-14	6:38	A·索洛维耶夫/沃尔夫(Solovyov,A./Wolf)	EO24/量子2号	第4次美俄联合出舱活动;检查和平号空间站外部并修复出问题的出舱活动气闸舱舱门
—	1998-03-03	1:15	穆萨巴耶夫/布达林(Musabayev/Budarin)	EO25/量子2号	失败的出舱活动;第6次和平号空间站的舱内活动;在努力打开出舱活动舱门时,布达林弄坏了工具
165	1998-04-01	6:40	穆萨巴耶夫/布达林(Musabayev/Budarin)	EO25/量子2号	在和平号空间站外部安装了扶手,为计划中的光谱号实验舱太阳电池阵基座修理做准备
166	1998-04-06	4:23	穆萨巴耶夫/布达林(Musabayev/Budarin)	EO25/量子2号	加固了光谱号实验舱太阳电池阵基座;由于和平号空间站的定向系统出现飞行控制错误缩短了出舱活动时间
167	1998-04-11	6:25	穆萨巴耶夫/布达林(Musabayev/Budarin)	EO25/量子2号	航天员拆除并丢弃了外部控制发动机(VDU)装置
168	1998-04-17	6:32	穆萨巴耶夫/布达林(Musabayev/Budarin)	EO25/量子2号	拆除 Strela 桁架和#3 桁架,并开始安装新的 VDU 装置

续表

序号	起始日期	持续时间/小时:分	航天员	任务/航天器代号	备　注
169	1998－04－22	6:21	穆萨巴耶夫/布达林(Musabayev/Budarin)	EO25/量子2号	在和平号空间站外部塔顶完成了新的VDU装置的安装;与空间站有关的第100次出舱活动
—	1998－09－15	0:30	阿弗杰耶夫/帕达尔卡(Avdeyev/Padalka)	EO26/和平号空间站节点	第7次和平号空间站的舱内活动;在前对接节点里连接光谱号实验舱舱门热镀层上的电缆
170	1998－11－10	5:54	阿弗杰耶夫/帕达尔卡(Avdeyev/Padalka)	EO26/量子2号	安装6套新的外部实验设备;进行维护和修理;第2次手工发射微型人造地球卫星复制品
171	1998－12－07	7:21	罗斯/纽曼(Ross/Newman)	STS－88/OV105	首次与国际空间站有关的出舱活动;以航天飞机轨道器为基地;从曙光号实验舱把电缆线连接到联合号实验舱上;为未来的出舱活动安装了扶手和支持设备
172	1998－12－09	7:02	罗斯/纽曼(Ross/Newman)	STS－88/OV105	第2次国际空间站的出舱活动;在联合号实验舱上安装了2根天线并拿走了节点舱门上的发射固定栓;还在曙光号实验舱上展开了卡住了的TORU天线
173	1998－12－12	6:59	罗斯/纽曼(Ross/Newman)	STS－88/OV105	第3次国际空间站的出舱活动;为未来出舱活动航天员装好出舱活动工具包;在曙光号实验舱上展开第2个卡住的TORU天线,并对空间站结构外部进行调查
174	1999－04－16	6:19	阿法纳谢夫/艾涅尔(Afanasyev/Haignere)	EO26/量子2号	第2次法国航天员出舱活动;进行了法国航天局的实验;手工部署了第3个微型人造地球卫星复制品

续表

序号	起始日期	持续时间/小时:分	航天员	任务/航天器代号	备　注
175	1999-05-28	7:55	杰尼根/巴里(Jernigan/Barry)	STS-96/OV103	第 4 次国际空间站的出舱活动;把航天飞机有效载荷舱里存放的美国轨道转移装置和俄罗斯的 Strela 起重机移放到联合号实验舱上;在空间站上安装了另一套出舱活动工具;最长的一次女航天员出舱活动
176	1999-07-23	6:07	阿法纳谢夫/阿弗杰耶夫(Afanasyev/Avdeyev)	EO26/量子 2 号	试图部署俄罗斯/格鲁吉亚反射天线
177	1999-07-28	5:22	阿法纳谢夫/阿弗杰耶夫(Afanasyev/Avdeyev)	EO26/量子 2 号	部署俄罗斯/格鲁吉亚反射器;部署和回收外露的样本容器
178	1999-12	—	史密斯/格鲁斯费尔德(Smith/Grunsfeld)	STS-103/OV103	第 11 次哈勃太空望远镜服务性出舱活动
179	1999-12	—	福尔勒/尼科尔洛利尔(Foale/Nicollier)	STS-103/OV103	第 12 次哈勃太空望远镜服务性出舱活动;第 1 次瑞士航天员出舱活动
180	1999-12	—	史密斯/格鲁斯费尔德(Smith/Grunsfeld)	STS-103/OV103	第 13 次哈勃太空望远镜服务性出舱活动
181	2000-05-12	4:52	扎莱京/卡列里(Zaletin/Kaleri)	EO28/量子 2 号	和平号空间站上的最后一次出舱活动;使用了 Germatisator 密封实验设备;完成了全面检查;检查了出现故障的太阳能电池
182	2000-05-21	6:44	威廉姆斯/沃斯(Williams/Voss)	STS-101/OV104	第 5 次国际空间站的出舱活动;固定 OTD 装置;为 Strela 起重机安装最后的零件并更换了联合号实验舱上的天线;完成了几项“革新”任务

续表

序号	起始日期	持续时间/小时:分	航天员	任务/航天器代号	备　注
183	2000－09－10	6:14	鲁/马连琴科(Lu/Malenchenko)	STS－106/OV104	第6次国际空间站的出舱活动;第5次美/俄联合出舱活动;连接星辰号和曙光号实验舱之间的电力线和通信线;安装地磁仪
184	2000－10－15	6:28	基奥/麦克阿瑟(Chiao/McArthur)	STS－92/OV103	第7次国际空间站的出舱活动;部署2套天线组装部件并安装出舱活动工具箱;为Z1桁架连接电缆
185	2000－10－16	7:07	威索夫/洛佩斯阿莱格里亚(Wisoff/Lopez-Alegria)	STS－92/OV103	第8次国际空间站的出舱活动;为安装太阳能帆板准备Z1桁架;松开固定PMA－3的发射栓
186	2000－10－17	6:48	基奥/麦克阿瑟(Chiao/McArthur)	STS－92/OV103	第9次国际空间站的出舱活动;安装第2套出舱活动工具箱;继续结构建设,连接电缆;在Z1桁架上安装2个DC转换器
187	2000－10－18	6:56	威索夫/洛佩斯阿莱格里亚(Wisoff/Lopez-Alegria)	STS－92/OV103	第10次国际空间站的出舱活动;试验出舱活动救援简化辅助设备的备用设备;完成出舱活动最后任务
188	2000－12－03	7:33	坦纳/诺里加(Tanner/Noriega)	STS－97/OV105	第11次国际空间站的出舱活动;安装P6桁架组件并部署2块太阳电池阵(之前有1块卡住了);连接电源和数据线
189	2000－12－05	6:37	坦纳/诺里加(Tanner/Noriega)	STS－97/OV105	第12次国际空间站的出舱活动;检查部分部署完毕的太阳电池阵;连接电源线和数据线和P6冷却管道;更换P6的S－波段装置
190	2000－12－07	5:10	坦纳/诺里加(Tanner/Noriega)	STS－97/OV105	第13次国际空间站的出舱活动;修理P6;在辐射器上安装1根小型天线和1台传感器;还安装了1台浮动探测器和1台位于中心线的摄像机

续表

序号	起始日期	持续时间/小时:分	航天员	任务/航天器代号	备　注
191	2001-02-10	7:34	琼斯/柯比姆(Jones/Curbeam)	STS-98/OV104	第14次国际空间站的出舱活动;观测PMA-2的移位;连接电源线和数据线;柯比姆的航天服被泄漏的氨气污染需要利用太阳光清除污染物
192	2001-02-12	6:50	琼斯/柯比姆(Jones/Curbeam)	STS-98/OV104	第15次国际空间站的出舱活动;出舱活动航天员帮助重新确定命运号实验舱上的PMA-2的位置;为发现号有效载荷舱安装绝缘护罩;安装SSRMS基座
193	2001-02-14	5:25	琼斯/柯比姆(Jones/Curbeam)	STS-98/OV104	第16次国际空间站的出舱活动;连接S-波段天线;释放冷却器;检查连接器;试验出舱活动救援简化辅助设备的飞行;这是自1965年6月美国进行双子星座4号以来的第100次出舱活动
194	2001-03-11	8:56	沃斯/赫尔姆斯(EO2)(Voss/Helms(EO2))	STS-102/OV103	第17次国际空间站的出舱活动;把联合号实验舱上的早期通信天线重新放置到PMA上;在命运号实验舱上安装实验支架组装件(Lab Cradle Assembly);安装SSRMS电缆盘;创造出舱活动持续时间的新纪录
195	2001-03-13	6:21	托马斯/理查德斯(Thomas/Richards)	STS-102/OV103	第18次国际空间站的出舱活动;建立储物平台;完成上次活动开始进行的电缆线的连接;对太阳电池阵支架进行微调
196	2001-04-22	7:10	帕拉曾斯基/哈德菲尔德(Parazynski/Hadfield)	STS-100/OV105	第19次国际空间站的出舱活动;加拿大航天员的首次出舱活动(哈德菲尔德);安装超高频天线和录像控制器;在SSRMS和命运号实验舱实验机器人工作站之间安装电源线;安装Canadarm 2(SSRMS)

续表

序号	起始日期	持续时间/小时:分	航天员	任务/航天器代号	备注
197	2001-04-24	7:40	帕拉曾斯基/哈德菲尔德(Parazynski/Hadfield)	STS-100/OV105	第20次国际空间站的出舱活动;加拿大航天员的第2次出舱活动;为Canadarm 2重新连接分布电源和数据线
198	2001-06-08	0:19	乌萨赫夫/沃斯(Usachev/Voss)	EO2/星辰号	第21次国际空间站的出舱活动,首次舱内活动;第6次美/俄联合出舱活动;用对接锥体更换了星辰号实验舱最低点对接口的平板;在没有航天飞机对接的情况下首次在国际空间站上的舱内活动
199	2001-07-14	5:59	杰哈尔特/赖利(Gernhardt/Reilly)	STS-104/OV104	第22次国际空间站的出舱活动;为向联合号实验舱转移建立探索号气闸舱;连接加热器电缆
200	2001-07-17	6:29	杰哈尔特/赖利(Gernhardt/Reilly)	STS-104/OV104	第23次国际空间站的出舱活动;从阿特兰蒂斯号航天飞机有效载荷舱向气闸舱外部转移了2个氧气罐和1个氮气储罐
201	2001-07-20	4:02	杰哈尔特/赖利(Gernhardt/Reilly)	STS-104/探索号	第24次国际空间站的出舱活动;首次探索号气闸舱上的出舱活动;从阿特兰蒂斯号航天飞机有效载荷舱向气闸舱外部转移了1个氮气罐;检查太阳电池阵支架顶端的万向节状态;庆祝阿波罗11号着陆月球及月面行走32周年
202	2001-08-16	6:16	巴里/福里斯特(Barry/Forrester)	STS-105/OV103	第26次国际空间站的出舱活动;航天员在P6桁架上安装早期氨气服务器(EAS),并在气闸舱内安装国际空间站材料实验(MISSE)装置

续表

序号	起始日期	持续时间/小时:分	航天员	任务/航天器代号	备　注
203	2001－08－18	5:29	巴里/福里斯特(Barry/Forrester)	STS－105/OV103	第 26 次国际空间站的出舱活动;安装 6 根出舱活动扶手;在命运号实验舱上重新安装了另外 2 个扶手;为将来的 SO 支架固定了加热器电缆线
204	2001－10－08	4:58	杰茹罗夫/蒂乌林(Dezhurov/Tyurin)	EO3/Pirs	第 27 次国际空间站的出舱活动;由 Pirs 气闸舱首次出舱活动及首次全由俄罗斯航天员参与的国际空间站的出舱活动;竖立天线并在 Pirs 气闸舱外部设立对接点;首次在没有对接航天飞机情况下的国际空间站的出舱活动;自 1965 年 3 月上升 2 号以来第 100 次苏联/俄罗斯出舱活动
205	2001－10－15	5:52	杰茹罗夫/蒂乌林(Dezhurov/Tyurin)	EO3/Pirs	第 28 次国际空间站的出舱活动;在星辰号上放置 Kravka 样本检测器及 MPAC 和 SEED 实验设备;撤下苏联国旗并安装商业标志
206	2001－11－12	5:04	杰茹罗夫/卡伯特森(Dezhurov/Culbertson)	EO3/Pirs	第 29 次国际空间站的出舱活动;第 7 次美/俄联合出舱活动;分布并固定从 Pirs 气闸舱到国际空间站内部的电缆线;检查和拍摄一小部分星辰号上的太阳能电池;在 Pirs 气闸舱上安装扶手;检查 Strela 货物起重机的伸展功能
207	2001－12－03	2:46	杰茹罗夫/蒂乌林(Dezhurov/Tyurin)	EO3/Pirs	第 30 次国际空间站的出舱活动;首次国际空间站的计划外出舱活动;清除进步 M－45 号货运飞船在 11 月 28 日对接后在 Pirs 气闸舱对接设备上留下的 O 形橡胶圈阻塞物;这些阻塞物使进步 M1－7 号飞船在 11 月 28 日的对接无法进行,后来在 12 月 3 日完成

续表

序号	起始日期	持续时间/小时:分	航天员	任务/航天器代号	备 注
208	2001-12-11	4:12	戈德温/塔尼(Godwin/Tani)	STS-108/OV105	第31次国际空间站的出舱活动;为位于P6桁架顶端的β万向节安装绝缘护套;试图解开缠绕太阳电池阵的电线,未成功
209	2002-01-14	6:03	奥努夫列恩科/华尔兹(Onufrienko/Walz)	E04/Pirs	第32次国际空间站的出舱活动;第8次美/俄联合出舱活动;安装无线电业余爱好者天线;完成Strela起重器械的组装
210	2002-01-25	5:59	奥努夫列恩科/布尔施(Onufrienko/Bursch)	E04/Pirs	第33次国际空间站的出舱活动;第9次美/俄联合出舱活动;安装6台推力器气流导向装置;安装4套新实验设备并回收1套旧设备;连接系索导线和无线电爱好者天线
211	2002-02-20	5:47	华尔兹/布尔施(Walz/Bursch)	E04/探索号	第34次国际空间站的出舱活动;连接命运号实验舱到Z1桁架的电缆线;拆除早期出舱活动使用过的工具和扶手;这次出舱活动进行的时候正好是约翰·格林的水星6号飞行40周年纪念日
212	2002-03-04	7:01	格鲁斯费尔德/利纳汉(Grunsfeld/Linnehan)	STS-109/OV102	第14次哈勃太空望远镜服务性出舱活动;更换2块第二代太阳电池阵中的1块;更换二极管组装箱;为此后的出舱活动完成了一些准备工作
213	2002-03-05	7:16	纽曼/马辛米诺(Newman/Massimino)	STS-109/OV102	第15次哈勃太空望远镜服务性出舱活动;用新的部件和它的二极管组装箱更换第2块太阳电池阵,更换1号反应轮装置

续表

序号	起始日期	持续时间/小时:分	航天员	任务/航天器代号	备　注
214	2002-03-06	6:48	格鲁斯费尔德/利纳汉(Grunsfeld/Linnehan)	STS-109/OV102	第 16 次哈勃太空望远镜服务性出舱活动;更换 4 号舱里的望远镜动力控制器;利纳汉检查了在第 4、第 5 次出舱活动中使用过的哈勃太空望远镜外部扶手
215	2002-03-07	7:30	纽曼/马辛米诺(Newman/Massimino)	STS-109/OV102	第 17 次哈勃太空望远镜服务性出舱活动;用新的先进摄像机更换非清晰目标摄像机便于观察;完成清洗动力控制器的任务
216	2002-03-08	7:20	格鲁斯费尔德/利纳汉(Grunsfeld/Linnehan)	STS-109/OV102	第 18 次哈勃太空望远镜服务性出舱活动;在 NICMOS 实验设备附近安装低温冷却器及其冷却系统散热器
217	2002-04-11	7:48	S·史密斯/沃尔海姆(Smith,S./Walheim)	STS-110/OV104	第 35 次国际空间站的出舱活动;转移并连接 S-Zero 支架
218	2002-04-13	7:30	罗斯/莫林(Ross/Morin)	STS-110/OV104	第 36 次国际空间站的出舱活动;完成 S-Zero 支架的连接;连接多余备用的电源线
219	2002-04-14	6:27	S·史密斯/沃尔海姆(Smith,S./Walheim)	STS-110/OV104	第 37 次国际空间站的出舱活动;连接移动转换器;通过 S0 支架把电源连接到 SSRMS 上
220	2002-04-16	6:37	罗斯/莫林(Ross/Morin)	STS-110/OV104	第 38 次国际空间站的出舱活动;安装工作照明灯,为未来在 S0 支架上的出舱活动安装气闸舱支撑物
221	2002-06-09	7:14	张福林/佩兰(Chang-Diaz/Perrin)	STS-111/OV105	第 39 次国际空间站的出舱活动;法国航天员的第 3 次出舱活动;把电源/数据/抓钩固定装置转移到太阳电池阵上;连接太空碎片防护装置;为安装移动基础系统(MBS)做准备

续表

序号	起始日期	持续时间/小时:分	航天员	任务/航天器代号	备　注
222	2002－06－11	5:00	张福林/佩兰(Chang-Diaz/Perrin)	STS－111/OV105	第40次国际空间站的出舱活动;法国航天员的第4次出舱活动;让MBS与连接电源匹配,数据和电缆线相匹配
223	2002－06－13	7:17	张福林/佩兰(Chang-Diaz/Perrin)	STS－111/OV105	第41次国际空间站的出舱活动;法国航天员的第5次出舱活动;更换出现故障的空间站移动服务系统腕部滚动连接装置;为将来重新放置准备P6桁架
224	2002－08－16	4:25	科尔尊/惠特森(Korzun/Whitson)	EO5/Pirs	第42次国际空间站的出舱活动;第10次美/俄联合出舱活动;在星辰号上安装了6块空间碎片防护板(计划安装23块)。安装由于出舱活动推迟进行而推迟安装的俄罗斯Kromka实验设备
225	2002－08－26	5:21	科尔尊/特雷谢维(Korzun/Treschev)	EO5/Pirs	第43次国际空间站的出舱活动;为未来要进行的出舱活动组装工作存放零件的需要,在曙光号上安装了外部结构。在放置在星辰号外边的一对NASDA(日本)实验设备里安装新的样本材料。航天员为了简化未来出舱活动组装工作中的拴系流程而安装一些装置;在星辰号上安装了2根无线电爱好者天线并安装用于测量星辰号推进器残余发射物的Kromka硬件设备
226	2002－10－10	7:01	沃尔夫/塞勒斯(Wolf/Sellers)	STS－112/探索号	第44次国际空间站的出舱活动;在S0支架和新安装的S1支架之间连接电源线、数据线和液体管线;部署第2套S－波段通信系统;安装2套外部摄像系统中的1套;松开支架上的移动出舱活动工作站(CETA)发射固定装置,并松开为发射而固定S1的散热器的发射栓

续表

序号	起始日期	持续时间/小时:分	航天员	任务/航天器代号	备注
227	2002-10-12	6:04	沃尔夫/塞勒斯(Wolf/Sellers)	STS-112/探索号	第45次国际空间站的出舱活动;安装了第2套外部摄像系统并进一步松开散热器横梁发射锁;移走在Z1和P6连接处附近的快速断开装置的绝缘物,安装Spool定位装置;解开了位于CETA右舷侧边的发射固定装置并连接氨气罐组装电缆
228	2002-10-14	6:36	沃尔夫/塞勒斯(Wolf/Sellers)	STS-112/探索号	第46次国际空间站的出舱活动;更换移动转换器上的交界脐带组装器;为冷却剂在S1和S0支架间流动安装2台跳动装置;拆下作为S1发射固定装置使用的大型金属棒并将其收拢;在氨气管线上安装Spool定位装置
229	2002-11-26	6:45	洛佩斯阿莱格里亚/赫林顿(Lopez-Alegria/Herrington)	STS-113/探索号	第47次国际空间站的出舱活动;完成P1和S0支架之间的连接;释放CETA上的发射固定装置;在国际空间站上安装(Spool)定位装置;移走P1上的滞后连接链;为支持出舱活动头盔上照相器材的运行,将外部传送器材上的无线录像系统连接到联合号的节点上
230	2002-11-28	6:10	洛佩斯阿莱格里亚/赫林顿(Lopez-Alegria/Herrington)	STS-113/探索号	第48国际空间站的出舱活动;在S0/P1连接点上安装液体跳动器;拆下P1上的右舷龙骨钉;在外部传送器材上安装第2套无线录像系统并连接到P1上;拆下左舷龙骨钉;把CETA的位置从P1挪到S1支架上,使得移动传送器可以沿P1移动支持未来的飞行工作

续表

序号 起始日期	持续时间/小时:分	航天员	任务/航天器代号	备注
231 2002-11-30	7:00	洛佩斯阿莱格里亚/赫林顿（Lopez-Alegria/Herrington）	STS-113/探索号	第49次国际空间站的出舱活动；安装另一个SPD（40次出舱活动中总共只用过3次）；安装通过主动力车启动装置输送动力的外部电力装置；连接氨气罐组装管线
232 2003-01-15	6:51	鲍尔索克斯/佩蒂特（Bowersox/Pettit）	E06/探索号	第50次国际空间站的出舱活动；继续安装和激活P1支架；拆下剩余的辐射发射固定锁；移走在联合号面向地球的对接口密封圈上的碎片；试验P6支架氨气储存库；没能完成CETA上灯光装置固定；重新分配未来出舱活动活动计划；切掉对探索号气闸舱舱门旋转产生影响并使此次出舱活动推迟的热防护罩带
233 2003-04-08	6:26	鲍尔索克斯/佩蒂特（Bowersox/Pettit）	E06/探索号	第51次国际空间站的出舱活动；建立国际空间站电源系统，为其中一个CMG提供第2个动力来源；固定热力控制系统快速断开装置；松开CETA灯光支持系统的触发开关

参 考 文 献

我对自 1969 年以及人类首次登月活动以来的太空行走、出舱活动操作、航天服技术和出舱活动硬件设备发展的历史一直都怀有浓厚的兴趣。然而,要把我过去 35 年所收集到的所有原始资料和参考文献都一一列举出来,是不可能的,本书的写作也只是利用了这其中的一小部分,是对出舱活动历史研究工作的一部分。在 1988 年至 2002 年期间,我对位于休斯敦的 NASA 约翰逊航天中心、位于佛罗里达州的卡纳维拉尔角发射中心、沃斯堡的美国国家档案馆和休斯敦的赖斯大学进行了 15 次的学术参观和研究。我还利用居住在阿肯色州的原天空实验室航天员杰里 · 卡尔(Jerry Carr)的私人收藏,进行了大量的研究工作。在这些参观研究中,有几次是专程探访目前坐落在休斯敦明湖大学(University of Clear Lake)的 NASA 约翰逊航天中心成就史展馆(关于阿波罗、天空实验室、航天飞机和国际空间站),以及位于沃斯堡的美国国家档案馆(关于双子星座号系列)。2003 年 6 月对莫斯科尤里 · 加加林航天员训练中心和星星公司的参观访问,也取得了很大收获。

私人参考资料

《航天信息服务》收集了自 1968 年以来收集、完成的科研成果、任务文档及项目资料,并不断扩充。这些信息收集包括从 1988 年到

2003年期间，与航天员的私人谈话及书信往来，许多内容成为本书的参考资料来源。访谈人员名单如下：

乔·艾伦	Joe Allen	格雷格里·格雷克科	Gregori Grechko
杰里·卡尔	Jerry Carr	伯纳德·哈里斯	Gernard Harris
吉恩·塞尔南	Gene Cernan	吉姆·欧文	Jim Irwin
勒罗伊·基奥	Leroy Chiao	杰克·罗斯玛	Jack Lousma
沃尔特·坎宁安	Walter Cunningham	布鲁斯·麦坎德利斯	Bruce McCandless
比尔·费希尔	Bill Fisher	布鲁斯·梅尔尼克	Bruce Melnick
迈克尔·福尔勒	Michael Foale	斯托里·马斯格雷夫	Story Musgrave
埃德·吉布森	Ed Gibson	比尔·波居里	Bill Pogue
迪克·戈登	Dick Gordon	尤里·罗曼年科	Yuri Romanenko
杰里·罗斯	Jerry Ross	阿里克斯安德尔·沃尔科夫	Alexandr Volkov
维克托·萨温赫	Viktor Savinykh	保罗·韦茨	Paul Weitz
凯西·沙利文	Kathy Sullivan	戴夫·沃尔夫	Dave Wolf
尤里·乌萨乔夫	Yuri Usachev	约翰·扬	John Young

参考书籍和文章

1956— *Spacefight*(British Interplanetary Society)

1965—1995 *Astronautics and Aeronautics*(NASA, various volumes)

1965— *Aviation Week and Space Technology*

1965 *Gemini: America's Historic Walk in Space*, United Press International/Prentice – Hall

1967 *Summary of Gemini Extravehicular Activity*, Reginald M. Machell (*ed.*) NASA SP – 149

1969 *Project Gemini, Technology and Operations: A Chronology*, James M. Grimwood, Barton C. Hacker and Peter J. Vorzimmer, NASA SP – 4002

Apollo 11 Technical Crew Debrief, NASA Mission Operations Branch, Flight Crew Support Division, NASA Manned Spacecraft

Center, Houston, Texas, 2 vols. .

Apollo 12 Technical Crew Debrief, NASA Mission Operations Branch, Flight Crew Support Division, NASA Manned Spacecraft Center, Houston, Texas

Apollo Program (Phase 1 Lunar Exploration) Mission Definitions, 1 December 1969, NASA Manned Spacecraft Center, MSC – 01266, (from the Jerry Carr collection)

The Apollo Spacecraft: A Chronolgy, NASA – SP – 4009, 4 vols.

1970 *First on the Moon: A Voyage with Neil Armstrong*, Michael Collins and Edwin E. Aldrin Jr., with Gene Farmer and Dora Jane Hamblin, Michael Joseph

1971 *Suiting Up for Space: The Evolution of the Space Suit*, Lloyd Mallan, John Day Company

Apollo 14 Technical Crew Debrief, NASA Mission Operations Branch, Flight Crew Support Division, NASA Manned Spacecraft Center. Houston, Texas

Apollo 15 Technical Crew Debrief, NASA Mission Operations Branch, Flight Crew Support Division, NASA Manned Spacecraft Center, Houston, Texas

1972 *Apollo 16 Technical Crew Debrief*, NASA Mission Operations Branch, Flight Crew Support Division, NASA Manned Spacecraft Center, Houston, Texas

1973 *Apollo 17 Technical Crew Debrief*, NASA Mission Operations Branch, Flight Crew Support Division, NASA Manned Spacecraft Center, Houston, Texas, 2 vols.

Return to Earth, Buzz Aldrin and Wayne Warga, Random House

To Rule the Night, James B. Irwin and William A. Emerson Jr., Holman

Skylab: A Guidebook, NASA EP – 107

1974 *Carrying the Fire*, Michael Collins, Farrar Straus Giroux

MSFC Skylab Mission Report: Saturn Workshop, Skylab Program Office, NASA MSFC, Alabama, NASA Technical Memorandum, TM X – 64814, (from the Jerry Carr collection)

1975 *Apollo Program Summary Report*, NASA JSC – 09423

Apollo Expeditions to the Moon, NASA SP – 350

1977 *On the Shoulders of Titans: A History of Project Gemini*, Barton C. Hacker and James M. Grimwood, NASA SP – 4203

Skylab: A Chronology, Roland Newkirk, Ivan Ertel and Courtney Brooks, NASA SP – 4011

1979 *Chariots for Apollo: A History of Manned Lunar Spacecraft*, Courtney Brooks, James Grimwood and Loyd Swenson Jr., NASA SP – 4205

1980 *I Walk in Space*, Alexei Leonov, Malysh Publishers, Moscow

Handbook of Soviet Manned Spaceflight, Nicholas L. Johnson, Science and Techology Series, Vol. 48, AAS Publications

1981 *Red Star In Orbit*, James E. Oberg, Harrap

1983 *Space Transportation System: EVA Description and Design Criteria*, NASA JSC – 10615 Rev A

1984 *STS EVA Reports*, No. 1, STS – 5, and No. 2, STS – 6, Astro Info Service

1985 *Don Lind, Mormon Astronaut*, Kathleen Maughan Lind, Deseret Books

1986 *An Astronaut's Diary*, Jeff Hoffman, Caliban Press

1987 *Before Lift-Off: The Making of a Space Shuttle Crew*, Henry S. F. Cooper, Johns Hopkins University Press

1988 *Lift-Off: The Story of America's Adventure in Space*, Michael Collins, Grove Press

Diary of a Cosmonaut, Valentin Lebedev, Gloss Company (US edition)

The Soviet Manned Space Programme, Phillip Clark, Salaman der Books *Race into Space* , Brian Harvey, Ellis – Horwood

1989 *Where No Man Has Gone Before: A History of Apollo Lunar Exploration Missions*, William David Compton, NASA SP – 4214

Footprints, Douglas MacKinnon and Joseph Baldanza, Acropolis books

1990 *Moonwalker*, Charles and Dotty Duke, Oliver Nelson

Almanac of Soviet Manned Spacefight, Dennis Newkirk, Gulf Publishers

1993 *To a Rocky Moon: A Geologist's History of Lunar Exploration*, Don E. Williams, University of Arizona Press

1994 *US Space Gear: Outfitting the Astronaut, Lillian D.*
Kozloski, Smithsonian Institution Press

Catalog of Apollo Experiment Operations, Thomas A. Sullivan, NASA Reference Publication

A Man on the Moon: The Voyanges of the Apollo Astronauts, Adnrew Chaikin, Michael Joseph

1995 *Mir Hardware Heritage*, David S. F. Portree, NASA JSC 26770

1996 *The New Russian Space Programme*, Brian Harvey, Wiley – Praxis

1997 *Walking to Olympus: An EVA Chronology*, David S. F. Portree and

Robert C. Treviño, NASA Monographs in Aerospace History, No. 7

1998 *The Space Shuttle: Roles, Missions and Accomplishments*, David M. Harland, Wiley – Praxis

1999 *The Last Man on the Moon*, Eugene Cernan and Don Davis, St. Martin's Press

Exploring The Moon: The Apollo Expeditions, David M. Harland, Springer – Praxis

2000 *Challenge to Apollo: The Soviet Union and the Space Race, 1945 – 1974*, Asif A. Siddiqi, NASA SP – 2000 – 4408

The History of Mir, 1986 – 2000, Rex D. Hall (*ed.*), British Interplanetary Society

Apollo By The Numbers: A Statistical Reference, Richard W. Orloff, NASA SP – 2000 – 4029

2001 *Taking Science to the Moon, : Lunar Experiments and the Apollo Program*, Donald A. Beattie, Johns Hopkins University Press{?}

Russia In Space: The Failed Frontier?, Brian Harvey, Springer – Praxis

Mir: The Final Year, Rex D. Hall (*ed.*), British Interplanetary Society

The Rocket Men, David J. Shayler and Rex D. Hall, Springer – Praxis

Skylab: America's Space Station, David J. Shayler, Springer – Praxis

Gemini: Steps to the Moon, David J. Shayler, Springer-Praxis

2002 *Apollo: The Lost and Forgotten Missions*, David J. Shayler, Springer – Praxis

The International Space Station: From Imagination to Reality, Rex D. Hall (*ed.*), British Interplanetary Society

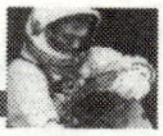

Creating the International Space Station, David M. Harland and John E. Catchpole, Springer – Praxis

The Continuing Story of the International Space Station, Peter Bond, Springer – Praxis

2003 *Soyuz: a Universal Spacecraft*, David J. Shayler and Rex D. Hall, Springer – Praxis

Russian Spacesuits. Isaak P. Abramov and Å. Ingemaar Skoog, Springer – Praxis

参考网址

除上述资料外，以下网址也是非常重要的信息来源。

NASA 载人航天，http://spaceflight.nasa.gov/home/index.html

阿波罗航天杂志，http://hq.nasa.gov/office/pao/History/alsj/frame.html